2025학년도 수능 대비

수능 기출의 미래

수학영역 | 수학Ⅱ

All New

수능 기출의 미래

수학영역 수학 Ⅱ

기출 풀어 유형 잡고,
수능 기출의 미래로 2025 수능 가자!!

매해 반복 출제되는 개념과 번갈아 출제되는 개념들을 익히기 위해서는 다년간의 기출 문제를 꼼꼼히 풀어 봐야 합니다.
다년간 수능 및 모의고사에 출제된 기출 문제를 풀다 보면 스스로 과목별, 영역별 유형을 익힐 수 있기 때문입니다.

최근 7개년의 수능, 모의평가, 학력평가 기출 문제를 엄선하여
최다 문제를 실은 EBS **수능 기출의 미래로 2025학년도 수능을 준비**하세요.

수능 준비의 시작과 마무리! **수능 기출의 미래**가 책임집니다.

수능 유형별 기출 문제

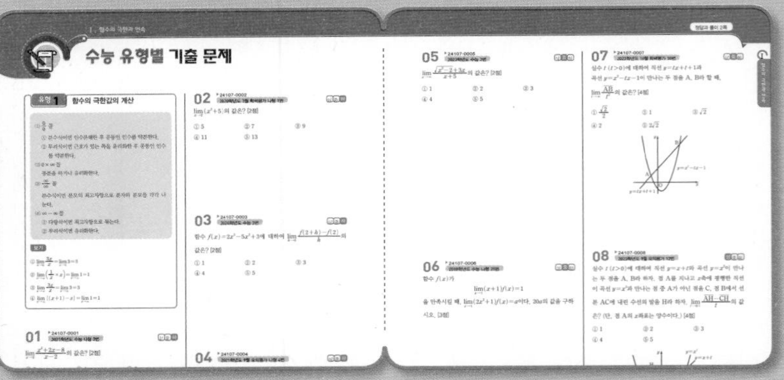

최근 7개년 간 기출 문제로 단원별 유형을 확인하고 수능을 준비할 수 있도록 구성하였습니다. 매해 반복 출제되는 유형과 개념을 심화 학습할 수 있습니다.

도전 1등급 문제

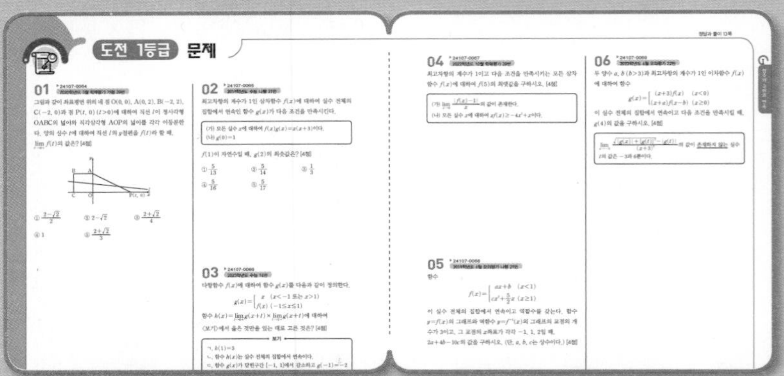

난도 있는 문제를 집중 심화 연습하면서 1등급을 완성합니다. 개념이 확장된 문제, 복합 유형을 다룬 문제를 수록하였습니다.

부록 경찰대학, 사관학교 기출 문제

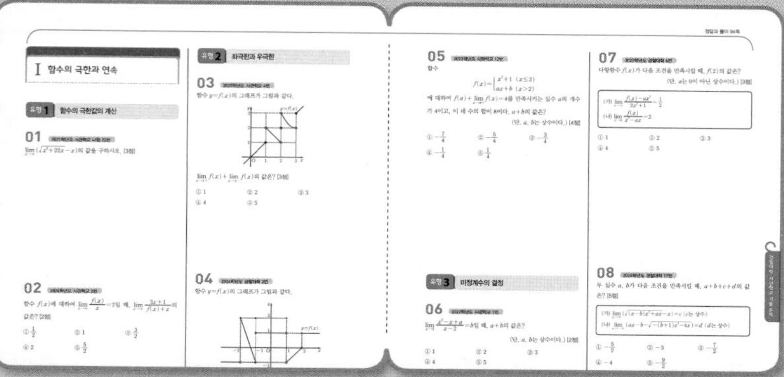

경찰대학, 사관학교 최근 기출 문제를 부록으로 실었습니다.

정답과 풀이

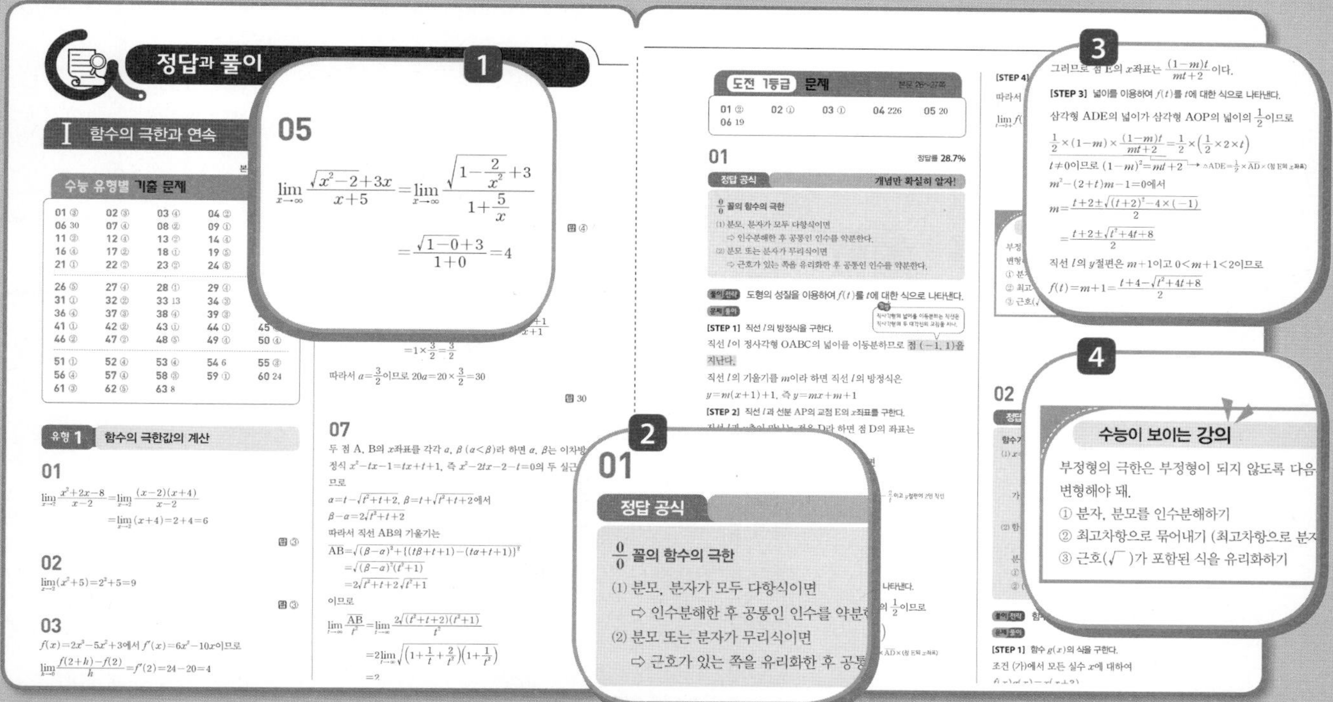

1 군더더기 없이 꼭 필요한 풀이만!
유형별 기출 문제 풀이는 복잡하지 않고 꼭 필요한 핵심 내용의 풀이만 담았습니다. 더욱 쉽고 빠르게 풀이를 이해할 수 있도록 하였습니다.

2 정답 공식
문제를 푸는 데 핵심이 되는 개념과 관련된 공식을 정리하여, 문제 풀이에 적용할 수 있도록 하였습니다.

3 1등급 문제 풀이의 단계별 전략과 첨삭 설명!
풀이 전략을 통해 문제를 한 번 더 점검한 후, 단계별로 제시된 친절한 풀이와 첨삭 지도를 통해 이해가 어려운 부분을 보충 설명하였습니다.

4 수능이 보이는 강의
문제와 풀이에 관련된 기본 개념과 이전에 배웠던 개념을 다시 체크하고 다질 수 있도록 정리하였습니다.

수능 기출의 미래

수학영역 수학 Ⅱ

Ⅲ 적분

부록 경찰대학, 사관학교 기출 문제

별책 정답과 풀이

함수의 극한과 연속

2024 수능 출제 분석

- 함수의 극한의 기본적인 개념과 계산 능력이 있는지 확인하는 문제가 출제되었다.
- 함수가 연속이기 위한 조건을 이용하여 미정계수를 구하는 문제가 출제되었다.

2025 수능 예측

1. 함수가 연속이기 위한 조건을 이용하여 미정계수를 구하는 문제, 함수의 그래프를 이용하여 새롭게 정의된 함수의 연속을 판단하는 문제는 출제 비율이 높고 다른 단원의 조건으로도 종종 사용되므로 정확히 알고 있어야 한다.
2. 그래프가 주어지거나 범위에 따라 다르게 정의된 함수에서 극한값을 구하는 문제는 자주 출제되므로 연습을 충분히 해 두도록 한다.
3. 함수의 극한에 대한 성질을 이용하여 함수식을 구하거나 방정식이나 도형과 관련된 문제는 여러 문제를 풀어 풀이법을 익혀 둔다.

한눈에 보는 출제 빈도

연도 \ 핵심 주제		유형 1 함수의 극한값의 계산	유형 2 좌극한과 우극한	유형 3 미정계수의 결정	유형 4 함수의 그래프와 연속
2024 학년도	수능	1			1
	9월 모평		1		1
	6월 모평				1
2023 학년도	수능	1			1
	9월 모평	1			1
	6월 모평		1		2
2022 학년도	수능		1		1
	9월 모평			1	1
	6월 모평		1		1
2021 학년도	수능	1			1
	9월 모평	1	1		
	6월 모평	1	1		
2020 학년도	수능		1	1	
	9월 모평			1	1
	6월 모평		1	1	1

수능 유형별 기출 문제

유형 1 함수의 극한값의 계산

(1) $\frac{0}{0}$ 꼴

① 분수식이면 인수분해한 후 공통인 인수를 약분한다.

② 무리식이면 근호가 있는 쪽을 유리화한 후 공통인 인수를 약분한다.

(2) $0\times\infty$ 꼴

통분을 하거나 유리화한다.

(3) $\frac{\infty}{\infty}$ 꼴

분수식이면 분모의 최고차항으로 분자와 분모를 각각 나눈다.

(4) $\infty-\infty$ 꼴

① 다항식이면 최고차항으로 묶는다.

② 무리식이면 유리화한다.

보기

① $\lim_{x\to0}\frac{3x}{x}=\lim_{x\to0}3=3$

② $\lim_{x\to\infty}\left(\frac{1}{x}\times x\right)=\lim_{x\to\infty}1=1$

③ $\lim_{x\to\infty}\frac{3x}{x}=\lim_{x\to\infty}3=3$

④ $\lim_{x\to\infty}\{(x+1)-x\}=\lim_{x\to\infty}1=1$

01
▸ 24107-0001
2021학년도 수능 나형 3번 상중하

$\lim_{x\to2}\frac{x^2+2x-8}{x-2}$의 값은? [2점]

① 2　② 4　③ 6　④ 8　⑤ 10

02
▸ 24107-0002
2020학년도 3월 학력평가 나형 1번 상중하

$\lim_{x\to2}(x^2+5)$의 값은? [2점]

① 5　② 7　③ 9　④ 11　⑤ 13

03
▸ 24107-0003
2024학년도 수능 2번 상중하

함수 $f(x)=2x^3-5x^2+3$에 대하여 $\lim_{h\to0}\frac{f(2+h)-f(2)}{h}$의 값은? [2점]

① 1　② 2　③ 3　④ 4　⑤ 5

04
▸ 24107-0004
2021학년도 9월 모의평가 나형 4번 상중하

$\lim_{x\to-1}\frac{x^2+9x+8}{x+1}$의 값은? [3점]

① 6　② 7　③ 8　④ 9　⑤ 10

05
▸ 24107-0005
2023학년도 수능 2번

상중하

$\lim_{x\to\infty}\frac{\sqrt{x^2-2}+3x}{x+5}$의 값은? [2점]

① 1　② 2　③ 3　④ 4　⑤ 5

06
▸ 24107-0006
2018학년도 수능 나형 25번

상중하

함수 $f(x)$가

$$\lim_{x\to1}(x+1)f(x)=1$$

을 만족시킬 때, $\lim_{x\to1}(2x^2+1)f(x)=a$이다. $20a$의 값을 구하시오. [3점]

07
▸ 24107-0007
2023학년도 10월 학력평가 10번

상중하

실수 $t\ (t>0)$에 대하여 직선 $y=tx+t+1$과 곡선 $y=x^2-tx-1$이 만나는 두 점을 A, B라 할 때, $\lim_{t\to\infty}\frac{\overline{\mathrm{AB}}}{t^2}$의 값은? [4점]

① $\frac{\sqrt{2}}{2}$　② 1　③ $\sqrt{2}$　④ 2　⑤ $2\sqrt{2}$

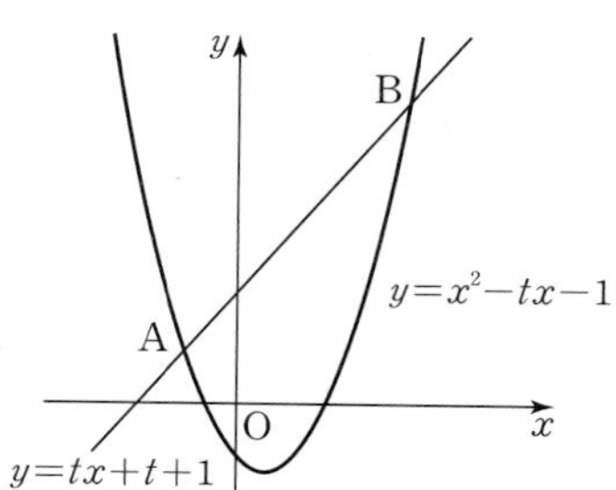

08
▸ 24107-0008
2023학년도 9월 모의평가 12번

상중하

실수 $t\ (t>0)$에 대하여 직선 $y=x+t$와 곡선 $y=x^2$이 만나는 두 점을 A, B라 하자. 점 A를 지나고 x축에 평행한 직선이 곡선 $y=x^2$과 만나는 점 중 A가 아닌 점을 C, 점 B에서 선분 AC에 내린 수선의 발을 H라 하자. $\lim_{t\to0+}\frac{\overline{\mathrm{AH}}-\overline{\mathrm{CH}}}{t}$의 값은? (단, 점 A의 x좌표는 양수이다.) [4점]

① 1　② 2　③ 3　④ 4　⑤ 5

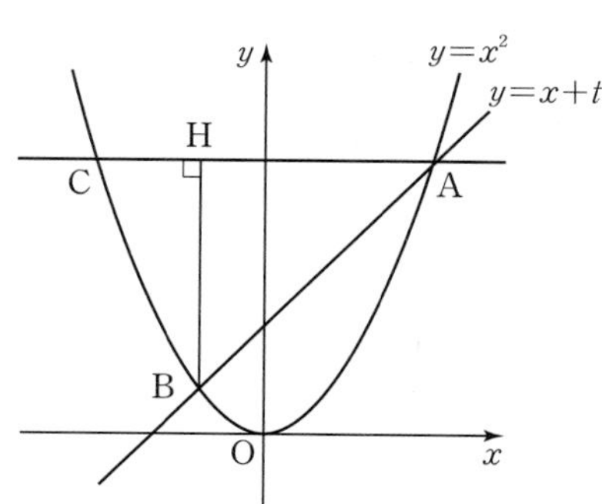

유형 2 좌극한과 우극한

1. 좌극한

함수 $f(x)$에서 x가 a보다 작은 값을 가지면서 a에 한없이 가까워질 때, $f(x)$의 값이 일정한 값 α에 한없이 가까워지면 α를 $x=a$에서의 $f(x)$의 좌극한이라 하며, 다음과 같이 나타낸다.

$\lim_{x \to a-} f(x)=\alpha$ 또는 $x \to a-$일 때, $f(x) \to \alpha$

2. 우극한

함수 $f(x)$에서 x가 a보다 큰 값을 가지면서 a에 한없이 가까워질 때, $f(x)$의 값이 일정한 값 β에 한없이 가까워지면 β를 $x=a$에서의 $f(x)$의 우극한이라 하며, 다음과 같이 나타낸다.

$\lim_{x \to a+} f(x)=\beta$ 또는 $x \to a+$일 때, $f(x) \to \beta$

3. 함수의 극한값

함수 $f(x)$에서 $x=a$에서의 좌극한과 우극한이 모두 존재하고 그 값이 같으면 극한값 $\lim_{x \to a} f(x)$가 존재한다.

또한 그 역도 성립한다.

즉, $\lim_{x \to a} f(x)=\alpha$

$\Longleftrightarrow \lim_{x \to a-} f(x)=\lim_{x \to a+} f(x)=\alpha$ (단, α는 실수이다.)

보기

① 함수 $f(x)=\frac{|x|}{x}$에서

$\lim_{x \to 0-} \frac{|x|}{x}=\lim_{x \to 0-} \frac{-x}{x}=-1$

$\lim_{x \to 0+} \frac{|x|}{x}=\lim_{x \to 0+} \frac{x}{x}=1$

$\lim_{x \to 0-} \frac{|x|}{x} \neq \lim_{x \to 0+} \frac{|x|}{x}$

이므로 함수 $f(x)$는 $x=0$에서 극한값이 존재하지 않는다.

② 함수 $f(x)=\begin{cases} 1 & (x<0) \\ x+1 & (x>0) \end{cases}$에서

$\lim_{x \to 0-} f(x)=1$, $\lim_{x \to 0+} f(x)=1$

이므로 $\lim_{x \to 0} f(x)=1$이다.

09

▸ 24107-0009
2024학년도 9월 모의평가 4번

상 중 하

함수 $y=f(x)$의 그래프가 그림과 같다.

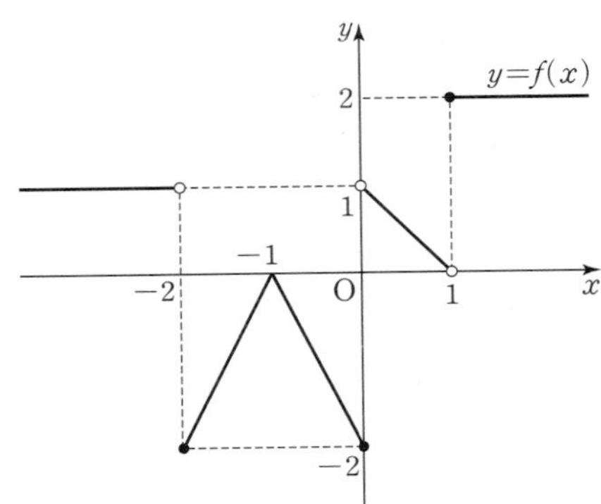

$\lim_{x \to -2+} f(x)+\lim_{x \to 1-} f(x)$의 값은? [3점]

① -2　② -1　③ 0　④ 1　⑤ 2

10

▸ 24107-0010
2018학년도 10월 학력평가 나형 6번

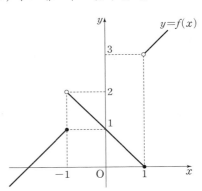

상 중 하

함수 $y=f(x)$의 그래프가 그림과 같다.

$\lim_{x \to -1-} f(x)+\lim_{x \to 1+} f(x)$의 값은? [3점]

① 1　② 2　③ 3　④ 4　⑤ 5

11

▸ 24107-0011

2023학년도 6월 모의평가 4번

상중하

함수 $y=f(x)$의 그래프가 그림과 같다.

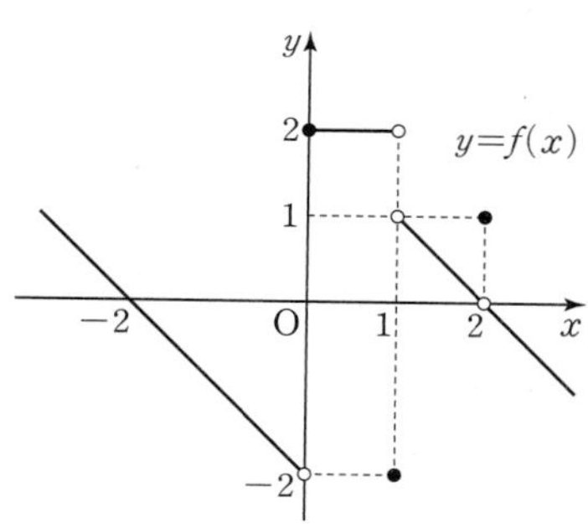

$\lim_{x\to 0-} f(x)+\lim_{x\to 1+} f(x)$의 값은? [3점]

① -2　　② -1　　③ 0　　④ 1　　⑤ 2

12

▸ 24107-0012

2022학년도 10월 학력평가 4번

상중하

함수 $y=f(x)$의 그래프가 그림과 같다.

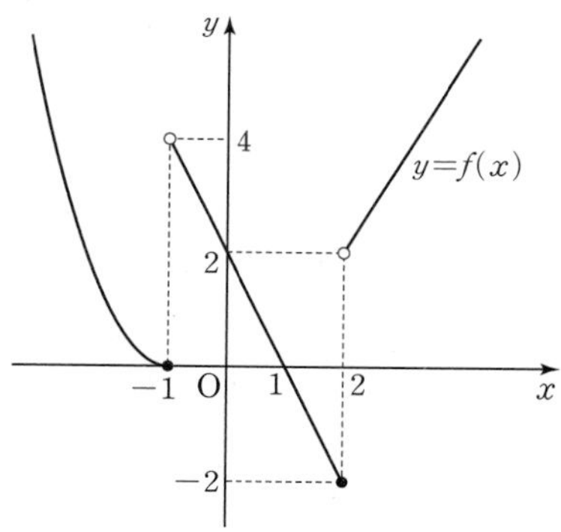

$\lim_{x\to -1+} f(x)+\lim_{x\to 2-} f(x)$의 값은? [3점]

① -4　　② -2　　③ 0　　④ 2　　⑤ 4

13

▸ 24107-0013

2019학년도 9월 모의평가 나형 6번

상중하

함수 $y=f(x)$의 그래프가 그림과 같다.

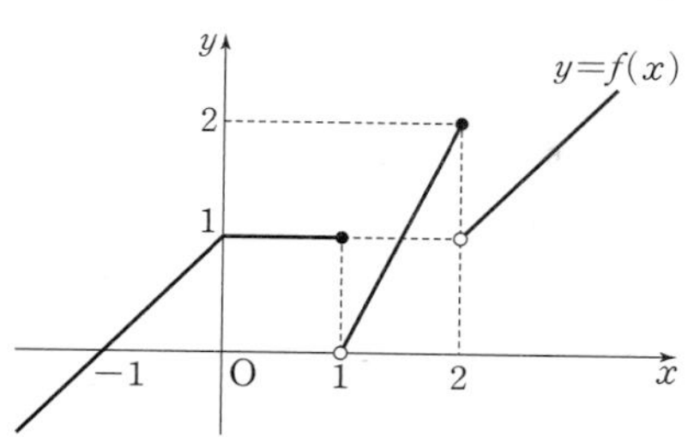

$\lim_{x\to 1-} f(x)+\lim_{x\to 2+} f(x)$의 값은? [3점]

① 1　　② 2　　③ 3　　④ 4　　⑤ 5

14

▸ 24107-0014

2019학년도 수능 나형 7번

함수 $y=f(x)$의 그래프가 그림과 같다.

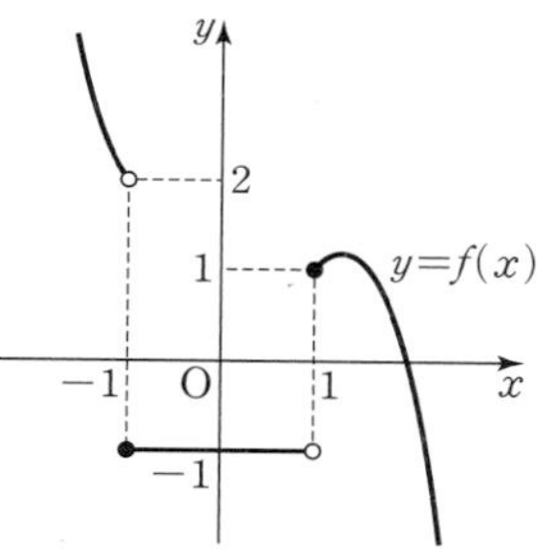

$\lim_{x\to -1-} f(x)-\lim_{x\to 1+} f(x)$의 값은? [3점]

① -2　　② -1　　③ 0　　④ 1　　⑤ 2

15

▸ 24107-0015

2018학년도 수능 나형 5번

상중하

함수 $y=f(x)$의 그래프가 그림과 같다.

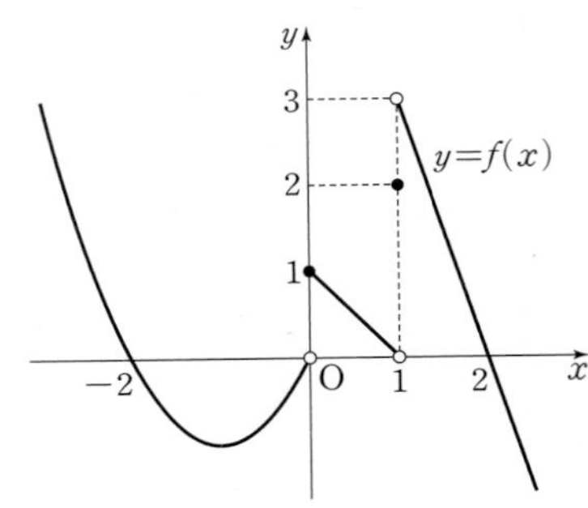

$\lim_{x \to 0-} f(x) + \lim_{x \to 1+} f(x)$의 값은? [3점]

① 1　② 2　③ 3　④ 4　⑤ 5

16

▸ 24107-0016

2022학년도 수능 4번

상중하

함수 $y=f(x)$의 그래프가 그림과 같다.

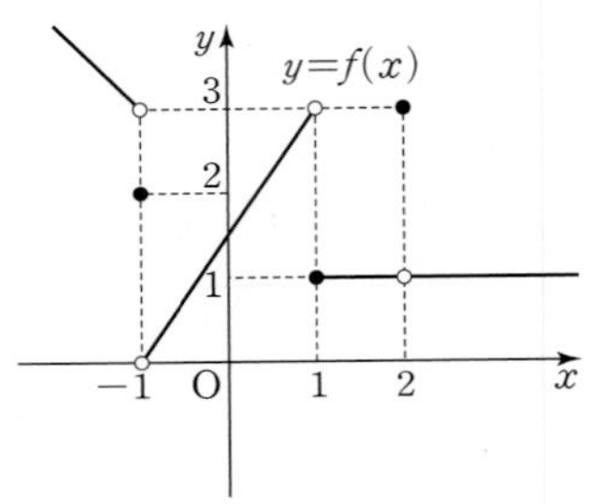

$\lim_{x \to -1-} f(x) + \lim_{x \to 2} f(x)$의 값은? [3점]

① 1　② 2　③ 3　④ 4　⑤ 5

17

▸ 24107-0017

2021학년도 3월 학력평가 5번

상중하

함수 $y=f(x)$의 그래프가 그림과 같다.

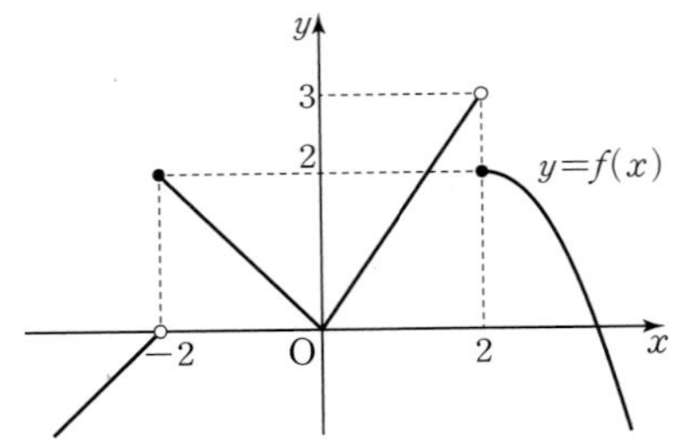

$\lim_{x \to -2+} f(x) + \lim_{x \to 2-} f(x)$의 값은? [3점]

① 6　② 5　③ 4　④ 3　⑤ 2

18

▸ 24107-0018

2017학년도 6월 모의평가 나형 10번

상중하

닫힌 구간 $[-1, 2]$에서 정의된 함수 $y=f(x)$의 그래프가 그림과 같다.

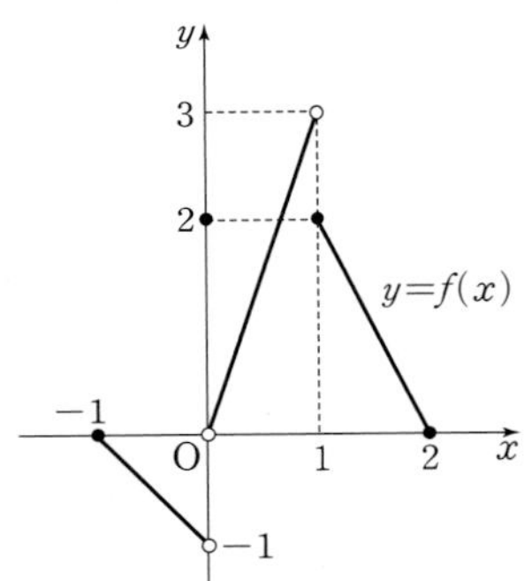

$\lim_{x \to 0-} f(x) + \lim_{x \to 1+} f(x)$의 값은? [3점]

① 1　② 2　③ 3　④ 4　⑤ 5

19

▸ 24107-0019

2019학년도 6월 모의평가 나형 10번

상중하

함수 $y=f(x)$의 그래프가 그림과 같다.

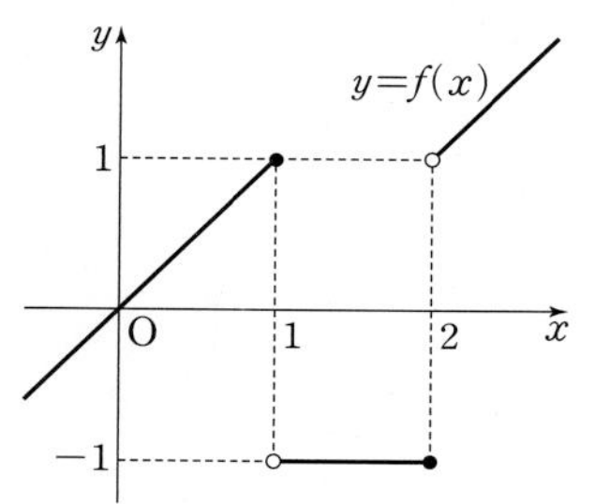

$\lim_{x \to 1-} f(x) + \lim_{x \to 2+} f(x)$의 값은? [3점]

① -2　② -1　③ 0　④ 1　⑤ 2

20

▸ 24107-0020

2022학년도 3월 학력평가 4번

상중하

함수 $y=f(x)$의 그래프가 그림과 같다.

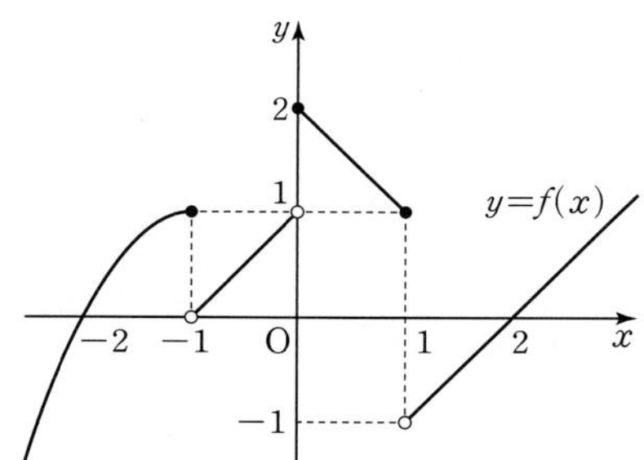

$\lim_{x \to -1+} f(x) + \lim_{x \to 1-} f(x)$의 값은? [3점]

① -2　② -1　③ 0　④ 1　⑤ 2

21

▸ 24107-0021

2022학년도 6월 모의평가 4번

상중하

함수 $y=f(x)$의 그래프가 그림과 같다.

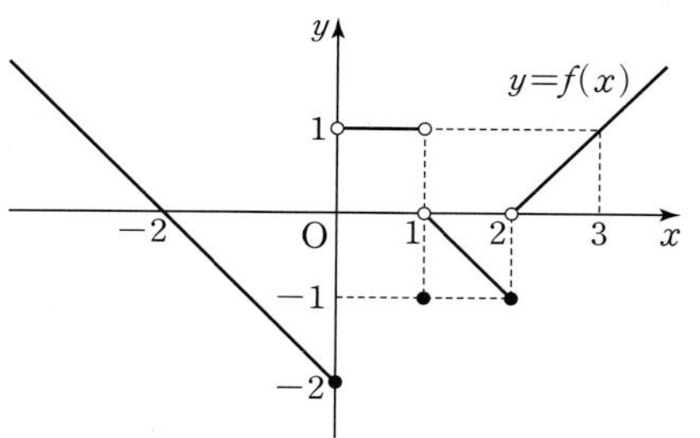

$\lim_{x \to 0-} f(x) + \lim_{x \to 2+} f(x)$의 값은? [3점]

① -2　② -1　③ 0　④ 1　⑤ 2

22

▶ 24107-0022

2021학년도 6월 모의평가 나형 7번

상중하

열린구간 $(0,\ 4)$에서 정의된 함수 $y=f(x)$의 그래프가 그림과 같다.

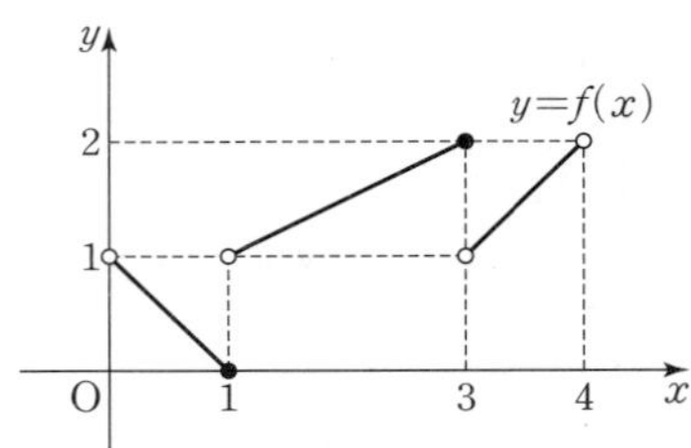

$\lim_{x \to 1+} f(x) - \lim_{x \to 3-} f(x)$의 값은? [3점]

① -2　② -1　③ 0　④ 1　⑤ 2

23

▶ 24107-0023

2020학년도 6월 모의평가 나형 7번

상중하

닫힌 구간 $[-2,\ 2]$에서 정의된 함수 $y=f(x)$의 그래프가 그림과 같다.

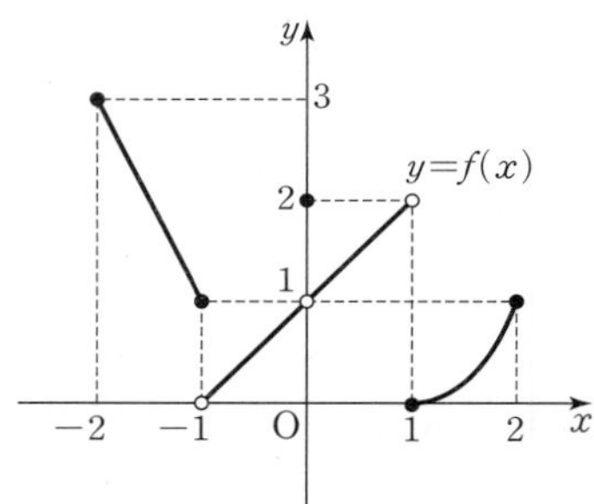

$\lim_{x \to -1+} f(x) + \lim_{x \to 1-} f(x)$의 값은? [3점]

① 1　② 2　③ 3　④ 4　⑤ 5

24

▶ 24107-0024

2021학년도 9월 모의평가 나형 6번

상중하

닫힌구간 $[-2,\ 2]$에서 정의된 함수 $y=f(x)$의 그래프가 그림과 같다.

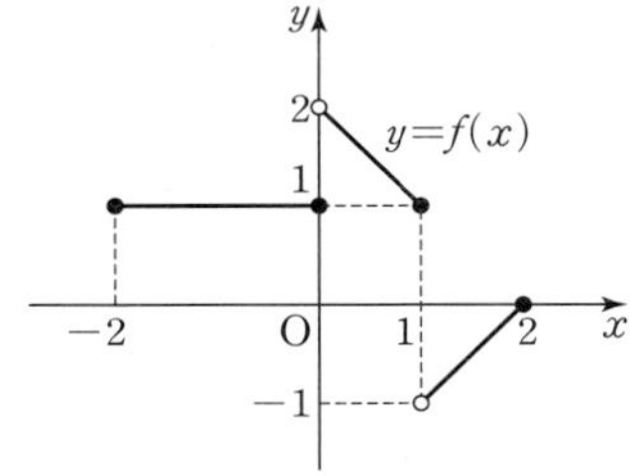

$\lim_{x \to 0+} f(x) + \lim_{x \to 2-} f(x)$의 값은? [3점]

① -2　② -1　③ 0　④ 1　⑤ 2

25

▶ 24107-0025

2018학년도 6월 모의평가 나형 9번

상중하

함수 $y=f(x)$의 그래프가 그림과 같다.

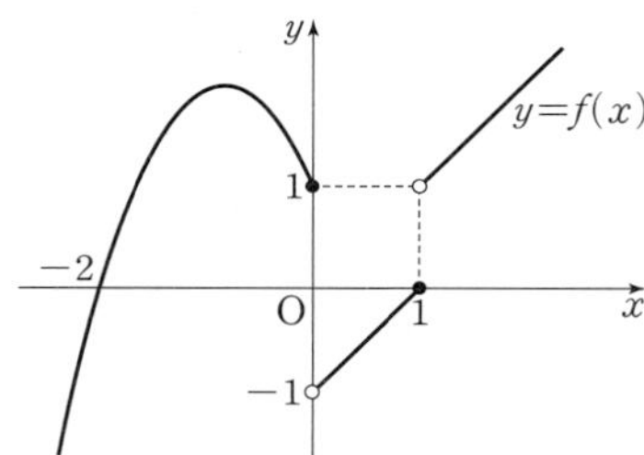

$\lim_{x \to 0-} f(x) + \lim_{x \to 1+} f(x)$의 값은? [3점]

① -2　② -1　③ 0　④ 1　⑤ 2

26

▸ 24107-0026

2020학년도 10월 학력평가 나형 8번

상 중 하

함수 $y=f(x)$의 그래프가 그림과 같다.

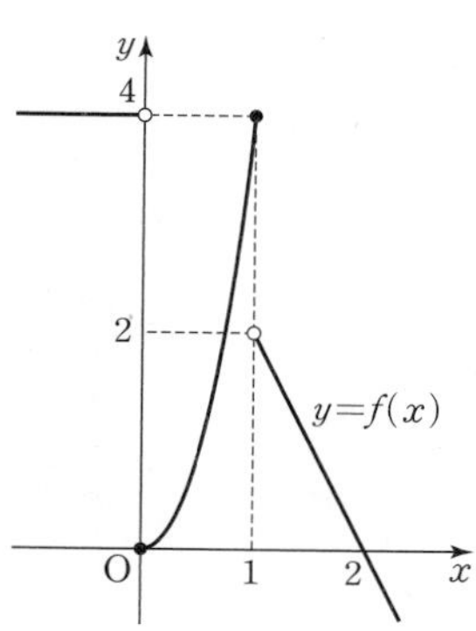

$\lim_{x\to1+} f(x) - \lim_{x\to0-} \frac{f(x)}{x-1}$의 값은? [3점]

① -6　② -3　③ 0　④ 3　⑤ 6

27

▸ 24107-0027

2018학년도 9월 모의평가 나형 5번

상 중 하

함수 $y=f(x)$의 그래프가 그림과 같다.

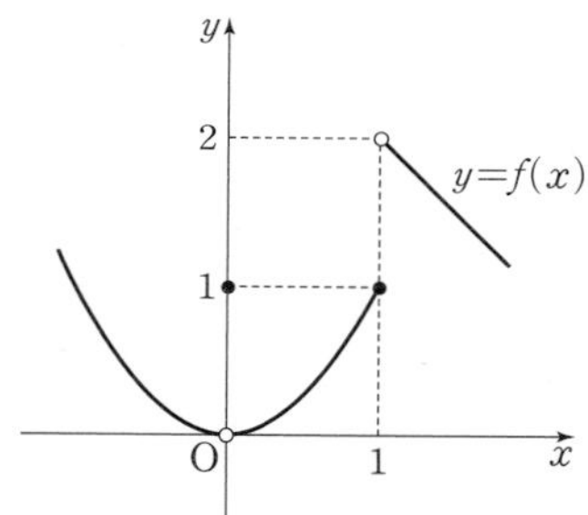

$\lim_{x\to0} f(x) + \lim_{x\to1+} f(x)$의 값은? [3점]

① -1　② 0　③ 1　④ 2　⑤ 3

28

▸ 24107-0028

2020학년도 수능 나형 8번

상 중 하

함수 $y=f(x)$의 그래프가 그림과 같다.

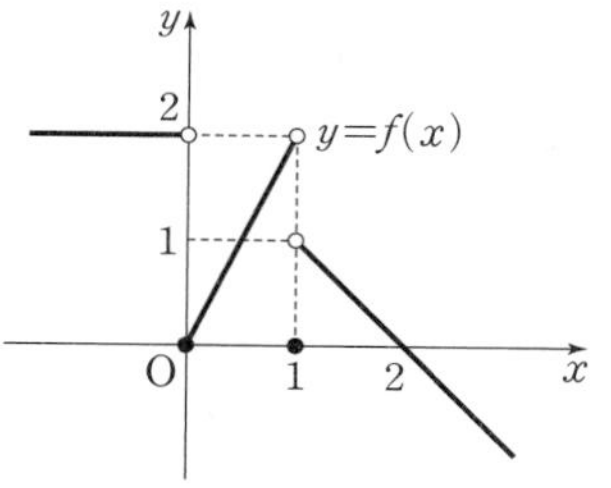

$\lim_{x\to0+} f(x) - \lim_{x\to1-} f(x)$의 값은? [3점]

① -2　② -1　③ 0　④ 1　⑤ 2

29

▸ 24107-0029

2020학년도 3월 학력평가 가형 8번

상 중 하

함수 $y=f(x)$의 그래프가 그림과 같다.

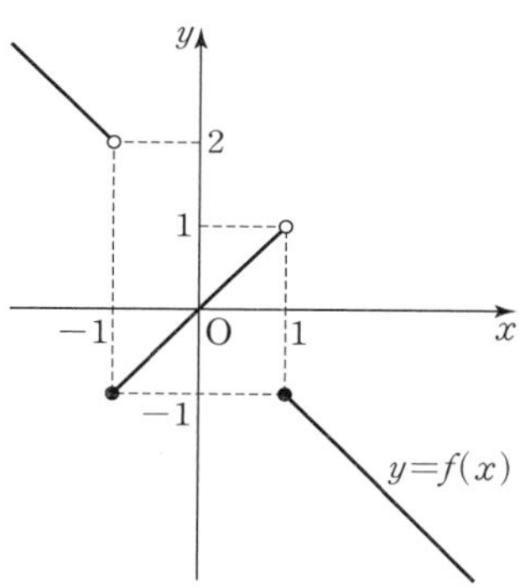

$\lim_{x\to0+} f(x-1) + \lim_{x\to1+} f(f(x))$의 값은? [3점]

① -2　② -1　③ 0　④ 1　⑤ 2

30

▸ 24107-0030
2021학년도 10월 학력평가 12번

상중하

곡선 $y=x^2-4$ 위의 점 $\mathrm{P}(t, t^2-4)$에서 원 $x^2+y^2=4$에 그은 두 접선의 접점을 각각 A, B라 하자. 삼각형 OAB의 넓이를 $S(t)$, 삼각형 PBA의 넓이를 $T(t)$라 할 때,

$$\lim_{t\to 2+}\frac{T(t)}{(t-2)S(t)}+\lim_{t\to\infty}\frac{T(t)}{(t^4-2)S(t)}$$

의 값은? (단, O는 원점이고, $t>2$이다.) [4점]

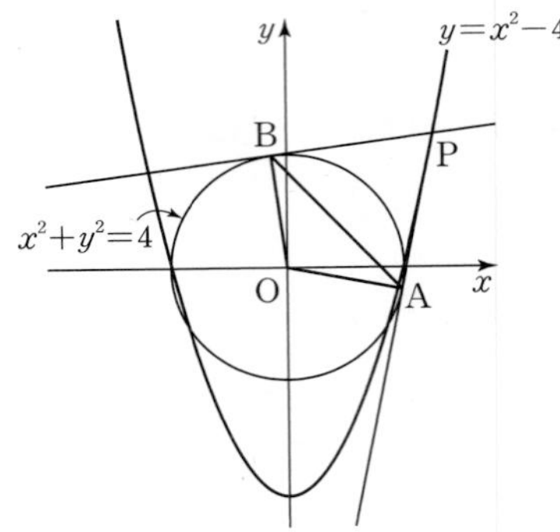

① 1　② $\frac{5}{4}$　③ $\frac{3}{2}$　④ $\frac{7}{4}$　⑤ 2

유형 3 미정계수의 결정

(1) 두 다항함수 $f(x)$, $g(x)$에 대하여

$\lim_{x\to a}\frac{f(x)}{g(x)}=L$ (L은 상수)일 때

① $\lim_{x\to a}g(x)=0$이면 $\lim_{x\to a}f(x)=0$

② $L\neq 0$이고 $\lim_{x\to a}f(x)=0$이면 $\lim_{x\to a}g(x)=0$

(2) 두 다항함수 $f(x)$, $g(x)$에 대하여

$\lim_{x\to\infty}\frac{g(x)}{f(x)}=\alpha$ (α는 0이 아닌 실수)이면

① ($f(x)$의 차수)=($g(x)$의 차수)

② $\alpha=\dfrac{(g(x)\text{의 최고차항의 계수})}{(f(x)\text{의 최고차항의 계수})}$

보기

등식 $\lim_{x\to 1}\frac{ax+b}{x-1}=1$을 만족시키는 상수 a, b의 값을 구해 보자.

$\lim_{x\to 1}(x-1)=0$이므로

$\lim_{x\to 1}(ax+b)=a+b=0$

$b=-a$를 주어진 식에 대입하면

$\lim_{x\to 1}\frac{a(x-1)}{x-1}=\lim_{x\to 1}a=a=1$

따라서 $b=-1$

31

▸ 24107-0031
2016학년도 6월 모의평가 A형 7번

상중하

두 상수 a, b에 대하여 $\lim_{x\to 1}\frac{4x-a}{x-1}=b$일 때, $a+b$의 값은?

[3점]

① 8　② 9　③ 10　④ 11　⑤ 12

32

▸ 24107-0032

2018학년도 9월 모의평가 나형 12번

상중하

다항함수 $f(x)$가 다음 조건을 만족시킨다.

> (가) $\lim_{x\to\infty}\frac{f(x)}{x^2}=2$
>
> (나) $\lim_{x\to0}\frac{f(x)}{x}=3$

$f(2)$의 값은? [3점]

① 11　② 14　③ 17　④ 20　⑤ 23

33

▸ 24107-0033

2016학년도 9월 모의평가 A형 28번

다항함수 $f(x)$가 다음 조건을 만족시킬 때, $f(2)$의 값을 구하시오. [4점]

> (가) $\lim_{x\to\infty}\frac{f(x)-x^3}{3x}=2$
>
> (나) $\lim_{x\to0}f(x)=-7$

34

▸ 24107-0034

2020학년도 9월 모의평가 나형 16번

상중하

다항함수 $f(x)$가

$$\lim_{x\to\infty}\frac{f(x)}{x^3}=1,\ \lim_{x\to-1}\frac{f(x)}{x+1}=2$$

를 만족시킨다. $f(1)\le12$일 때, $f(2)$의 최댓값은? [4점]

① 27　② 30　③ 33　④ 36　⑤ 39

35

▸ 24107-0035

2022학년도 9월 모의평가 8번

상중하

삼차함수 $f(x)$가

$$\lim_{x\to0}\frac{f(x)}{x}=\lim_{x\to1}\frac{f(x)}{x-1}=1$$

을 만족시킬 때, $f(2)$의 값은? [3점]

① 4　② 6　③ 8　④ 10　⑤ 12

36

▶ 24107-0036

2017학년도 10월 학력평가 나형 17번

상중하

최고차항의 계수가 1인 이차함수 $f(x)$가

$$\lim_{x\to 0}|x|\left\{f\left(\frac{1}{x}\right)-f\left(-\frac{1}{x}\right)\right\}=a,\ \lim_{x\to\infty}f\left(\frac{1}{x}\right)=3$$

을 만족시킬 때, $f(2)$의 값은? (단, a는 상수이다.) [4점]

① 1 ② 3 ③ 5 ④ 7 ⑤ 9

37

▶ 24107-0037

2020학년도 수능 나형 14번

상중하

상수항과 계수가 모두 정수인 두 다항함수 $f(x)$, $g(x)$가 다음 조건을 만족시킬 때, $f(2)$의 최댓값은? [4점]

(가) $\lim_{x\to\infty}\frac{f(x)g(x)}{x^3}=2$

(나) $\lim_{x\to 0}\frac{f(x)g(x)}{x^2}=-4$

① 4 ② 6 ③ 8 ④ 10 ⑤ 12

38

▶ 24107-0038

2017학년도 수능 나형 18번

상중하

최고차항의 계수가 1인 이차함수 $f(x)$가

$$\lim_{x\to a}\frac{f(x)-(x-a)}{f(x)+(x-a)}=\frac{3}{5}$$

을 만족시킨다. 방정식 $f(x)=0$의 두 근을 α, β라 할 때, $|\alpha-\beta|$의 값은? (단, a는 상수이다.) [4점]

① 1 ② 2 ③ 3 ④ 4 ⑤ 5

39

▸ 24107-0039
2020학년도 6월 모의평가 나형 20번
상중하

다음 조건을 만족시키는 모든 다항함수 $f(x)$에 대하여 $f(1)$의 최댓값은? [4점]

> $\lim_{x\to\infty}\frac{f(x)-4x^3+3x^2}{x^{n+1}+1}=6$, $\lim_{x\to 0}\frac{f(x)}{x^n}=4$인 자연수 n이 존재한다.

① 12　② 13　③ 14　④ 15　⑤ 16

40

▸ 24107-0040
2019학년도 10월 학력평가 나형 24번
상중하

최고차항의 계수가 1인 이차함수 $f(x)$에 대하여
$\lim_{x\to 5}\frac{f(x)-x}{x-5}=8$일 때, $f(7)$의 값을 구하시오. [3점]

유형 4 함수의 그래프와 연속

1. 함수의 연속 조건

함수 $f(x)$가 실수 a에 대하여 다음 세 조건을 모두 만족시킬 때, 함수 $f(x)$는 $x=a$에서 연속이라고 한다.

(1) 함수 $f(x)$는 $x=a$에서 정의되어 있다. 즉, 함숫값 $f(a)$가 존재한다.

(2) 극한값 $\lim_{x\to a}f(x)$가 존재한다.

(3) $\lim_{x\to a}f(x)=f(a)$

함수 $f(x)$가 $x=a$에서 연속이 아닐 때, $f(x)$는 $x=a$에서 불연속이라고 한다. 즉, 함수 $f(x)$가 위의 세 조건 중 어느 하나라도 만족시키지 않으면 $x=a$에서 불연속이다.

2. 연속함수의 성질

두 함수 $f(x)$, $g(x)$가 어떤 구간에서 연속이면 다음 함수도 그 구간에서 연속이다.

(1) $kf(x)$ (단, k는 상수이다.)

(2) $f(x)+g(x)$, $f(x)-g(x)$

(3) $f(x)g(x)$

(4) $\frac{f(x)}{g(x)}$ (단, $g(x)\neq 0$)

보기

함수 $f(x)=\begin{cases}\frac{x^2-4x+4}{x-2} & (x\neq 2)\\ 0 & (x=2)\end{cases}$ 가 $x=2$에서 연속인지 불연속인지 알아보자.

$f(2)=0$, $\lim_{x\to 2}f(x)=\lim_{x\to 2}\frac{(x-2)^2}{x-2}=\lim_{x\to 2}(x-2)=0$

따라서 $f(2)=\lim_{x\to 2}f(x)$이므로 $f(x)$는 $x=2$에서 연속이다.

41

▸ 24107-0041
2024학년도 수능 4번
상중하

함수

$$f(x)=\begin{cases}3x-a & (x<2)\\ x^2+a & (x\geq 2)\end{cases}$$

가 실수 전체의 집합에서 연속일 때, 상수 a의 값은? [3점]

① 1　② 2　③ 3　④ 4　⑤ 5

42

▸ 24107-0042

2024학년도 6월 모의평가 4번

상중하

실수 전체의 집합에서 연속인 함수 $f(x)$가

$$\lim_{x \to 1} f(x) = 4 - f(1)$$

을 만족시킬 때, $f(1)$의 값은? [3점]

① 1　② 2　③ 3　④ 4　⑤ 5

43

▸ 24107-0043

2023학년도 3월 학력평가 6번

상중하

함수

$$f(x) = \begin{cases} x^2 - ax + 1 & (x < 2) \\ -x + 1 & (x \geq 2) \end{cases}$$

에 대하여 함수 $\{f(x)\}^2$이 실수 전체의 집합에서 연속이 되도록 하는 모든 상수 a의 값의 합은? [3점]

① 5　② 6　③ 7　④ 8　⑤ 9

44

▸ 24107-0044

2023학년도 9월 모의평가 4번

상중하

함수

$$f(x) = \begin{cases} -2x + a & (x \leq a) \\ ax - 6 & (x > a) \end{cases}$$

가 실수 전체의 집합에서 연속이 되도록 하는 모든 상수 a의 값의 합은? [3점]

① -1　② -2　③ -3　④ -4　⑤ -5

45

▸ 24107-0045

2021학년도 3월 학력평가 6번

상중하

함수

$$f(x) = \begin{cases} \dfrac{x^2 + ax + b}{x - 3} & (x < 3) \\ \dfrac{2x + 1}{x - 2} & (x \geq 3) \end{cases}$$

이 실수 전체의 집합에서 연속일 때, $a - b$의 값은?

(단, a, b는 상수이다.) [3점]

① 9　② 10　③ 11　④ 12　⑤ 13

46

▸ 24107-0046
2020학년도 3월 학력평가 나형 6번

상 중 하

모든 실수에서 연속인 함수 $f(x)$가

$$(x-1)f(x)=x^2-3x+2$$

를 만족시킬 때, $f(1)$의 값은? [3점]

① -2　② -1　③ 0
④ 1　⑤ 2

47

▸ 24107-0047
2021학년도 10월 학력평가 5번

상 중 하

함수 $y=f(x)$의 그래프가 그림과 같다.

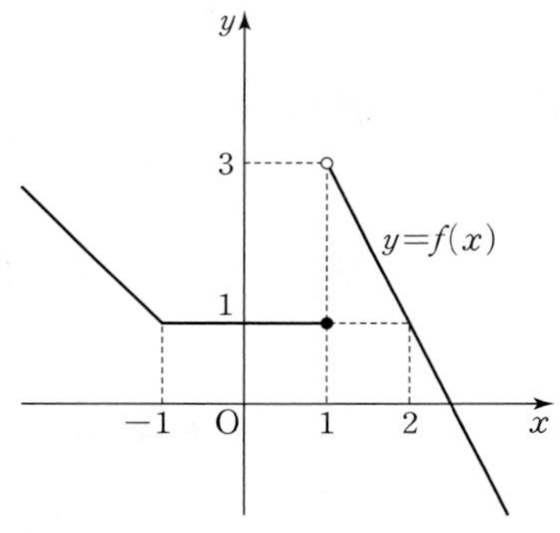

함수 $(x^2+ax+b)f(x)$가 $x=1$에서 연속일 때, $a+b$의 값은? (단, a, b는 실수이다.) [3점]

① -2　② -1　③ 0
④ 1　⑤ 2

48

▸ 24107-0048
2023학년도 6월 모의평가 6번

상 중 하

두 양수 a, b에 대하여 함수 $f(x)$가

$$f(x)=\begin{cases} x+a & (x<-1) \\ x & (-1\le x<3) \\ bx-2 & (x\ge 3) \end{cases}$$

이다. 함수 $|f(x)|$가 실수 전체의 집합에서 연속일 때, $a+b$의 값은? [3점]

① $\frac{7}{3}$　② $\frac{8}{3}$　③ 3
④ $\frac{10}{3}$　⑤ $\frac{11}{3}$

49

▸ 24107-0049
2023학년도 3월 학력평가 12번

상 중 하

곡선 $y=x^2$과 기울기가 1인 직선 l이 서로 다른 두 점 A, B에서 만난다. 양의 실수 t에 대하여 선분 AB의 길이가 $2t$가 되도록 하는 직선 l의 y절편을 $g(t)$라 할 때, $\lim_{t\to\infty}\frac{g(t)}{t^2}$의 값은? [4점]

① $\frac{1}{16}$　② $\frac{1}{8}$　③ $\frac{1}{4}$
④ $\frac{1}{2}$　⑤ 1

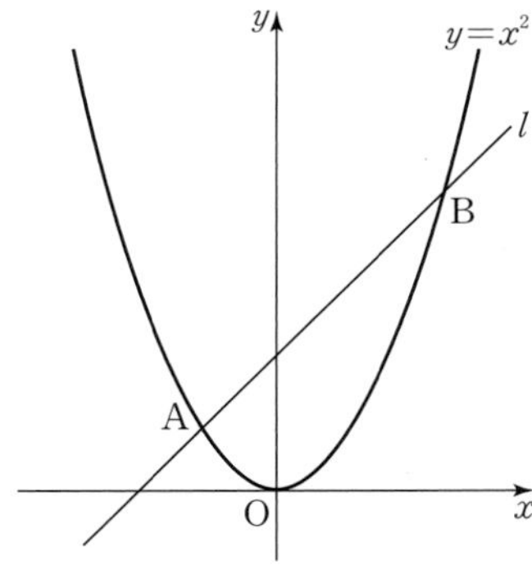

50
▶ 24107-0050
2022학년도 6월 모의평가 8번
상중하

함수

$$f(x)=\begin{cases} -2x+6 & (x<a) \\ 2x-a & (x\geq a) \end{cases}$$

에 대하여 함수 $\{f(x)\}^2$이 실수 전체의 집합에서 연속이 되도록 하는 모든 상수 a의 값의 합은? [3점]

① 2　　② 4　　③ 6
④ 8　　⑤ 10

51
▶ 24107-0051
2020학년도 3월 학력평가 가형 12번
상중하

두 함수

$$f(x)=\begin{cases} \dfrac{1}{x-1} & (x<1) \\ \dfrac{1}{2x+1} & (x\geq 1) \end{cases},$$

$$g(x)=2x^3+ax+b$$

에 대하여 함수 $f(x)g(x)$가 실수 전체의 집합에서 연속일 때, $b-a$의 값은? (단, a, b는 상수이다.) [3점]

① 10　　② 9　　③ 8
④ 7　　⑤ 6

52
▶ 24107-0052
2023학년도 10월 학력평가 4번
상중하

두 자연수 m, n에 대하여 함수 $f(x)=x(x-m)(x-n)$이

$$f(1)f(3)<0,\ f(3)f(5)<0$$

을 만족시킬 때, $f(6)$의 값은? [3점]

① 30　　② 36　　③ 42
④ 48　　⑤ 54

53
▶ 24107-0053
2024학년도 9월 모의평가 15번
상중하

최고차항의 계수가 1인 삼차함수 $f(x)$에 대하여 함수 $g(x)$를

$$g(x)=\begin{cases} \dfrac{f(x+3)\{f(x)+1\}}{f(x)} & (f(x)\neq 0) \\ 3 & (f(x)=0) \end{cases}$$

이라 하자. $\lim_{x\to 3} g(x)=g(3)-1$일 때, $g(5)$의 값은? [4점]

① 14　　② 16　　③ 18
④ 20　　⑤ 22

54

▸ 24107-0054
2021학년도 수능 나형 26번
상중하

함수

$$f(x)=\begin{cases} -3x+a & (x\le 1) \\ \dfrac{x+b}{\sqrt{x+3}-2} & (x>1) \end{cases}$$

이 실수 전체의 집합에서 연속일 때, $a+b$의 값을 구하시오.
(단, a와 b는 상수이다.) [4점]

55

▸ 24107-0055
2022학년도 수능 12번
상중하

실수 전체의 집합에서 연속인 함수 $f(x)$가 모든 실수 x에 대하여

$$\{f(x)\}^3-\{f(x)\}^2-x^2f(x)+x^2=0$$

을 만족시킨다. 함수 $f(x)$의 최댓값이 1이고 최솟값이 0일 때, $f\left(-\frac{4}{3}\right)+f(0)+f\left(\frac{1}{2}\right)$의 값은? [4점]

① $\frac{1}{2}$ ② 1 ③ $\frac{3}{2}$
④ 2 ⑤ $\frac{5}{2}$

56

▸ 24107-0056
2020학년도 6월 모의평가 나형 15번
상중하

두 함수

$$f(x)=\begin{cases} -2x+3 & (x<0) \\ -2x+2 & (x\ge 0) \end{cases},\quad g(x)=\begin{cases} 2x & (x<a) \\ 2x-1 & (x\ge a) \end{cases}$$

가 있다. 함수 $f(x)g(x)$가 실수 전체의 집합에서 연속이 되도록 하는 상수 a의 값은? [4점]

① -2 ② -1 ③ 0
④ 1 ⑤ 2

57

▸ 24107-0057
2022학년도 10월 학력평가 11번
상중하

두 정수 a, b에 대하여 실수 전체의 집합에서 연속인 함수 $f(x)$가 다음 조건을 만족시킨다.

(가) $0\le x<4$에서 $f(x)=ax^2+bx-24$이다.
(나) 모든 실수 x에 대하여 $f(x+4)=f(x)$이다.

$1<x<10$일 때, 방정식 $f(x)=0$의 서로 다른 실근의 개수가 5이다. $a+b$의 값은? [4점]

① 18 ② 19 ③ 20
④ 21 ⑤ 22

58

▶ 24107-0058

2022학년도 3월 학력평가 12번

상중하

$a>2$인 상수 a에 대하여 함수 $f(x)$를

$$f(x)=\begin{cases} x^2-4x+3 & (x\le 2) \\ -x^2+ax & (x>2) \end{cases}$$

라 하자. 최고차항의 계수가 1인 삼차함수 $g(x)$에 대하여 실수 전체의 집합에서 연속인 함수 $h(x)$가 다음 조건을 만족시킬 때, $h(1)+h(3)$의 값은? [4점]

> (가) $x\neq 1$, $x\neq a$일 때, $h(x)=\dfrac{g(x)}{f(x)}$이다.
>
> (나) $h(1)=h(a)$

① $-\dfrac{15}{6}$ ② $-\dfrac{7}{3}$ ③ $-\dfrac{13}{6}$

④ -2 ⑤ $-\dfrac{11}{6}$

59

▶ 24107-0059

2019학년도 10월 학력평가 나형 14번

상중하

최고차항의 계수가 1인 이차함수 $f(x)$와 함수

$$g(x)=\begin{cases} -|x|+2 & (|x|\le 2) \\ 1 & (|x|>2) \end{cases}$$

에 대하여 함수 $f(x)g(x)$가 실수 전체의 집합에서 연속이다. 함수 $y=f(x-a)g(x)$의 그래프가 한 점에서만 불연속이 되도록 하는 모든 실수 a의 값의 곱은? [4점]

① -16 ② -12 ③ -8

④ -4 ⑤ -1

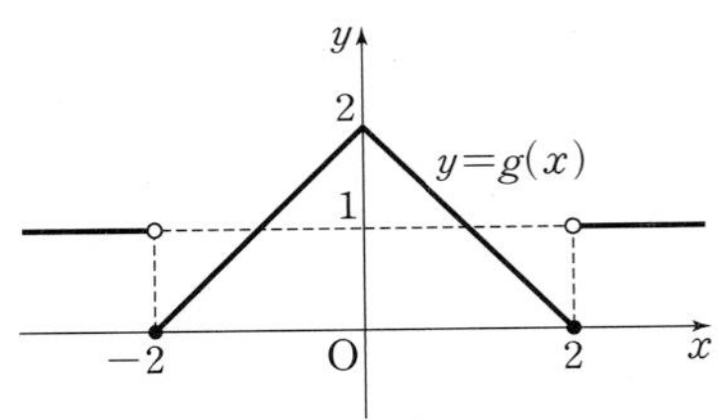

60

▶ 24107-0060

2019학년도 6월 모의평가 나형 28번

상중하

이차함수 $f(x)$가 다음 조건을 만족시킨다.

> (가) 함수 $\dfrac{x}{f(x)}$는 $x=1$, $x=2$에서 불연속이다.
>
> (나) $\displaystyle\lim_{x\to 2}\dfrac{f(x)}{x-2}=4$

$f(4)$의 값을 구하시오. [4점]

61

▸ 24107-0061
2019학년도 9월 모의평가 나형 18번
상중하

닫힌구간 $[-1, 1]$에서 정의된 함수 $y=f(x)$의 그래프가 그림과 같다. 닫힌구간 $[-1, 1]$에서 두 함수 $g(x)$, $h(x)$가

$$g(x)=f(x)+|f(x)|,\ h(x)=f(x)+f(-x)$$

일 때, 〈보기〉에서 옳은 것만을 있는 대로 고른 것은? [4점]

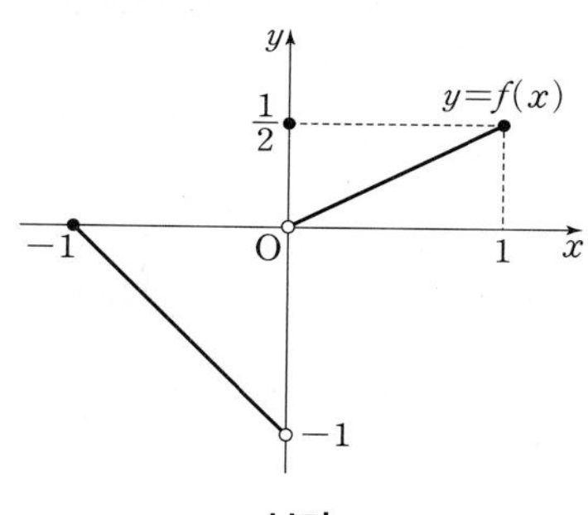

보기

ㄱ. $\lim_{x\to 0} g(x)=0$

ㄴ. 함수 $|h(x)|$는 $x=0$에서 연속이다.

ㄷ. 함수 $g(x)|h(x)|$는 $x=0$에서 연속이다.

① ㄱ　② ㄷ　③ ㄱ, ㄴ　④ ㄴ, ㄷ　⑤ ㄱ, ㄴ, ㄷ

62

▸ 24107-0062
2018학년도 10월 학력평가 나형 15번
상중하

함수

$$f(x)=\begin{cases} x+2 & (x\le a) \\ x^2-4 & (x>a) \end{cases}$$

에 대하여 함수 $|f(x)|$가 실수 전체의 집합에서 연속이 되도록 하는 모든 실수 a의 값의 합은? [4점]

① -3　② -2　③ -1　④ 1　⑤ 2

63

▸ 24107-0063
2021학년도 3월 학력평가 20번
상중하

실수 m에 대하여 직선 $y=mx$와 함수

$$f(x)=2x+3+|x-1|$$

의 그래프의 교점의 개수를 $g(m)$이라 하자. 최고차항의 계수가 1인 이차함수 $h(x)$에 대하여 함수 $g(x)h(x)$가 실수 전체의 집합에서 연속일 때, $h(5)$의 값을 구하시오. [4점]

도전 1등급 문제

01

▸ 24107-0064

2020학년도 3월 학력평가 가형 20번

그림과 같이 좌표평면 위의 네 점 O(0, 0), A(0, 2), B(−2, 2), C(−2, 0)과 점 P(t, 0) ($t>0$)에 대하여 직선 l이 정사각형 OABC의 넓이와 직각삼각형 AOP의 넓이를 각각 이등분한다. 양의 실수 t에 대하여 직선 l의 y절편을 $f(t)$라 할 때, $\lim_{t \to 0+} f(t)$의 값은? [4점]

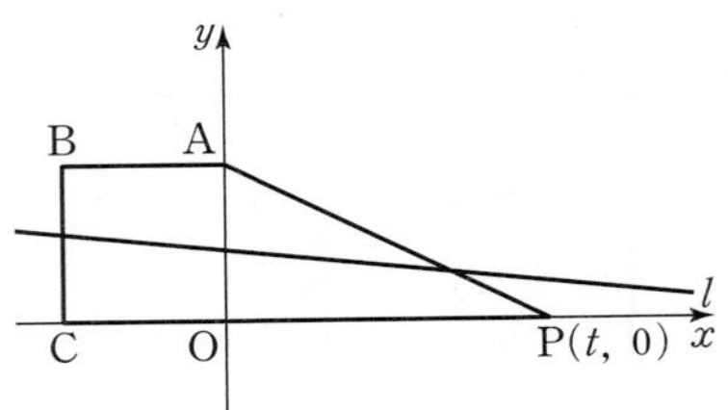

① $\frac{2-\sqrt{2}}{2}$ ② $2-\sqrt{2}$ ③ $\frac{2+\sqrt{2}}{4}$
④ 1 ⑤ $\frac{2+\sqrt{2}}{3}$

02

▸ 24107-0065

2019학년도 수능 나형 21번

최고차항의 계수가 1인 삼차함수 $f(x)$에 대하여 실수 전체의 집합에서 연속인 함수 $g(x)$가 다음 조건을 만족시킨다.

(가) 모든 실수 x에 대하여 $f(x)g(x)=x(x+3)$이다.
(나) $g(0)=1$

$f(1)$이 자연수일 때, $g(2)$의 최솟값은? [4점]

① $\frac{5}{13}$ ② $\frac{5}{14}$ ③ $\frac{1}{3}$
④ $\frac{5}{16}$ ⑤ $\frac{5}{17}$

03

▸ 24107-0066

2023학년도 수능 14번

다항함수 $f(x)$에 대하여 함수 $g(x)$를 다음과 같이 정의한다.

$$g(x)=\begin{cases} x & (x<-1 \text{ 또는 } x>1) \\ f(x) & (-1 \le x \le 1) \end{cases}$$

함수 $h(x)=\lim_{t \to 0+} g(x+t) \times \lim_{t \to 2+} g(x+t)$에 대하여 <보기>에서 옳은 것만을 있는 대로 고른 것은? [4점]

보기

ㄱ. $h(1)=3$
ㄴ. 함수 $h(x)$는 실수 전체의 집합에서 연속이다.
ㄷ. 함수 $g(x)$가 닫힌구간 $[-1, 1]$에서 감소하고 $g(-1)=-2$이면 함수 $h(x)$는 실수 전체의 집합에서 최솟값을 갖는다.

① ㄱ ② ㄴ ③ ㄱ, ㄴ
④ ㄱ, ㄷ ⑤ ㄴ, ㄷ

04

▸ 24107-0067

2022학년도 10월 학력평가 20번

최고차항의 계수가 1이고 다음 조건을 만족시키는 모든 삼차함수 $f(x)$에 대하여 $f(5)$의 최댓값을 구하시오. [4점]

(가) $\lim_{x \to 0} \frac{|f(x)-1|}{x}$의 값이 존재한다.
(나) 모든 실수 x에 대하여 $xf(x) \geq -4x^2+x$이다.

05

▸ 24107-0068

2019학년도 6월 모의평가 나형 29번

함수

$$f(x)=\begin{cases} ax+b & (x<1) \\ cx^2+\frac{5}{2}x & (x\geq 1) \end{cases}$$

이 실수 전체의 집합에서 연속이고 역함수를 갖는다. 함수 $y=f(x)$의 그래프와 역함수 $y=f^{-1}(x)$의 그래프의 교점의 개수가 3이고, 그 교점의 x좌표가 각각 -1, 1, 2일 때, $2a+4b-10c$의 값을 구하시오. (단, a, b, c는 상수이다.) [4점]

06

▸ 24107-0069

2023학년도 6월 모의평가 22번

두 양수 a, b $(b>3)$과 최고차항의 계수가 1인 이차함수 $f(x)$에 대하여 함수

$$g(x)=\begin{cases} (x+3)f(x) & (x<0) \\ (x+a)f(x-b) & (x\geq 0) \end{cases}$$

이 실수 전체의 집합에서 연속이고 다음 조건을 만족시킬 때, $g(4)$의 값을 구하시오. [4점]

$\lim_{x \to -3} \frac{\sqrt{|g(x)|+\{g(t)\}^2}-|g(t)|}{(x+3)^2}$의 값이 존재하지 않는 실수 t의 값은 -3과 6뿐이다.

미분

- 유형 1 평균변화율과 미분계수
- 유형 2 미분가능성
- 유형 3 다항함수의 도함수
- 유형 4 접선의 방정식
- 유형 5 함수의 증가와 감소, 극대와 극소, 최대와 최소
- 유형 6 방정식과 부등식에의 활용
- 유형 7 속도와 가속도

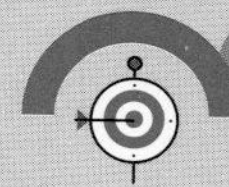

2024 수능 출제 분석

- 함수의 극대, 극소를 이용하여 미정계수를 구하는 문제가 출제되었다.
- 함수의 그래프와 직선이 만나는 점의 개수가 조건을 만족시키는 미정계수를 구하는 문제가 출제되었다.
- 곱의 미분법을 이용하여 미분계수를 구하는 기본적인 문제가 출제되었다.
- 곡선 위의 점에서 그은 접선의 방정식을 이용하는 문제가 출제되었다.
- 함수의 극대, 극소를 이용하여 조건을 만족시키는 함수의 값을 구하는 문제가 출제되었다.

2025 수능 예측

1. 미분계수의 정의와 미분법을 이용하여 미분계수, 도함수를 구하는 간단한 계산 문제는 자주 출제된다. 쉬운 문제이지만 계산 실수에 주의하도록 한다.
2. 접선의 방정식을 구하거나 함수의 그래프와 관련된 방정식이나 부등식의 해를 구하는 문제의 출제가 예상되므로 여러 문제를 풀어 익혀 둔다.
3. 함수의 증가와 감소, 극대와 극소에 관련하여 함수를 추론하는 문제, 최댓값과 최솟값을 구하는 문제의 출제 비율이 높으므로 정확히 해석하고 파악할 수 있도록 한다.

한눈에 보는 출제 빈도

연도 \ 핵심 주제		유형 1 평균변화율과 미분계수	유형 2 미분가능성	유형 3 다항함수의 도함수	유형 4 접선의 방정식	유형 5 함수의 증가와 감소, 극대와 극소, 최대와 최소	유형 6 방정식과 부등식에의 활용	유형 7 속도와 가속도
2024 학년도	수능	1			1	3		
	9월 모평	1		1	1	2		
	6월 모평	1		1	1	1	2	
2023 학년도	수능	1			2	1	1	
	9월 모평	1			1	1	2	
	6월 모평	1				2	1	
2022 학년도	수능			1	1	1	1	
	9월 모평	1		1		1	2	
	6월 모평			1		2	1	
2021 학년도	수능	1	1	1	1		1	
	9월 모평		2	1	1		1	
	6월 모평	1	1	1	1	1	1	
2020 학년도	수능		1			1	1	1
	9월 모평				1	1	1	
	6월 모평					2	1	1

수능 유형별 기출 문제

유형 1 평균변화율과 미분계수

1. 평균변화율

(1) 함수 $y=f(x)$에서 x의 값이 a에서 b까지 변할 때

$$\frac{\Delta y}{\Delta x}=\frac{f(b)-f(a)}{b-a}$$

를 x의 값이 a에서 b까지 변할 때의 $y=f(x)$의 평균변화율이라고 한다.

(2) 함수 $y=f(x)$의 평균변화율은 곡선 $y=f(x)$ 위의 두 점 $\mathrm{P}(a, f(a))$, $\mathrm{Q}(b, f(b))$를 지나는 직선 PQ의 기울기이다.

2. 미분계수

함수 $f(x)$의 $x=a$에서의 미분계수 $f'(a)$는

$$f'(a)=\lim_{x\to a}\frac{f(x)-f(a)}{x-a}=\lim_{h\to 0}\frac{f(a+h)-f(a)}{h}$$

3. 미분법의 공식

두 함수 $f(x)$, $g(x)$의 도함수가 존재할 때

(1) $y=x^n$ (n은 자연수) ⇨ $y'=nx^{n-1}$

(2) $y=c$ (c는 상수) ⇨ $y'=0$

(3) $y=cf(x)$ (c는 상수) ⇨ $y'=cf'(x)$

(4) $y=f(x)+g(x)$ ⇨ $y'=f'(x)+g'(x)$

(5) $y=f(x)-g(x)$ ⇨ $y'=f'(x)-g'(x)$

보기

① 함수 $y=x^2$에 대하여 $x=1$에서 $x=4$까지 변할 때의 평균변화율은

$$\frac{f(4)-f(1)}{4-1}=\frac{4^2-1^2}{4-1}=5$$

② 함수 $f(x)=x^2$의 $x=2$에서의 미분계수 $f'(2)$는

$$f'(2)=\lim_{x\to 2}\frac{f(x)-f(2)}{x-2}=\lim_{x\to 2}\frac{x^2-2^2}{x-2}$$

$$=\lim_{x\to 2}\frac{(x+2)(x-2)}{x-2}=\lim_{x\to 2}(x+2)=4$$

01 ▸ 24107-0070
2024학년도 수능 17번 상중하

함수 $f(x)=(x+1)(x^2+3)$에 대하여 $f'(1)$의 값을 구하시오. [3점]

02 ▸ 24107-0071
2024학년도 9월 모의평가 2번 상중하

함수 $f(x)=2x^2-x$에 대하여 $\lim_{x\to 1}\frac{f(x)-1}{x-1}$의 값은? [2점]

① 1 ② 2 ③ 3 ④ 4 ⑤ 5

03 ▸ 24107-0072
2021학년도 10월 학력평가 16번 상중하

함수 $f(x)=2x^2+ax+3$에 대하여 $x=2$에서의 미분계수가 18일 때, 상수 a의 값을 구하시오. [3점]

04 ▸ 24107-0073
2023학년도 10월 학력평가 2번 상중하

함수 $f(x)=2x^3+3x$에 대하여 $\lim_{h\to 0}\frac{f(2h)-f(0)}{h}$의 값은? [2점]

① 0 ② 2 ③ 4 ④ 6 ⑤ 8

05

▶ 24107-0074

2024학년도 6월 모의평가 2번

상중하

함수 $f(x)=x^2-2x+3$에 대하여 $\lim_{h\to 0}\frac{f(3+h)-f(3)}{h}$의 값은? [2점]

① 1　　② 2　　③ 3　　④ 4　　⑤ 5

06

▶ 24107-0075

2023학년도 수능 4번

상중하

다항함수 $f(x)$에 대하여 함수 $g(x)$를

$$g(x)=x^2f(x)$$

라 하자. $f(2)=1$, $f'(2)=3$일 때, $g'(2)$의 값은? [3점]

① 12　　② 14　　③ 16　　④ 18　　⑤ 20

07

▶ 24107-0076

2021학년도 3월 학력평가 16번

상중하

두 함수 $f(x)=2x^2+5x+3$, $g(x)=x^3+2$에 대하여 함수 $f(x)g(x)$의 $x=0$에서의 미분계수를 구하시오. [3점]

08

▶ 24107-0077

2022학년도 3월 학력평가 6번

상중하

함수 $f(x)=2x^2-3x+5$에서 x의 값이 a에서 $a+1$까지 변할 때의 평균변화율이 7이다. $\lim_{h\to 0}\frac{f(a+2h)-f(a)}{h}$의 값은?

(단, a는 상수이다.) [3점]

① 6　　② 8　　③ 10　　④ 12　　⑤ 14

09

▸24107-0078

2022학년도 9월 모의평가 19번

상중하

함수 $f(x)=x^3-6x^2+5x$에서 x의 값이 0에서 4까지 변할 때의 평균변화율과 $f'(a)$의 값이 같게 되도록 하는 $0<a<4$인 모든 실수 a의 값의 곱은 $\frac{q}{p}$이다. $p+q$의 값을 구하시오.

(단, p와 q는 서로소인 자연수이다.) [3점]

10

▸24107-0079

2021학년도 3월 학력평가 12번

상중하

두 다항함수 $f(x)$, $g(x)$가 다음 조건을 만족시킨다.

> (가) $\lim_{x\to1}\frac{f(x)-g(x)}{x-1}=5$
>
> (나) $\lim_{x\to1}\frac{f(x)+g(x)-2f(1)}{x-1}=7$

두 실수 a, b에 대하여 $\lim_{x\to1}\frac{f(x)-a}{x-1}=b\times g(1)$일 때, ab의 값은? [4점]

① 4　② 5　③ 6　④ 7　⑤ 8

11

▸24107-0080

2021학년도 6월 모의평가 나형 26번

상중하

함수 $f(x)=x^3-3x^2+5x$에서 x의 값이 0에서 a까지 변할 때의 평균변화율이 $f'(2)$의 값과 같게 되도록 하는 양수 a의 값을 구하시오. [4점]

12

▸24107-0081

2021학년도 수능 나형 17번

상중하

두 다항함수 $f(x)$, $g(x)$가

$$\lim_{x\to0}\frac{f(x)+g(x)}{x}=3,\ \lim_{x\to0}\frac{f(x)+3}{xg(x)}=2$$

를 만족시킨다. 함수 $h(x)=f(x)g(x)$에 대하여 $h'(0)$의 값은? [4점]

① 27　② 30　③ 33　④ 36　⑤ 39

유형 2 미분가능성

1. 미분가능성과 연속성
함수 $f(x)$가 $x=a$에서 미분가능하면 $f(x)$는 $x=a$에서 연속이다. 그러나 역이 반드시 성립하는 것은 아니다.
2. 구간별로 다르게 정의된 함수의 미분가능성
다항함수 $f(x)$, $g(x)$에 대하여 함수

$F(x)=\begin{cases} f(x) & (x<a) \\ g(x) & (x\geq a) \end{cases}$가 $x=a$에서 미분가능하면

(1) 함수 $F(x)$는 $x=a$에서 연속이다.
즉, $\lim_{x\to a-} f(x)=g(a)$

(2) 함수 $F(x)$는 $x=a$에서의 미분계수가 존재한다.
즉, $\lim_{x\to a-}\frac{f(x)-f(a)}{x-a}=\lim_{x\to a+}\frac{g(x)-g(a)}{x-a}$

보기

함수 $f(x)=|x|$에 대하여
① $\lim_{x\to 0} f(x)=\lim_{x\to 0}|x|=0$, $f(0)=0$이므로
함수 $f(x)=|x|$는 $x=0$에서 연속이다.
② $\lim_{x\to 0-}\frac{f(x)-f(0)}{x-0}=\lim_{x\to 0-}\frac{|x|}{x}=\lim_{x\to 0-}\frac{-x}{x}=-1$,
$\lim_{x\to 0+}\frac{f(x)-f(0)}{x-0}=\lim_{x\to 0+}\frac{|x|}{x}=\lim_{x\to 0+}\frac{x}{x}=1$
이므로 함수 $f(x)$는 $x=0$에서 미분가능하지 않다.

13 ▸ 24107-0082
2021학년도 10월 학력평가 7번 상중하

두 함수 $f(x)=|x+3|$, $g(x)=2x+a$에 대하여 함수 $f(x)g(x)$가 실수 전체의 집합에서 미분가능할 때, 상수 a의 값은? [3점]

① 2 ② 4 ③ 6
④ 8 ⑤ 10

14 ▸ 24107-0083
2021학년도 9월 모의평가 나형 10번 상중하

함수

$$f(x)=\begin{cases} x^3+ax+b & (x<1) \\ bx+4 & (x\geq 1) \end{cases}$$

이 실수 전체의 집합에서 미분가능할 때, $a+b$의 값은?
(단, a, b는 상수이다.) [3점]

① 6 ② 7 ③ 8
④ 9 ⑤ 10

15 ▸ 24107-0084
2017학년도 9월 모의평가 나형 25번 상중하

함수

$$f(x)=\begin{cases} ax^2+1 & (x<1) \\ x^4+a & (x\geq 1) \end{cases}$$

이 $x=1$에서 미분가능할 때, 상수 a의 값을 구하시오. [3점]

16

▶ 24107-0085

2020학년도 3월 학력평가 나형 12번

상 중 하

두 함수 $y=f(x)$, $y=g(x)$의 그래프가 그림과 같다.

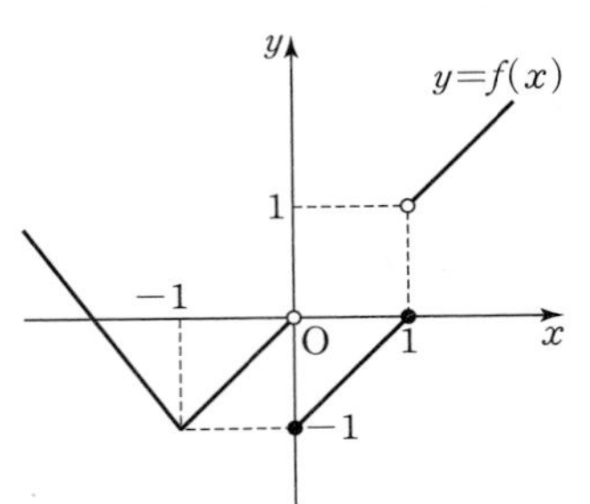

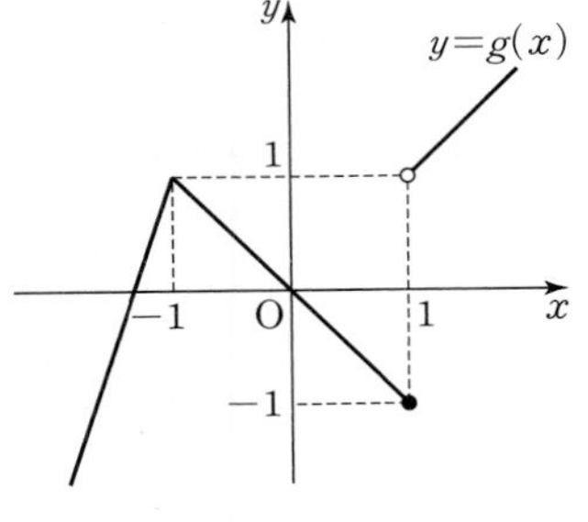

〈보기〉에서 옳은 것만을 있는 대로 고른 것은? [3점]

보기

ㄱ. $\lim_{x \to 1-} f(x)g(x)=-1$

ㄴ. $f(1)g(1)=0$

ㄷ. 함수 $f(x)g(x)$는 $x=1$에서 불연속이다.

① ㄱ ② ㄴ ③ ㄷ

④ ㄱ, ㄴ ⑤ ㄴ, ㄷ

17

▶ 24107-0086

2020학년도 10월 학력평가 나형 24번

상 중 하

함수 $y=f(x)$의 그래프가 그림과 같다.

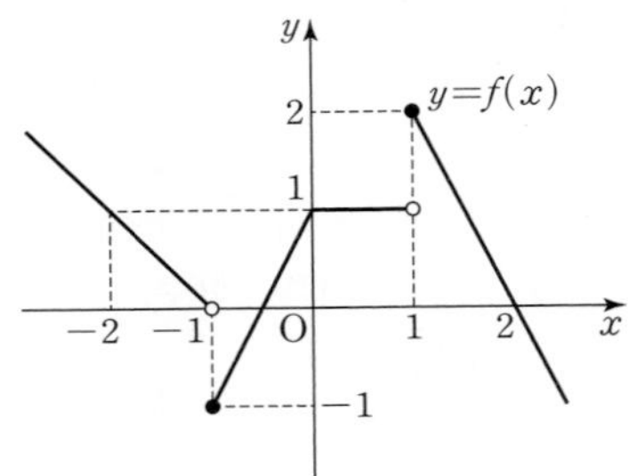

최고차항의 계수가 1인 이차함수 $g(x)$에 대하여 함수 $h(x)=f(x)g(x)$가 구간 $(-2, 2)$에서 연속일 때, $g(5)$의 값을 구하시오. [3점]

유형 3 다항함수의 도함수

두 함수 $f(x)$, $g(x)$가 미분가능할 때

(1) $y=x^n$ ($n\ge 2$인 정수)이면 $y'=nx^{n-1}$

(2) $y=x$이면 $y'=1$

(3) $y=c$ (c는 상수)이면 $y'=0$

(4) $\{cf(x)\}'=cf'(x)$ (단, c는 상수이다.)

(5) $\{f(x)+g(x)\}'=f'(x)+g'(x)$

(6) $\{f(x)-g(x)\}'=f'(x)-g'(x)$

(7) $\{f(x)g(x)\}'=f'(x)g(x)+f(x)g'(x)$

보기

① $f(x)=2x^3$이면 $f'(x)=2\times(x^3)'=6x^2$

② $f(x)=x+5x^3$이면 $f'(x)=(x)'+(5x^3)'=1+15x^2$

③ $f(x)=(x+1)(x^2+x+2)$이면

$$\begin{aligned}f'(x)&=(x+1)'(x^2+x+2)+(x+1)(x^2+x+2)'\\&=x^2+x+2+(x+1)(2x+1)\\&=3x^2+4x+3\end{aligned}$$

18
▸ 24107-0087
2023학년도 3월 학력평가 2번 상중하

함수 $f(x)=2x^3-x^2+6$에 대하여 $f'(1)$의 값은? [2점]

① 1 ② 2 ③ 3 ④ 4 ⑤ 5

19
▸ 24107-0088
2022학년도 수능 2번 상중하

함수 $f(x)=x^3+3x^2+x-1$에 대하여 $f'(1)$의 값은? [2점]

① 6 ② 7 ③ 8 ④ 9 ⑤ 10

20
▸ 24107-0089
2022학년도 9월 모의평가 2번 상중하

함수 $f(x)=2x^3+4x+5$에 대하여 $f'(1)$의 값은? [2점]

① 6 ② 7 ③ 8 ④ 9 ⑤ 10

21
▸ 24107-0090
2021학년도 수능 나형 6번 상중하

함수 $f(x)=x^4+3x-2$에 대하여 $f'(2)$의 값은? [3점]

① 35 ② 37 ③ 39 ④ 41 ⑤ 43

22

▸ 24107-0091

2021학년도 9월 모의평가 나형 2번

상중하

함수 $f(x)=x^3-2x-7$에 대하여 $f'(1)$의 값은? [2점]

① 1　② 2　③ 3　④ 4　⑤ 5

23

▸ 24107-0092

2021학년도 6월 모의평가 나형 2번

상중하

함수 $f(x)=x^3+7x+1$에 대하여 $f'(0)$의 값은? [2점]

① 1　② 3　③ 5　④ 7　⑤ 9

24

▸ 24107-0093

2024학년도 6월 모의평가 5번

상중하

다항함수 $f(x)$에 대하여 함수 $g(x)$를

$$g(x)=(x^3+1)f(x)$$

라 하자. $f(1)=2$, $f'(1)=3$일 때, $g'(1)$의 값은? [3점]

① 12　② 14　③ 16　④ 18　⑤ 20

25

▸ 24107-0094

2020학년도 3월 학력평가 가형 22번

상중하

함수 $f(x)=(2x+3)(x^2+5)$에 대하여 $f'(1)$의 값을 구하시오. [3점]

26 ▸ 24107-0095
2019학년도 수능 나형 23번 상중하

함수 $f(x)=x^4-3x^2+8$에 대하여 $f'(2)$의 값을 구하시오. [3점]

27 ▸ 24107-0096
2019학년도 6월 모의평가 나형 23번 상중하

함수 $f(x)=x^3-2x^2+4$에 대하여 $f'(3)$의 값을 구하시오. [3점]

28 ▸ 24107-0097
2024학년도 9월 모의평가 18번 상중하

함수 $f(x)=(x^2+1)(x^2+ax+3)$에 대하여 $f'(1)=32$일 때, 상수 a의 값을 구하시오. [3점]

29 ▸ 24107-0098
2020학년도 3월 학력평가 나형 23번 상중하

함수 $f(x)=x^4+3x^2+9x-27$에 대하여 $f'(1)$의 값을 구하시오. [3점]

30

▸ 24107-0099

2022학년도 10월 학력평가 9번

상중하

최고차항의 계수가 1인 다항함수 $f(x)$가 모든 실수 x에 대하여

$$xf'(x)-3f(x)=2x^2-8x$$

를 만족시킬 때, $f(1)$의 값은? [4점]

① 1　② 2　③ 3　④ 4　⑤ 5

31

▸ 24107-0100

2020학년도 3월 학력평가 나형 13번

상중하

최고차항의 계수가 1인 이차함수 $y=f(x)$의 그래프가 x축에 접한다. 함수 $g(x)=(x-3)f'(x)$에 대하여 곡선 $y=g(x)$가 y축에 대하여 대칭일 때, $f(0)$의 값은? [3점]

① 1　② 4　③ 9　④ 16　⑤ 25

32

▸ 24107-0101

2019학년도 6월 모의평가 나형 17번

상중하

함수 $f(x)=ax^2+b$가 모든 실수 x에 대하여

$$4f(x)=\{f'(x)\}^2+x^2+4$$

를 만족시킨다. $f(2)$의 값은? (단, a, b는 상수이다.) [4점]

① 3　② 4　③ 5　④ 6　⑤ 7

33

▸ 24107-0102

2018학년도 수능 나형 18번

상중하

최고차항의 계수가 1이고 $f(1)=0$인 삼차함수 $f(x)$가

$$\lim_{x\to 2}\frac{f(x)}{(x-2)\{f'(x)\}^2}=\frac{1}{4}$$

을 만족시킬 때, $f(3)$의 값은? [4점]

① 4　② 6　③ 8　④ 10　⑤ 12

유형 4 접선의 방정식

1. 접선의 방정식
함수 $f(x)$가 $x=a$에서 미분가능할 때, 곡선 $y=f(x)$ 위의 점 $(a, f(a))$에서의 접선의 방정식은
➡ $y-f(a)=f'(a)(x-a)$

2. 접선에 수직인 직선의 방정식
곡선 $y=f(x)$ 위의 점 $(a, f(a))$에서의
(1) 접선에 수직인 직선의 기울기: $-\dfrac{1}{f'(a)}$
(2) 접선에 수직인 직선의 방정식:
$y-f(a)=-\dfrac{1}{f'(a)}(x-a)$

보기

① $y=x^2-x-2$에 대하여 $y'=2x-1$이므로 곡선 위의 점 $(2, 0)$에서의 접선의 기울기는 $2\times2-1=3$
따라서 곡선 $y=x^2-x-2$ 위의 점 $(2, 0)$에서의 접선의 방정식은 $y=3(x-2)$, 즉 $y=3x-6$

② 곡선 $y=x^2-x-2$ 위의 점 $(2, 0)$에서의 접선에 수직인 직선의 기울기는 $-\dfrac{1}{3}$이다. 따라서 곡선 $y=x^2-x-2$ 위의 점 $(2, 0)$에서의 접선에 수직인 직선의 방정식은
$y=-\dfrac{1}{3}(x-2)$, 즉 $y=-\dfrac{1}{3}x+\dfrac{2}{3}$

34
▸ 24107-0103
2021학년도 수능 나형 9번 상중하

곡선 $y=x^3-3x^2+2x+2$ 위의 점 $A(0, 2)$에서의 접선과 수직이고 점 A를 지나는 직선의 x절편은? [3점]

① 4 ② 6 ③ 8 ④ 10 ⑤ 12

35
▸ 24107-0104
2023학년도 9월 모의평가 8번 상중하

곡선 $y=x^3-4x+5$ 위의 점 $(1, 2)$에서의 접선이 곡선 $y=x^4+3x+a$에 접할 때, 상수 a의 값은? [3점]

① 6 ② 7 ③ 8 ④ 9 ⑤ 10

36
▸ 24107-0105
2022학년도 10월 학력평가 6번 상중하

함수 $f(x)=x^3-2x^2+2x+a$에 대하여 곡선 $y=f(x)$ 위의 점 $(1, f(1))$에서의 접선이 x축, y축과 만나는 점을 각각 P, Q라 하자. $\overline{PQ}=6$일 때, 양수 a의 값은? [3점]

① $2\sqrt{2}$ ② $\dfrac{5\sqrt{2}}{2}$ ③ $3\sqrt{2}$ ④ $\dfrac{7\sqrt{2}}{2}$ ⑤ $4\sqrt{2}$

37

▶ 24107-0106
2023학년도 10월 학력평가 17번
상 중 하

삼차함수 $f(x)$에 대하여 함수 $g(x)$를

$$g(x)=(x+2)f(x)$$

라 하자. 곡선 $y=f(x)$ 위의 점 $(3,\ 2)$에서의 접선의 기울기가 4일 때, $g'(3)$의 값을 구하시오. [3점]

38

▶ 24107-0107
2020학년도 3월 학력평가 가형 17번
상 중 하

$0<a<6$인 실수 a에 대하여 원점에서 곡선 $y=x(x-a)(x-6)$에 그은 두 접선의 기울기의 곱의 최솟값은? [4점]

① -54 ② -51 ③ -48
④ -45 ⑤ -42

39

▶ 24107-0108
2024학년도 6월 모의평가 11번
상 중 하

그림과 같이 실수 t $(0<t<1)$에 대하여 곡선 $y=x^2$ 위의 점 중에서 직선 $y=2tx-1$과의 거리가 최소인 점을 P라 하고, 직선 OP가 직선 $y=2tx-1$과 만나는 점을 Q라 할 때, $\lim_{t\to1-}\frac{\overline{PQ}}{1-t}$의 값은? (단, O는 원점이다.) [4점]

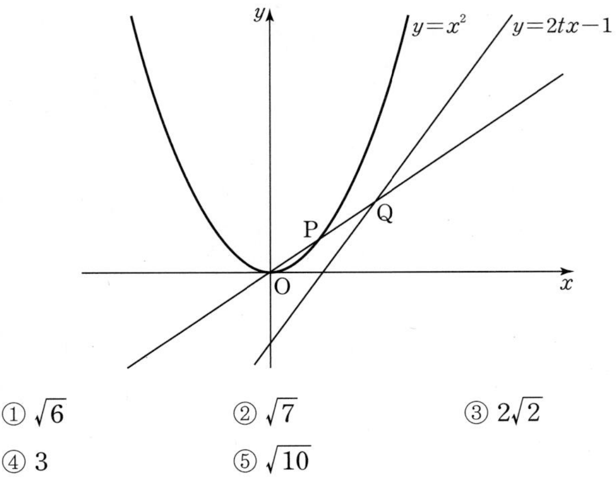

① $\sqrt{6}$ ② $\sqrt{7}$ ③ $2\sqrt{2}$
④ 3 ⑤ $\sqrt{10}$

40

▸ 24107-0109

2022학년도 수능 10번

상중하

삼차함수 $f(x)$에 대하여 곡선 $y=f(x)$ 위의 점 $(0,\ 0)$에서의 접선과 곡선 $y=xf(x)$ 위의 점 $(1,\ 2)$에서의 접선이 일치할 때, $f'(2)$의 값은? [4점]

① -18　② -17　③ -16　④ -15　⑤ -14

41

▸ 24107-0110

2023학년도 3월 학력평가 17번

상중하

직선 $y=4x+5$가 곡선 $y=2x^4-4x+k$에 접할 때, 상수 k의 값을 구하시오. [3점]

42

▸ 24107-0111

2021학년도 9월 모의평가 나형 18번

상중하

최고차항의 계수가 a인 이차함수 $f(x)$가 모든 실수 x에 대하여

$$|f'(x)| \le 4x^2+5$$

를 만족시킨다. 함수 $y=f(x)$의 그래프의 대칭축이 직선 $x=1$일 때, 실수 a의 최댓값은? [4점]

① $\frac{3}{2}$　② 2　③ $\frac{5}{2}$　④ 3　⑤ $\frac{7}{2}$

43

▸ 24107-0112

2024학년도 9월 모의평가 10번

상중하

최고차항의 계수가 1인 삼차함수 $f(x)$에 대하여
곡선 $y=f(x)$ 위의 점 $(-2,\ f(-2))$에서의 접선과
곡선 $y=f(x)$ 위의 점 $(2,\ 3)$에서의 접선이 점 $(1,\ 3)$에서 만날 때, $f(0)$의 값은? [4점]

① 31　② 33　③ 35　④ 37　⑤ 39

44

▸ 24107-0113

2024학년도 수능 20번

상중하

$a>\sqrt{2}$인 실수 a에 대하여 함수 $f(x)$를

$$f(x)=-x^3+ax^2+2x$$

라 하자. 곡선 $y=f(x)$ 위의 점 O$(0, 0)$에서의 접선이 곡선 $y=f(x)$와 만나는 점 중 O가 아닌 점을 A라 하고, 곡선 $y=f(x)$ 위의 점 A에서의 접선이 x축과 만나는 점을 B라 하자. 점 A가 선분 OB를 지름으로 하는 원 위의 점일 때, $\overline{\text{OA}}\times\overline{\text{AB}}$의 값을 구하시오. [4점]

유형 5 함수의 증가와 감소, 극대와 극소, 최대와 최소

1. **함수의 증가, 감소**

   함수 $f(x)$가 어떤 구간에서 미분가능할 때, 그 구간의 모든 x에 대하여

   (1) $f'(x)>0$이면 함수 $f(x)$는 이 구간에서 증가한다.

   (2) $f'(x)<0$이면 함수 $f(x)$는 이 구간에서 감소한다.

2. **함수의 극대, 극소**

   미분가능한 함수 $f(x)$에 대하여 $f'(a)=0$이고, $x=a$의 좌우에서 $f'(x)$의 부호가

   (1) 양에서 음으로 바뀌면 $f(x)$는 $x=a$에서 극대이고, 극댓값은 $f(a)$이다.

   (2) 음에서 양으로 바뀌면 $f(x)$는 $x=a$에서 극소이고, 극솟값은 $f(a)$이다.

3. **함수의 최댓값, 최솟값**

   함수 $f(x)$가 닫힌구간 $[a, b]$에서 연속일 때, 최댓값과 최솟값은 다음과 같은 순서로 구한다.

   (1) 주어진 구간에서 $f(x)$의 극댓값과 극솟값을 구한다.

   (2) 주어진 구간의 양 끝값에서의 함숫값 $f(a)$, $f(b)$를 구한다.

   (3) 위에서 구한 극댓값, 극솟값, $f(a)$, $f(b)$ 중에서 가장 큰 값이 최댓값이고, 가장 작은 값이 최솟값이다.

보기

함수 $f(x)=x^3-3x+1$에 대하여 닫힌구간 $[-2, 2]$에서의 최댓값과 최솟값을 구해 보자.

$f'(x)=3x^2-3=3(x+1)(x-1)$이므로

$f'(x)=0$에서 $x=-1$ 또는 $x=1$

$x=-1$에서 극댓값 $f(-1)=3$, $x=1$에서 극솟값 $f(1)=-1$

$f(-2)=-1$, $f(2)=3$

따라서 최댓값은 3, 최솟값은 -1이다.

45

▸ 24107-0114

2022학년도 9월 모의평가 5번

상중하

함수 $f(x)=2x^3+3x^2-12x+1$의 극댓값과 극솟값을 각각 M, m이라 할 때, $M+m$의 값은? [3점]

① 13 ② 14 ③ 15 ④ 16 ⑤ 17

46
▸ 24107-0115
2024학년도 수능 7번
상중하

함수 $f(x)=\frac{1}{3}x^3-2x^2-12x+4$가 $x=\alpha$에서 극대이고 $x=\beta$에서 극소일 때, $\beta-\alpha$의 값은? (단, α와 β는 상수이다.) [3점]

① -4　② -1　③ 2　④ 5　⑤ 8

47
▸ 24107-0116
2024학년도 9월 모의평가 6번
상중하

함수 $f(x)=x^3+ax^2+bx+1$은 $x=-1$에서 극대이고, $x=3$에서 극소이다. 함수 $f(x)$의 극댓값은?
(단, a, b는 상수이다.) [3점]

① 0　② 3　③ 6　④ 9　⑤ 12

48
▸ 24107-0117
2024학년도 6월 모의평가 18번
상중하

두 상수 a, b에 대하여 삼차함수 $f(x)=ax^3+bx+a$는 $x=1$에서 극소이다. 함수 $f(x)$의 극솟값이 -2일 때, 함수 $f(x)$의 극댓값을 구하시오. [3점]

49
▸ 24107-0118
2023학년도 수능 6번
상중하

함수 $f(x)=2x^3-9x^2+ax+5$는 $x=1$에서 극대이고, $x=b$에서 극소이다. $a+b$의 값은? (단, a, b는 상수이다.) [3점]

① 12　② 14　③ 16　④ 18　⑤ 20

50
▸ 24107-0119
2022학년도 6월 모의평가 17번
상중하

함수 $f(x)=x^3-3x+12$가 $x=a$에서 극소일 때, $a+f(a)$의 값을 구하시오. (단, a는 상수이다.) [3점]

51
▸ 24107-0120
2021학년도 6월 모의평가 나형 10번
상중하

함수 $f(x)=-\frac{1}{3}x^3+2x^2+mx+1$이 $x=3$에서 극대일 때, 상수 m의 값은? [3점]

① -3 ② -1 ③ 1 ④ 3 ⑤ 5

52
▸ 24107-0121
2019학년도 6월 모의평가 나형 6번
상중하

함수 $f(x)=x^3-ax+6$이 $x=1$에서 극소일 때, 상수 a의 값은? [3점]

① 1 ② 3 ③ 5 ④ 7 ⑤ 9

53
▸ 24107-0122
2023학년도 6월 모의평가 8번
상중하

실수 전체의 집합에서 미분가능하고 다음 조건을 만족시키는 모든 함수 $f(x)$에 대하여 $f(5)$의 최솟값은? [3점]

(가) $f(1)=3$
(나) $1<x<5$인 모든 실수 x에 대하여 $f'(x)\geq 5$이다.

① 21 ② 22 ③ 23 ④ 24 ⑤ 25

54
▸ 24107-0123
2023학년도 6월 모의평가 19번
상중하

함수 $f(x)=x^4+ax^2+b$는 $x=1$에서 극소이다. 함수 $f(x)$의 극댓값이 4일 때, $a+b$의 값을 구하시오.
(단, a와 b는 상수이다.) [3점]

55
▸ 24107-0124
2020학년도 9월 모의평가 나형 17번
상중하

함수 $f(x)=x^3-3ax^2+3(a^2-1)x$의 극댓값이 4이고 $f(-2)>0$일 때, $f(-1)$의 값은? (단, a는 상수이다.) [4점]

① 1 ② 2 ③ 3 ④ 4 ⑤ 5

56
▸ 24107-0125
2023학년도 3월 학력평가 9번
상중하

함수 $f(x)=|x^3-3x^2+p|$는 $x=a$와 $x=b$에서 극대이다. $f(a)=f(b)$일 때, 실수 p의 값은?
(단, a, b는 $a\neq b$인 상수이다.) [4점]

① $\frac{3}{2}$ ② 2 ③ $\frac{5}{2}$ ④ 3 ⑤ $\frac{7}{2}$

57
▸ 24107-0126
2024학년도 9월 모의평가 13번
상중하

두 실수 a, b에 대하여 함수

$$f(x)=\begin{cases} -\frac{1}{3}x^3-ax^2-bx & (x<0) \\ \frac{1}{3}x^3+ax^2-bx & (x\geq 0) \end{cases}$$

이 구간 $(-\infty, -1]$에서 감소하고 구간 $[-1, \infty)$에서 증가할 때, $a+b$의 최댓값을 M, 최솟값을 m이라 하자. $M-m$의 값은? [4점]

① $\frac{3}{2}+3\sqrt{2}$ ② $3+3\sqrt{2}$ ③ $\frac{9}{2}+3\sqrt{2}$ ④ $6+3\sqrt{2}$ ⑤ $\frac{15}{2}+3\sqrt{2}$

58 ▸ 24107-0127

2022학년도 수능 19번 상중하

함수 $f(x)=x^3+ax^2-(a^2-8a)x+3$이 실수 전체의 집합에서 증가하도록 하는 실수 a의 최댓값을 구하시오. [3점]

59 ▸ 24107-0128

2020학년도 6월 모의평가 나형 18번 상중하

최고차항의 계수가 1인 삼차함수 $f(x)$에 대하여 함수 $g(x)$는

$$g(x)=\begin{cases} \frac{1}{2} & (x<0) \\ f(x) & (x\ge 0) \end{cases}$$

이다. $g(x)$가 실수 전체의 집합에서 미분가능하고 $g(x)$의 최솟값이 $\frac{1}{2}$보다 작을 때, 〈보기〉에서 옳은 것만을 있는 대로 고른 것은? [4점]

보기

ㄱ. $g(0)+g'(0)=\frac{1}{2}$

ㄴ. $g(1)<\frac{3}{2}$

ㄷ. 함수 $g(x)$의 최솟값이 0일 때, $g(2)=\frac{5}{2}$이다.

① ㄱ ② ㄱ, ㄴ ③ ㄱ, ㄷ

④ ㄴ, ㄷ ⑤ ㄱ, ㄴ, ㄷ

60 ▸ 24107-0129

2022학년도 3월 학력평가 10번 상중하

두 함수

$$f(x)=x^2+2x+k,\ g(x)=2x^3-9x^2+12x-2$$

에 대하여 함수 $(g\circ f)(x)$의 최솟값이 2가 되도록 하는 실수 k의 최솟값은? [4점]

① 1 ② $\frac{9}{8}$ ③ $\frac{5}{4}$

④ $\frac{11}{8}$ ⑤ $\frac{3}{2}$

61 ▸ 24107-0130

2021학년도 10월 학력평가 10번 상중하

최고차항의 계수가 1인 이차함수 $f(x)$와 3보다 작은 실수 a에 대하여 함수 $g(x)=|(x-a)f(x)|$가 $x=3$에서만 미분가능하지 않다. 함수 $g(x)$의 극댓값이 32일 때, $f(4)$의 값은? [4점]

① 7 ② 9 ③ 11

④ 13 ⑤ 15

62

▸ 24107-0131
2019학년도 10월 학력평가 나형 12번
상 중 하

이차함수 $y=f(x)$의 그래프와 직선 $y=2$가 그림과 같다.

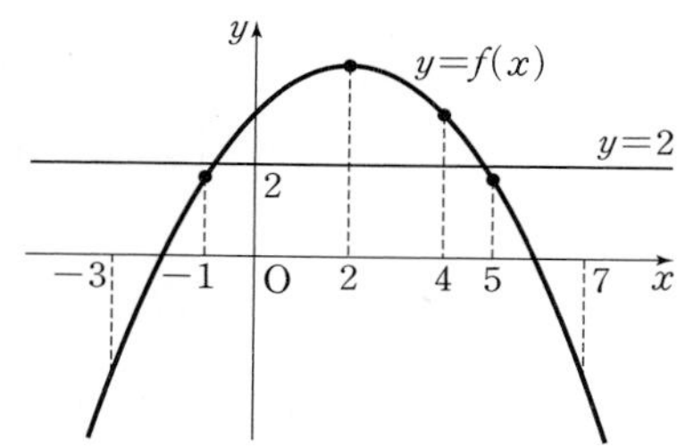

열린구간 $(-3, 7)$에서 부등식 $f'(x)\{f(x)-2\}\leq 0$을 만족시키는 정수 x의 개수는? (단, $f'(2)=0$) [3점]

① 4 ② 5 ③ 6
④ 7 ⑤ 8

63

▸ 24107-0132
2022학년도 6월 모의평가 14번
상 중 하

두 양수 p, q와 함수 $f(x)=x^3-3x^2-9x-12$에 대하여 실수 전체의 집합에서 연속인 함수 $g(x)$가 다음 조건을 만족시킬 때, $p+q$의 값은? [4점]

(가) 모든 실수 x에 대하여 $xg(x)=|xf(x-p)+qx|$이다.
(나) 함수 $g(x)$가 $x=a$에서 미분가능하지 않은 실수 a의 개수는 1이다.

① 6 ② 7 ③ 8
④ 9 ⑤ 10

64

▸ 24107-0133
2020학년도 3월 학력평가 나형 18번
상 중 하

$a>0$인 상수 a에 대하여 함수 $f(x)=|(x^2-9)(x+a)|$가 오직 한 개의 x의 값에서만 미분가능하지 않을 때, 함수 $f(x)$의 극댓값은? [4점]

① 32 ② 34 ③ 36
④ 38 ⑤ 40

65

▸ 24107-0134
2018학년도 9월 모의평가 나형 20번
상 중 하

삼차함수 $f(x)$와 실수 t에 대하여 곡선 $y=f(x)$와 직선 $y=-x+t$의 교점의 개수를 $g(t)$라 하자. 〈보기〉에서 옳은 것만을 있는 대로 고른 것은? [4점]

보기

ㄱ. $f(x)=x^3$이면 함수 $g(t)$는 상수함수이다.
ㄴ. 삼차함수 $f(x)$에 대하여 $g(1)=2$이면 $g(t)=3$인 t가 존재한다.
ㄷ. 함수 $g(t)$가 상수함수이면 삼차함수 $f(x)$의 극값은 존재하지 않는다.

① ㄱ ② ㄷ ③ ㄱ, ㄴ
④ ㄴ, ㄷ ⑤ ㄱ, ㄴ, ㄷ

66

▶24107-0135
2019학년도 10월 학력평가 나형 27번

상중하

최고차항의 계수가 1인 삼차함수 $f(x)$가 다음 조건을 만족시킬 때, $f(4)$의 값을 구하시오. [4점]

> (가) $\lim_{x \to 0} \frac{f(x)-3}{x}=0$
> (나) 곡선 $y=f(x)$와 직선 $y=-1$의 교점의 개수는 2이다.

67

▶24107-0136
2019학년도 10월 학력평가 나형 21번

상중하

최고차항의 계수가 1인 삼차함수 $f(x)$가 다음 조건을 만족시킨다.

> (가) 방정식 $f(x)=0$의 실근은 α, β $(\alpha<\beta)$뿐이다.
> (나) 함수 $f(x)$의 극솟값은 -4이다.

〈보기〉에서 옳은 것만을 있는 대로 고른 것은? [4점]

보기

ㄱ. $f'(\alpha)=0$
ㄴ. $\beta=\alpha+3$
ㄷ. $f(0)=16$이면 $\alpha^2+\beta^2=18$이다.

① ㄱ　② ㄱ, ㄴ　③ ㄱ, ㄷ
④ ㄴ, ㄷ　⑤ ㄱ, ㄴ, ㄷ

68

▶24107-0137
2024학년도 수능 14번

상중하

두 자연수 a, b에 대하여 함수 $f(x)$는

$$f(x)=\begin{cases} 2x^3-6x+1 & (x\le 2) \\ a(x-2)(x-b)+9 & (x>2) \end{cases}$$

이다. 실수 t에 대하여 함수 $y=f(x)$의 그래프와 직선 $y=t$가 만나는 점의 개수를 $g(t)$라 하자.

$$g(k)+\lim_{t \to k-} g(t)+\lim_{t \to k+} g(t)=9$$

를 만족시키는 실수 k의 개수가 1이 되도록 하는 두 자연수 a, b의 순서쌍 (a, b)에 대하여 $a+b$의 최댓값은? [4점]

① 51　② 52　③ 53
④ 54　⑤ 55

유형 6 방정식과 부등식에의 활용

1. 방정식에의 활용
   함수 $f(x)$의 증가와 감소, 극대와 극소를 조사하여 함수 $y=f(x)$의 그래프를 그려서 x축, 직선 $y=k$와 만나는 점 등을 이용하여 방정식의 실근의 개수를 구한다.
2. 부등식에의 활용
   함수 $f(x)$의 증가와 감소, 극대와 극소를 조사하여 함수 $y=f(x)$의 그래프를 그려서 부등식을 만족시키는 해를 구한다.

보기

$x\geq 0$일 때, 함수 $f(x)=x^3-3x+2$에 대하여 $f(x)\geq 0$이 성립하는지 알아보자.

$f'(x)=3x^2-3=3(x+1)(x-1)$

$f'(x)=0$에서 $x=-1$ 또는 $x=1$

$x\geq 0$에서 함수 $f(x)$의 증가와 감소를 표로 나타내면 다음과 같다.

x	0	$\cdots$	1	$\cdots$
$f'(x)$		$-$	0	$+$
$f(x)$	2	↘	0	↗

따라서 $x\geq 0$에서 $f(x)$의 최솟값은 0이므로 $f(x)\geq 0$이 성립한다.

69 ▸ 24107-0138
2022학년도 수능 6번 상중하

방정식 $2x^3-3x^2-12x+k=0$이 서로 다른 세 실근을 갖도록 하는 정수 k의 개수는? [3점]

① 20 ② 23 ③ 26 ④ 29 ⑤ 32

70 ▸ 24107-0139
2021학년도 3월 학력평가 8번 상중하

곡선 $y=x^3-3x^2-9x$와 직선 $y=k$가 서로 다른 세 점에서 만나도록 하는 정수 k의 최댓값을 M, 최솟값을 m이라 할 때, $M-m$의 값은? [3점]

① 27 ② 28 ③ 29 ④ 30 ⑤ 31

71 ▸ 24107-0140
2024학년도 6월 모의평가 8번 상중하

두 곡선 $y=2x^2-1$, $y=x^3-x^2+k$가 만나는 점의 개수가 2가 되도록 하는 양수 k의 값은? [3점]

① 1 ② 2 ③ 3 ④ 4 ⑤ 5

72
▶ 24107-0141
2023학년도 6월 모의평가 9번
상중하

두 함수

$$f(x)=x^3-x+6,\ g(x)=x^2+a$$

가 있다. $x\ge 0$인 모든 실수 x에 대하여 부등식

$$f(x)\ge g(x)$$

가 성립할 때, 실수 a의 최댓값은? [4점]

① 1　　② 2　　③ 3　　④ 4　　⑤ 5

73
▶ 24107-0142
2023학년도 9월 모의평가 19번
상중하

방정식 $3x^4-4x^3-12x^2+k=0$이 서로 다른 4개의 실근을 갖도록 하는 자연수 k의 개수를 구하시오. [3점]

74
▶ 24107-0143
2021학년도 9월 모의평가 나형 26번
상중하

방정식 $x^3-x^2-8x+k=0$의 서로 다른 실근의 개수가 2일 때, 양수 k의 값을 구하시오. [4점]

75
▶ 24107-0144
2021학년도 3월 학력평가 14번
상중하

최고차항의 계수가 1인 삼차함수 $f(x)$에 대하여 함수 $g(x)$를

$$g(x)=f(x)+|f'(x)|$$

라 할 때, 두 함수 $f(x)$, $g(x)$가 다음 조건을 만족시킨다.

(가) $f(0)=g(0)=0$
(나) 방정식 $f(x)=0$은 양의 실근을 갖는다.
(다) 방정식 $|f(x)|=4$의 서로 다른 실근의 개수는 3이다.

$g(3)$의 값은? [4점]

① 9　　② 10　　③ 11　　④ 12　　⑤ 13

76 ▸24107-0145
2021학년도 6월 모의평가 나형 19번

방정식 $2x^3+6x^2+a=0$이 $-2\le x\le 2$에서 서로 다른 두 실근을 갖도록 하는 정수 a의 개수는? [4점]

① 4 ② 6 ③ 8
④ 10 ⑤ 12

77 ▸24107-0146
2022학년도 3월 학력평가 19번
상중하

모든 실수 x에 대하여 부등식

$$3x^4-4x^3-12x^2+k\ge 0$$

이 항상 성립하도록 하는 실수 k의 최솟값을 구하시오. [3점]

78 ▸24107-0147
2023학년도 10월 학력평가 8번
상중하

두 함수

$$f(x)=-x^4-x^3+2x^2,\ g(x)=\frac{1}{3}x^3-2x^2+a$$

가 있다. 모든 실수 x에 대하여 부등식

$$f(x)\le g(x)$$

가 성립할 때, 실수 a의 최솟값은? [3점]

① 8 ② $\frac{26}{3}$ ③ $\frac{28}{3}$
④ 10 ⑤ $\frac{32}{3}$

79 ▸24107-0148
2020학년도 9월 모의평가 나형 27번
상중하

곡선 $y=x^3-3x^2+2x-3$과 직선 $y=2x+k$가 서로 다른 두 점에서만 만나도록 하는 모든 실수 k의 값의 곱을 구하시오. [4점]

80 ▸24107-0149
2023학년도 수능 19번 상중하

방정식 $2x^3-6x^2+k=0$의 서로 다른 양의 실근의 개수가 2가 되도록 하는 정수 k의 개수를 구하시오. [3점]

81 ▸24107-0150
2021학년도 10월 학력평가 13번 상중하

실수 전체의 집합에서 정의된 함수 $f(x)$와 역함수가 존재하는 삼차함수 $g(x)=x^3+ax^2+bx+c$가 다음 조건을 만족시킨다.

> 모든 실수 x에 대하여 $2f(x)=g(x)-g(-x)$이다.

〈보기〉에서 옳은 것만을 있는 대로 고른 것은?
(단, a, b, c는 상수이다.) [4점]

보기

ㄱ. $a^2\le 3b$
ㄴ. 방정식 $f'(x)=0$은 서로 다른 두 실근을 갖는다.
ㄷ. 방정식 $f'(x)=0$이 실근을 가지면 $g'(1)=1$이다.

① ㄱ ② ㄱ, ㄴ ③ ㄱ, ㄷ
④ ㄴ, ㄷ ⑤ ㄱ, ㄴ, ㄷ

82 ▸24107-0151
2020학년도 3월 학력평가 가형 21번 상중하

0이 아닌 실수 m에 대하여 두 함수

$$f(x)=2x^3-8x,$$

$$g(x)=\begin{cases} -\dfrac{47}{m}x+\dfrac{4}{m^3} & (x<0) \\ 2mx+\dfrac{4}{m^3} & (x\ge 0) \end{cases}$$

이 있다. 실수 x에 대하여 $f(x)$와 $g(x)$ 중 크지 않은 값을 $h(x)$라 할 때, 〈보기〉에서 옳은 것만을 있는 대로 고른 것은?
[4점]

보기

ㄱ. $m=-1$일 때, $h\left(\dfrac{1}{2}\right)=-5$이다.
ㄴ. $m=-1$일 때, 함수 $h(x)$가 미분가능하지 않은 x의 개수는 2이다.
ㄷ. 함수 $h(x)$가 미분가능하지 않은 x의 개수가 1인 양수 m의 최댓값은 6이다.

① ㄱ ② ㄱ, ㄴ ③ ㄱ, ㄷ
④ ㄴ, ㄷ ⑤ ㄱ, ㄴ, ㄷ

83
▸ 24107-0152
2022학년도 3월 학력평가 14번
상중하

두 함수

$$f(x)=x^3-kx+6,\ g(x)=2x^2-2$$

에 대하여 〈보기〉에서 옳은 것만을 있는 대로 고른 것은? [4점]

보기

ㄱ. $k=0$일 때, 방정식 $f(x)+g(x)=0$은 오직 하나의 실근을 갖는다.

ㄴ. 방정식 $f(x)-g(x)=0$의 서로 다른 실근의 개수가 2가 되도록 하는 실수 k의 값은 4뿐이다.

ㄷ. 방정식 $|f(x)|=g(x)$의 서로 다른 실근의 개수가 5가 되도록 하는 실수 k가 존재한다.

① ㄱ ② ㄱ, ㄴ ③ ㄱ, ㄷ
④ ㄴ, ㄷ ⑤ ㄱ, ㄴ, ㄷ

84
▸ 24107-0153
2023학년도 10월 학력평가 12번
상중하

양수 k에 대하여 함수 $f(x)$를

$$f(x)=|x^3-12x+k|$$

라 하자. 함수 $y=f(x)$의 그래프와 직선 $y=a\ (a\geq 0)$이 만나는 서로 다른 점의 개수가 홀수가 되도록 하는 실수 a의 값이 오직 하나일 때, k의 값은? [4점]

① 8 ② 10 ③ 12
④ 14 ⑤ 16

85
▸ 24107-0154
2019학년도 6월 모의평가 나형 21번
상중하

상수 a, b에 대하여 삼차함수 $f(x)=x^3+ax^2+bx$가 다음 조건을 만족시킨다.

(가) $f(-1)>-1$
(나) $f(1)-f(-1)>8$

〈보기〉에서 옳은 것만을 있는 대로 고른 것은? [4점]

보기

ㄱ. 방정식 $f'(x)=0$은 서로 다른 두 실근을 갖는다.

ㄴ. $-1<x<1$일 때, $f'(x)\geq 0$이다.

ㄷ. 방정식 $f(x)-f'(k)x=0$의 서로 다른 실근의 개수가 2가 되도록 하는 모든 실수 k의 개수는 4이다.

① ㄱ ② ㄱ, ㄴ ③ ㄱ, ㄷ
④ ㄴ, ㄷ ⑤ ㄱ, ㄴ, ㄷ

86
▸ 24107-0155
2020학년도 3월 학력평가 나형 21번
상중하

이차함수 $g(x)=x^2-6x+10$에 대하여 삼차함수 $f(x)$가 다음 조건을 만족시킨다.

(가) 방정식 $f(x)=0$은 서로 다른 세 실근을 갖는다.
(나) 함수 $(g\circ f)(x)$의 최솟값을 m이라 할 때, 방정식 $g(f(x))=m$의 서로 다른 실근의 개수는 2이다.
(다) 방정식 $g(f(x))=17$은 서로 다른 세 실근을 갖는다.

함수 $f(x)$의 극댓값과 극솟값의 합은? [4점]

① 2 ② 4 ③ 6
④ 8 ⑤ 10

유형 7 속도와 가속도

수직선 위를 움직이는 점 P의 시각 t에서의 위치 x가 $x=f(t)$일 때, 시각 t에서의 점 P의 속도를 v, 가속도를 a라 하면

(1) $v=\dfrac{dx}{dt}=f'(t)$

(2) $a=\dfrac{dv}{dt}=v'$

보기

수직선 위를 움직이는 점 P의 시각 t에서의 위치 x가 $x=2t^2+2t-1$일 때

① 점 P의 속도 v는 $v=\dfrac{dx}{dt}=4t+2$

② 점 P의 가속도 a는 $a=\dfrac{dv}{dt}=4$

87

▸ 24107-0156

2020학년도 10월 학력평가 나형 11번

수직선 위를 움직이는 점 P의 시각 t $(t\geq0)$에서의 위치 x가

$$x=t^3+kt^2+kt\ (k\text{는 상수})$$

이다. 시각 $t=1$에서 점 P가 운동 방향을 바꿀 때, 시각 $t=2$에서 점 P의 가속도는? [3점]

① 4　② 6　③ 8　④ 10　⑤ 12

88

▸ 24107-0157

2019학년도 6월 모의평가 나형 16번

상중하

수직선 위를 움직이는 점 P의 시각 t $(t\geq0)$에서의 위치 x가

$$x=t^3+at^2+bt\ (a,\ b\text{는 상수})$$

이다. 시각 $t=1$에서 점 P가 운동 방향을 바꾸고, 시각 $t=2$에서 점 P의 가속도는 0이다. $a+b$의 값은? [4점]

① 3　② 4　③ 5　④ 6　⑤ 7

89

▸ 24107-0158

2018학년도 6월 모의평가 나형 17번

상중하

수직선 위를 움직이는 점 P의 시각 t $(t>0)$에서의 위치 x가

$$x=t^3-12t+k\ (k\text{는 상수})$$

이다. 점 P의 운동 방향이 원점에서 바뀔 때, k의 값은? [4점]

① 10　② 12　③ 14　④ 16　⑤ 18

90
▸ 24107-0159
2020학년도 6월 모의평가 나형 25번
상중하

수직선 위를 움직이는 점 P의 시각 $t\,(t>0)$에서의 위치 x가

$$x=t^3-5t^2+6t$$

이다. $t=3$에서 점 P의 가속도를 구하시오. [3점]

91
▸ 24107-0160
2019학년도 수능 나형 27번
상중하

수직선 위를 움직이는 점 P의 시각 $t\,(t\geq 0)$에서의 위치 x가

$$x=-\frac{1}{3}t^3+3t^2+k\ (k\text{는 상수})$$

이다. 점 P의 가속도가 0일 때 점 P의 위치는 40이다. k의 값을 구하시오. [4점]

92
▸ 24107-0161
2019학년도 9월 모의평가 나형 14번
상중하

수직선 위를 움직이는 점 P의 시각 $t\,(t\geq 0)$에서의 위치 x가

$$x=t^3-5t^2+at+5$$

이다. 점 P가 움직이는 방향이 바뀌지 않도록 하는 자연수 a의 최솟값은? [4점]

① 9　② 10　③ 11　④ 12　⑤ 13

93
▸ 24107-0162
2020학년도 수능 나형 27번
상중하

수직선 위를 움직이는 두 점 P, Q의 시각 $t\,(t\geq 0)$에서의 위치 x_1, x_2가

$$x_1=t^3-2t^2+3t,\ x_2=t^2+12t$$

이다. 두 점 P, Q의 속도가 같아지는 순간 두 점 P, Q 사이의 거리를 구하시오. [4점]

도전 1등급 문제

01
▶ 24107-0163
2022학년도 9월 모의평가 20번

함수 $f(x)=\frac{1}{2}x^3-\frac{9}{2}x^2+10x$에 대하여 x에 대한 방정식

$$f(x)+|f(x)+x|=6x+k$$

의 서로 다른 실근의 개수가 4가 되도록 하는 모든 정수 k의 값의 합을 구하시오. [4점]

02
▶ 24107-0164
2020학년도 수능 나형 20번

함수

$$f(x)=\begin{cases} -x & (x\le 0) \\ x-1 & (0<x\le 2) \\ 2x-3 & (x>2) \end{cases}$$

와 상수가 아닌 다항식 $p(x)$에 대하여 〈보기〉에서 옳은 것만을 있는 대로 고른 것은? [4점]

보기

ㄱ. 함수 $p(x)f(x)$가 실수 전체의 집합에서 연속이면 $p(0)=0$이다.

ㄴ. 함수 $p(x)f(x)$가 실수 전체의 집합에서 미분가능하면 $p(2)=0$이다.

ㄷ. 함수 $p(x)\{f(x)\}^2$이 실수 전체의 집합에서 미분가능하면 $p(x)$는 $x^2(x-2)^2$으로 나누어떨어진다.

① ㄱ　② ㄱ, ㄴ　③ ㄱ, ㄷ
④ ㄴ, ㄷ　⑤ ㄱ, ㄴ, ㄷ

03
▶ 24107-0165
2020학년도 10월 학력평가 나형 28번

함수 $f(x)=2x^3-3(a+1)x^2+6ax$에 대하여 방정식 $f(x)=0$이 서로 다른 세 실근을 갖도록 하는 자연수 a의 값을 가장 작은 수부터 차례대로 나열할 때 n번째 수를 a_n이라 하자. $a=a_n$일 때, $f(x)$의 극댓값을 b_n이라 하자. $\sum_{n=1}^{10}(b_n-a_n)$의 값을 구하시오. [4점]

04
▶ 24107-0166
2020학년도 3월 학력평가 나형 28번

자연수 a에 대하여 두 함수

$$f(x)=-x^4-2x^3-x^2,\ g(x)=3x^2+a$$

가 있다. 다음을 만족시키는 a의 값을 구하시오. [4점]

> 모든 실수 x에 대하여 부등식
> $$f(x)\le 12x+k\le g(x)$$
> 를 만족시키는 자연수 k의 개수는 3이다.

05

▸ 24107-0167

2021학년도 10월 학력평가 22번

양수 a에 대하여 최고차항의 계수가 1인 삼차함수 $f(x)$와 실수 전체의 집합에서 정의된 함수 $g(x)$가 다음 조건을 만족시킨다.

> (가) 모든 실수 x에 대하여
> $$|x(x-2)|g(x)=x(x-2)(|f(x)|-a)$$
> 이다.
> (나) 함수 $g(x)$는 $x=0$과 $x=2$에서 미분가능하다.

$g(3a)$의 값을 구하시오. [4점]

06

▸ 24107-0168

2021학년도 6월 모의평가 나형 30번

이차함수 $f(x)$는 $x=-1$에서 극대이고, 삼차함수 $g(x)$는 이차항의 계수가 0이다. 함수

$$h(x)=\begin{cases} f(x) & (x\le 0) \\ g(x) & (x>0) \end{cases}$$

이 실수 전체의 집합에서 미분가능하고 다음 조건을 만족시킬 때, $h'(-3)+h'(4)$의 값을 구하시오. [4점]

> (가) 방정식 $h(x)=h(0)$의 모든 실근의 합은 1이다.
> (나) 닫힌구간 $[-2, 3]$에서 함수 $h(x)$의 최댓값과 최솟값의 차는 $3+4\sqrt{3}$이다.

07

▸ 24107-0169

2020학년도 6월 모의평가 나형 30번

최고차항의 계수가 1이고 $f(2)=3$인 삼차함수 $f(x)$에 대하여 함수

$$g(x)=\begin{cases} \dfrac{ax-9}{x-1} & (x<1) \\ f(x) & (x\ge 1) \end{cases}$$

이 다음 조건을 만족시킨다.

> 함수 $y=g(x)$의 그래프와 직선 $y=t$가 서로 다른 두 점에서만 만나도록 하는 모든 실수 t의 값의 집합은 $\{t|t=-1$ 또는 $t\ge 3\}$이다.

$(g\circ g)(-1)$의 값을 구하시오. (단, a는 상수이다.) [4점]

08

▸ 24107-0170
2023학년도 10월 학력평가 22번

삼차함수 $f(x)$에 대하여 구간 $(0, \infty)$에서 정의된 함수 $g(x)$를

$$g(x)=\begin{cases} x^3-8x^2+16x & (0<x\leq 4) \\ f(x) & (x>4) \end{cases}$$

라 하자. 함수 $g(x)$가 구간 $(0, \infty)$에서 미분가능하고 다음 조건을 만족시킬 때, $g(10)=\frac{q}{p}$이다. $p+q$의 값을 구하시오.

(단, p와 q는 서로소인 자연수이다.) [4점]

> (가) $g\left(\frac{21}{2}\right)=0$
>
> (나) 점 $(-2, 0)$에서 곡선 $y=g(x)$에 그은 기울기가 0이 아닌 접선이 오직 하나 존재한다.

09

▸ 24107-0171
2023학년도 3월 학력평가 22번

최고차항의 계수가 1인 사차함수 $f(x)$가 있다. 실수 t에 대하여 함수 $g(x)$를 $g(x)=|f(x)-t|$라 할 때,

$\lim\limits_{x\to k}\frac{g(x)-g(k)}{|x-k|}$의 값이 존재하는 서로 다른 실수 k의 개수를 $h(t)$라 하자. 함수 $h(t)$는 다음 조건을 만족시킨다.

> (가) $\lim\limits_{t\to 4+}h(t)=5$
>
> (나) 함수 $h(t)$는 $t=-60$과 $t=4$에서만 불연속이다.

$f(2)=4$이고 $f'(2)>0$일 때, $f(4)+h(4)$의 값을 구하시오.

[4점]

10

▸ 24107-0172
2022학년도 10월 학력평가 22번

최고차항의 계수가 1인 사차함수 $f(x)$와 실수 t에 대하여 구간 $(-\infty, t]$에서 함수 $f(x)$의 최솟값을 m_1이라 하고, 구간 $[t, \infty)$에서 함수 $f(x)$의 최솟값을 m_2라 할 때,

$$g(t)=m_1-m_2$$

라 하자. $k>0$인 상수 k와 함수 $g(t)$가 다음 조건을 만족시킨다.

> $g(t)=k$를 만족시키는 모든 실수 t의 값의 집합은 $\{t\,|\,0\leq t\leq 2\}$이다.

$g(4)=0$일 때, $k+g(-1)$의 값을 구하시오. [4점]

11

▶ 24107-0173

2019학년도 수능 나형 30번

최고차항의 계수가 1인 삼차함수 $f(x)$와 최고차항의 계수가 -1인 이차함수 $g(x)$가 다음 조건을 만족시킨다.

(가) 곡선 $y=f(x)$ 위의 점 $(0,\ 0)$에서의 접선과 곡선 $y=g(x)$ 위의 점 $(2,\ 0)$에서의 접선은 모두 x축이다.
(나) 점 $(2,\ 0)$에서 곡선 $y=f(x)$에 그은 접선의 개수는 2이다.
(다) 방정식 $f(x)=g(x)$는 오직 하나의 실근을 가진다.

$x>0$인 모든 실수 x에 대하여

$$g(x) \le kx-2 \le f(x)$$

를 만족시키는 실수 k의 최댓값과 최솟값을 각각 α, β라 할 때, $\alpha-\beta=a+b\sqrt{2}$이다. a^2+b^2의 값을 구하시오.

(단, a, b는 유리수이다.) [4점]

12

▶ 24107-0174

2022학년도 6월 모의평가 22번

삼차함수 $f(x)$가 다음 조건을 만족시킨다.

(가) 방정식 $f(x)=0$의 서로 다른 실근의 개수는 2이다.
(나) 방정식 $f(x-f(x))=0$의 서로 다른 실근의 개수는 3이다.

$f(1)=4$, $f'(1)=1$, $f'(0)>1$일 때, $f(0)=\frac{q}{p}$이다. $p+q$의 값을 구하시오. (단, p와 q는 서로소인 자연수이다.) [4점]

13

▶ 24107-0175

2020학년도 9월 모의평가 나형 30번

최고차항의 계수가 1인 사차함수 $f(x)$에 대하여 네 개의 수 $f(-1)$, $f(0)$, $f(1)$, $f(2)$가 이 순서대로 등차수열을 이루고, 곡선 $y=f(x)$ 위의 점 $(-1,\ f(-1))$에서의 접선과 점 $(2,\ f(2))$에서의 접선이 점 $(k,\ 0)$에서 만난다. $f(2k)=20$일 때, $f(4k)$의 값을 구하시오. (단, k는 상수이다.) [4점]

14

▸ 24107-0176

2019학년도 9월 모의평가 나형 30번

최고차항의 계수가 양수인 삼차함수 $f(x)$에 대하여 방정식

$$(f \circ f)(x)=x$$

의 모든 실근이 0, 1, a, 2, b이다.

$$f'(1)<0,\ f'(2)<0,\ f'(0)-f'(1)=6$$

일 때, $f(5)$의 값을 구하시오. (단, $1<a<2<b$) [4점]

15

▸ 24107-0177

2022학년도 9월 모의평가 22번

최고차항의 계수가 1인 삼차함수 $f(x)$에 대하여 함수

$$g(x)=f(x-3)\times\lim_{h\to 0+}\frac{|f(x+h)|-|f(x-h)|}{h}$$

가 다음 조건을 만족시킬 때, $f(5)$의 값을 구하시오. [4점]

(가) 함수 $g(x)$는 실수 전체의 집합에서 연속이다.
(나) 방정식 $g(x)=0$은 서로 다른 네 실근 α_1, α_2, α_3, α_4를 갖고 $\alpha_1+\alpha_2+\alpha_3+\alpha_4=7$이다.

16

▸ 24107-0178

2021학년도 9월 모의평가 나형 30번

삼차함수 $f(x)$가 다음 조건을 만족시킨다.

(가) $f(1)=f(3)=0$
(나) 집합 $\{x\,|\,x\geq 1$이고 $f'(x)=0\}$의 원소의 개수는 1이다.

상수 a에 대하여 함수 $g(x)=|f(x)f(a-x)|$가 실수 전체의 집합에서 미분가능할 때, $\dfrac{g(4a)}{f(0)\times f(4a)}$의 값을 구하시오. [4점]

17 ▸ 24107-0179
2020학년도 수능 나형 30번

최고차항의 계수가 양수인 삼차함수 $f(x)$가 다음 조건을 만족시킨다.

(가) 방정식 $f(x)-x=0$의 서로 다른 실근의 개수는 2이다.
(나) 방정식 $f(x)+x=0$의 서로 다른 실근의 개수는 2이다.

$f(0)=0$, $f'(1)=1$일 때, $f(3)$의 값을 구하시오. [4점]

18 ▸ 24107-0180
2019학년도 6월 모의평가 나형 30번

사차함수 $f(x)$가 다음 조건을 만족시킨다.

(가) 5 이하의 모든 자연수 n에 대하여 $\sum_{k=1}^{n} f(k)=f(n)f(n+1)$ 이다.
(나) $n=3$, 4일 때, 함수 $f(x)$에서 x의 값이 n에서 $n+2$까지 변할 때의 평균변화율은 양수가 아니다.

$128\times f\left(\frac{5}{2}\right)$의 값을 구하시오. [4점]

19 ▸ 24107-0181
2024학년도 수능 22번

최고차항의 계수가 1인 삼차함수 $f(x)$가 다음 조건을 만족시킨다.

함수 $f(x)$에 대하여

$$f(k-1)f(k+1)<0$$

을 만족시키는 정수 k는 존재하지 않는다.

$f'\left(-\frac{1}{4}\right)=-\frac{1}{4}$, $f'\left(\frac{1}{4}\right)<0$일 때, $f(8)$의 값을 구하시오.

[4점]

적분

유형 1 부정적분과 정적분

유형 2 적분과 미분의 관계

유형 3 넓이

유형 4 수직선에서 속도와 거리

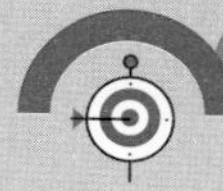

2024 수능 출제 분석

- 부정적분을 이용하여 함수를 구한 후 함숫값을 구하는 적분의 기본적인 개념을 확인하는 문제가 출제되었다.
- 정적분의 값을 구하는 문제가 출제되었다.
- 속도와 가속도를 이용하여 점이 움직인 거리를 구하는 문제가 출제되었다.
- 정적분과 넓이의 관계를 이해하고 있는지를 묻는 문제가 출제되었다.

2025 수능 예측

1. 정적분의 성질을 이용하여 식을 정리하는 계산 문제는 항상 출제된다. 쉬운 문제이지만 실수하지 않도록 정확히 알고 있어야 한다.
2. 정적분으로 표현된 함수의 미분을 이용하거나 극한값을 구하는 문제는 출제 비율이 높으므로 적분과 미분에 관련된 여러 유형의 문제를 풀어 정확히 익혀 둔다.
3. 정적분을 이용하여 곡선과 좌표축, 곡선과 직선, 두 곡선으로 둘러싸인 부분의 넓이를 구하는 문제는 자주 출제된다. 함수의 그래프의 특성을 이해하고 이를 활용할 수 있도록 충분한 연습이 필요하다.
4. 수직선 위를 움직이는 점의 위치, 위치의 변화량, 움직인 거리에 대한 문제의 출제가 예상된다. 위치, 위치의 변화량, 움직인 거리의 개념을 정확히 알고 구하는 충분한 연습이 필요하다.

한눈에 보는 출제 빈도

연도 \ 핵심 주제		유형 1 부정적분과 정적분	유형 2 적분과 미분의 관계	유형 3 넓이	유형 4 수직선에서 속도와 거리
2024 학년도	수능	1	1	1	1
	9월모평	1	1	1	1
	6월모평	1	1	1	1
2023 학년도	수능	1	1	1	1
	9월모평	3		1	1
	6월모평	1	2		1
2022 학년도	수능	3		1	1
	9월모평	2	1		1
	6월모평	2	1	1	1
2021 학년도	수능	1	1	1	1
	9월모평	2	1		1
	6월모평	2		1	1
2020 학년도	수능		1	1	
	9월모평	1	1	1	
	6월모평				

수능 유형별 기출 문제

유형 1 부정적분과 정적분

1. 정적분
함수 $f(x)$가 닫힌구간 $[a, b]$에서 연속일 때, 함수 $f(x)$의 부정적분 중의 하나를 $F(x)$라 하면
$$\int_a^b f(x)dx=\Big[F(x)\Big]_a^b=F(b)-F(a)$$

2. 다항함수의 정적분
n이 음이 아닌 정수일 때
$$\int_a^b x^n dx=\left[\frac{1}{n+1}x^{n+1}\right]_a^b=\frac{1}{n+1}(b^{n+1}-a^{n+1})$$

3. 정적분의 성질
(1) 두 함수 $f(x)$, $g(x)$가 닫힌구간 $[a, b]$에서 연속일 때
① $\int_a^b kf(x)dx=k\int_a^b f(x)dx$ (단, k는 상수이다.)
② $\int_a^b \{f(x)+g(x)\}dx=\int_a^b f(x)dx+\int_a^b g(x)dx$
③ $\int_a^b \{f(x)-g(x)\}dx=\int_a^b f(x)dx-\int_a^b g(x)dx$
(2) 함수 $f(x)$가 세 실수 a, b, c를 포함하는 구간에서 연속일 때
$$\int_a^b f(x)dx=\int_a^c f(x)dx+\int_c^b f(x)dx$$

보기

① $\int_1^2 x^2 dx=\left[\frac{1}{3}x^3\right]_1^2=\frac{8}{3}-\frac{1}{3}=\frac{7}{3}$

② $\int_1^2 4x^2 dx=4\int_1^2 x^2 dx=4\left[\frac{1}{3}x^3\right]_1^2=4\left(\frac{8}{3}-\frac{1}{3}\right)=\frac{28}{3}$

③ $\int_0^1 (x^3-2x^2)dx=\int_0^1 x^3 dx-2\int_0^1 x^2 dx$
$=\left[\frac{1}{4}x^4\right]_0^1-2\left[\frac{1}{3}x^3\right]_0^1$
$=\frac{1}{4}-2\times\frac{1}{3}=-\frac{5}{12}$

01 ▸ 24107-0182
2024학년도 6월 모의평가 17번 상중하

함수 $f(x)$에 대하여 $f'(x)=8x^3-1$이고 $f(0)=3$일 때, $f(2)$의 값을 구하시오. [3점]

02 ▸ 24107-0183
2022학년도 9월 모의평가 17번 상중하

함수 $f(x)$에 대하여 $f'(x)=8x^3-12x^2+7$이고 $f(0)=3$일 때, $f(1)$의 값을 구하시오. [3점]

정답과 풀이 61쪽

03

▸ 24107-0184

2024학년도 수능 5번

상중하

다항함수 $f(x)$가

$$f'(x)=3x(x-2),\ f(1)=6$$

을 만족시킬 때, $f(2)$의 값은? [3점]

① 1 ② 2 ③ 3 ④ 4 ⑤ 5

04

▸ 24107-0185

2022학년도 10월 학력평가 2번

상중하

$\int_0^2 (2x^3+3x^2)dx$의 값은? [2점]

① 14 ② 16 ③ 18 ④ 20 ⑤ 22

05

▸ 24107-0186

2023학년도 수능 17번

상중하

함수 $f(x)$에 대하여 $f'(x)=4x^3-2x$이고 $f(0)=3$일 때, $f(2)$의 값을 구하시오. [3점]

06

▸ 24107-0187

2020학년도 9월 모의평가 나형 6번

상중하

$\int_0^2 (3x^2+6x)dx$의 값은? [3점]

① 20 ② 22 ③ 24 ④ 26 ⑤ 28

07
▶ 24107-0188

2023학년도 9월 모의평가 17번

상 중 하

함수 $f(x)$에 대하여 $f'(x)=6x^2-4x+3$이고 $f(1)=5$일 때, $f(2)$의 값을 구하시오. [3점]

08
▶ 24107-0189

2023학년도 6월 모의평가 17번

상 중 하

함수 $f(x)$에 대하여 $f'(x)=8x^3+6x^2$이고 $f(0)=-1$일 때, $f(-2)$의 값을 구하시오. [3점]

09
▶ 24107-0190

2021학년도 9월 모의평가 나형 23번

상 중 하

함수 $f(x)$가

$$f'(x)=-x^3+3,\ f(2)=10$$

을 만족시킬 때, $f(0)$의 값을 구하시오. [3점]

10
▶ 24107-0191

2021학년도 3월 학력평가 4번

상 중 하

$\int_{2}^{-2}(x^3+3x^2)\,dx$의 값은? [3점]

① -16　② -8　③ 0　④ 8　⑤ 16

11

▸ 24107-0192

2024학년도 9월 모의평가 8번

상중하

다항함수 $f(x)$가

$$f'(x)=6x^2-2f(1)x,\ f(0)=4$$

를 만족시킬 때, $f(2)$의 값은? [3점]

① 5 ② 6 ③ 7
④ 8 ⑤ 9

12

▸ 24107-0193

2021학년도 3월 학력평가 18번

상중하

실수 전체의 집합에서 미분가능한 함수 $F(x)$의 도함수 $f(x)$가

$$f(x)=\begin{cases} -2x & (x<0) \\ k(2x-x^2) & (x\geq 0) \end{cases}$$

이다. $F(2)-F(-3)=21$일 때, 상수 k의 값을 구하시오. [3점]

13

▸ 24107-0194

2020학년도 3월 학력평가 가형 24번

상중하

$\int_1^3 (4x^3-6x+4)\,dx+\int_1^3 (6x-1)\,dx$의 값을 구하시오. [3점]

14

▸ 24107-0195

2020학년도 3월 학력평가 나형 5번

상중하

$\int_5^2 2t\,dt-\int_5^0 2t\,dt$의 값은? [3점]

① -4 ② -2 ③ 0
④ 2 ⑤ 4

15
▸ 24107-0196
2022학년도 6월 모의평가 11번
상중하

닫힌구간 $[0,\ 1]$에서 연속인 함수 $f(x)$가

$$f(0)=0,\ f(1)=1,\ \int_0^1 f(x)dx=\frac{1}{6}$$

을 만족시킨다. 실수 전체의 집합에서 정의된 함수 $g(x)$가 다음 조건을 만족시킬 때, $\int_{-3}^{2} g(x)dx$의 값은? [4점]

(가) $g(x)=\begin{cases} -f(x+1)+1 & (-1<x<0) \\ f(x) & (0\le x\le 1) \end{cases}$

(나) 모든 실수 x에 대하여 $g(x+2)=g(x)$이다.

① $\frac{5}{2}$ ② $\frac{17}{6}$ ③ $\frac{19}{6}$ ④ $\frac{7}{2}$ ⑤ $\frac{23}{6}$

16
▸ 24107-0197
2020학년도 10월 학력평가 나형 16번
상중하

다항함수 $f(x)$의 한 부정적분 $g(x)$가 다음 조건을 만족시킨다.

(가) $f(x)=2x+2\int_0^1 g(t)dt$

(나) $g(0)-\int_0^1 g(t)dt=\frac{2}{3}$

$g(1)$의 값은? [4점]

① -2 ② $-\frac{5}{3}$ ③ $-\frac{4}{3}$ ④ -1 ⑤ $-\frac{2}{3}$

17
▸ 24107-0198
2022학년도 9월 모의평가 14번
상중하

최고차항의 계수가 1이고 $f'(0)=f'(2)=0$인 삼차함수 $f(x)$와 양수 p에 대하여 함수 $g(x)$를

$$g(x)=\begin{cases} f(x)-f(0) & (x\le 0) \\ f(x+p)-f(p) & (x>0) \end{cases}$$

이라 하자. 〈보기〉에서 옳은 것만을 있는 대로 고른 것은? [4점]

보기

ㄱ. $p=1$일 때, $g'(1)=0$이다.

ㄴ. $g(x)$가 실수 전체의 집합에서 미분가능하도록 하는 양수 p의 개수는 1이다.

ㄷ. $p\ge 2$일 때, $\int_{-1}^{1} g(x)dx\ge 0$이다.

① ㄱ ② ㄱ, ㄴ ③ ㄱ, ㄷ ④ ㄴ, ㄷ ⑤ ㄱ, ㄴ, ㄷ

18
▸ 24107-0199
2020학년도 3월 학력평가 가형 16번
상중하

함수 $f(x)$가 모든 실수 x에 대하여

$$f(x)=x^3-4x\int_0^1 |f(t)|dt$$

를 만족시킨다. $f(1)>0$일 때, $f(2)$의 값은? [4점]

① 6 ② 7 ③ 8 ④ 9 ⑤ 10

19

▸ 24107-0200

2021학년도 6월 모의평가 나형 17번

상중하

함수 $f(x)$가 모든 실수 x에 대하여

$$f(x)=4x^3+x\int_0^1 f(t)\,dt$$

를 만족시킬 때, $f(1)$의 값은? [4점]

① 6　② 7　③ 8　④ 9　⑤ 10

20

▸ 24107-0201

2019학년도 수능 나형 25번

상중하

$\int_1^4 (x+|x-3|)\,dx$의 값을 구하시오. [3점]

21

▸ 24107-0202

2022학년도 3월 학력평가 17번

상중하

$\int_{-3}^{2} (2x^3+6|x|)\,dx-\int_{-3}^{-2} (2x^3-6x)\,dx$의 값을 구하시오.

[3점]

22

▸ 24107-0203

2023학년도 9월 모의평가 14번

상중하

최고차항의 계수가 1이고 $f(0)=0$, $f(1)=0$인 삼차함수 $f(x)$에 대하여 함수 $g(t)$를

$$g(t)=\int_t^{t+1} f(x)\,dx-\int_0^1 |f(x)|\,dx$$

라 할 때, 〈보기〉에서 옳은 것만을 있는 대로 고른 것은? [4점]

보기

ㄱ. $g(0)=0$이면 $g(-1)<0$이다.

ㄴ. $g(-1)>0$이면 $f(k)=0$을 만족시키는 $k<-1$인 실수 k가 존재한다.

ㄷ. $g(-1)>1$이면 $g(0)<-1$이다.

① ㄱ　② ㄱ, ㄴ　③ ㄱ, ㄷ　④ ㄴ, ㄷ　⑤ ㄱ, ㄴ, ㄷ

유형 2 적분과 미분의 관계

1. 적분과 미분의 관계

함수 $f(x)$가 닫힌구간 $[a, b]$에서 연속일 때

$$\frac{d}{dx}\int_{a}^{x} f(t)dt = f(x) \text{ (단, } a<x<b)$$

2. 정적분으로 정의된 함수

(1) 정적분으로 정의된 함수에서 적분 구간에 변수 x가 있을 때, 즉 $\int_{a}^{x} f(t)dt = g(x)$ 꼴은 양변을 x에 대하여 미분하여 $f(x)$를 구한다.

(2) 정적분으로 정의된 함수에서 적분 구간이 상수로 되어 있을 때, 즉 $f(x)=g(x)+\int_{a}^{b} f(t)dt$ 꼴은 $\int_{a}^{b} f(t)dt = k$ (k는 상수)로 놓으면 $f(x)=g(x)+k$ 이므로

$$k=\int_{a}^{b} f(t)dt = \int_{a}^{b} \{g(t)+k\}\, dt$$

에서 k의 값을 구한다.

보기

함수 $f(x)=\int_{a}^{x}(t^3-1)\,dt$에 대하여 $f'(2)$의 값을 구해 보자.

$f(x)=\int_{a}^{x}(t^3-1)\,dt$의 양변을 x에 대하여 미분하면

$f'(x)=x^3-1$이므로 $f'(2)=8-1=7$

23
▶ 24107-0204
2024학년도 수능 8번 상중하

삼차함수 $f(x)$가 모든 실수 x에 대하여

$$xf(x)-f(x)=3x^4-3x$$

를 만족시킬 때, $\int_{-2}^{2} f(x)dx$의 값은? [3점]

① 12 ② 16 ③ 20 ④ 24 ⑤ 28

24
▶ 24107-0205
2019학년도 수능 나형 14번 상중하

다항함수 $f(x)$가 모든 실수 x에 대하여

$$\int_{1}^{x}\left\{\frac{d}{dt}f(t)\right\}dt = x^3+ax^2-2$$

를 만족시킬 때, $f'(a)$의 값은? (단, a는 상수이다.) [4점]

① 1 ② 2 ③ 3 ④ 4 ⑤ 5

25
▶ 24107-0206
2023학년도 3월 학력평가 4번 상중하

다항함수 $f(x)$가 모든 실수 x에 대하여

$$\int_{1}^{x} f(t)\,dt = x^3-ax+1$$

을 만족시킬 때, $f(2)$의 값은? (단, a는 상수이다.) [3점]

① 8 ② 10 ③ 12 ④ 14 ⑤ 16

26

▸ 24107-0207

2024학년도 9월 모의평가 22번

상 중 하

두 다항함수 $f(x)$, $g(x)$에 대하여 $f(x)$의 한 부정적분을 $F(x)$라 하고 $g(x)$의 한 부정적분을 $G(x)$라 할 때, 이 함수들은 모든 실수 x에 대하여 다음 조건을 만족시킨다.

> (가) $\int_1^x f(t)\,dt = xf(x) - 2x^2 - 1$
>
> (나) $f(x)G(x) + F(x)g(x) = 8x^3 + 3x^2 + 1$

$\int_1^3 g(x)\,dx$의 값을 구하시오. [4점]

27

▸ 24107-0208

2023학년도 10월 학력평가 20번

상 중 하

다항함수 $f(x)$가 모든 실수 x에 대하여

$$2x^2 f(x) = 3\int_0^x (x-t)\{f(x)+f(t)\}\,dt$$

를 만족시킨다. $f'(2)=4$일 때, $f(6)$의 값을 구하시오. [4점]

28

▸ 24107-0209

2020학년도 9월 모의평가 나형 21번

상 중 하

함수 $f(x) = x^3 + x^2 + ax + b$에 대하여 함수 $g(x)$를

$$g(x) = f(x) + (x-1)f'(x)$$

라 하자. 〈보기〉에서 옳은 것만을 있는 대로 고른 것은?

(단, a, b는 상수이다.) [4점]

> **보기**
>
> ㄱ. 함수 $h(x)$가 $h(x) = (x-1)f(x)$이면 $h'(x) = g(x)$이다.
>
> ㄴ. 함수 $f(x)$가 $x=-1$에서 극값 0을 가지면 $\int_0^1 g(x)\,dx = -1$이다.
>
> ㄷ. $f(0)=0$이면 방정식 $g(x)=0$은 열린구간 $(0, 1)$에서 적어도 하나의 실근을 갖는다.

① ㄱ ② ㄴ ③ ㄱ, ㄴ
④ ㄱ, ㄷ ⑤ ㄱ, ㄴ, ㄷ

29

▸ 24107-0210

2024학년도 6월 모의평가 20번

상 중 하

최고차항의 계수가 1인 이차함수 $f(x)$에 대하여 함수

$$g(x) = \int_0^x f(t)\,dt$$

가 다음 조건을 만족시킬 때, $f(9)$의 값을 구하시오. [4점]

> $x \ge 1$인 모든 실수 x에 대하여
> $g(x) \ge g(4)$이고 $|g(x)| \ge |g(3)|$이다.

30
▶ 24107-0211
2020학년도 3월 학력평가 나형 20번
상 중 하

최고차항의 계수가 1인 삼차함수 $f(x)$에 대하여 함수 $g(x)$를

$$g(x)=\int_0^x f(t)\,dt+f(x)$$

라 할 때, 함수 $g(x)$는 다음 조건을 만족시킨다.

> (가) 함수 $g(x)$는 $x=0$에서 극댓값 0을 갖는다.
> (나) 함수 $g(x)$의 도함수 $y=g'(x)$의 그래프는 원점에 대하여 대칭이다.

$f(2)$의 값은? [4점]

① -5　② -4　③ -3　④ -2　⑤ -1

31
▶ 24107-0212
2021학년도 10월 학력평가 15번
상 중 하

최고차항의 계수가 4이고 $f(0)=f'(0)=0$을 만족시키는 삼차함수 $f(x)$에 대하여 함수 $g(x)$를

$$g(x)=\begin{cases}\int_0^x f(t)\,dt+5 & (x<c)\\ \left|\int_0^x f(t)\,dt-\frac{13}{3}\right| & (x\geq c)\end{cases}$$

라 하자. 함수 $g(x)$가 실수 전체의 집합에서 연속이 되도록 하는 실수 c의 개수가 1일 때, $g(1)$의 최댓값은? [4점]

① 2　② $\frac{8}{3}$　③ $\frac{10}{3}$　④ 4　⑤ $\frac{14}{3}$

32
▶ 24107-0213
2020학년도 10월 학력평가 나형 20번
상 중 하

최고차항의 계수가 4인 삼차함수 $f(x)$에 대하여 함수 $g(x)$를

$$g(x)=\int_0^x f(t)\,dt-xf(x)$$

라 하자. 모든 실수 x에 대하여 $g(x)\leq g(3)$이고 함수 $g(x)$는 오직 1개의 극값만 가진다. $\int_0^1 g'(x)dx$의 값은? [4점]

① 8　② 9　③ 10　④ 11　⑤ 12

33
▶ 24107-0214
2023학년도 수능 12번
상 중 하

실수 전체의 집합에서 연속인 함수 $f(x)$가 다음 조건을 만족시킨다.

> $n-1\leq x<n$일 때, $|f(x)|=|6(x-n+1)(x-n)|$이다.
> (단, n은 자연수이다.)

열린구간 $(0, 4)$에서 정의된 함수

$$g(x)=\int_0^x f(t)dt-\int_x^4 f(t)dt$$

가 $x=2$에서 최솟값 0을 가질 때, $\int_{\frac{1}{2}}^4 f(x)dx$의 값은? [4점]

① $-\frac{3}{2}$　② $-\frac{1}{2}$　③ $\frac{1}{2}$　④ $\frac{3}{2}$　⑤ $\frac{5}{2}$

34
▸ 24107-0215
2023학년도 6월 모의평가 14번
상중하

실수 전체의 집합에서 연속인 함수 $f(x)$와 최고차항의 계수가 1인 삼차함수 $g(x)$가

$$g(x)=\begin{cases} -\int_0^x f(t)dt & (x<0) \\ \int_0^x f(t)dt & (x\geq 0) \end{cases}$$

을 만족시킬 때, 〈보기〉에서 옳은 것만을 있는 대로 고른 것은? [4점]

보기

ㄱ. $f(0)=0$

ㄴ. 함수 $f(x)$는 극댓값을 갖는다.

ㄷ. $2<f(1)<4$일 때, 방정식 $f(x)=x$의 서로 다른 실근의 개수는 3이다.

① ㄱ ② ㄷ ③ ㄱ, ㄴ
④ ㄱ, ㄷ ⑤ ㄱ, ㄴ, ㄷ

35
▸ 24107-0216
2023학년도 3월 학력평가 20번
상중하

최고차항의 계수가 1이고 $f(0)=1$인 삼차함수 $f(x)$와 양의 실수 p에 대하여 함수 $g(x)$가 다음 조건을 만족시킨다.

(가) $g'(0)=0$

(나) $g(x)=\begin{cases} f(x-p)-f(-p) & (x<0) \\ f(x+p)-f(p) & (x\geq 0) \end{cases}$

$\int_0^p g(x)dx=20$일 때, $f(5)$의 값을 구하시오. [4점]

유형 3 넓이

1. 곡선과 x축 사이의 넓이

함수 $y=f(x)$가 닫힌구간 $[a, b]$에서 연속일 때, 곡선 $y=f(x)$와 x축 및 두 직선 $x=a$, $x=b$로 둘러싸인 부분의 넓이 S는

$$S=\int_a^b |f(x)|dx$$

2. 두 곡선 사이의 넓이

두 함수 $y=f(x)$, $y=g(x)$가 닫힌구간 $[a, b]$에서 연속일 때, 두 곡선 $y=f(x)$, $y=g(x)$ 및 두 직선 $x=a$, $x=b$로 둘러싸인 부분의 넓이 S는

$$S=\int_a^b |f(x)-g(x)|dx$$

보기

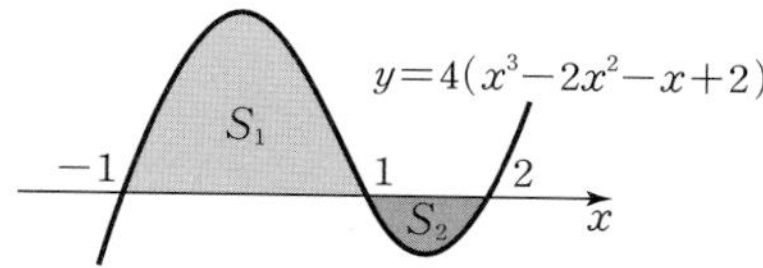

곡선 $y=4(x^3-2x^2-x+2)$와 x축으로 둘러싸인 부분의 넓이 S는

$S=S_1+S_2$

$=\int_{-1}^{1} 4(x^3-2x^2-x+2)dx-\int_1^2 4(x^3-2x^2-x+2)dx$

$=\left[x^4-\frac{8}{3}x^3-2x^2+8x\right]_{-1}^{1}-\left[x^4-\frac{8}{3}x^3-2x^2+8x\right]_1^2$

$=\frac{32}{3}-\left(-\frac{5}{3}\right)=\frac{37}{3}$

36
▸ 24107-0217
2024학년도 9월 모의평가 19번
상중하

두 곡선 $y=3x^3-7x^2$과 $y=-x^2$으로 둘러싸인 부분의 넓이를 구하시오. [3점]

37

▶ 24107-0218

2023학년도 10월 학력평가 6번

상중하

곡선 $y=\frac{1}{3}x^2+1$과 x축, y축 및 직선 $x=3$으로 둘러싸인 부분의 넓이는? [3점]

① 6 ② $\frac{20}{3}$ ③ $\frac{22}{3}$ ④ 8 ⑤ $\frac{26}{3}$

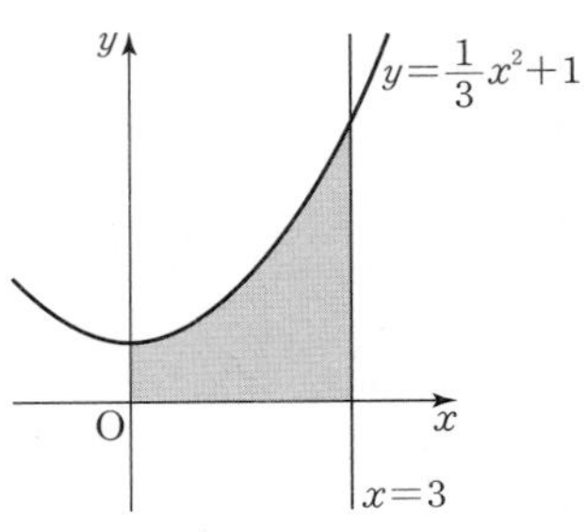

39

▶ 24107-0220

2020학년도 3월 학력평가 가형 10번

상중하

그림과 같이 두 함수 $y=ax^2+2$와 $y=2|x|$의 그래프가 두 점 A, B에서 각각 접한다. 두 함수 $y=ax^2+2$와 $y=2|x|$의 그래프로 둘러싸인 부분의 넓이는? (단, a는 상수이다.) [3점]

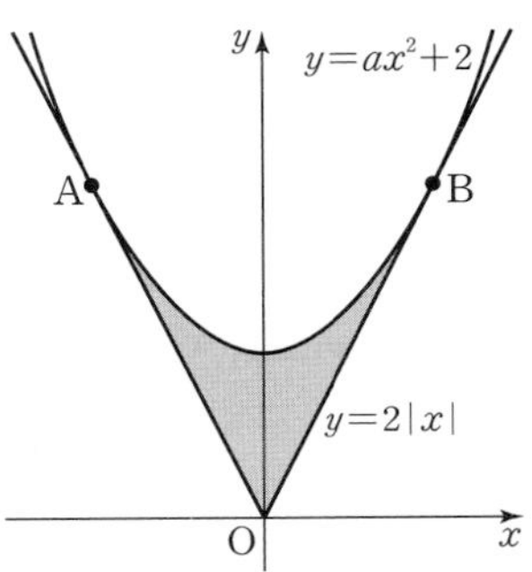

① $\frac{13}{6}$ ② $\frac{7}{3}$ ③ $\frac{5}{2}$ ④ $\frac{8}{3}$ ⑤ $\frac{17}{6}$

38

▶ 24107-0219

2023학년도 3월 학력평가 7번

상중하

함수 $y=|x^2-2x|+1$의 그래프와 x축, y축 및 직선 $x=2$로 둘러싸인 부분의 넓이는? [3점]

① $\frac{8}{3}$ ② 3 ③ $\frac{10}{3}$ ④ $\frac{11}{3}$ ⑤ 4

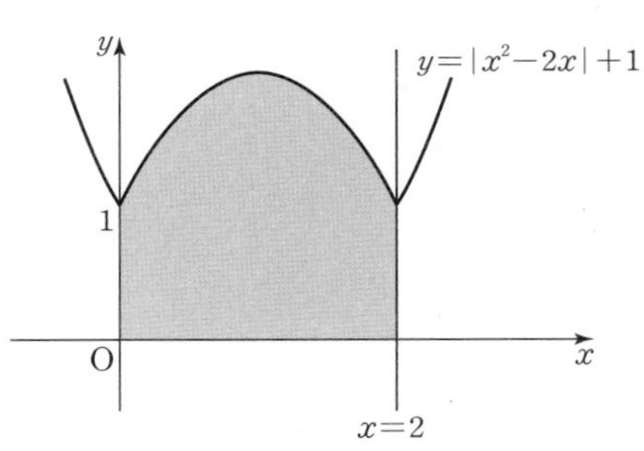

40

▶ 24107-0221

2022학년도 3월 학력평가 7번

상중하

그림과 같이 곡선 $y=x^2-4x+6$ 위의 점 A$(3, 3)$에서의 접선을 l이라 할 때, 곡선 $y=x^2-4x+6$과 직선 l 및 y축으로 둘러싸인 부분의 넓이는? [3점]

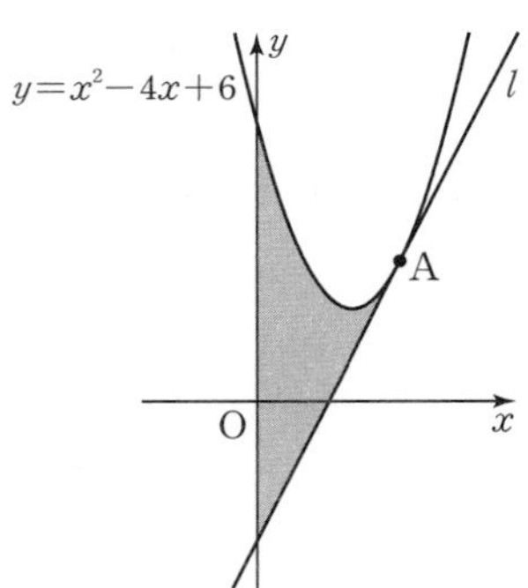

① $\frac{26}{3}$ ② 9 ③ $\frac{28}{3}$ ④ $\frac{29}{3}$ ⑤ 10

41
▸ 24107-0222
2024학년도 6월 모의평가 10번
상 중 하

양수 k에 대하여 함수 $f(x)$는

$$f(x)=kx(x-2)(x-3)$$

이다. 곡선 $y=f(x)$와 x축이 원점 O와 두 점 P, Q ($\overline{OP}<\overline{OQ}$)에서 만난다. 곡선 $y=f(x)$와 선분 OP로 둘러싸인 영역을 A, 곡선 $y=f(x)$와 선분 PQ로 둘러싸인 영역을 B라 하자.

$$(A\text{의 넓이})-(B\text{의 넓이})=3$$

일 때, k의 값은? [4점]

① $\frac{7}{6}$　② $\frac{4}{3}$　③ $\frac{3}{2}$
④ $\frac{5}{3}$　⑤ $\frac{11}{6}$

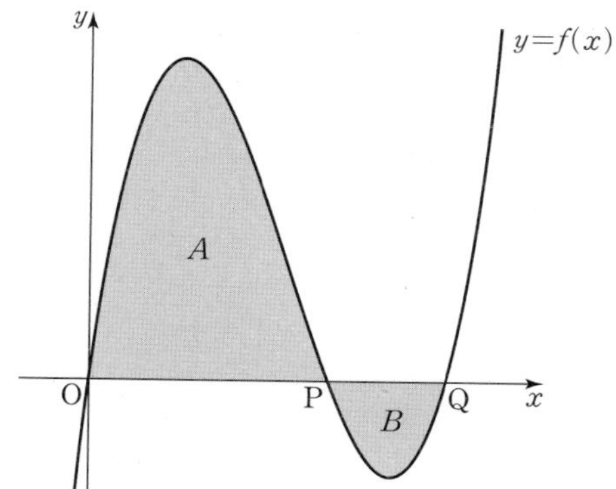

42
▸ 24107-0223
2024학년도 수능 12번
상 중 하

함수 $f(x)=\frac{1}{9}x(x-6)(x-9)$와 실수 t $(0<t<6)$에 대하여 함수 $g(x)$는

$$g(x)=\begin{cases} f(x) & (x<t) \\ -(x-t)+f(t) & (x\ge t) \end{cases}$$

이다. 함수 $y=g(x)$의 그래프와 x축으로 둘러싸인 영역의 넓이의 최댓값은? [4점]

① $\frac{125}{4}$　② $\frac{127}{4}$　③ $\frac{129}{4}$
④ $\frac{131}{4}$　⑤ $\frac{133}{4}$

43
▸ 24107-0224
2019학년도 10월 학력평가 나형 13번
상 중 하

그림은 모든 실수 x에 대하여 $f(-x)=-f(x)$인 연속함수 $y=f(x)$의 그래프와 함수 $y=f(x)$의 그래프를 x축의 방향으로 1만큼, y축의 방향으로 1만큼 평행이동시킨 함수 $y=g(x)$의 그래프이다. $\int_0^2 g(x)dx$의 값은? [3점]

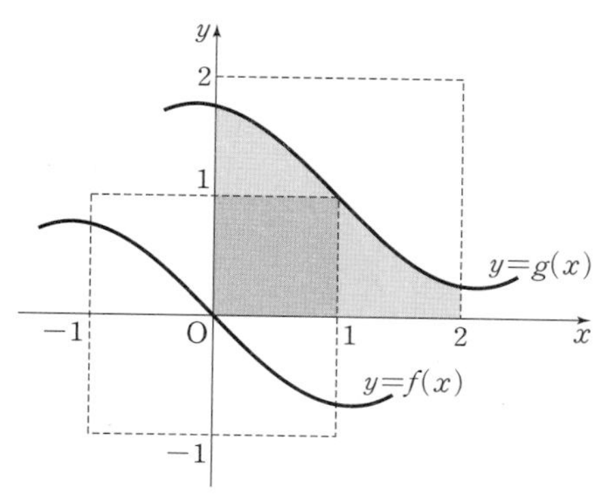

① $\frac{7}{4}$　② 2　③ $\frac{9}{4}$
④ $\frac{5}{2}$　⑤ $\frac{11}{4}$

44
▸ 24107-0225
2020학년도 9월 모의평가 나형 15번
상 중 하

함수 $f(x)=x^2-2x$에 대하여 두 곡선
$y=f(x)$, $y=-f(x-1)-1$로 둘러싸인 부분의 넓이는?
[4점]

① $\frac{1}{6}$　② $\frac{1}{4}$　③ $\frac{1}{3}$
④ $\frac{5}{12}$　⑤ $\frac{1}{2}$

45

▸ 24107-0226

2021학년도 3월 학력평가 9번

상중하

최고차항의 계수가 -3인 삼차함수 $y=f(x)$의 그래프 위의 점 $(2, f(2))$에서의 접선 $y=g(x)$가 곡선 $y=f(x)$와 원점에서 만난다. 곡선 $y=f(x)$와 직선 $y=g(x)$로 둘러싸인 도형의 넓이는? [4점]

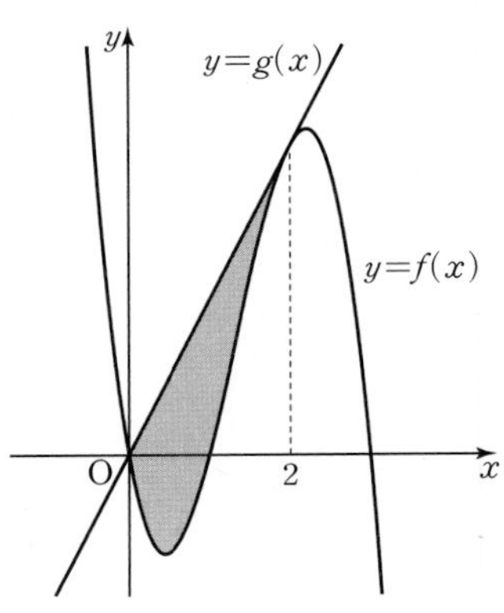

① $\frac{7}{2}$　② $\frac{15}{4}$　③ 4

④ $\frac{17}{4}$　⑤ $\frac{9}{2}$

46

▸ 24107-0227

2021학년도 수능 나형 27번

상중하

곡선 $y=x^2-7x+10$과 직선 $y=-x+10$으로 둘러싸인 부분의 넓이를 구하시오. [4점]

47

▸ 24107-0228

2022학년도 10월 학력평가 7번

상중하

두 함수

$$f(x)=x^2-4x,\ g(x)=\begin{cases} -x^2+2x & (x<2) \\ -x^2+6x-8 & (x\geq 2) \end{cases}$$

의 그래프로 둘러싸인 부분의 넓이는? [3점]

① $\frac{40}{3}$　② 14　③ $\frac{44}{3}$

④ $\frac{46}{3}$　⑤ 16

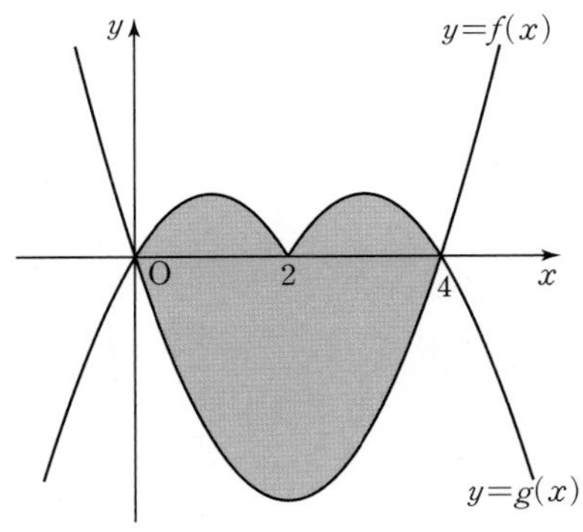

48

▸ 24107-0229

2022학년도 수능 8번

상중하

곡선 $y=x^2-5x$와 직선 $y=x$로 둘러싸인 부분의 넓이를 직선 $x=k$가 이등분할 때, 상수 k의 값은? [3점]

① 3　② $\frac{13}{4}$　③ $\frac{7}{2}$

④ $\frac{15}{4}$　⑤ 4

49

▸ 24107-0230
2023학년도 3월 학력평가 14번 상중하

세 양수 a, b, k에 대하여 함수 $f(x)$를

$$f(x)=\begin{cases} ax & (x<k) \\ -x^2+4bx-3b^2 & (x\geq k) \end{cases}$$

라 하자. 함수 $f(x)$가 실수 전체의 집합에서 미분가능할 때, 〈보기〉에서 옳은 것만을 있는 대로 고른 것은? [4점]

보기

ㄱ. $a=1$이면 $f'(k)=1$이다.
ㄴ. $k=3$이면 $a=-6+4\sqrt{3}$이다.
ㄷ. $f(k)=f'(k)$이면 함수 $y=f(x)$의 그래프와 x축으로 둘러싸인 부분의 넓이는 $\frac{1}{3}$이다.

① ㄱ ② ㄱ, ㄴ ③ ㄱ, ㄷ
④ ㄴ, ㄷ ⑤ ㄱ, ㄴ, ㄷ

50

▸ 24107-0231
2023학년도 10월 학력평가 14번 상중하

최고차항의 계수가 1이고 $f'(2)=0$인 이차함수 $f(x)$가 모든 자연수 n에 대하여

$$\int_4^n f(x)\,dx\geq 0$$

을 만족시킬 때, 〈보기〉에서 옳은 것만을 있는 대로 고른 것은? [4점]

보기

ㄱ. $f(2)<0$
ㄴ. $\int_4^3 f(x)dx>\int_4^2 f(x)dx$
ㄷ. $6\leq\int_4^6 f(x)dx\leq 14$

① ㄱ ② ㄱ, ㄴ ③ ㄱ, ㄷ
④ ㄴ, ㄷ ⑤ ㄱ, ㄴ, ㄷ

유형 4 수직선에서 속도와 거리

1. 직선 운동에서의 위치
수직선 위를 움직이는 점 P의 시각 t에서의 속도를 $v(t)$, 시각 $t=a$에서의 점 P의 위치를 $x(a)$라 하면 시각 t에서의 점 P의 위치 $x(t)$는

$$x(t)=x(a)+\int_a^t v(t)dt$$

2. 직선 운동에서의 위치의 변화량과 움직인 거리
수직선 위를 움직이는 점 P의 시각 t에서의 속도를 $v(t)$라 하면
① 시각 $t=a$에서 시각 $t=b(a\leq b)$까지 점 P의 위치의 변화량 ⇨ $\int_a^b v(t)dt$
② 시각 $t=a$에서 시각 $t=b(a\leq b)$까지 점 P가 움직인 거리 ⇨ $\int_a^b |v(t)|dt$

보기

좌표가 1인 점을 출발하여 수직선 위를 움직이는 점 P의 시각 t에서의 속도가 $v(t)=2-2t$일 때
① 시각 t에서의 점 P의 위치 $x(t)$는

$$x(t)=1+\int_0^t (2-2t)\,dt=1+\left[2t-t^2\right]_0^t=-t^2+2t+1$$

② $t=0$에서 $t=2$까지 점 P의 위치의 변화량은

$$\int_0^2 (2-2t)\,dt=\left[2t-t^2\right]_0^2=0$$

③ $t=0$에서 $t=2$까지 점 P가 움직인 거리는

$$\int_0^2 |2-2t|\,dt=\int_0^1 (2-2t)\,dt+\int_1^2 (2t-2)\,dt$$
$$=\left[2t-t^2\right]_0^1+\left[t^2-2t\right]_1^2=1+1=2$$

51

▸ 24107-0232
2022학년도 9월 모의평가 9번 상중하

수직선 위를 움직이는 점 P의 시각 $t(t>0)$에서의 속도 $v(t)$가

$$v(t)=-4t^3+12t^2$$

이다. 시각 $t=k$에서 점 P의 가속도가 12일 때, 시각 $t=3k$에서 $t=4k$까지 점 P가 움직인 거리는? (단, k는 상수이다.) [4점]

① 23 ② 25 ③ 27
④ 29 ⑤ 31

52

▸ 24107-0233

2023학년도 3월 학력평가 19번 상중하

시각 $t=0$일 때 동시에 원점을 출발하여 수직선 위를 움직이는 두 점 P, Q의 시각 $t\ (t\geq 0)$에서의 속도가 각각

$$v_1(t)=3t^2-15t+k,\ v_2(t)=-3t^2+9t$$

이다. 점 P와 점 Q가 출발한 후 한 번만 만날 때, 양수 k의 값을 구하시오. [3점]

53

▸ 24107-0234

2023학년도 9월 모의평가 10번 상중하

수직선 위의 점 A(6)과 시각 $t=0$일 때 원점을 출발하여 이 수직선 위를 움직이는 점 P가 있다. 시각 $t\ (t\geq 0)$에서의 점 P의 속도 $v(t)$를

$$v(t)=3t^2+at\ (a>0)$$

이라 하자. 시각 $t=2$에서 점 P와 점 A 사이의 거리가 10일 때, 상수 a의 값은? [4점]

① 1 ② 2 ③ 3 ④ 4 ⑤ 5

54

▸ 24107-0235

2023학년도 6월 모의평가 11번 상중하

시각 $t=0$일 때 동시에 원점을 출발하여 수직선 위를 움직이는 두 점 P, Q의 시각 $t\ (t\geq 0)$에서의 속도가 각각

$$v_1(t)=2-t,\ v_2(t)=3t$$

이다. 출발한 시각부터 점 P가 원점으로 돌아올 때까지 점 Q가 움직인 거리는? [4점]

① 16 ② 18 ③ 20 ④ 22 ⑤ 24

55

▸ 24107-0236

2022학년도 10월 학력평가 19번 상중하

수직선 위를 움직이는 점 P의 시각 $t\ (t\geq 0)$에서의 속도 $v(t)$가

$$v(t)=4t^3-48t$$

이다. 시각 $t=k\ (k>0)$에서 점 P의 가속도가 0일 때, 시각 $t=0$에서 $t=k$까지 점 P가 움직인 거리를 구하시오.

(단, k는 상수이다.) [3점]

56

▸ 24107-0237

2022학년도 6월 모의평가 19번 상중하

수직선 위를 움직이는 점 P의 시각 $t\ (t\geq 0)$에서의 속도 $v(t)$가

$$v(t)=3t^2-4t+k$$

이다. 시각 $t=0$에서 점 P의 위치는 0이고, 시각 $t=1$에서 점 P의 위치는 -3이다. 시각 $t=1$에서 $t=3$까지 점 P의 위치의 변화량을 구하시오. (단, k는 상수이다.) [3점]

57
▸ 24107-0238
2024학년도 수능 10번
상중하

시각 $t=0$일 때 동시에 원점을 출발하여 수직선 위를 움직이는 두 점 P, Q의 시각 t $(t\geq 0)$에서의 속도가 각각

$$v_1(t)=t^2-6t+5,\ v_2(t)=2t-7$$

이다. 시각 t에서의 두 점 P, Q 사이의 거리를 $f(t)$라 할 때, 함수 $f(t)$는 구간 $[0,\ a]$에서 증가하고, 구간 $[a,\ b]$에서 감소하고, 구간 $[b,\ \infty)$에서 증가한다. 시각 $t=a$에서 $t=b$까지 점 Q가 움직인 거리는? (단, $0<a<b$) [4점]

① $\frac{15}{2}$ ② $\frac{17}{2}$ ③ $\frac{19}{2}$
④ $\frac{21}{2}$ ⑤ $\frac{23}{2}$

58
▸ 24107-0239
2024학년도 9월 모의평가 11번
상중하

두 점 P와 Q는 시각 $t=0$일 때 각각 점 A(1)과 점 B(8)에서 출발하여 수직선 위를 움직인다. 두 점 P, Q의 시각 t $(t\geq 0)$에서의 속도는 각각

$$v_1(t)=3t^2+4t-7,\ v_2(t)=2t+4$$

이다. 출발한 시각부터 두 점 P, Q 사이의 거리가 처음으로 4가 될 때까지 점 P가 움직인 거리는? [4점]

① 10 ② 14 ③ 19
④ 25 ⑤ 32

59
▸ 24107-0240
2024학년도 6월 모의평가 14번
상중하

실수 a $(a\geq 0)$에 대하여 수직선 위를 움직이는 점 P의 시각 t $(t\geq 0)$에서의 속도 $v(t)$를

$$v(t)=-t(t-1)(t-a)(t-2a)$$

라 하자. 점 P가 시각 $t=0$일 때 출발한 후 운동 방향을 한 번만 바꾸도록 하는 a에 대하여, 시각 $t=0$에서 $t=2$까지 점 P의 위치의 변화량의 최댓값은? [4점]

① $\frac{1}{5}$ ② $\frac{7}{30}$ ③ $\frac{4}{15}$
④ $\frac{3}{10}$ ⑤ $\frac{1}{3}$

60
▸ 24107-0241
2023학년도 수능 20번
상중하

수직선 위를 움직이는 점 P의 시각 t $(t\geq 0)$에서의 속도 $v(t)$와 가속도 $a(t)$가 다음 조건을 만족시킨다.

(가) $0\leq t\leq 2$일 때, $v(t)=2t^3-8t$이다.
(나) $t\geq 2$일 때, $a(t)=6t+4$이다.

시각 $t=0$에서 $t=3$까지 점 P가 움직인 거리를 구하시오. [4점]

61
▸ 24107-0242
2023학년도 10월 학력평가 19번
상중하

시각 $t=0$일 때 동시에 원점을 출발하여 수직선 위를 움직이는 두 점 P, Q의 시각 t $(t\geq 0)$에서의 속도가 각각

$$v_1(t)=12t-12,\ v_2(t)=3t^2+2t-12$$

이다. 시각 $t=k$ $(k>0)$에서 두 점 P, Q의 위치가 같을 때, 시각 $t=0$에서 $t=k$까지 점 P가 움직인 거리를 구하시오. [3점]

Ⅲ 적분

도전 1등급 문제

01
▸ 24107-0243
2021학년도 9월 모의평가 나형 28번

함수 $f(x)=-x^2-4x+a$에 대하여 함수

$$g(x)=\int_0^x f(t)dt$$

가 닫힌구간 $[0,\ 1]$에서 증가하도록 하는 실수 a의 최솟값을 구하시오. [4점]

02
▸ 24107-0244
2022학년도 수능 14번

수직선 위를 움직이는 점 P의 시각 t에서의 위치 $x(t)$가 두 상수 $a,\ b$에 대하여

$$x(t)=t(t-1)(at+b)\ (a\neq 0)$$

이다. 점 P의 시각 t에서의 속도 $v(t)$가 $\int_0^1 |v(t)|dt=2$를 만족시킬 때, 〈보기〉에서 옳은 것만을 있는 대로 고른 것은? [4점]

보기

ㄱ. $\int_0^1 v(t)dt=0$

ㄴ. $|x(t_1)|>1$인 t_1이 열린구간 $(0,\ 1)$에 존재한다.

ㄷ. $0\le t\le 1$인 모든 t에 대하여 $|x(t)|<1$이면 $x(t_2)=0$인 t_2가 열린구간 $(0,\ 1)$에 존재한다.

① ㄱ　② ㄱ, ㄴ　③ ㄱ, ㄷ　④ ㄴ, ㄷ　⑤ ㄱ, ㄴ, ㄷ

03
▸ 24107-0245
2022학년도 6월 모의평가 20번

실수 a와 함수 $f(x)=x^3-12x^2+45x+3$에 대하여 함수

$$g(x)=\int_a^x \{f(x)-f(t)\}\times\{f(t)\}^4 dt$$

가 오직 하나의 극값을 갖도록 하는 모든 a의 값의 합을 구하시오. [4점]

04
▸ 24107-0246
2021학년도 9월 모의평가 나형 20번

실수 전체의 집합에서 연속인 두 함수 $f(x)$와 $g(x)$가 모든 실수 x에 대하여 다음 조건을 만족시킨다.

(가) $f(x)\ge g(x)$
(나) $f(x)+g(x)=x^2+3x$
(다) $f(x)g(x)=(x^2+1)(3x-1)$

$\int_0^2 f(x)dx$의 값은? [4점]

① $\frac{23}{6}$　② $\frac{13}{3}$　③ $\frac{29}{6}$　④ $\frac{16}{3}$　⑤ $\frac{35}{6}$

05

▸ 24107-0247

2022학년도 10월 학력평가 14번

최고차항의 계수가 1인 삼차함수 $f(x)$와 실수 t에 대하여 x에 대한 방정식

$$\int_{t}^{x} f(s)ds=0$$

의 서로 다른 실근의 개수를 $g(t)$라 할 때, 〈보기〉에서 옳은 것만을 있는 대로 고른 것은? [4점]

보기

ㄱ. $f(x)=x^2(x-1)$일 때, $g(1)=1$이다.

ㄴ. 방정식 $f(x)=0$의 서로 다른 실근의 개수가 3이면 $g(a)=3$인 실수 a가 존재한다.

ㄷ. $\lim_{t\to b} g(t)+g(b)=6$을 만족시키는 실수 b의 값이 0과 3뿐이면 $f(4)=12$이다.

① ㄱ　② ㄱ, ㄴ　③ ㄱ, ㄷ　④ ㄴ, ㄷ　⑤ ㄱ, ㄴ, ㄷ

06

▸ 24107-0248

2023학년도 9월 모의평가 20번

상수 k $(k<0)$에 대하여 두 함수

$$f(x)=x^3+x^2-x,\ g(x)=4|x|+k$$

의 그래프가 만나는 점의 개수가 2일 때, 두 함수의 그래프로 둘러싸인 부분의 넓이를 S라 하자. $30\times S$의 값을 구하시오. [4점]

07

▸ 24107-0249

2021학년도 수능 나형 20번

실수 a $(a>1)$에 대하여 함수 $f(x)$를

$$f(x)=(x+1)(x-1)(x-a)$$

라 하자. 함수

$$g(x)=x^2\int_{0}^{x} f(t)dt-\int_{0}^{x} t^2f(t)dt$$

가 오직 하나의 극값을 갖도록 하는 a의 최댓값은? [4점]

① $\frac{9\sqrt{2}}{8}$　② $\frac{3\sqrt{6}}{4}$　③ $\frac{3\sqrt{2}}{2}$　④ $\sqrt{6}$　⑤ $2\sqrt{2}$

08

▸ 24107-0250

2020학년도 수능 나형 26번

두 함수

$$f(x)=\frac{1}{3}x(4-x),\ g(x)=|x-1|-1$$

의 그래프로 둘러싸인 부분의 넓이를 S라 할 때, $4S$의 값을 구하시오. [4점]

09

▸ 24107-0251

2023학년도 6월 모의평가 20번

최고차항의 계수가 2인 이차함수 $f(x)$에 대하여 함수 $g(x)=\int_{x}^{x+1}|f(t)|dt$는 $x=1$과 $x=4$에서 극소이다.

$f(0)$의 값을 구하시오. [4점]

10

▸ 24107-0252

2022학년도 수능 20번

실수 전체의 집합에서 미분가능한 함수 $f(x)$가 다음 조건을 만족시킨다.

(가) 닫힌구간 $[0, 1]$에서 $f(x)=x$이다.
(나) 어떤 상수 a, b에 대하여 구간 $[0, \infty)$에서 $f(x+1)-xf(x)=ax+b$이다.

$60\times\int_{1}^{2}f(x)dx$의 값을 구하시오. [4점]

11

▸ 24107-0253

2021학년도 3월 학력평가 22번

양수 a와 일차함수 $f(x)$에 대하여 실수 전체의 집합에서 정의된 함수

$$g(x)=\int_{0}^{x}(t^2-4)\{|f(t)|-a\}dt$$

가 다음 조건을 만족시킨다.

(가) 함수 $g(x)$는 극값을 갖지 않는다.
(나) $g(2)=5$

$g(0)-g(-4)$의 값을 구하시오. [4점]

12

▸ 24107-0254

2020학년도 3월 학력평가 나형 30번

닫힌구간 $[-1, 1]$에서 정의된 연속함수 $f(x)$는 정의역에서 증가하고 모든 실수 x에 대하여 $f(-x)=-f(x)$가 성립할 때, 함수 $g(x)$가 다음 조건을 만족시킨다.

(가) 닫힌구간 $[-1, 1]$에서 $g(x)=f(x)$이다.
(나) 닫힌구간 $[2n-1, 2n+1]$에서 함수 $y=g(x)$의 그래프는 함수 $y=f(x)$의 그래프를 x축의 방향으로 $2n$만큼, y축의 방향으로 $6n$만큼 평행이동한 그래프이다.
(단, n은 자연수이다.)

$f(1)=3$이고 $\int_0^1 f(x)\,dx=1$일 때, $\int_3^6 g(x)\,dx$의 값을 구하시오. [4점]

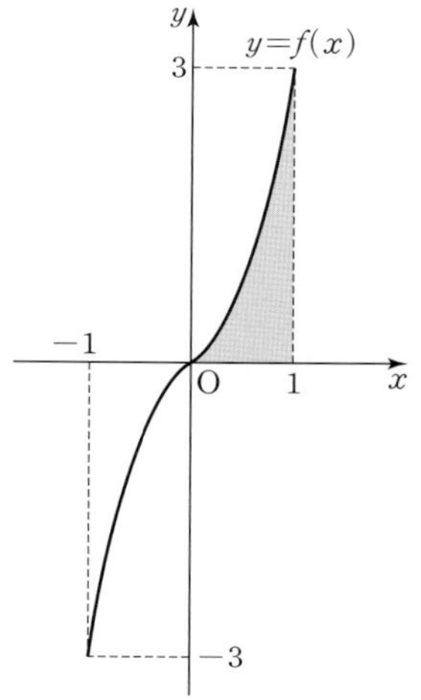

13

▸ 24107-0255

2020학년도 수능 나형 28번

다항함수 $f(x)$가 다음 조건을 만족시킨다.

(가) 모든 실수 x에 대하여
$\int_1^x f(t)\,dt=\frac{x-1}{2}\{f(x)+f(1)\}$이다.
(나) $\int_0^2 f(x)\,dx=5\int_{-1}^1 xf(x)\,dx$

$f(0)=1$일 때, $f(4)$의 값을 구하시오. [4점]

14

▸ 24107-0256

2019학년도 10월 학력평가 나형 30번

양수 a에 대하여 최고차항의 계수가 1인 이차함수 $f(x)$와 최고차항의 계수가 1인 삼차함수 $g(x)$가 다음 조건을 만족시킨다.

(가) $f(0)=g(0)$
(나) $\lim_{x\to 0}\frac{f(x)}{x}=0$, $\lim_{x\to a}\frac{g(x)}{x-a}=0$
(다) $\int_0^a \{g(x)-f(x)\}\,dx=36$

$3\int_0^a |f(x)-g(x)|\,dx$의 값을 구하시오. [4점]

15

▸ 24107-0257

2020학년도 10월 학력평가 나형 30번

함수 $f(x)=\begin{cases} -3x^2 & (x<1) \\ 2(x-3) & (x\geq 1) \end{cases}$에 대하여 함수 $g(x)$를

$$g(x)=\int_0^x (t-1)f(t)\,dt$$

라 할 때, 실수 t에 대하여 직선 $y=t$와 곡선 $y=g(x)$가 만나는 서로 다른 점의 개수를 $h(t)$라 하자.
$\left|\lim_{t\to a+} h(t)-\lim_{t\to a-} h(t)\right|=2$를 만족시키는 모든 실수 a에 대하여 $|a|$의 값의 합을 S라 할 때, $30S$의 값을 구하시오. [4점]

16

▸ 24107-0258

2022학년도 3월 학력평가 22번

실수 전체의 집합에서 연속인 함수 $f(x)$와 최고차항의 계수가 1이고 상수항이 0인 삼차함수 $g(x)$가 있다. 양의 상수 a에 대하여 두 함수 $f(x)$, $g(x)$가 다음 조건을 만족시킨다.

> (가) 모든 실수 x에 대하여 $x|g(x)|=\int_{2a}^{x}(a-t)f(t)\,dt$이다.
> (나) 방정식 $g(f(x))=0$의 서로 다른 실근의 개수는 4이다.

$\int_{-2a}^{2a}f(x)\,dx$의 값을 구하시오. [4점]

17

▸ 24107-0259

2022학년도 수능 22번

최고차항의 계수가 $\frac{1}{2}$인 삼차함수 $f(x)$와 실수 t에 대하여 방정식 $f'(x)=0$이 닫힌구간 $[t,\ t+2]$에서 갖는 실근의 개수를 $g(t)$라 할 때, 함수 $g(t)$는 다음 조건을 만족시킨다.

> (가) 모든 실수 a에 대하여 $\lim_{t\to a+}g(t)+\lim_{t\to a-}g(t)\le 2$이다.
> (나) $g(f(1))=g(f(4))=2$, $g(f(0))=1$

$f(5)$의 값을 구하시오. [4점]

18

▸ 24107-0260

2020학년도 3월 학력평가 가형 30번

최고차항의 계수가 4인 삼차함수 $f(x)$와 실수 t에 대하여 함수 $g(x)$를

$$g(x)=\int_{t}^{x}f(s)\,ds$$

라 하자. 상수 a에 대하여 두 함수 $f(x)$와 $g(x)$가 다음 조건을 만족시킨다.

> (가) $f'(a)=0$
> (나) 함수 $|g(x)-g(a)|$가 미분가능하지 않은 x의 개수는 1이다.

실수 t에 대하여 $g(a)$의 값을 $h(t)$라 할 때, $h(3)=0$이고 함수 $h(t)$는 $t=2$에서 최댓값 27을 가진다. $f(5)$의 값을 구하시오. [4점]

19

▸ 24107-0261

2023학년도 9월 모의평가 22번

최고차항의 계수가 1이고 $x=3$에서 극댓값 8을 갖는 삼차함수 $f(x)$가 있다. 실수 t에 대하여 함수 $g(x)$를

$$g(x)=\begin{cases} f(x) & (x\ge t) \\ -f(x)+2f(t) & (x<t) \end{cases}$$

라 할 때, 방정식 $g(x)=0$의 서로 다른 실근의 개수를 $h(t)$라 하자. 함수 $h(t)$가 $t=a$에서 불연속인 a의 값이 두 개일 때, $f(8)$의 값을 구하시오. [4점]

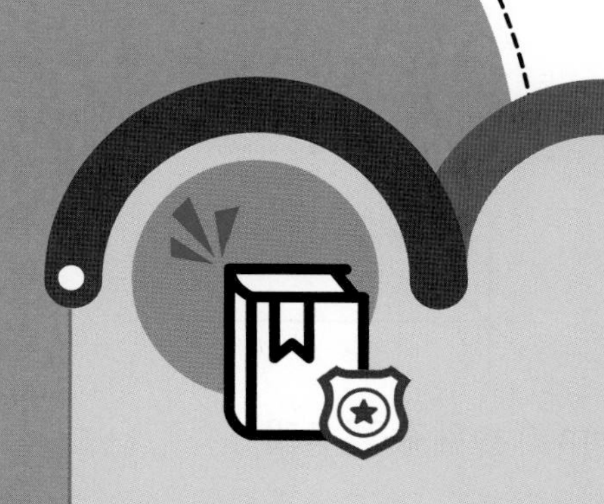

수능 기출의 미래

수학영역 수학 Ⅱ

경찰대학, 사관학교

기출 문제

Ⅰ 함수의 극한과 연속

유형 1 함수의 극한값의 계산

01 2021학년도 사관학교 나형 22번

$\lim_{x \to \infty} (\sqrt{x^2+22x}-x)$의 값을 구하시오. [3점]

02 2024학년도 사관학교 2번

함수 $f(x)$에 대하여 $\lim_{x \to \infty} \frac{f(x)}{x}=2$일 때, $\lim_{x \to \infty} \frac{3x+1}{f(x)+x}$의 값은? [2점]

① $\frac{1}{2}$ ② 1 ③ $\frac{3}{2}$
④ 2 ⑤ $\frac{5}{2}$

유형 2 좌극한과 우극한

03 2023학년도 사관학교 4번

함수 $y=f(x)$의 그래프가 그림과 같다.

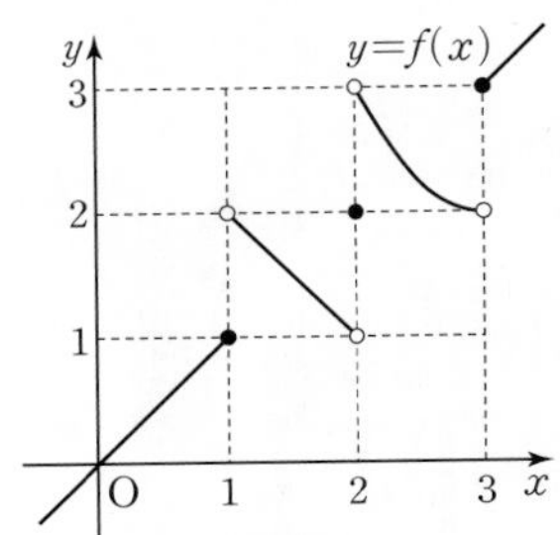

$\lim_{x \to 1+} f(x) + \lim_{x \to 3-} f(x)$의 값은? [3점]

① 1 ② 2 ③ 3
④ 4 ⑤ 5

04 2024학년도 경찰대학 2번

함수 $y=f(x)$의 그래프가 그림과 같다.

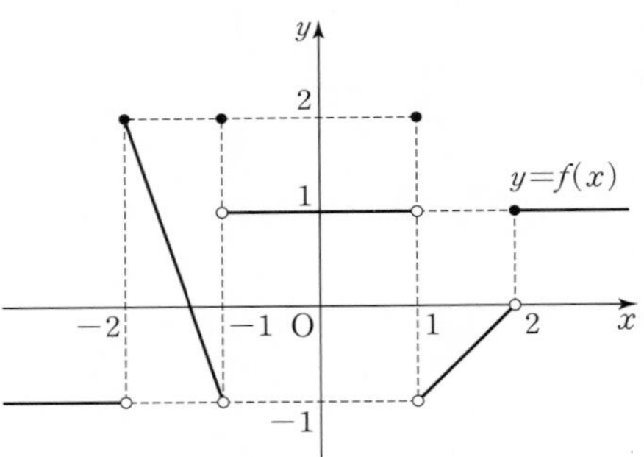

$\lim_{x \to 1-} (f \circ f)(x) + \lim_{x \to -\infty} f\left(-2-\frac{1}{x+1}\right)$의 값은? [3점]

① -4 ② -2 ③ 0
④ 2 ⑤ 4

05 2023학년도 사관학교 12번

함수

$$f(x)=\begin{cases} x^2+1 & (x\le 2) \\ ax+b & (x>2) \end{cases}$$

에 대하여 $f(\alpha)+\lim_{x\to\alpha+}f(x)=4$를 만족시키는 실수 α의 개수가 4이고, 이 네 수의 합이 8이다. $a+b$의 값은?

(단, a, b는 상수이다.) [4점]

① $-\frac{7}{4}$ ② $-\frac{5}{4}$ ③ $-\frac{3}{4}$
④ $-\frac{1}{4}$ ⑤ $\frac{1}{4}$

유형 3 미정계수의 결정

06 2022학년도 사관학교 1번

$\lim_{x\to 2}\frac{x^2-x+a}{x-2}=b$일 때, $a+b$의 값은?

(단, a, b는 상수이다.) [2점]

① 1 ② 2 ③ 3
④ 4 ⑤ 5

07 2022학년도 경찰대학 4번

다항함수 $f(x)$가 다음 조건을 만족시킬 때, $f(2)$의 값은?

(단, a는 0이 아닌 상수이다.) [3점]

(가) $\lim_{x\to\infty}\frac{f(x)-ax^2}{2x^2+1}=\frac{1}{2}$
(나) $\lim_{x\to 0}\frac{f(x)}{x^2-ax}=2$

① 1 ② 2 ③ 3
④ 4 ⑤ 5

08 2024학년도 경찰대학 17번

두 실수 a, b가 다음 조건을 만족시킬 때, $a+b+c+d$의 값은? [5점]

(가) $\lim_{x\to\infty}(\sqrt{(a-b)x^2+ax}-x)=c$ (c는 상수)
(나) $\lim_{x\to-\infty}(ax-b-\sqrt{-(b+1)x^2-4x})=d$ (d는 상수)

① $-\frac{5}{2}$ ② -3 ③ $-\frac{7}{2}$
④ -4 ⑤ $-\frac{9}{2}$

유형 4 함수의 그래프와 연속

09 2022학년도 사관학교 10번

양의 실수 a에 대하여 함수 $f(x)$를

$$f(x)=\begin{cases} x^2-5a & (x<a) \\ -2x+4 & (x\geq a) \end{cases}$$

라 하자. 함수 $f(-x)f(x)$가 $x=a$에서 연속이 되도록 하는 모든 a의 값의 합은? [4점]

① 9　② 10　③ 11　④ 12　⑤ 13

10 2024학년도 사관학교 14번

실수 k에 대하여 함수 $f(x)$를

$$f(x)=x^3-kx$$

라 하고, 실수 a와 함수 $f(x)$에 대하여 함수 $g(x)$를

$$g(x)=\begin{cases} f(x) & (x<a \text{ 또는 } x>a+1) \\ -f(x) & (a\leq x\leq a+1) \end{cases}$$

이라 하자. 〈보기〉에서 옳은 것만을 있는 대로 고른 것은? [4점]

ㄱ. 두 실수 k, a의 값에 관계없이 함수 $g(x)$는 $x=0$에서 연속이다.
ㄴ. $k=4$일 때, 함수 $g(x)$가 $x=p$에서 불연속인 실수 p의 개수가 1이 되도록 하는 모든 실수 a의 개수는 3이다.
ㄷ. 함수 $g(x)$가 실수 전체의 집합에서 연속이 되도록 하는 모든 순서쌍 (k, a)의 개수는 2이다.

① ㄱ　② ㄴ　③ ㄷ　④ ㄱ, ㄴ　⑤ ㄱ, ㄷ

11 2022학년도 경찰대학 8번

자연수 n과 $\lim_{x\to\infty}\frac{f(x)-x^3}{x^2}=2$인 다항함수 $f(x)$에 대하여 함수 $g(x)$가

$$g(x)=\begin{cases} \frac{x-1}{f(x)} & (f(x)\neq 0) \\ \frac{1}{n} & (f(x)=0) \end{cases}$$

이다. $g(x)$가 실수 전체의 집합에서 연속이 되도록 하는 n의 최솟값은? [4점]

① 7　② 8　③ 9　④ 10　⑤ 11

12 2023학년도 경찰대학 15번

좌표평면에서 정삼각형 ABC에 내접하는 반지름의 길이가 1인 원 S가 있다. 실수 t $(0\leq t\leq 1)$에 대하여 삼각형 ABC 위의 점 P와 원 S의 거리가 t인 점 P의 개수를 $f(t)$라 하자. 함수 $f(t)$가 $t=k$에서 불연속인 k의 개수를 a, $\lim_{t\to 1-}f(t)=b$라 할 때, $a+b$의 값은? (여기서, 점 P와 원 S의 거리는 점 P와 원 S 위의 점 X에 대하여 선분 PX의 길이의 최솟값이다.) [4점]

① 6　② 7　③ 8　④ 9　⑤ 10

13 2024학년도 경찰대학 12번

함수

$$f(x)=\begin{cases} \dfrac{x^2+ax+b}{x-5} & (x\neq5) \\ 7 & (x=5) \end{cases}$$

에 대하여 두 함수 $g(x)$, $h(x)$를

$$g(x)=\begin{cases} \sqrt{4-f(x)} & (x<1) \\ f(x) & (x\geq1) \end{cases},\ h(x)=|\{f(x)\}^2+\alpha|-11$$

이라 하자. 함수 $f(x)$가 실수 전체의 집합에서 연속일 때, 함수 $g(x)h(x)$도 실수 전체의 집합에서 연속이 되도록 하는 모든 실수 α의 값의 곱은? (단, a, b는 상수이다.) [4점]

① -34 ② -36 ③ -38
④ -40 ⑤ -42

14 2022학년도 경찰대학 24번

좌표평면 위에 원점을 중심으로 하고 반지름의 길이가 1인 원 C와 두 점 $\mathrm{A}(3,\ 3)$, $\mathrm{B}(0,\ -1)$이 있다. 실수 t $(0<t\leq4)$에 대하여 $f(t)$를 집합

$\{X\,|\,X$는 원 C 위의 점이고, 삼각형 ABX의 넓이는 $t\}$

의 원소의 개수라 하자. 함수 $f(t)$가 연속하지 않은 모든 t의 값의 합을 구하시오. [4점]

15 2024학년도 경찰대학 9번

실수 전체의 집합에서 연속인 두 함수 $f(x)$, $g(x)$가 다음 조건을 만족시킨다.

(가) 모든 실수 x에 대하여 $f(x)+f(-x)=1$이다.
(나) $x^2-x-2\neq0$일 때, $g(x)=\dfrac{2f(x)-7}{x^2-x-2}$이다.

방정식 $f(x)=k$가 반드시 열린구간 $(0,\ 2)$에서 적어도 2개의 실근을 갖도록 하는 정수 k의 개수는? [4점]

① 3 ② 4 ③ 5
④ 6 ⑤ 7

16 2024학년도 경찰대학 19번

실수 t $(2<t<8)$에 대하여 이차함수 $f(x)=(x-2)^2$ 위의 점 $\mathrm{P}(t,\ f(t))$에서의 접선이 x축과 만나는 점을 Q라 하자. 직선 $y=2(t-2)(x-5)$ 위의 한 점 R를 $\overline{\mathrm{PR}}=\overline{\mathrm{QR}}$가 되도록 잡는다. 삼각형 PQR의 넓이를 $S(t)$라 할 때,

$\lim\limits_{t\to2+}\dfrac{S(t)}{(t-2)^2}$의 값은? [5점]

① $\dfrac{3}{2}$ ② 2 ③ $\dfrac{5}{2}$
④ 3 ⑤ $\dfrac{7}{2}$

Ⅱ 미분

유형 1 평균변화율과 미분계수

01 2022학년도 사관학교 16번

함수 $f(x)=(x+3)(x^3+x)$의 $x=1$에서의 미분계수를 구하시오. [3점]

02 2022학년도 사관학교 4번

함수 $f(x)=x^3-4x^2+ax+6$에 대하여

$$\lim_{h\to0}\frac{f(2+h)-f(2)}{h\times f(h)}=1$$

일 때, 상수 a의 값은? [3점]

① 2 ② 4 ③ 6
④ 8 ⑤ 10

03 2023학년도 사관학교 14번

최고차항의 계수가 1인 이차함수 $f(x)$에 대하여 함수 $g(x)$를

$$g(x)=\begin{cases} f(x) & (x<1) \\ 2f(1)-f(x) & (x\geq1) \end{cases}$$

이라 하자. 함수 $g(x)$에 대하여 〈보기〉에서 옳은 것만을 있는 대로 고른 것은? [4점]

보기

ㄱ. 함수 $g(x)$는 실수 전체의 집합에서 연속이다.

ㄴ. $\lim_{h\to0+}\frac{g(-1+h)+g(-1-h)-6}{h}=a$ (a는 상수)이고 $g(1)=1$이면 $g(a)=1$이다.

ㄷ. $\lim_{h\to0+}\frac{g(b+h)+g(b-h)-6}{h}=4$ (b는 상수)이면 $g(4)=1$이다.

① ㄱ ② ㄱ, ㄴ ③ ㄱ, ㄷ
④ ㄴ, ㄷ ⑤ ㄱ, ㄴ, ㄷ

04 2024학년도 사관학교 4번

함수 $f(x)=x^3+ax+b$에 대하여 $\lim_{h\to0}\frac{f(1+h)}{h}=5$일 때, ab의 값은? (단, a, b는 상수이다.) [3점]

① -10 ② -8 ③ -6
④ -4 ⑤ -2

05 2024학년도 경찰대학 22번

다항함수 $f(x)$가 다음 조건을 만족시킬 때, $f(1)$의 값을 구하시오. [4점]

(가) 모든 실수 x에 대하여 $2f(x)-(x+2)f'(x)-8=0$이다.
(나) x의 값이 -3에서 0까지 변할 때, 함수 $f(x)$의 평균변화율은 3이다.

유형 2 미분가능성

06 2023학년도 사관학교 8번

함수

$$f(x)=\begin{cases} x^2-2x & (x<a) \\ 2x+b & (x\geq a) \end{cases}$$

가 실수 전체의 집합에서 미분가능할 때, $a+b$의 값은?

(단, a, b는 상수이다.) [3점]

① -4 ② -2 ③ 0 ④ 2 ⑤ 4

유형 3 다항함수의 도함수

07 2023학년도 사관학교 2번

함수 $f(x)=(x^3-2x^2+3)(ax+1)$에 대하여 $f'(0)=15$일 때, 상수 a의 값은? [2점]

① 3 ② 5 ③ 7 ④ 9 ⑤ 11

08 2021학년도 사관학교 나형 4번

함수 $f(x)=(x^3-2x+3)(ax+3)$에 대하여 $f'(1)=15$일 때, a의 값은? (단, a는 상수이다.) [3점]

① 3 ② 4 ③ 5 ④ 6 ⑤ 7

09 2023학년도 경찰대학 14번

두 다항함수 $f(x)$, $g(x)$에 대하여

$$f(1)=2,\ g(1)=0,\ f'(1)=3,\ g'(1)=2$$

일 때, $\lim_{x\to\infty}\sum_{k=1}^{4}\left\{xf\left(1+\frac{3^k}{x}\right)g\left(1+\frac{3^k}{x}\right)\right\}$의 값은? [4점]

① 400 ② 440 ③ 480 ④ 520 ⑤ 560

10 2022학년도 경찰대학 20번

최고차항의 계수가 1인 두 이차다항식 $P(x)$, $Q(x)$에 대하여 두 함수 $f(x)=(x+4)P(x)$, $g(x)=(x-4)Q(x)$가 다음 조건을 만족시킨다.

(가) $f'(-4)\neq 0$, $f(4)\neq 0$, $g(-4)\neq 0$
(나) 방정식 $f(x)g(x)=0$의 서로 다른 모든 해를 크기순으로 나열한 -4, a_1, a_2, a_3, 4는 등차수열을 이룬다.
(다) $f'(a_i)=0$인 $i\in\{1, 2, 3\}$은 하나만 존재하고 모든 $i\in\{1, 2, 3\}$에 대하여 $g'(a_i)\neq 0$이다.

두 곡선 $y=f(x)$와 $y=g(x)$가 서로 다른 두 점에서 만날 때, 두 교점의 x좌표의 합은? [5점]

① $-\frac{1}{2}$ ② $-\frac{1}{4}$ ③ 0 ④ $\frac{1}{4}$ ⑤ $\frac{1}{2}$

유형 4 접선의 방정식

11 2023학년도 사관학교 17번

함수 $f(x)=3x^3-x+a$에 대하여 곡선 $y=f(x)$ 위의 점 $(1, f(1))$에서의 접선이 원점을 지날 때, 상수 a의 값을 구하시오. [3점]

12 2024학년도 사관학교 17번

다항함수 $f(x)$에 대하여 함수 $g(x)$를

$$g(x)=(x^3-2x)f(x)$$

라 하자. $f(2)=-3$, $f'(2)=4$일 때, 곡선 $y=g(x)$ 위의 점 $(2, g(2))$에서의 접선의 y절편을 구하시오. [3점]

13 2023학년도 경찰대학 13번

좌표평면 위의 점 (a, b)에서 곡선 $y=x^2$에 그은 두 접선이 서로 수직이고 $a^2+b^2\le\frac{37}{16}$일 때, $a+b$의 최댓값을 p, 최솟값을 q라 하자. pq의 값은? [4점]

① $-\frac{33}{16}$ ② $-\frac{35}{16}$ ③ $-\frac{37}{16}$
④ $-\frac{39}{16}$ ⑤ $-\frac{41}{16}$

14 2022학년도 경찰대학 7번

실수 k에 대하여 함수 $f(x)=x^3+kx^2+(2k-1)x+k+3$의 그래프가 k의 값에 관계없이 항상 점 P를 지난다.
곡선 $y=f(x)$ 위의 점 P에서의 접선이 곡선 $y=f(x)$와 오직 한 점에서 만난다고 할 때, k의 값은? [4점]

① 1 ② 2 ③ 3
④ 4 ⑤ 5

15 2022학년도 경찰대학 9번

삼차함수 $f(x)=x^3+x^2$의 그래프 위의 두 점 $(t, f(t))$와 $(t+1, f(t+1))$에서의 접선의 y절편을 각각 $g_1(t)$와 $g_2(t)$라 하자. 함수 $h(t)=|g_1(t)-g_2(t)|$의 최솟값은? [4점]

① $\frac{1}{3}$ ② $\frac{2}{3}$ ③ 1
④ $\frac{4}{3}$ ⑤ $\frac{5}{3}$

16 2023학년도 경찰대학 20번

곡선 $y=x^3-x^2$ 위의 제1사분면에 있는 점 A에서의 접선의 기울기가 8이다. 점 $(0, 2)$를 중심으로 하는 원 S가 있다. 두 점 $B(0, 4)$와 원 S 위의 점 X에 대하여 두 직선 OA와 BX가 이루는 예각의 크기를 θ라 할 때, $\overline{BX}\sin\theta$의 최댓값이 $\frac{6\sqrt{5}}{5}$가 되도록 하는 원 S의 반지름의 길이는? (단, O는 원점이다.) [5점]

① $\frac{3\sqrt{5}}{4}$ ② $\frac{4\sqrt{5}}{5}$ ③ $\frac{17\sqrt{5}}{20}$
④ $\frac{9\sqrt{5}}{10}$ ⑤ $\frac{19\sqrt{5}}{20}$

유형 5 함수의 증가와 감소, 극대와 극소, 최대와 최소

17 2023학년도 사관학교 6번

함수 $f(x)=\frac{1}{2}x^4+ax^2+b$가 $x=a$에서 극소이고, 극댓값 $a+8$을 가질 때, $a+b$의 값은? (단, a, b는 상수이다.) [3점]

① 2 ② 3 ③ 4 ④ 5 ⑤ 6

18 2024학년도 경찰대학 21번

최고차항의 계수가 1인 삼차함수 $f(x)$에 대하여 함수 $g(x)$를

$$g(x)=\begin{cases} f(x) & (x<1) \\ -f(x) & (x\geq 1) \end{cases}$$

이라 하자. 함수 $g(x)$가 실수 전체의 집합에서 미분가능하고 $x=-1$에서 극값을 가질 때, 함수 $f(x)$의 극댓값을 구하시오. [3점]

19 2022학년도 사관학교 12번

닫힌구간 $[-1, 3]$에서 정의된 함수

$$f(x)=\begin{cases} x^3-6x^2+5 & (-1\leq x\leq 1) \\ x^2-4x+a & (1<x\leq 3) \end{cases}$$

의 최댓값과 최솟값의 합이 0일 때, $\lim_{x\to 1+}f(x)$의 값은? (단, a는 상수이다.) [4점]

① -5 ② $-\frac{9}{2}$ ③ -4 ④ $-\frac{7}{2}$ ⑤ -3

20 2023학년도 경찰대학 23번

최고차항의 계수가 1인 이차함수 $f(x)$에 대하여 함수 $g(x)$를

$$g(x)=\begin{cases} -x^2+2x+2 & (x<1) \\ f(x) & (x\geq 1) \end{cases}$$

이라 하자. 함수 $g(x)$가 $x=1$에서 연속이고 실수 전체의 집합에서 증가하도록 하는 모든 함수 $f(x)$에 대하여 $f(3)$의 최솟값을 구하시오. [4점]

21 2023학년도 경찰대학 19번

최고차항의 계수가 양수인 다항함수 $f(x)$와 함수 $y=f(x)$의 그래프를 y축에 대하여 대칭이동한 그래프를 나타내는 함수 $g(x)$가 다음 조건을 만족시킨다.

(가) $\lim_{x \to 1} \frac{f(x)}{x-1}$의 값이 존재한다.
(나) $\lim_{x \to 3} \frac{f(x)}{(x-3)g(x)}=k$ (k는 0이 아닌 상수)
(다) $\lim_{x \to -3+} \frac{1}{g'(x)}=\infty$

$f(x)$의 차수의 최솟값이 m이다. $f(x)$의 차수가 최소일 때, $m+k$의 값은? [5점]

① $\frac{10}{3}$ ② $\frac{43}{12}$ ③ $\frac{23}{6}$
④ $\frac{49}{12}$ ⑤ $\frac{13}{3}$

22 2023학년도 경찰대학 12번

좌표평면에서 점 $(18,\ -1)$을 지나는 원 C가 곡선 $y=x^2-1$과 만나도록 하는 원 C의 반지름의 길이의 최솟값은? [4점]

① $\frac{\sqrt{17}}{2}$ ② $\sqrt{17}$ ③ $\frac{3\sqrt{17}}{2}$
④ $2\sqrt{17}$ ⑤ $\frac{5\sqrt{17}}{2}$

23 2023학년도 사관학교 10번

사차함수 $f(x)$가 다음 조건을 만족시킬 때, $f(2)$의 값은? [4점]

(가) $f(0)=2$이고 $f'(4)=-24$이다.
(나) 부등식 $xf'(x)>0$을 만족시키는 모든 실수 x의 값의 범위는 $1<x<3$이다.

① 3 ② $\frac{10}{3}$ ③ $\frac{11}{3}$
④ 4 ⑤ $\frac{13}{3}$

24 2022학년도 사관학교 14번

함수 $f(x)=x^3-x$와 상수 a $(a>-1)$에 대하여 곡선 $y=f(x)$ 위의 두 점 $(-1,\ f(-1))$, $(a,\ f(a))$를 지나는 직선을 $y=g(x)$라 하자. 함수

$$h(x)=\begin{cases} f(x) & (x<-1) \\ g(x) & (-1 \le x \le a) \\ f(x-m)+n & (x>a) \end{cases}$$

가 다음 조건을 만족시킨다.

(가) 함수 $h(x)$는 실수 전체의 집합에서 미분가능하다.
(나) 함수 $h(x)$는 일대일대응이다.

$m+n$의 값은? (단, m, n은 상수이다.) [4점]

① 1 ② 3 ③ 5
④ 7 ⑤ 9

25 2022학년도 경찰대학 17번

자연수 n에 대하여 함수

$$f(x)=|x^2-4|(x^2+n)$$

이 $x=a$에서 극값을 갖는 a의 개수가 4 이상일 때, $f(x)$의 모든 극값의 합이 최대가 되도록 하는 n의 값은? [5점]

① 1　　② 2　　③ 3　　④ 4　　⑤ 5

26 2024학년도 사관학교 12번

최고차항의 계수가 -1인 이차함수 $f(x)$와 상수 a에 대하여 함수

$$g(x)=\begin{cases} f(x) & (x<0) \\ a-f(-x) & (x\geq 0) \end{cases}$$

이 다음 조건을 만족시킨다.

> (가) $\lim_{x\to 0}\frac{g(x)-g(0)}{x}=-4$
> (나) 함수 $g(x)$의 극솟값은 0이다.

$g(-a)$의 값은? [4점]

① -40　　② -36　　③ -32　　④ -28　　⑤ -24

27 2024학년도 사관학교 22번

최고차항의 계수가 1인 이차함수 $f(x)$에 대하여 함수

$$g(x)=x|f(x)|$$

가 다음 조건을 만족시킨다.

> (가) 극한
> $$\lim_{h\to 0+}\left\{\frac{g(t+h)}{h}\times\frac{g(t-h)}{h}\right\}$$
> 가 양의 실수로 수렴하는 실수 t의 개수는 1이다.
> (나) x에 대한 방정식 $\{g(x)\}^2+4g(x)=0$의 서로 다른 실근의 개수는 4이다.

$g(3)$의 값을 구하시오. [4점]

28 2021학년도 사관학교 나형 30번

양수 a에 대하여 함수 $f(x)$는

$$f(x)=\begin{cases} x(x+a)^2 & (x<0) \\ x(x-a)^2 & (x\geq 0) \end{cases}$$

이다. 실수 t에 대하여 곡선 $y=f(x)$와 직선 $y=4x+t$의 서로 다른 교점의 개수를 $g(t)$라 할 때, 함수 $g(t)$가 다음 조건을 만족시킨다.

> (가) 함수 $g(t)$의 최댓값은 5이다.
> (나) 함수 $g(t)$가 $t=\alpha$에서 불연속인 α의 개수는 2이다.

$f'(0)$의 값을 구하시오. [4점]

유형 6 방정식과 부등식에의 활용

29 2022학년도 사관학교 18번

모든 양의 실수 x에 대하여 부등식

$$x^3-5x^2+3x+n\geq 0$$

이 항상 성립하도록 하는 자연수 n의 최솟값을 구하시오. [3점]

30 2024학년도 사관학교 19번

x에 대하여 방정식

$$x^3-\frac{3n}{2}x^2+7=0$$

의 1보다 큰 서로 다른 실근의 개수가 2가 되도록 하는 모든 자연수 n의 값의 합을 구하시오. [3점]

31 2023학년도 경찰대학 7번

최고차항의 계수가 1인 삼차함수 $f(x)$는 $x=1$과 $x=-1$에서 극값을 갖는다. $\{x \mid f(x)\leq 9x+9\}=(-\infty,\ a]$를 만족시키는 양수 a의 최솟값은? [4점]

① 1 ② 2 ③ 3 ④ 4 ⑤ 5

32 2021학년도 경찰대학 4번

$\lim_{x\to 2}\frac{f(x)}{x-2}=4$, $\lim_{x\to 4}\frac{f(x)}{x-4}=2$를 만족시키는 다항함수 $f(x)$에 대하여 방정식 $f(x)=0$이 구간 $[2,\ 4]$에서 적어도 m개의 서로 다른 실근을 갖는다. m의 값은? [3점]

① 1 ② 2 ③ 3 ④ 4 ⑤ 5

33 2024학년도 경찰대학 16번

$0\leq x\leq 1$인 모든 실수 x에 대하여 부등식

$$2ax^3-3(a+1)x^2+6x\leq 1$$

이 성립할 때, 양수 a의 최솟값은? [4점]

① $\frac{11+\sqrt{5}}{6}$ ② $\frac{5+\sqrt{5}}{3}$ ③ $\frac{3+\sqrt{5}}{2}$ ④ $\frac{4+2\sqrt{5}}{3}$ ⑤ $\frac{7+5\sqrt{5}}{6}$

유형 7 속도와 가속도

34 2024학년도 경찰대학 11번

두 실수 $a\ (a>0)$, b에 대하여 수직선 위를 움직이는 점 P의 시각 $t\ (t\geq 0)$에서의 위치 $x(t)$가

$$x(t)=t^3-6at^2+9a^2t+b$$

일 때, $x(t)$는 다음 조건을 만족시킨다.

> (가) 점 P가 출발한 후 점 P의 운동 방향이 바뀌는 순간의 위치의 차는 32이다.
> (나) 점 P가 출발한 후 점 P의 가속도가 0이 되는 순간의 위치는 36이다.

$b-a$의 값은? [4점]

① 18 ② 23 ③ 28 ④ 33 ⑤ 38

Ⅲ 적분

유형 1 부정적분과 정적분

01 2022학년도 사관학교 5번

다항함수 $f(x)$의 도함수 $f'(x)$가

$$f'(x)=4x^3+ax$$

이고 $f(0)=-2$, $f(1)=1$일 때, $f(2)$의 값은?

(단, a는 상수이다.) [3점]

① 18 ② 19 ③ 20 ④ 21 ⑤ 22

02 2024학년도 사관학교 6번

모든 실수 t에 대하여 다항함수 $y=f(x)$의 그래프 위의 점 $(t,\ f(t))$에서의 접선의 기울기가 $-6t^2+2t$이다. 곡선 $y=f(x)$가 점 $(1,\ 1)$을 지날 때, $f(-1)$의 값은? [3점]

① 1 ② 2 ③ 3 ④ 4 ⑤ 5

03 2023학년도 경찰대학 5번

사차함수 $f(x)$는 $x=1$에서 극값 2를 갖고, $f(x)$가 x^3으로 나누어떨어질 때, $\int_0^2 f(x-1)\,dx$의 값은? [4점]

① $-\frac{12}{5}$ ② $-\frac{7}{5}$ ③ $-\frac{2}{5}$ ④ $\frac{3}{5}$ ⑤ $\frac{8}{5}$

04 2021학년도 경찰대학 22번

두 함수 $f(x)=-x^2+4x$, $g(x)=2x-a$에 대하여 함수 $h(x)=\frac{1}{2}\{f(x)+g(x)+|f(x)-g(x)|\}$가 극솟값 3을 가질 때, $\int_0^4 h(x)\,dx$의 값을 구하시오. (단, a는 상수이다.) [3점]

05 2021학년도 사관학교 나형 20번

0이 아닌 실수 k에 대하여 다항함수 $f(x)$의 도함수 $f'(x)$가

$$f'(x)=3(x-k)(x-2k)$$

이다. 함수

$$g(x)=\begin{cases} f(x) & (x\le 1 \text{ 또는 } x\ge 4) \\ \dfrac{f(4)-f(1)}{3}(x-1)+f(1) & (1<x<4) \end{cases}$$

의 역함수가 존재하도록 하는 모든 실수 k의 값의 범위가 $\alpha\le k<\beta$일 때, $\beta-\alpha$의 값은? [4점]

① $\frac{3}{8}$ ② $\frac{1}{2}$ ③ $\frac{5}{8}$
④ $\frac{3}{4}$ ⑤ $\frac{7}{8}$

06 2023학년도 경찰대학 18번

함수

$$f(x)=\begin{cases} 1+x & (-1\le x<0) \\ 1-x & (0\le x\le 1) \\ 0 & (|x|>1) \end{cases}$$

에 대하여 함수 $g(x)$를

$$g(x)=\int_{-1}^{x} f(t)\{2x-f(t)\}dt$$

라 할 때, 함수 $g(x)$의 최솟값은? [5점]

① $-\frac{1}{4}$ ② $-\frac{1}{3}$ ③ $-\frac{5}{12}$
④ $-\frac{1}{2}$ ⑤ $-\frac{7}{12}$

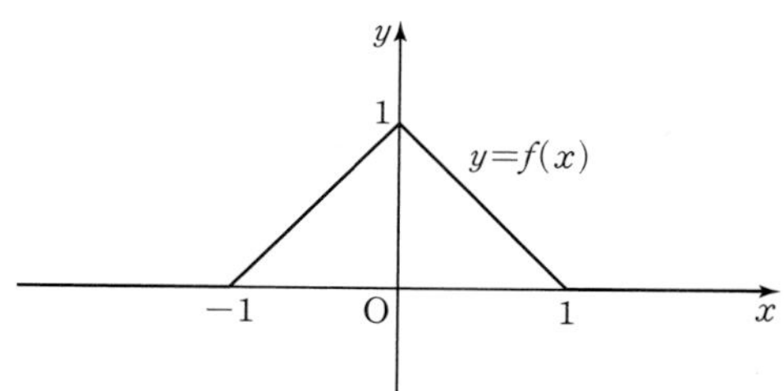

유형 2 적분과 미분의 관계

07 2024학년도 사관학교 10번

함수

$$f(x)=\int_{a}^{x}(3t^2+bt-5)\,dt$$

이 $x=-1$에서 극값 0을 가질 때, $a+b$의 값은?

(단, a, b는 상수이다.) [4점]

① 1 ② $\frac{4}{3}$ ③ $\frac{5}{3}$
④ 2 ⑤ $\frac{7}{3}$

08 2024학년도 경찰대학 4번

두 다항함수 $f(x)$, $g(x)$가 다음 조건을 만족시킨다.

> (가) $\int xf'(x)\,dx=x^3+3x^2+C$ (단, C는 적분상수)
>
> (나) $g(x)=\int_{-1}^{x} tf(t)\,dt$

$g'(2)=0$일 때, $f(-2)$의 값은? [3점]

① -30 ② -24 ③ -18
④ -12 ⑤ -6

09 2022학년도 경찰대학 23번

최고차항이 계수가 1인 이차함수 $f(x)$에 대하여 함수 $g(x)$는

$$g(x)=\int_{-1}^{x}f(t)dt$$

이다. $\lim_{x\to1}\frac{g(x)}{x-1}=2$일 때, $f(4)$의 값을 구하시오. [4점]

10 2022학년도 경찰대학 12번

다항함수 $f(x)$가 다음 조건을 만족시킬 때, 상수 a의 값은? [4점]

(가) 모든 실수 x에 대하여

$$\frac{d}{dx}\left\{\int_{1}^{x}(f(t)+t^2+2at-3)dt\right\}=\int_{1}^{x}\left\{\frac{d}{dt}(2f(t)-3t+7)\right\}dt$$

(나) $\lim_{h\to0}\frac{f(3+h)-f(3-h)}{h}=6$

① -1 ② -2 ③ -3 ④ -4 ⑤ -5

11 2022학년도 경찰대학 15번

실수 p에 대하여 곡선 $y=x^3-x^2$과 직선 $y=px-1$의 교점의 x좌표 중 가장 작은 값을 m이라 하자. $m<a<b$인 모든 실수 a, b에 대하여

$$\int_{a}^{b}(x^3-x^2-px+1)dx>0$$

이 되도록 하는 m의 최솟값은? [4점]

① $-\frac{1}{2}$ ② -1 ③ $-\frac{3}{2}$ ④ -2 ⑤ $-\frac{5}{2}$

12 2021학년도 경찰대학 19번

최고차항의 계수가 1인 삼차함수 $f(x)$의 도함수 $f'(x)$는 $x=-1$에서 최솟값을 갖는다. 방정식

$$|f(x)-f(-3)|=k$$

가 서로 다른 네 실근을 갖도록 하는 실수 k의 값의 범위는 $0<k<m$이다. 실수 m의 최댓값은? [5점]

① 8 ② 16 ③ 24 ④ 32 ⑤ 40

13 2023학년도 사관학교 22번

최고차항의 계수가 정수인 삼차함수 $f(x)$에 대하여 $f(1)=1$, $f'(1)=0$이다. 함수 $g(x)$를

$$g(x)=f(x)+|f(x)-1|$$

이라 할 때, 함수 $g(x)$가 다음 조건을 만족시키도록 하는 함수 $f(x)$의 개수를 구하시오. [4점]

(가) 두 함수 $y=f(x)$, $y=g(x)$의 그래프의 모든 교점의 x좌표의 합은 3이다.

(나) 모든 자연수 n에 대하여 $n<\int_0^n g(x)dx<n+16$이다.

14 2022학년도 사관학교 22번

일차함수 $f(x)$에 대하여 함수 $g(x)$를

$$g(x)=\int_0^x (x-2)f(s)ds$$

라 하자. 실수 t에 대하여 직선 $y=tx$와 곡선 $y=g(x)$가 만나는 점의 개수를 $h(t)$라 할 때, 다음 조건을 만족시키는 모든 함수 $g(x)$에 대하여 $g(4)$의 값의 합을 구하시오. [4점]

$g(k)=0$을 만족시키는 모든 실수 k에 대하여 함수 $h(t)$는 $t=-k$에서 불연속이다.

15 2024학년도 경찰대학 10번

함수

$$f(x)=\begin{cases} 2(x-2) & (x<2) \\ 4(x-2) & (x\geq 2) \end{cases}$$

와 실수 t에 대하여 함수 $g(t)$를

$$g(t)=\int_{t-1}^{t+2} |f(x)|\, dx$$

라 하자. $g(t)$가 $t=a$에서 최솟값 b를 가질 때, $a+b$의 값은? [4점]

① 6 ② 7 ③ 8 ④ 9 ⑤ 10

경찰대학·사관학교 기출 문제

유형 3 넓이

16 2023학년도 사관학교 18번

곡선 $y=x^3+2x$와 y축 및 직선 $y=3x+6$으로 둘러싸인 부분의 넓이를 구하시오. [3점]

17 2024학년도 사관학교 8번

두 함수

$$f(x)=\begin{cases} -5x-4 & (x<1) \\ x^2-2x-8 & (x\geq 1) \end{cases},\ g(x)=-x^2-2x$$

에 대하여 두 곡선 $y=f(x)$, $y=g(x)$로 둘러싸인 부분의 넓이는? [3점]

① $\frac{34}{3}$ ② 11 ③ $\frac{32}{3}$
④ $\frac{31}{3}$ ⑤ 10

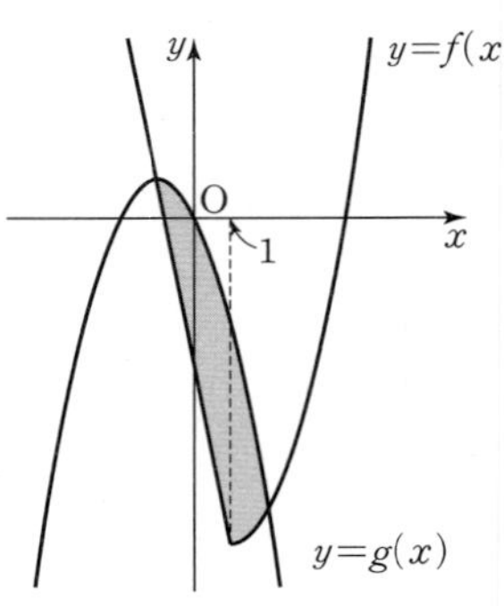

18 2024학년도 경찰대학 6번

$x\geq 0$에서 정의된 함수 $f(x)=\frac{x^2}{12}+\frac{x}{2}+a$에 대하여 $f(x)$의 역함수를 $g(x)$라 하자. 방정식 $f(x)=g(x)$의 근이 b, $2b$ $(b>0)$일 때, $\int_b^{2b}\{g(x)-f(x)\}\,dx$의 값은?

(단, a는 상수이다.) [4점]

① $\frac{2}{9}$ ② $\frac{1}{3}$ ③ $\frac{4}{9}$
④ $\frac{5}{9}$ ⑤ $\frac{2}{3}$

19 2023학년도 경찰대학 10번

함수

$$f(x)=\begin{cases} (x+2)^2 & (x\leq 0) \\ -(x-2)^2+8 & (x>0) \end{cases}$$

이 있다. 실수 m $(m<4)$에 대하여 곡선 $y=f(x)$와 직선 $y=mx+4$로 둘러싸인 부분의 넓이를 $h(m)$이라 할 때, $h(-2)+h(1)$의 값은? [4점]

① 75 ② 78 ③ 81
④ 84 ⑤ 87

20 2022학년도 사관학교 20번

양의 실수 a에 대하여 함수 $f(x)$를

$$f(x)=\begin{cases}\dfrac{3}{a}x^2 & (-a\le x\le a)\\ 3a & (x<-a \text{ 또는 } x>a)\end{cases}$$

라 하자. 함수 $y=f(x)$의 그래프와 x축 및 두 직선 $x=-3$, $x=3$으로 둘러싸인 부분의 넓이가 8이 되도록 하는 모든 a의 값의 합은 S이다. $40S$의 값을 구하시오. [4점]

21 2022학년도 경찰대학 18번

실수 t $(0<t<3)$에 대하여 삼차함수

$$f(x)=2x^3-(t+3)x^2+2tx$$

가 $x=a$에서 극댓값을 가질 때, 세 점 $(0, 0)$, $(a, 0)$, $(a, f(a))$를 꼭짓점으로 하는 삼각형의 넓이를 $g(t)$라 하자.

$\displaystyle\lim_{t\to 0}\frac{1}{g(t)}\int_0^a f(x)dx$의 값은? [5점]

① 1 ② $\frac{13}{12}$ ③ $\frac{7}{6}$ ④ $\frac{5}{4}$ ⑤ $\frac{4}{3}$

22 2024학년도 경찰대학 14번

최고차항의 계수가 양수인 다항함수 $f(x)$와 $f(x)$의 한 부정적분 $F(x)$가 다음 조건을 만족시킨다.

(가) $\displaystyle\lim_{x\to\infty}\frac{\{F(x)-x^2\}\{f(x)-2x\}}{x^5}=3$

(나) $\displaystyle\lim_{x\to 0}\frac{f(x)-2}{x}=2$

(다) $f(0)F(0)=4$

곡선 $y=F(x)-f(x)$와 x축으로 둘러싸인 도형의 넓이는? [4점]

① $\frac{1}{3}$ ② $\frac{2}{3}$ ③ 1 ④ $\frac{4}{3}$ ⑤ $\frac{5}{3}$

23 2023학년도 경찰대학 25번

세 집합 A, B, C는

$$A=\left\{(2+2\cos\theta,\ 2+2\sin\theta)\,\middle|\,-\frac{\pi}{3}\le\theta\le\frac{\pi}{3}\right\},$$

$$B=\left\{(-2+2\cos\theta,\ 2+2\sin\theta)\,\middle|\,\frac{2\pi}{3}\le\theta\le\frac{4\pi}{3}\right\},$$

$$C=\{(a, b)\mid -3\le a\le 3,\ b=2\pm\sqrt{3}\}$$

이다. 좌표평면에서 집합 $A\cup B\cup C$의 모든 원소가 나타내는 도형을 X라 하고, 도형 X와 곡선 $y=-\sqrt{3}x^2+2$가 만나는 점의 y좌표를 c라 하자. 집합 X로 둘러싸인 부분의 넓이를 α, 곡선 $y=-\sqrt{3}x^2+2$와 직선 $y=c$로 둘러싸인 부분의 넓이를 β라 하자. $\alpha-\beta=\dfrac{p\pi+q\sqrt{3}}{3}$일 때, $p+q$의 값을 구하시오.

(단, p, q는 정수이다.) [5점]

유형 4 수직선에서 속도와 거리

24 2023학년도 경찰대학 2번

시각 $t=0$일 때 동시에 원점을 출발하여 수직선 위를 움직이는 두 점 P, Q의 시각 t $(t\geq0)$에서의 속도가 각각

$$v_{\mathrm{P}}(t)=3t^2+2t-4,\ v_{\mathrm{Q}}(t)=6t^2-6t$$

이다. 출발한 후 두 점 P, Q가 처음으로 만나는 위치는? [3점]

① 1 ② 2 ③ 3 ④ 4 ⑤ 5

25 2022학년도 경찰대학 3번

수직선 위를 움직이는 점 P의 시각 t $(t\geq0)$에서의 속도 $v(t)$가

$$v(t)=at^2+bt\ (a,\ b\text{는 상수})$$

이다. 시각 $t=1$, $t=2$일 때, 점 P의 속도가 각각 15, 20이다. 시각 $t=1$에서 $t=5$까지 점 P가 움직인 거리는? [3점]

① $\frac{166}{3}$ ② 56 ③ $\frac{170}{3}$ ④ $\frac{172}{3}$ ⑤ 58

26 2024학년도 사관학교 20번

수직선 위를 움직이는 점 P의 시각 t $(t>0)$에서의 가속도 $a(t)$가

$$a(t)=3t^2-8t+3$$

이다. 점 P가 시각 $t=1$과 시각 $t=\alpha$ $(\alpha>1)$에서 운동 방향을 바꿀 때, 시각 $t=1$에서 $t=\alpha$까지 점 P가 움직인 거리는 $\frac{q}{p}$이다. $p+q$의 값을 구하시오.

(단, p와 q는 서로소인 자연수이다.) [4점]

27 2022학년도 사관학교 11번

시각 $t=0$일 때 동시에 원점을 출발하여 수직선 위를 움직이는 두 점 P, Q의 시각 t $(t\geq0)$에서의 속도가 각각

$$v_1(t)=3t^2-6t,\ v_2(t)=2t$$

이다. 두 점 P, Q가 시각 $t=a$ $(a>0)$에서 만날 때, 시각 $t=0$에서 $t=a$까지 점 P가 움직인 거리는? [4점]

① 22 ② 24 ③ 26 ④ 28 ⑤ 30

28 2023학년도 사관학교 20번

원점을 출발하여 수직선 위를 움직이는 점 P의 시각 t $(t\geq0)$에서의 속도는

$$v(t)=|at-b|-4\ (a>0,\ b>4)$$

이다. 시각 $t=0$에서 $t=k$까지 점 P가 움직인 거리를 $s(k)$, 시각 $t=0$에서 $t=k$까지 점 P의 위치의 변화량을 $x(k)$라 할 때, 두 함수 $s(k)$, $x(k)$가 다음 조건을 만족시킨다.

(가) $0\leq k<3$이면 $s(k)-x(k)<8$이다.
(나) $k\geq3$이면 $s(k)-x(k)=8$이다.

시각 $t=1$에서 $t=6$까지 점 P의 위치의 변화량을 구하시오.

(단, a, b는 상수이다.) [4점]

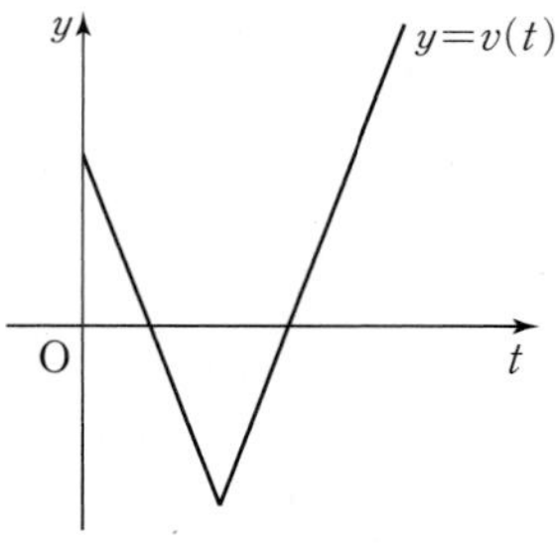

EBS

문제를 사진 찍고 해설 강의 보기
Google Play | App Store

EBSi 사이트 무료 강의 제공

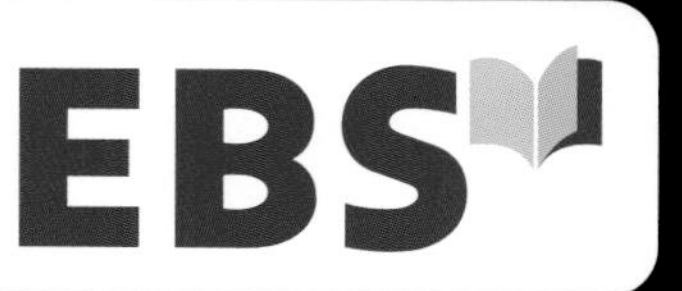

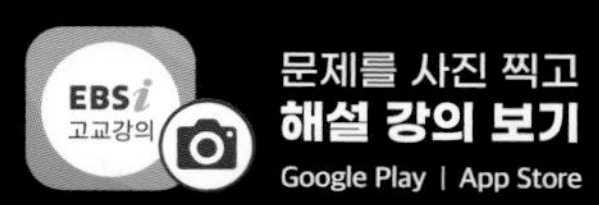

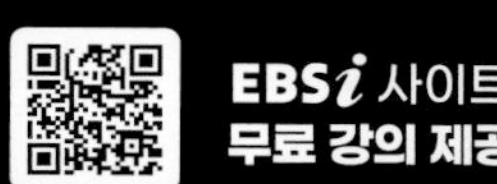

2025학년도 수능 대비

수능 기출의 미래

All New

정답과 풀이

수학영역 | 수학Ⅱ

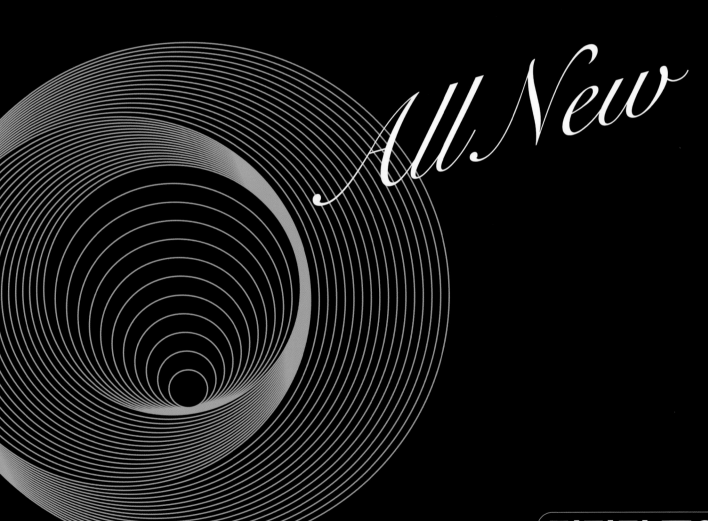

2025학년도 수능 대비

수능 기출의 미래

수학영역 | 수학Ⅱ

All New

정답과 풀이

정답과 풀이

I 함수의 극한과 연속

본문 8~25쪽

수능 유형별 기출 문제

01 ③	02 ③	03 ④	04 ②	05 ④
06 30	07 ④	08 ②	09 ①	10 ④
11 ②	12 ④	13 ②	14 ④	15 ③
16 ④	17 ②	18 ①	19 ⑤	20 ④
21 ①	22 ②	23 ②	24 ⑤	25 ⑤
26 ⑤	27 ④	28 ①	29 ④	30 ②
31 ①	32 ②	33 13	34 ③	35 ②
36 ④	37 ③	38 ④	39 ③	40 27
41 ①	42 ②	43 ①	44 ①	45 ⑤
46 ②	47 ②	48 ⑤	49 ④	50 ④
51 ①	52 ④	53 ④	54 6	55 ③
56 ④	57 ④	58 ③	59 ①	60 24
61 ③	62 ⑤	63 8		

유형 1 함수의 극한값의 계산

01

$$\lim_{x\to 2}\frac{x^2+2x-8}{x-2}=\lim_{x\to 2}\frac{(x-2)(x+4)}{x-2}$$
$$=\lim_{x\to 2}(x+4)=2+4=6$$

답 ③

02

$$\lim_{x\to 2}(x^2+5)=2^2+5=9$$

답 ③

03

$f(x)=2x^3-5x^2+3$에서 $f'(x)=6x^2-10x$이므로

$$\lim_{h\to 0}\frac{f(2+h)-f(2)}{h}=f'(2)=24-20=4$$

답 ④

04

$$\lim_{x\to -1}\frac{x^2+9x+8}{x+1}=\lim_{x\to -1}\frac{(x+1)(x+8)}{x+1}$$
$$=\lim_{x\to -1}(x+8)=-1+8=7$$

답 ②

05

$$\lim_{x\to\infty}\frac{\sqrt{x^2-2}+3x}{x+5}=\lim_{x\to\infty}\frac{\sqrt{1-\frac{2}{x^2}}+3}{1+\frac{5}{x}}$$
$$=\frac{\sqrt{1-0}+3}{1+0}=4$$

답 ④

06

$\lim_{x\to 1}(x+1)f(x)=1$이므로

$$\lim_{x\to 1}(2x^2+1)f(x)=\lim_{x\to 1}\left\{(x+1)f(x)\times\frac{2x^2+1}{x+1}\right\}$$
$$=\lim_{x\to 1}\{(x+1)f(x)\}\times\lim_{x\to 1}\frac{2x^2+1}{x+1}$$
$$=1\times\frac{3}{2}=\frac{3}{2}$$

따라서 $a=\frac{3}{2}$이므로 $20a=20\times\frac{3}{2}=30$

답 30

07

두 점 A, B의 x좌표를 각각 α, β $(\alpha<\beta)$라 하면 α, β는 이차방정식 $x^2-tx-1=tx+t+1$, 즉 $x^2-2tx-2-t=0$의 두 실근이므로

$\alpha=t-\sqrt{t^2+t+2}$, $\beta=t+\sqrt{t^2+t+2}$에서

$\beta-\alpha=2\sqrt{t^2+t+2}$

따라서 직선 AB의 기울기는

$$\overline{AB}=\sqrt{(\beta-\alpha)^2+\{(t\beta+t+1)-(t\alpha+t+1)\}^2}$$
$$=\sqrt{(\beta-\alpha)^2(t^2+1)}$$
$$=2\sqrt{t^2+t+2}\sqrt{t^2+1}$$

이므로

$$\lim_{t\to\infty}\frac{\overline{AB}}{t^2}=\lim_{t\to\infty}\frac{2\sqrt{(t^2+t+2)(t^2+1)}}{t^2}$$
$$=2\lim_{t\to\infty}\sqrt{\left(1+\frac{1}{t}+\frac{2}{t^2}\right)\left(1+\frac{1}{t^2}\right)}$$
$$=2$$

답 ④

08

두 점 A, B의 좌표를 각각 (a, a^2), (b, b^2)이라 하면 x에 대한 이차방정식 $x^2-x-t=0$의 두 근이 a, b이므로 이차방정식의 근과 계수의 관계에 의하여

$a+b=1,\ ab=-t$

$\overline{\mathrm{AH}}=a-b=\sqrt{(a-b)^2}=\sqrt{(a+b)^2-4ab}=\sqrt{1+4t}$

또, 점 C의 좌표가 $(-a,\ a^2)$이므로

$\overline{\mathrm{CH}}=b-(-a)=b+a=1$

따라서

$$\lim_{t\to0+}\frac{\overline{\mathrm{AH}}-\overline{\mathrm{CH}}}{t}=\lim_{t\to0+}\frac{\sqrt{1+4t}-1}{t}$$
$$=\lim_{t\to0+}\frac{(\sqrt{1+4t}-1)(\sqrt{1+4t}+1)}{t(\sqrt{1+4t}+1)}$$
$$=\lim_{t\to0+}\frac{(1+4t)-1}{t(\sqrt{1+4t}+1)}$$
$$=\lim_{t\to0+}\frac{4t}{t(\sqrt{1+4t}+1)}$$
$$=\lim_{t\to0+}\frac{4}{\sqrt{1+4t}+1}=\frac{4}{1+1}=2$$

답 ②

유형 2 좌극한과 우극한

09

주어진 함수 $y=f(x)$의 그래프에서

$\lim_{x\to-2+}f(x)=-2,\ \lim_{x\to1-}f(x)=0$이므로

$\lim_{x\to-2+}f(x)+\lim_{x\to1-}f(x)=-2+0=-2$

답 ①

10

$x\longrightarrow-1-$일 때, $f(x)\longrightarrow1$이므로 $\lim_{x\to-1-}f(x)=1$

$x\longrightarrow1+$일 때, $f(x)\longrightarrow3$이므로 $\lim_{x\to1+}f(x)=3$

따라서 $\lim_{x\to-1-}f(x)+\lim_{x\to1+}f(x)=1+3=4$

답 ④

11

$x\longrightarrow0-$일 때, $f(x)\longrightarrow-2$이므로 $\lim_{x\to0-}f(x)=-2$

$x\longrightarrow1+$일 때, $f(x)\longrightarrow1$이므로 $\lim_{x\to1+}f(x)=1$

따라서 $\lim_{x\to0-}f(x)+\lim_{x\to1+}f(x)=-2+1=-1$

답 ②

12

$x\longrightarrow-1+$일 때, $f(x)\longrightarrow4$이므로 $\lim_{x\to-1+}f(x)=4$

$x\longrightarrow2-$일 때, $f(x)\longrightarrow-2$이므로 $\lim_{x\to2-}f(x)=-2$

따라서 $\lim_{x\to-1+}f(x)+\lim_{x\to2-}f(x)=4+(-2)=2$

답 ④

13

$x\longrightarrow1-$일 때, $f(x)\longrightarrow1$이므로 $\lim_{x\to1-}f(x)=1$

$x\longrightarrow2+$일 때, $f(x)\longrightarrow1$이므로 $\lim_{x\to2+}f(x)=1$

따라서 $\lim_{x\to1-}f(x)+\lim_{x\to2+}f(x)=1+1=2$

답 ②

14

$x\longrightarrow-1-$일 때, $f(x)\longrightarrow2$이므로 $\lim_{x\to-1-}f(x)=2$

$x\longrightarrow1+$일 때, $f(x)\longrightarrow1$이므로 $\lim_{x\to1+}f(x)=1$

따라서 $\lim_{x\to-1-}f(x)-\lim_{x\to1+}f(x)=2-1=1$

답 ④

15

$x\longrightarrow0-$일 때, $f(x)\longrightarrow0$이므로 $\lim_{x\to0-}f(x)=0$

$x\longrightarrow1+$일 때, $f(x)\longrightarrow3$이므로 $\lim_{x\to1+}f(x)=3$

따라서 $\lim_{x\to0-}f(x)+\lim_{x\to1+}f(x)=0+3=3$

답 ③

16

$x\longrightarrow-1-$일 때, $f(x)\longrightarrow3$이므로 $\lim_{x\to-1-}f(x)=3$

$x\longrightarrow2$일 때, $f(x)\longrightarrow1$이므로 $\lim_{x\to2}f(x)=1$

따라서 $\lim_{x\to-1-}f(x)+\lim_{x\to2}f(x)=3+1=4$

답 ④

17

$\lim_{x\to-2+}f(x)=2,\ \lim_{x\to2-}f(x)=3$이므로

$\lim_{x\to-2+}f(x)+\lim_{x\to2-}f(x)=2+3=5$

답 ②

18

$x\longrightarrow0-$일 때, $f(x)\longrightarrow-1$이므로 $\lim_{x\to0-}f(x)=-1$

$x\longrightarrow1+$일 때, $f(x)\longrightarrow2$이므로 $\lim_{x\to1+}f(x)=2$

따라서 $\lim_{x\to0-}f(x)+\lim_{x\to1+}f(x)=-1+2=1$

답 ①

19

$x \longrightarrow 1-$일 때, $f(x) \longrightarrow 1$이므로 $\lim_{x\to 1-} f(x)=1$

$x \longrightarrow 2+$일 때, $f(x) \longrightarrow 1$이므로 $\lim_{x\to 2+} f(x)=1$

따라서 $\lim_{x\to 1-} f(x)+\lim_{x\to 2+} f(x)=1+1=2$

답 ⑤

20

$x \longrightarrow -1+$일 때, $f(x) \longrightarrow 0$이므로 $\lim_{x\to -1+} f(x)=0$

$x \longrightarrow 1-$일 때, $f(x) \longrightarrow 1$이므로 $\lim_{x\to 1-} f(x)=1$

따라서 $\lim_{x\to -1+} f(x)+\lim_{x\to 1-} f(x)=0+1=1$

답 ④

21

$\lim_{x\to 0-} f(x)=-2$, $\lim_{x\to 2+} f(x)=0$이므로

$\lim_{x\to 0-} f(x)+\lim_{x\to 2+} f(x)=-2+0=-2$

답 ①

22

$x \longrightarrow 1+$일 때, $f(x) \longrightarrow 1$이므로 $\lim_{x\to 1+} f(x)=1$

$x \longrightarrow 3-$일 때, $f(x) \longrightarrow 2$이므로 $\lim_{x\to 3-} f(x)=2$

따라서 $\lim_{x\to 1+} f(x)-\lim_{x\to 3-} f(x)=1-2=-1$

답 ②

23

$x \longrightarrow -1+$일 때, $f(x) \longrightarrow 0$이므로 $\lim_{x\to -1+} f(x)=0$

$x \longrightarrow 1-$일 때, $f(x) \longrightarrow 2$이므로 $\lim_{x\to 1-} f(x)=2$

따라서 $\lim_{x\to -1+} f(x)+\lim_{x\to 1-} f(x)=0+2=2$

답 ②

24

$x \longrightarrow 0+$일 때, $f(x) \longrightarrow 2$이므로 $\lim_{x\to 0+} f(x)=2$

$x \longrightarrow 2-$일 때, $f(x) \longrightarrow 0$이므로 $\lim_{x\to 2-} f(x)=0$

따라서 $\lim_{x\to 0+} f(x)+\lim_{x\to 2-} f(x)=2+0=2$

답 ⑤

25

$x \longrightarrow 0-$일 때, $f(x) \longrightarrow 1$이므로 $\lim_{x\to 0-} f(x)=1$

$x \longrightarrow 1+$일 때, $f(x) \longrightarrow 1$이므로 $\lim_{x\to 1+} f(x)=1$

따라서 $\lim_{x\to 0-} f(x)+\lim_{x\to 1+} f(x)=1+1=2$

답 ⑤

26

$x \longrightarrow 1+$일 때, $f(x) \longrightarrow 2$이므로 $\lim_{x\to 1+} f(x)=2$

$x \longrightarrow 0-$일 때, $f(x) \longrightarrow 4$이므로 $\lim_{x\to 0-} f(x)=4$

$\lim_{x\to 0-} (x-1)=-1$

따라서

$$\lim_{x\to 1+} f(x)-\lim_{x\to 0-} \frac{f(x)}{x-1}=\lim_{x\to 1+} f(x)-\frac{\lim_{x\to 0-} f(x)}{\lim_{x\to 0-} (x-1)}$$

$$=2-\left(\frac{4}{-1}\right)=6$$

답 ⑤

27

$x \longrightarrow 0$일 때, $f(x) \longrightarrow 0$이므로 $\lim_{x\to 0} f(x)=0$

$x \longrightarrow 1+$일 때, $f(x) \longrightarrow 2$이므로 $\lim_{x\to 1+} f(x)=2$

따라서 $\lim_{x\to 0} f(x)+\lim_{x\to 1+} f(x)=0+2=2$

답 ④

28

$x \longrightarrow 0+$일 때, $f(x) \longrightarrow 0$이므로 $\lim_{x\to 0+} f(x)=0$

$x \longrightarrow 1-$일 때, $f(x) \longrightarrow 2$이므로 $\lim_{x\to 1-} f(x)=2$

따라서 $\lim_{x\to 0+} f(x)-\lim_{x\to 1-} f(x)=0-2=-2$

답 ①

29

$x-1=t$라 하면 $x \longrightarrow 0+$일 때, $t \longrightarrow -1+$이므로

$\lim_{x\to 0+} f(x-1)=\lim_{t\to -1+} f(t)=-1$

$f(x)=s$라 하면 $x \longrightarrow 1+$일 때, $s \longrightarrow -1-$이므로

$\lim_{x\to 1+} f(f(x))=\lim_{s\to -1-} f(s)=2$

따라서 $\lim_{x\to 0+} f(x-1)+\lim_{x\to 1+} f(f(x))=(-1)+2=1$

답 ④

30

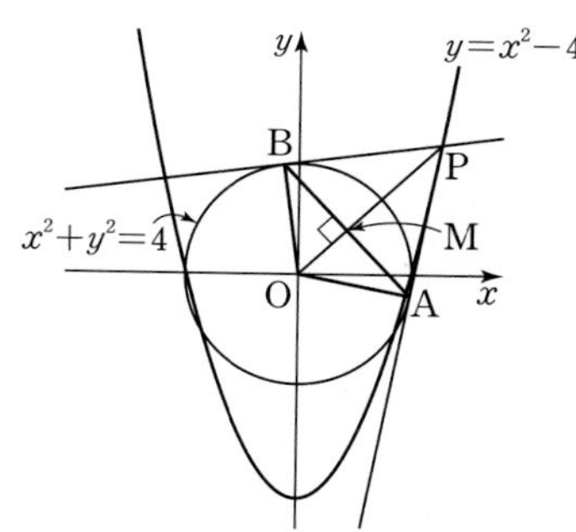

두 선분 AB, OP의 교점을 M이라 하면 직선 OP는 선분 AB를 수직이등분하므로 직각삼각형 OAP와 직각삼각형 OMA는 서로 닮음이다. 삼각형 OAP와 삼각형 OMA의 닮음비는 $\overline{OP}:\overline{OA}$이므로 넓이의 비는 $\overline{OP}^2:\overline{OA}^2$이다.

삼각형 OAP의 넓이는 $\dfrac{S(t)+T(t)}{2}$,

삼각형 OMA의 넓이는 $\dfrac{S(t)}{2}$이므로

$\overline{OP}^2:\overline{OA}^2=\dfrac{S(t)+T(t)}{2}:\dfrac{S(t)}{2}$

$\overline{OA}^2\times\dfrac{S(t)+T(t)}{2}=\overline{OP}^2\times\dfrac{S(t)}{2}$

$\dfrac{T(t)}{S(t)}=\dfrac{\overline{OP}^2-\overline{OA}^2}{\overline{OA}^2}$

이때 $\overline{OA}=2$, $\overline{OP}=\sqrt{t^2+(t^2-4)^2}$이므로

$\dfrac{T(t)}{S(t)}=\dfrac{t^2+(t^2-4)^2-2^2}{2^2}=\dfrac{1}{4}(t+2)(t-2)(t^2-3)$

따라서

$\lim\limits_{t\to2+}\dfrac{T(t)}{(t-2)S(t)}+\lim\limits_{t\to\infty}\dfrac{T(t)}{(t^4-2)S(t)}$

$=\lim\limits_{t\to2+}\dfrac{(t+2)(t^2-3)}{4}+\lim\limits_{t\to\infty}\dfrac{(t+2)(t-2)(t^2-3)}{4(t^4-2)}$

$=1+\dfrac{1}{4}=\dfrac{5}{4}$

답 ②

유형 3 미정계수의 결정

31

$x\longrightarrow1$일 때 (분모) $\longrightarrow0$이므로 (분자) $\longrightarrow0$이어야 한다.

즉, $\lim\limits_{x\to1}(4x-a)=4-a=0$에서 $a=4$

$a=4$를 주어진 식에 대입하면

$\lim\limits_{x\to1}\dfrac{4x-4}{x-1}=\lim\limits_{x\to1}\dfrac{4(x-1)}{x-1}=\lim\limits_{x\to1}4=4$

이므로 $b=4$

따라서 $a+b=4+4=8$

답 ①

32

조건 (가)에서 $\lim\limits_{x\to\infty}\dfrac{f(x)}{x^2}=2$이므로 다항함수 $f(x)$는

$f(x)=2x^2+ax+b$ (a, b는 상수)

로 놓을 수 있다.

조건 (나)에 의하여

$x\longrightarrow0$일 때 (분모) $\longrightarrow0$이므로 (분자) $\longrightarrow0$이어야 한다.

즉, $\lim\limits_{x\to0}(2x^2+ax+b)=b=0$에서

$f(x)=2x^2+ax$

$\lim\limits_{x\to0}\dfrac{f(x)}{x}=\lim\limits_{x\to0}\dfrac{2x^2+ax}{x}$

$=\lim\limits_{x\to0}(2x+a)$

$=a=3$

이므로 $f(x)=2x^2+3x$

따라서 $f(2)=2\times2^2+3\times2=14$

답 ②

33

조건 (가)에서 극한값이 존재하므로

$f(x)=x^3+6x+a$ (a는 상수)라 하자.

조건 (나)에서

$\lim\limits_{x\to0}f(x)=f(0)=-7$이므로

$a=-7$

즉, $f(x)=x^3+6x-7$

따라서

$f(2)=2^3+6\times2-7=13$

답 13

34

$\lim\limits_{x\to\infty}\dfrac{f(x)}{x^3}=1$이므로 다항함수 $f(x)$는 최고차항의 계수가 1인 삼차함수이다. …… ㉠

$\lim\limits_{x\to-1}\dfrac{f(x)}{x+1}=2$에서 $x\longrightarrow-1$일 때 (분모) $\longrightarrow0$이므로 (분자) $\longrightarrow0$이어야 한다.

즉, $\lim\limits_{x\to-1}f(x)=f(-1)=0$이어야 한다. …… ㉡

㉠, ㉡에서

$f(x)=(x+1)(x^2+ax+b)$ (a, b는 상수)

로 놓을 수 있다.

이때 $\lim\limits_{x\to-1}\dfrac{f(x)}{x+1}=2$에서

$\lim\limits_{x\to-1}\dfrac{f(x)}{x+1}=\lim\limits_{x\to-1}\dfrac{(x+1)(x^2+ax+b)}{x+1}$

$=\lim\limits_{x\to-1}(x^2+ax+b)$

$=1-a+b=2$

이므로 $b=a+1$

이때

$f(1)=2(1+a+b)=2(2a+2)=4(a+1)\le 12$

에서 $a+1\le 3$이므로 $a\le 2$

따라서

$$\begin{aligned} f(2)&=3(4+2a+b)\\ &=3(3a+5)\\ &\le 3(3\times 2+5)\\ &=33 \text{ (단, 등호는 } a=2\text{일 때 성립한다.)} \end{aligned}$$

이므로 $f(2)$의 최댓값은 33이다.

답 ③

35

$\lim_{x\to 0}\frac{f(x)}{x}=1$에서 $x\longrightarrow 0$일 때 (분모)$\longrightarrow 0$이므로 (분자)$\longrightarrow 0$이어야 한다.

즉, $f(0)=0$

같은 방법으로 $\lim_{x\to 1}\frac{f(x)}{x-1}=1$에서 $f(1)=0$

따라서 삼차함수 $f(x)$를

$f(x)=x(x-1)(ax+b)$ (a, b는 상수)

로 놓을 수 있다.

$\lim_{x\to 0}\frac{f(x)}{x}=\lim_{x\to 0}(x-1)(ax+b)=-b$

이므로 $b=-1$

$\lim_{x\to 1}\frac{f(x)}{x-1}=\lim_{x\to 1}x(ax+b)=a+b$

이므로 $a+b=1$

즉, $a=2$이므로 $f(x)=x(x-1)(2x-1)$

따라서 $f(2)=2\times 1\times 3=6$

답 ②

다른 풀이

$\lim_{x\to 0}\frac{f(x)}{x}=1$에서 $x\to 0$일 때 (분모)$\to 0$이므로 (분자)$\to 0$이어야 한다.

따라서 $f(0)=0$

이때 $\lim_{x\to 0}\frac{f(x)}{x}=f'(0)=1$

같은 방법으로 $\lim_{x\to 1}\frac{f(x)}{x-1}=1$에서 $f(1)=0$, $f'(1)=1$

함수 $f(x)$는 삼차함수이고 $f'(0)=f'(1)=1$이므로

$f'(x)=ax(x-1)+1$ (a는 상수), 즉

$f'(x)=ax^2-ax+1$로 놓으면

$f(x)=\frac{a}{3}x^3-\frac{a}{2}x^2+x+C$ (단, C는 적분상수)

$f(0)=0$에서 $C=0$

$f(1)=0$에서 $\frac{a}{3}-\frac{a}{2}+1=0$, $a=6$이므로

$f(x)=2x^3-3x^2+x$

따라서 $f(2)=6$

36

$f(x)$는 최고차항의 계수가 1인 이차함수이므로

$f(x)=x^2+cx+d$ (c, d는 상수)로 놓을 수 있다.

$\lim_{x\to 0}|x|\left\{f\left(\frac{1}{x}\right)-f\left(-\frac{1}{x}\right)\right\}=a$이므로

$\lim_{x\to 0-}(-x)\left\{f\left(\frac{1}{x}\right)-f\left(-\frac{1}{x}\right)\right\}=\lim_{x\to 0+}x\left\{f\left(\frac{1}{x}\right)-f\left(-\frac{1}{x}\right)\right\}$

$\frac{1}{x}=t$로 치환하면 $x=\frac{1}{t}$이고 $x\to 0+$일 때, $t\to\infty$이므로

$$\begin{aligned} \lim_{t\to\infty}\frac{f(t)-f(-t)}{t}&=\lim_{t\to\infty}\frac{(t^2+ct+d)-(t^2-ct+d)}{t}\\ &=\lim_{t\to\infty}\frac{2ct}{t}=2c \end{aligned}$$

$$\begin{aligned} \lim_{t\to-\infty}\frac{f(t)-f(-t)}{-t}&=\lim_{t\to-\infty}\frac{(t^2+ct+d)-(t^2-ct+d)}{-t}\\ &=\frac{2ct}{-t}=-2c \end{aligned}$$

에서 $2c=-2c$, $4c=0$

즉, $c=0$, $a=0$이므로 $f(x)=x^2+d$

$\lim_{x\to\infty}f\left(\frac{1}{x}\right)=\lim_{x\to\infty}\left(\frac{1}{x^2}+d\right)=d=3$이므로 $f(x)=x^2+3$

따라서 $f(2)=2^2+3=7$

답 ④

37

조건 (가), (나)에 의하여 다항함수 $f(x)g(x)$는

$f(x)g(x)=x^2(2x+a)$ (a는 상수)

로 놓을 수 있다.

조건 (나)에 의하여 $a=-4$이므로

$f(x)g(x)=2x^2(x-2)$

$f(x)g(x)=2x^2(x-2)$에서 $f(2)$가 최대가 되는 함수 $f(x)$는

$f(x)=2x^2$

이므로 구하는 최댓값은

$f(2)=2\times 2^2=8$

답 ③

38

$\lim_{x\to a}f(x)\ne 0$이면

$\lim_{x\to a}\frac{f(x)-(x-a)}{f(x)+(x-a)}=1\ne\frac{3}{5}$이므로

$\lim_{x\to a}f(x)=f(a)=0$이어야 한다.

따라서 $a=\alpha$라 하면 최고차항의 계수가 1인 이차함수 $f(x)$는

$f(x)=(x-\alpha)(x-\beta)$이므로

$$\lim_{x\to\alpha}\frac{f(x)-(x-\alpha)}{f(x)+(x-\alpha)}$$
$$=\lim_{x\to\alpha}\frac{(x-\alpha)(x-\beta)-(x-\alpha)}{(x-\alpha)(x-\beta)+(x-\alpha)}$$
$$=\lim_{x\to\alpha}\frac{x-\beta-1}{x-\beta+1}$$
$$=\frac{\alpha-\beta-1}{\alpha-\beta+1}=\frac{3}{5}$$

즉, $5(\alpha-\beta)-5=3(\alpha-\beta)+3$에서

$2(\alpha-\beta)=8$, $\alpha-\beta=4$

따라서 $|\alpha-\beta|=4$

답 ④

39

(i) $n=1$일 때

$$\lim_{x\to\infty}\frac{f(x)-4x^3+3x^2}{x^2+1}=6,\ \lim_{x\to0}\frac{f(x)}{x}=4$$

를 만족시키려면

$f(x)=4x^3+3x^2+ax$ (a는 상수)

의 꼴이어야 한다. 이때

$$\lim_{x\to0}\frac{f(x)}{x}=\lim_{x\to0}(4x^2+3x+a)=a$$

이므로 $a=4$

즉, $f(x)=4x^3+3x^2+4x$이므로 $f(1)=4+3+4=11$

(ii) $n=2$일 때

$$\lim_{x\to\infty}\frac{f(x)-4x^3+3x^2}{x^3+1}=6,\ \lim_{x\to0}\frac{f(x)}{x^2}=4$$

를 만족시키려면

$f(x)=10x^3+bx^2$ (b는 상수)

의 꼴이어야 한다. 이때

$$\lim_{x\to0}\frac{f(x)}{x^2}=\lim_{x\to0}(10x+b)=b$$

이므로 $b=4$

즉, $f(x)=10x^3+4x^2$이므로 $f(1)=10+4=14$

(iii) $n\geq3$일 때

$$\lim_{x\to\infty}\frac{f(x)-4x^3+3x^2}{x^{n+1}+1}=6,\ \lim_{x\to0}\frac{f(x)}{x^n}=4$$

를 만족시키려면

$f(x)=6x^{n+1}+cx^n$ (c는 상수)

의 꼴이어야 한다. 이때

$$\lim_{x\to0}\frac{f(x)}{x^n}=\lim_{x\to0}(6x+c)=c$$

이므로 $c=4$

즉, $f(x)=6x^{n+1}+4x^n$이므로 $f(1)=6+4=10$

(i), (ii), (iii)에 의하여 $f(1)$의 최댓값은 14이다.

답 ③

40

$\lim_{x\to5}\frac{f(x)-x}{x-5}=8$에서 $\lim_{x\to5}(x-5)=0$이므로

$\lim_{x\to5}\{f(x)-x\}=0$이어야 한다.

$f(x)-x$도 최고차항의 계수가 1인 이차함수이므로

$f(x)-x=(x-5)(x+a)$ (a는 상수)라 하면

$$\lim_{x\to5}\frac{f(x)-x}{x-5}=\lim_{x\to5}\frac{(x-5)(x+a)}{x-5}$$
$$=\lim_{x\to5}(x+a)=5+a$$

즉, $5+a=8$에서 $a=3$

따라서 $f(x)=(x-5)(x+3)+x$이므로

$f(7)=2\times10+7=27$

답 27

유형 4 함수의 그래프와 연속

41

함수 $f(x)$가 실수 전체의 집합에서 연속이므로 함수 $f(x)$는 $x=2$에서도 연속이어야 한다. 즉,

$\lim_{x\to2-}f(x)=\lim_{x\to2+}f(x)=f(2)$

이어야 하므로

$\lim_{x\to2-}f(x)=\lim_{x\to2-}(3x-a)=6-a$

$\lim_{x\to2+}f(x)=\lim_{x\to2+}(x^2+a)=4+a$

$f(2)=4+a$

에서 $6-a=4+a$

따라서 $a=1$

답 ①

42

함수 $f(x)$가 실수 전체의 집합에서 연속이므로 $x=1$에서도 연속이다.

즉, $\lim_{x\to1}f(x)=f(1)$이므로 $\lim_{x\to1}f(x)=4-f(1)$에서

$f(1)=4-f(1)$, $2f(1)=4$, $f(1)=2$

답 ②

43

함수 $\{f(x)\}^2$이 실수 전체의 집합에서 연속이 되려면 $x=2$에서 연속이어야 한다.

즉, $\lim_{x\to2-}\{f(x)\}^2=\lim_{x\to2+}\{f(x)\}^2=\{f(x)\}^2$이어야 하므로

$\lim_{x\to2-}\{f(x)\}^2=(5-2a)^2$, $\lim_{x\to2+}\{f(x)\}^2=1$

$\{f(2)\}^2=1$에서 $(5-2a)^2=1$

$5-2a=1$ 또는 $5-2a=-1$

즉, $a=2$ 또는 $a=3$

따라서 모든 상수 a의 값의 합은 $2+3=5$

답 ①

44

함수 $f(x)$가 실수 전체의 집합에서 연속이므로

$\lim_{x\to a-} f(x)=\lim_{x\to a+} f(x)=f(a)$

$\lim_{x\to a-} f(x)=\lim_{x\to a-} (-2x+a)=-2a+a=-a$

$\lim_{x\to a+} f(x)=\lim_{x\to a+} (ax-6)=a^2-6$

$f(a)=-2a+a=-a$

이므로 $-a=a^2-6$

$a^2+a-6=(a+3)(a-2)=0$

$a=-3$ 또는 $a=2$

따라서 구하는 모든 상수 a의 값의 합은

$-3+2=-1$

답 ①

45

함수 $f(x)$가 실수 전체의 집합에서 연속이므로 $x=3$에서도 연속이다.

즉, $\lim_{x\to 3-} f(x)=\lim_{x\to 3+} f(x)=f(3)$

$\lim_{x\to 3-} \dfrac{x^2+ax+b}{x-3}$의 값이 존재하고, $x\to 3-$일 때

(분모)$\to 0$이므로 (분자)$\to 0$이어야 한다.

즉, $\lim_{x\to 3-} (x^2+ax+b)=0$이므로

$9+3a+b=0$, $b=-3a-9$

$$\begin{aligned}\lim_{x\to 3-} \frac{x^2+ax-3a-9}{x-3}&=\lim_{x\to 3-} \frac{(x-3)(x+3+a)}{x-3}\\&=\lim_{x\to 3-} (x+3+a)\\&=6+a\end{aligned}$$

한편, $\lim_{x\to 3+} f(x)=f(3)=7$이므로 $6+a=7$

따라서 $a=1$, $b=-12$이므로 $a-b=13$

답 ⑤

46

$x\neq 1$일 때

$f(x)=\dfrac{x^2-3x+2}{x-1}=\dfrac{(x-1)(x-2)}{x-1}=x-2$

함수 $f(x)$는 $x=1$에서 연속이므로

$$\begin{aligned}f(1)&=\lim_{x\to 1} f(x)=\lim_{x\to 1} (x-2)\\&=1-2=-1\end{aligned}$$

답 ②

47

함수 $(x^2+ax+b)f(x)$가 $x=1$에서 연속이므로

$\lim_{x\to 1-} (x^2+ax+b)f(x)=\lim_{x\to 1+} (x^2+ax+b)f(x)$

그래프에서 $\lim_{x\to 1-} f(x)=1$, $\lim_{x\to 1+} f(x)=3$이므로

$\lim_{x\to 1-} (x^2+ax+b)f(x)=(1+a+b)\times 1=1+a+b$

$\lim_{x\to 1+} (x^2+ax+b)f(x)=(1+a+b)\times 3=3(1+a+b)$

에서 $1+a+b=3(1+a+b)$

따라서 $a+b=-1$

답 ②

48

함수 $|f(x)|$가 실수 전체의 집합에서 연속이므로 $x=-1$, $x=3$에서도 연속이어야 한다.

(i) 함수 $|f(x)|$가 $x=-1$에서 연속이므로

$\lim_{x\to -1-} |f(x)|=\lim_{x\to -1+} |f(x)|=|f(-1)|$

이어야 한다.

$\lim_{x\to -1-} |f(x)|=\lim_{x\to -1-} |x+a|=|-1+a|$

$\lim_{x\to -1+} |f(x)|=\lim_{x\to -1+} |x|=1$

$|f(-1)|=|-1|=1$

이므로 $|-1+a|=1$

이때 $a>0$이므로 $a=2$

(ii) 함수 $|f(x)|$가 $x=3$에서 연속이므로

$\lim_{x\to 3-} |f(x)|=\lim_{x\to 3+} |f(x)|=|f(3)|$

이어야 한다.

$\lim_{x\to 3-} |f(x)|=\lim_{x\to 3-} |x|=3$

$\lim_{x\to 3+} |f(x)|=\lim_{x\to 3+} |bx-2|=|3b-2|$

$|f(3)|=|3b-2|$

이므로 $|3b-2|=3$

이때 $b>0$이므로 $b=\dfrac{5}{3}$

(i), (ii)에 의하여

$a+b=2+\dfrac{5}{3}=\dfrac{11}{3}$

답 ⑤

49

직선 l의 기울기가 1이고 y절편은 $g(t)$이므로 직선 l의 방정식은

$y=x+g(t)$

두 점 A, B의 x좌표를 각각 α, β라 하면 α, β는 이차방정식

$x^2=x+g(t)$, 즉 $x^2-x-g(t)=0$의 두 근이므로 이차방정식의 근과 계수의 관계에 의하여

$\alpha+\beta=1$, $\alpha\beta=-g(t)$ ...... ㉠

한편, $A(\alpha, \alpha+g(t))$, $B(\beta, \beta+g(t))$이므로

$\overline{AB}^2=(\alpha-\beta)^2+(\alpha-\beta)^2=2(\alpha-\beta)^2$

이고, ㉠에서

$(\alpha-\beta)^2=(\alpha+\beta)^2-4\alpha\beta=1+4g(t)$이므로

$\overline{AB}^2=2+8g(t)$

이때 선분 AB의 길이가 $2t$가 되어야 하므로

$4t^2=2+8g(t)$에서 $g(t)=\dfrac{2t^2-1}{4}$

따라서 $\lim_{t\to\infty}\dfrac{g(t)}{t^2}=\lim_{t\to\infty}\dfrac{2t^2-1}{4t^2}=\dfrac{1}{2}$

답 ④

50

함수 $f(x)$가 $x=a$를 제외한 실수 전체의 집합에서 연속이므로 함수 $\{f(x)\}^2$이 $x=a$에서 연속이면 함수 $\{f(x)\}^2$은 실수 전체의 집합에서 연속이다.

함수 $\{f(x)\}^2$이 $x=a$에서 연속이려면

$\lim_{x\to a+}\{f(x)\}^2=\lim_{x\to a-}\{f(x)\}^2=\{f(a)\}^2$

이어야 한다. 이때

$\lim_{x\to a+}\{f(x)\}^2=\lim_{x\to a+}(2x-a)^2=a^2$

$\lim_{x\to a-}\{f(x)\}^2=\lim_{x\to a-}(-2x+6)^2=(-2a+6)^2$

$\{f(a)\}^2=(2a-a)^2=a^2$

이므로 $a^2=(-2a+6)^2$에서

$3(a-2)(a-6)=0$

$a=2$ 또는 $a=6$

따라서 모든 상수 a의 값의 합은

$2+6=8$

답 ④

51

$h(x)=f(x)g(x)$라 하면 $x\neq1$일 때, 두 함수 $f(x)$와 $g(x)$는 연속이므로 함수 $h(x)$도 연속이다.

따라서 함수 $h(x)$가 실수 전체의 집합에서 연속이려면 함수 $h(x)$가 $x=1$에서 연속이어야 하므로

$\lim_{x\to1-}h(x)=\lim_{x\to1+}h(x)=h(1)$

을 만족시키면 된다.

$\lim_{x\to1-}h(x)=\lim_{x\to1-}\dfrac{2x^3+ax+b}{x-1}$의 값이 존재하고,

$x\longrightarrow1-$일 때 (분모) $\longrightarrow0$이므로 (분자) $\longrightarrow0$이어야 한다.

즉, $\lim_{x\to1-}(2x^3+ax+b)=2+a+b=0$에서

$b=-a-2$

$$\lim_{x\to1-}h(x)=\lim_{x\to1-}\frac{2x^3+ax-a-2}{x-1}$$
$$=\lim_{x\to1-}\frac{(x-1)(2x^2+2x+a+2)}{x-1}$$
$$=\lim_{x\to1-}(2x^2+2x+a+2)=a+6$$

$$\lim_{x\to1+}h(x)=\lim_{x\to1+}\frac{2x^3+ax-a-2}{2x+1}$$
$$=\lim_{x\to1+}\frac{(x-1)(2x^2+2x+a+2)}{2x+1}=0$$

$\lim_{x\to1-}h(x)=\lim_{x\to1+}h(x)=h(1)$이므로

$a+6=0$에서 $a=-6$

$b=-a-2$에서 $b=-(-6)-2=4$

따라서 $b-a=4-(-6)=10$

답 ①

52

함수 $f(x)=x(x-m)(x-n)$에 대하여 방정식 $f(x)=0$의 실근은 0, m, n이다. 이때 m, n은 자연수이므로 사잇값의 정리에 의하여

$f(1)f(3)<0$에서 $f(2)=0$

$f(3)f(5)<0$에서 $f(4)=0$

따라서 $f(x)=x(x-2)(x-4)$이므로

$f(6)=6\times4\times2=48$

답 ④

53

$\lim_{x\to3}g(x)=g(3)-1$ ...... ㉠

이므로 함수 $g(x)$는 $x=3$에서 불연속임을 알 수 있고, $x=3$일 때 $f(3)$의 값에 따라 다음과 같이 각 경우로 나눌 수 있다.

(i) $f(3)\neq0$일 때

$x=3$에 가까운 x의 값에 대하여 $f(x)\neq0$이므로

$g(x)=\dfrac{f(x+3)\{f(x)+1\}}{f(x)}$

이때 함수 $f(x)$는 다항함수이므로 $f(x)$, $f(x+3)$, $f(x)+1$은 모두 연속이다.

즉, $\lim_{x\to3}g(x)=g(3)$

이 식을 ㉠에 대입하면 만족하지 않는다.

(ii) $f(3)=0$일 때

함수 $f(x)$가 삼차함수이므로 방정식 $f(x)=0$은 많아야 서로 다른 세 실근을 갖는다.

또, $x=3$에 가까우며 $x\neq3$인 x의 값에 대하여 $f(x)\neq0$

$\lim_{x\to3}g(x)=\lim_{x\to3}\dfrac{f(x+3)\{f(x)+1\}}{f(x)}$ ...... ㉡

에서 $x \longrightarrow 3$일 때 (분모) $\longrightarrow 0$이므로 (분자) $\longrightarrow 0$이어야 한다. 즉

$\lim_{x \to 3} f(x+3)\{f(x)+1\}=0$

$f(6)\{f(3)+1\}=0$에서 $f(6)=0$

그러므로 $f(x)=(x-3)(x-6)(x-k)$ (k는 상수)

이 식을 ㉡에 대입하면

$$\lim_{x \to 3} g(x)$$
$$=\lim_{x \to 3} \frac{x(x-3)(x+3-k)\{(x-3)(x-6)(x-k)+1\}}{(x-3)(x-6)(x-k)}$$
$$=\lim_{x \to 3} \frac{x(x+3-k)\{(x-3)(x-6)(x-k)+1\}}{(x-6)(x-k)}$$
$$=\frac{3(6-k)}{-3(3-k)}$$
$$=\frac{6-k}{k-3}$$

이 값을 ㉠에 대입하면 $g(3)=3$이므로

$\frac{6-k}{k-3}=3-1$, $6-k=2k-6$, $k=4$

따라서 $f(x)=(x-3)(x-4)(x-6)$이고, $f(5) \neq 0$이므로

$$g(5)=\frac{f(8)\{f(5)+1\}}{f(5)}$$
$$=\frac{5 \times 4 \times 2 \times \{2 \times 1 \times (-1)+1\}}{2 \times 1 \times (-1)}$$
$$=20$$

답 ④

54

함수 $f(x)$가 실수 전체의 집합에서 연속이려면 $x=1$에서도 연속이어야 하므로

$\lim_{x \to 1-} f(x)=\lim_{x \to 1+} f(x)=f(1)$

$\lim_{x \to 1-} f(x)=-3+a$

이므로

$$\lim_{x \to 1+} f(x)=\lim_{x \to 1+} \frac{x+b}{\sqrt{x+3}-2}=-3+a$$

$x \longrightarrow 1+$일 때 (분모) $\longrightarrow 0$이므로 (분자) $\longrightarrow 0$이어야 한다.

즉, $\lim_{x \to 1+}(x+b)=0$이므로 $b=-1$

$$\lim_{x \to 1+} \frac{x-1}{\sqrt{x+3}-2}=\lim_{x \to 1+} \frac{(x-1)(\sqrt{x+3}+2)}{(\sqrt{x+3}-2)(\sqrt{x+3}+2)}$$
$$=\lim_{x \to 1+} \frac{(x-1)(\sqrt{x+3}+2)}{x-1}$$
$$=\lim_{x \to 1+} (\sqrt{x+3}+2)$$
$$=4$$

즉, $-3+a=4$이므로 $a=7$

따라서 $a+b=7+(-1)=6$

답 6

55

$\{f(x)\}^3-\{f(x)\}^2-x^2f(x)+x^2=0$에서

$\{f(x)-1\}\{f(x)+x\}\{f(x)-x\}=0$이므로

$f(x)=1$ 또는 $f(x)=-x$ 또는 $f(x)=x$

이때 $f(0)=1$ 또는 $f(0)=0$이다.

(i) $f(0)=1$일 때

함수 $f(x)$가 실수 전체의 집합에서 연속이고, 최댓값이 1이므로

$f(x)=1$

이다. 이때 함수 $f(x)$의 최솟값이 0이 아니므로 주어진 조건을 만족시키지 않는다.

(ii) $f(0)=0$일 때

함수 $f(x)$가 실수 전체의 집합에서 연속이고, 최댓값이 1이므로

$$f(x)=\begin{cases} |x| & (|x| \le 1) \\ 1 & (|x|>1) \end{cases}$$

이다. 이때 함수 $f(x)$의 최솟값이 0이다.

(i), (ii)에 의하여

$$f(x)=\begin{cases} |x| & (|x| \le 1) \\ 1 & (|x|>1) \end{cases}$$

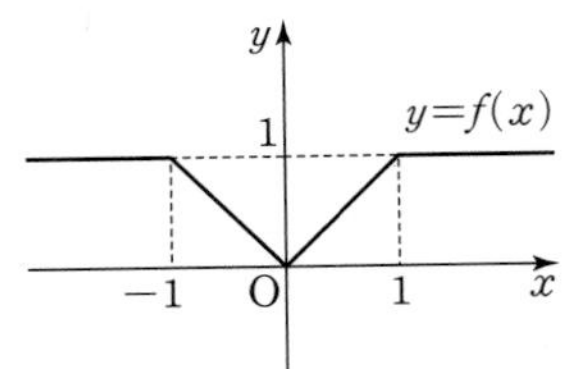

따라서 $f\left(-\frac{4}{3}\right)=1$, $f(0)=0$, $f\left(\frac{1}{2}\right)=\frac{1}{2}$이므로

$$f\left(-\frac{4}{3}\right)+f(0)+f\left(\frac{1}{2}\right)=1+0+\frac{1}{2}=\frac{3}{2}$$

답 ③

56

함수 $f(x)$는 $x=0$에서만 불연속이고, 함수 $g(x)$는 $x=a$에서만 불연속이므로 함수 $f(x)g(x)$가 $x=0$, $x=a$에서만 연속이면 실수 전체의 집합에서 연속이다.

만일 $a<0$이면

$f(0)g(0)=2 \times (-1)=-2$

$\lim_{x \to 0+} f(x)g(x)=2 \times (-1)=-2$

$\lim_{x \to 0-} f(x)g(x)=3 \times (-1)=-3$

이므로 함수 $f(x)g(x)$가 $x=0$에서 불연속이다.

즉, $a \ge 0$이다.

이때 $x=a$ $(a \ge 0)$에서 함수 $f(x)g(x)$의 연속성을 조사하면

$f(a)g(a)=(-2a+2)(2a-1)$

$\lim_{x \to a+} f(x)g(x)=(-2a+2)(2a-1)$

$\lim_{x \to a-} f(x)g(x) = (-2a+2) \times 2a$

이때 $\lim_{x \to a+} f(x)g(x) = \lim_{x \to a-} f(x)g(x) = f(a)g(a)$

이어야 하므로

$(-2a+2)(2a-1) = (-2a+2) \times 2a$

$2a-2=0$

따라서 $a=1$

답 ④

57

함수 $f(x)$가 실수 전체의 집합에서 연속이므로

조건 (가)와 (나)에서

$f(4) = \lim_{x \to 4-} f(x) = 16a+4b-24$이고 $f(0)=f(4)$이므로

$-24 = 16a+4b-24$에서

$b=-4a$ …… ㉠

$0 \le x < 4$에서 $f(x) = a(x-2)^2 - 4a - 24$이므로 함수 $y=f(x)$의 그래프는 직선 $x=2$에 대하여 대칭이다.

모든 실수 x에 대하여 $f(x+4)=f(x)$이므로

$1<x<2$일 때 방정식 $f(x)=0$이 실근을 갖지 않으면 $1<x<10$일 때 방정식 $f(x)=0$의 서로 다른 실근의 개수가 4 이하이다.

$1<x<2$일 때 방정식 $f(x)=0$이 실근을 1개 가지면 $1<x<10$일 때 방정식 $f(x)=0$의 서로 다른 실근의 개수가 5이다.

함수 $f(x)$는 닫힌구간 $[1, 2]$에서 연속이므로

$f(1)f(2) = (-3a-24)(-4a-24)$

$= 12(a+8)(a+6) < 0$

$-8<a<-6$이고 a는 정수이므로 $a=-7$

㉠에 의하여 $b=28$

따라서 $a+b=-7+28=21$

답 ④

58

함수 $f(x)$는 $f(1)=0$, $f(a)=0$이고,

$\lim_{x \to 2-} f(x) = -1$, $\lim_{x \to 2+} f(x) = -4+2a$에서

$\lim_{x \to 2-} f(x) \ne \lim_{x \to 2+} f(x)$이므로 $x=2$에서 불연속이다.

함수 $h(x)$가 실수 전체의 집합에서 연속이므로 함수 $h(x)$는 $x=1$, $x=a$, $x=2$에서 연속이어야 한다.

$\lim_{x \to 1} \frac{g(x)}{f(x)} = h(1)$, $\lim_{x \to a} \frac{g(x)}{f(x)} = h(a)$에서

$\lim_{x \to 1} f(x) = f(1) = 0$, $\lim_{x \to a} f(x) = f(a) = 0$이므로

$\lim_{x \to 1} g(x) = 0$, $\lim_{x \to a} g(x) = 0$, 즉 $g(1)=0$, $g(a)=0$

또, $\lim_{x \to 2-} \frac{g(x)}{f(x)} = \lim_{x \to 2+} \frac{g(x)}{f(x)}$에서 $\frac{g(2)}{-1} = \frac{g(2)}{-4+2a}$이므로

$g(2)=0$이고 $g(x)=(x-1)(x-2)(x-a)$이다.

$\lim_{x \to 1} h(x) = \lim_{x \to 1} \frac{(x-1)(x-2)(x-a)}{(x-1)(x-3)}$

$= \lim_{x \to 1} \frac{(x-2)(x-a)}{x-3} = \frac{1-a}{2}$

$\lim_{x \to a} h(x) = \lim_{x \to a} \frac{(x-1)(x-2)(x-a)}{-x(x-a)}$

$= \lim_{x \to a} \frac{(x-1)(x-2)}{-x} = -\frac{(a-1)(a-2)}{a}$

$h(1)=h(a)$이므로

$\frac{1-a}{2} = -\frac{(a-1)(a-2)}{a}$

$a>2$이므로 $a=2(a-2)$, $a=4$

따라서

$$h(x) = \frac{g(x)}{f(x)} = \begin{cases} \frac{(x-2)(x-4)}{x-3} & (x \le 2) \\ -\frac{(x-1)(x-2)}{x} & (x>2) \end{cases}$$

이므로 $h(1)+h(3) = -\frac{3}{2} + \left(-\frac{2}{3}\right) = -\frac{13}{6}$

답 ③

59

$\lim_{x \to 2+} f(x)g(x) = \lim_{x \to 2+} f(x) \times \lim_{x \to 2+} g(x) = \lim_{x \to 2+} f(x)$

$\lim_{x \to 2-} f(x)g(x) = \lim_{x \to 2-} f(x) \times \lim_{x \to 2-} g(x) = 0$이고

함수 $f(x)g(x)$가 실수 전체의 집합에서 연속이므로 $x=2$에서 연속이어야 한다.

즉, $f(2) = \lim_{x \to 2+} f(x) = 0$

같은 방법으로

$f(-2) = \lim_{x \to -2-} f(x) = 0$

그러므로 최고차항의 계수가 1인 이차함수 $f(x)$에 대하여

$f(2)=f(-2)=0$이므로

$f(x)=(x+2)(x-2)$

함수 $f(x-a)g(x) = (x-a+2)(x-a-2)g(x)$의 그래프가 한 점에서만 불연속이 되기 위해서는

$a-2=2$ 또는 $a+2=-2$

이므로 $a=4$ 또는 $a=-4$

따라서 구하는 모든 실수 a의 값의 곱은

$4 \times (-4) = -16$

답 ①

60

조건 (가)에서 함수 $\frac{x}{f(x)}$가 $x=1$, $x=2$에서 불연속이므로

$f(x) = a(x-1)(x-2)$ $(a \ne 0)$

으로 놓을 수 있다. 조건 (나)에서

$\lim_{x \to 2} \frac{a(x-1)(x-2)}{x-2} = \lim_{x \to 2} a(x-1) = 4$

$a\times(2-1)=4$이므로 $a=4$

따라서 $f(x)=4(x-1)(x-2)$이므로

$f(4)=4\times3\times2=24$

답 24

61

ㄱ. $\lim_{x\to0+}g(x)=\lim_{x\to0+}\{f(x)+|f(x)|\}$

$=\lim_{x\to0+}f(x)+\lim_{x\to0+}|f(x)|$

$=0+0=0$

$\lim_{x\to0-}g(x)=\lim_{x\to0-}\{f(x)+|f(x)|\}$

$=\lim_{x\to0-}f(x)+\lim_{x\to0-}|f(x)|$

$=-1+1=0$

$\lim_{x\to0+}g(x)=\lim_{x\to0-}g(x)=0$이므로 $\lim_{x\to0}g(x)=0$ (참)

ㄴ. $h(0)=f(0)+f(0)=2f(0)=2\times\frac{1}{2}=1$이므로 $|h(0)|=1$

$\lim_{x\to0+}h(x)=\lim_{x\to0+}\{f(x)+f(-x)\}$

$=\lim_{x\to0+}f(x)+\lim_{x\to0-}f(x)$

$=0+(-1)=-1$

$\lim_{x\to0-}h(x)=\lim_{x\to0-}\{f(x)+f(-x)\}$

$=\lim_{x\to0-}f(x)+\lim_{x\to0+}f(x)$

$=(-1)+0=-1$

$\lim_{x\to0}h(x)=-1$이므로 $\lim_{x\to0}|h(x)|=|-1|=1$

즉, $|h(0)|=\lim_{x\to0}|h(x)|=1$이므로 함수 $|h(x)|$는 $x=0$에서 연속이다. (참)

ㄷ. $g(0)=f(0)+|f(0)|=\frac{1}{2}+\left|\frac{1}{2}\right|=1$이고 $h(0)=1$이므로

$g(0)|h(0)|=1\times1=1$

$\lim_{x\to0}g(x)|h(x)|=\lim_{x\to0}g(x)\times\lim_{x\to0}|h(x)|=0\times1=0$

$g(0)|h(0)|\neq\lim_{x\to0}g(x)|h(x)|$이므로 함수 $g(x)|h(x)|$는 $x=0$에서 불연속이다. (거짓)

따라서 옳은 것은 ㄱ, ㄴ이다.

답 ③

62

함수 $|f(x)|$가 실수 전체의 집합에서 연속이 되려면 $x=a$에서 연속이어야 하므로

$\lim_{x\to a+}|f(x)|=\lim_{x\to a-}|f(x)|=|f(a)|$

$|a^2-4|=|a+2|$에서 $a^2-4=\pm(a+2)$

(i) $a^2-4=a+2$일 때

$a^2-a-6=0$, $(a+2)(a-3)=0$

$a=-2$ 또는 $a=3$

(ii) $a^2-4=-(a+2)$일 때

$a^2+a-2=0$, $(a+2)(a-1)=0$

$a=-2$ 또는 $a=1$

(i), (ii)에서 함수 $|f(x)|$가 실수 전체의 집합에서 연속이 되도록 하는 실수 a의 값은 -2, 1, 3이므로 그 합은

$(-2)+1+3=2$

답 ⑤

63

직선 $y=mx$는 실수 m의 값에 관계없이 항상 원점을 지나므로 직선 $y=mx$와 함수 $f(x)=\begin{cases}x+4 & (x<1)\\3x+2 & (x\geq1)\end{cases}$의 그래프는 다음 그림과 같다.

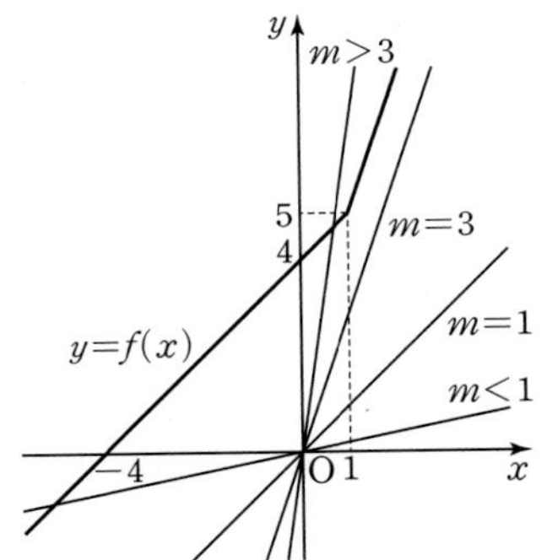

그러므로 함수 $g(m)$은 $g(m)=\begin{cases}1 & (m<1 \text{ 또는 } m>3)\\0 & (1\leq m\leq3)\end{cases}$

즉, 함수 $g(m)$은 $m=1$과 $m=3$에서 불연속이다.

그런데 함수 $g(x)h(x)$가 실수 전체의 집합에서 연속이므로 $x=1$, $x=3$에서도 연속이어야 한다.

(i) $x=1$일 때

$\lim_{x\to1-}g(x)h(x)=1\times h(1)=h(1)$

$\lim_{x\to1+}g(x)h(x)=0\times h(1)=0$

함수 $g(x)h(x)$는 $x=1$에서 연속이므로 $\lim_{x\to1}g(x)h(x)$의 값이 존재한다.

즉, $\lim_{x\to1-}g(x)h(x)=\lim_{x\to1+}g(x)h(x)$에서 $h(1)=0$

(ii) $x=3$일 때

$\lim_{x\to3-}g(x)h(x)=0\times h(3)=0$

$\lim_{x\to3+}g(x)h(x)=1\times h(3)=h(3)$

함수 $g(x)h(x)$는 $x=3$에서 연속이므로 $\lim_{x\to3}g(x)h(x)$의 값이 존재한다.

즉, $\lim_{x\to3-}g(x)h(x)=\lim_{x\to3+}g(x)h(x)$에서 $h(3)=0$

(i), (ii)에 의하여 $h(1)=h(3)=0$이므로 최고차항의 계수가 1인 이차함수 $h(x)$는 $h(x)=(x-1)(x-3)$

따라서 $h(5)=4\times2=8$

답 8

도전 1등급 문제

본문 26~27쪽

01 ② 02 ① 03 ① 04 226 05 20
06 19

01

정답률 28.7%

정답 공식 개념만 확실히 알자!

$\frac{0}{0}$ 꼴의 함수의 극한

(1) 분모, 분자가 모두 다항식이면
⇨ 인수분해한 후 공통인 인수를 약분한다.

(2) 분모 또는 분자가 무리식이면
⇨ 근호가 있는 쪽을 유리화한 후 공통인 인수를 약분한다.

풀이 전략 도형의 성질을 이용하여 $f(t)$를 t에 대한 식으로 나타낸다.

문제 풀이

함정: 직사각형의 넓이를 이등분하는 직선은 직사각형의 두 대각선의 교점을 지나.

[STEP 1] 직선 l의 방정식을 구한다.

직선 l이 정사각형 OABC의 넓이를 이등분하므로 점 $(-1,\ 1)$을 지난다.

직선 l의 기울기를 m이라 하면 직선 l의 방정식은

$y=m(x+1)+1$, 즉 $y=mx+m+1$

[STEP 2] 직선 l과 선분 AP의 교점 E의 x좌표를 구한다.

직선 l과 y축이 만나는 점을 D라 하면 점 D의 좌표는

$(0,\ m+1)$

직선 l과 선분 AP가 만나는 점을 E라 하면

직선 AP의 방정식이 $y=-\frac{2}{t}x+2$이므로 (→ 기울기가 $-\frac{2}{t}$이고 y절편이 2인 직선)

$mx+m+1=-\frac{2}{t}x+2$에서

$x=\frac{(1-m)t}{mt+2}$

그러므로 점 E의 x좌표는 $\frac{(1-m)t}{mt+2}$이다.

[STEP 3] 넓이를 이용하여 $f(t)$를 t에 대한 식으로 나타낸다.

삼각형 ADE의 넓이가 삼각형 AOP의 넓이의 $\frac{1}{2}$이므로

$\frac{1}{2}\times(1-m)\times\frac{(1-m)t}{mt+2}=\frac{1}{2}\times\left(\frac{1}{2}\times2\times t\right)$ (→ $\triangle ADE=\frac{1}{2}\times\overline{AD}\times$(점 E의 x좌표))

$t\neq0$이므로 $(1-m)^2=mt+2$

$m^2-(2+t)m-1=0$에서

$$m=\frac{t+2\pm\sqrt{(t+2)^2-4\times(-1)}}{2}$$
$$=\frac{t+2\pm\sqrt{t^2+4t+8}}{2}$$

직선 l의 y절편은 $m+1$이고 $0<m+1<2$이므로

$$f(t)=m+1=\frac{t+4-\sqrt{t^2+4t+8}}{2}$$

[STEP 4] $\lim_{t\to0+}f(t)$의 값을 구한다.

따라서

$$\lim_{t\to0+}f(t)=\lim_{t\to0+}\frac{t+4-\sqrt{t^2+4t+8}}{2}$$
$$=\frac{4-2\sqrt{2}}{2}$$
$$=2-\sqrt{2}$$

답 ②

수능이 보이는 강의

부정형의 극한은 부정형이 되지 않도록 다음과 같은 방법으로 식을 변형해야 돼.

① 분자, 분모를 인수분해하기
② 최고차항으로 묶어내기 (최고차항으로 분자, 분모를 각각 나누기)
③ 근호($\sqrt{\ }$)가 포함된 식을 유리화하기

02

정답률 14.7%

정답 공식 개념만 확실히 알자!

함수가 연속일 조건

(1) $x\neq a$에서 연속인 함수 $g(x)$에 대하여

$$f(x)=\begin{cases}g(x) & (x\neq a)\\ k & (x=a)\end{cases}\ (k\text{는 상수})$$

가 모든 실수 x에 대하여 연속이면

$\lim_{x\to a}g(x)=k$

(2) 함수 $f(x)$가 $x=a$에서 연속이면

$\lim_{x\to a}f(x)=f(a)$

분수 꼴의 함수에서 $x\to a$일 때

① (분모)$\to0$이고 극한값이 존재하면 (분자)$\to0$이다.
② (분자)$\to0$이고 0이 아닌 극한값이 존재하면 (분모)$\to0$이다.

풀이 전략 함수의 연속성을 이용한다.

문제 풀이

[STEP 1] 함수 $g(x)$의 식을 구한다.

조건 (가)에서 모든 실수 x에 대하여

$f(x)g(x)=x(x+3)$

이고 조건 (나)에서 $g(0)=1$이므로 위의 식에 $x=0$을 대입하면

$f(0)g(0)=0$ (→ $f(0)\times1=0$)

즉, $f(0)=0$

이때 $f(x)$는 최고차항의 계수가 1인 삼차함수이므로

$f(x)=x(x^2+ax+b)$ (a, b는 상수) (→ $f(0)=0$이므로 x를 인수로 갖는다.)

이때 조건 (가)에서

$$g(x)=\frac{x(x+3)}{f(x)}$$

→ $f(x)g(x)=x(x+3)$

$$=\frac{x(x+3)}{x(x^2+ax+b)}$$

$$=\frac{x+3}{x^2+ax+b}$$

한편 함수 $g(x)$가 실수 전체의 집합에서 연속이므로

$\lim_{x\to 0}g(x)=g(0)$에서

$$\lim_{x\to 0}g(x)=\lim_{x\to 0}\frac{x+3}{x^2+ax+b}=\frac{3}{b}$$

또, $g(0)=1$이므로 $b=3$

이때 $g(x)=\frac{x+3}{x^2+ax+3}$

[STEP 2] $g(2)$의 최솟값을 구한다.

함수 $g(x)$가 실수 전체의 집합에서 연속이어야 하므로 방정식 $x^2+ax+3=0$은 허근을 가져야 한다.

주의 함수 $g(x)$의 분모가 0이면 $x^2+ax+3=0$인 x의 값에서 불연속이므로 $x^2+ax+3\neq0$이어야 해.

그러므로 이차방정식의 판별식을 D라고 하면

$D=a^2-12<0$

$(a+2\sqrt{3})(a-2\sqrt{3})<0$

$-2\sqrt{3}<a<2\sqrt{3}$ …… ㉠

한편 $f(1)$이 자연수이므로

$f(1)=1\times(1^2+a+3)=a+4$

에서 $a+4$가 자연수이어야 하므로 $a>-4$이고 a는 정수이다.

→ $a+4>0$

㉠에서 정수 a의 값은

$-3, -2, -1, 0, 1, 2, 3$

이다. 한편

$$g(2)=\frac{5}{2a+7}$$

→ $g(x)=\frac{x+3}{x^2+ax+3}$에 $x=2$를 대입한다.

이고 $a=3$일 때 이 값은 최솟값 $\frac{5}{13}$를 갖는다.

답 ①

03

정답률 **13.3%**

정답 공식 **개념만 확실히 알자!**

(1) 좌극한
함수 $f(x)$에서 x가 a보다 작은 값을 가지면서 a에 한없이 가까워질 때, $f(x)$의 값이 일정한 값 α에 한없이 가까워지면 α를 $x=a$에서의 $f(x)$의 좌극한이라 하며, 다음과 같이 나타낸다.
$\lim_{x\to a-}f(x)=\alpha$ 또는 $x\to a-$일 때, $f(x)\to\alpha$

(2) 우극한
함수 $f(x)$에서 x가 a보다 큰 값을 가지면서 a에 한없이 가까워질 때, $f(x)$의 값이 일정한 값 β에 한없이 가까워지면 β를 $x=a$에서의 $f(x)$의 우극한이라 하며, 다음과 같이 나타낸다.
$\lim_{x\to a+}f(x)=\beta$ 또는 $x\to a+$일 때, $f(x)\to\beta$

풀이 전략 극한으로 표현된 함수에 대하여 주어진 명제의 참, 거짓을 판별한다.

문제 풀이

[STEP 1] 함수 $g(x)$의 정의와 우극한을 이용하여 $h(1)$의 값을 구한다.

ㄱ. $x>1$에서 $g(x)=x$이므로

$$h(1)=\lim_{t\to 0+}g(1+t)\times\lim_{t\to 2+}g(1+t)$$

($1+t>1$)

$$=\lim_{t\to 0+}(1+t)\times\lim_{t\to 2+}(1+t)$$

$=1\times3$

$=3$ (참)

[STEP 2] 구간을 나누어 함수 $y=h(x)$의 그래프를 그려 본다.

ㄴ. $h(x)=\lim_{t\to 0+}g(x+t)\times\lim_{t\to 2+}g(x+t)$이므로

$x<-3$일 때, $h(x)=x\times(x+2)$

$x=-3$일 때, $h(-3)=-3\times f(-1)$

$-3<x<-1$일 때, $h(x)=x\times f(x+2)$

$x=-1$일 때, $h(-1)=f(-1)\times1$

$-1<x<1$일 때, $h(x)=f(x)\times(x+2)$

$x=1$일 때, $h(1)=1\times3$

$x>1$일 때, $h(x)=x\times(x+2)$

즉, $x<-3$ 또는 $x\geq1$일 때, 함수 $y=h(x)$의 그래프는 다음 그림과 같다.

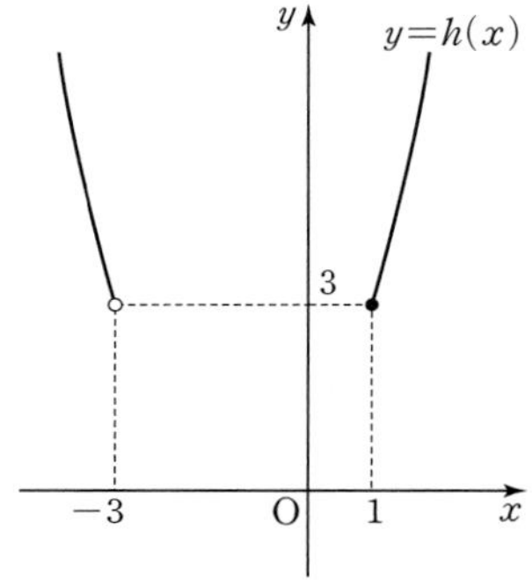

$h(-3)\neq3$이면 함수 $h(x)$는 $x=-3$에서 불연속이다.

즉, 함수 $h(x)$는 실수 전체의 집합에서 연속이라 할 수 없다. (거짓)

[STEP 3] 주어진 조건을 이용하여 함수 $y=g(x)$의 그래프의 개형을 그려 본다.

ㄷ. 함수 $g(x)$가 닫힌구간 $[-1, 1]$에서 감소하고 $g(-1)=-2$일 때, 함수 $y=g(x)$의 그래프의 개형은 다음 그림과 같다.

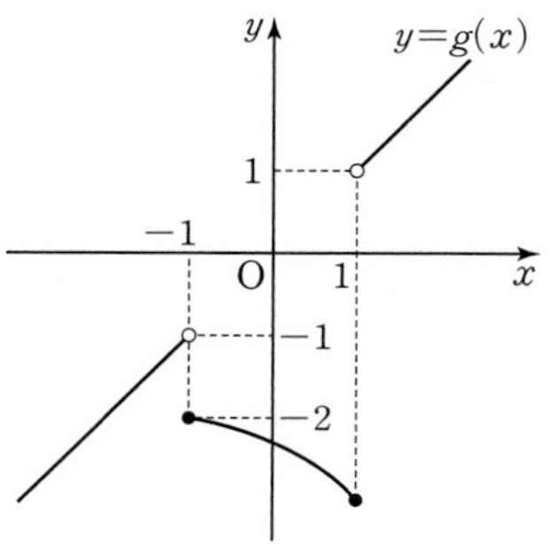

이때 $h(-3)=-3\times f(-1)=-3\times(-2)=6$

주의 $f(-1)=g(-1)=-2$

$h(-1)=f(-1)\times 1=-2\times 1=-2$

$-3<x<-1$에서 $h(x)>0$

또 $-1<x<1$에서 $h(x)=f(x)\times(x+2)$이므로

$h'(x)=f'(x)\times(x+2)+f(x)$

$f'(x)<0$, $x+2>0$, $f(x)<0$이므로

$h'(x)<0$ → (음수)+(음수)<0

즉, $-1<x<1$에서 함수 $h(x)$는 감소하고, $h(1)=3$이므로 함수 $h(x)$는 최솟값을 갖지 않는다. (거짓)

이상에서 옳은 것은 ㄱ이다.

답 ①

다른 풀이

ㄴ. [반례] $f(x)=2$라 하자.

$-3<x<-1$일 때, $h(x)=x\times 2=2x$

$x=-1$일 때, $h(x)=2\times 1=2$

$-1<x<1$일 때, $h(x)=2(x+2)$

$\lim_{x\to -1-} h(x)=\lim_{x\to -1-} 2x=-2$

$\lim_{x\to -1+} h(x)=\lim_{x\to -1+} 2(x+2)=2$

$h(-1)=2$

이므로 $\lim_{x\to -1-} h(x)\neq \lim_{x\to -1+} h(x)$

즉, 함수 $h(x)$는 $x=-1$에서 불연속이다. (거짓)

ㄷ. [반례] $f(x)=-x-3$이라 하자.

$x<-3$일 때, $h(x)=x(x+2)$

$x=-3$일 때, $h(-3)=-3\times(-2)=6$

$-3<x<-1$일 때,

$h(x)=x\times\{-(x+2)-3\}=-x(x+5)$

$x=-1$일 때, $h(-1)=-2\times 1=-2$

$-1<x<1$일 때,

$h(x)=(-x-3)\times(x+2)=-(x+3)(x+2)$

$x=1$일 때, $h(1)=1\times 3=3$

$x>1$일 때, $h(x)=x(x+2)$

이때 $\lim_{x\to 1-} h(x)=-12$, $h(1)=3$이므로 함수 $h(x)$의 최솟값은 없다. (거짓)

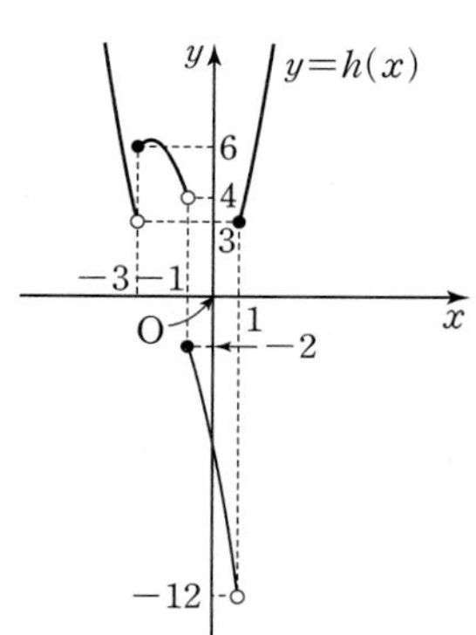

04

정답률 **10.9%**

정답 공식 **개념만 확실히 알자!**

함수의 극한값

함수 $f(x)$에서 $x=a$에서의 좌극한과 우극한이 모두 존재하고 그 값이 같으면 극한값 $\lim_{x\to a} f(x)$가 존재한다.

또한 그 역도 성립한다.

즉, $\lim_{x\to a} f(x)=\alpha$

$\iff \lim_{x\to a-} f(x)=\lim_{x\to a+} f(x)=\alpha$ (단, α는 실수이다.)

풀이 전략 함수의 극한의 성질을 이용하여 문제를 해결한다.

문제 풀이

[STEP 1] 조건 (가)를 이용하여 함수 $f(x)$의 꼴을 구한다.

조건 (가)에 의하여

$\lim_{x\to 0}|f(x)-1|=0$

이므로 삼차식 $f(x)-1$은 x를 인수로 갖는다.

이차식 $g(x)$에 대하여 $f(x)-1=xg(x)$라 하자.

$$\lim_{x\to 0+}\frac{|f(x)-1|}{x}=\lim_{x\to 0+}\frac{|xg(x)|}{x}=\lim_{x\to 0+}\frac{|x||g(x)|}{x}=\lim_{x\to 0+}|g(x)|=|g(0)|$$

$$\lim_{x\to 0-}\frac{|f(x)-1|}{x}=\lim_{x\to 0-}\frac{|xg(x)|}{x}=\lim_{x\to 0-}\frac{|x||g(x)|}{x}=-\lim_{x\to 0-}|g(x)|=-|g(0)|$$

실수 $\lim_{x\to 0-}\frac{|x||g(x)|}{x}=\lim_{x\to 0-}\frac{-x|g(x)|}{x}$

$|g(0)|=-|g(0)|$에서 $g(0)=0$

이차식 $g(x)$도 x를 인수로 가지므로

$f(x)-1=x^2(x+a)$ (a는 실수) → $g(x)=x(x+a)$ (a는 실수)

라 하면 $f(x)=x^3+ax^2+1$

[STEP 2] 조건 (나)를 이용하여 $f(5)$의 최댓값을 구한다.

$xf(x)\geq -4x^2+x$에서

$x(x^3+ax^2+1)\geq -4x^2+x$

$x^4+ax^3+4x^2\geq 0$

$x^2(x^2+ax+4)\geq 0$

$x^2\geq 0$이므로 모든 실수 x에 대하여

$x^2+ax+4\geq 0$이 성립한다.

이차방정식 $x^2+ax+4=0$의 판별식을 D라 하면

$D=a^2-16\leq 0$

$-4\leq a\leq 4$

$f(5)=25a+126$이므로 구하는 $f(5)$의 최댓값은 $a=4$일 때 226이다. → a가 최대일 때, 최댓값을 갖는다.

답 226

05

정답률 **6.9%**

정답 공식 **개념만 확실히 알자!**

실수 전체의 집합에서 정의된 함수 $g(x)$, $h(x)$에 대하여 함수

$$f(x)=\begin{cases} g(x) & (x<a) \\ h(x) & (x\geq a) \end{cases}$$

가 모든 실수 x에 대하여 연속이려면

$$\lim_{x\to a-} g(x)=\lim_{x\to a+} h(x)=f(a)$$

풀이 전략 함수의 연속과 역함수의 성질을 이용한다.

문제 풀이

[STEP 1] 함수 $f(x)$가 $x=1$에서 연속일 조건을 구한다.

$$f(x)=\begin{cases} ax+b & (x<1) \\ cx^2+\frac{5}{2}x & (x\geq 1) \end{cases}$$

함수 $f(x)$가 $x=1$에서 연속이므로

$$\lim_{x\to 1-} f(x)=\lim_{x\to 1+} f(x)=f(1)$$

이어야 한다. 이때

$$\lim_{x\to 1-} f(x)=\lim_{x\to 1-} (ax+b)=a+b$$

$$\lim_{x\to 1+} f(x)=\lim_{x\to 1+} \left(cx^2+\frac{5}{2}x\right)=c+\frac{5}{2}$$

$$f(1)=c+\frac{5}{2}$$

이므로

$$a+b=c+\frac{5}{2} \quad \cdots\cdots \text{㉠}$$

[STEP 2] 함수 $f(x)$의 역함수가 존재할 조건을 구한다.

한편 함수 $f(x)$의 역함수가 존재하므로

$a>0$, $c>0$ 또는 $a<0$, $c<0$

이어야 한다.

(i) $a>0$, $c>0$일 때

함수 $y=f(x)$의 그래프가 증가하므로 함수 $y=f(x)$의 그래프와 역함수 $y=f^{-1}(x)$의 그래프의 교점은 함수 $y=f(x)$의 그래프와 직선 $y=x$의 교점과 일치한다.

이때 함수 $y=f(x)$의 그래프와 역함수 $y=f^{-1}(x)$의 그래프의 교점 중 하나의 x좌표가 1이므로

> 주의: 함수와 그 역함수의 그래프의 교점의 좌표는 (a, a)야.

$f(1)=f^{-1}(1)=1$

이어야 한다.

즉, $f(1)=c+\frac{5}{2}=1$에서 $c=-\frac{3}{2}$

이것은 조건을 만족시키지 않는다.

즉, $a>0$, $c>0$을 만족시키지 않는다.

(ii) $a<0$, $c<0$일 때

함수 $f(x)=\begin{cases} ax+b & (x<1) \\ cx^2+\frac{5}{2}x & (x\geq 1) \end{cases}$에서

$g(x)=ax+b \ (x<1)$

$h(x)=cx^2+\frac{5}{2}x \ (x\geq 1)$

이라 하자. 함수 $f(x)$의 역함수가 존재하므로 두 함수 $g(x)$, $h(x)$도 역함수가 존재한다.

[STEP 3] 함수 $y=f(x)$의 그래프와 역함수 $y=f^{-1}(x)$의 그래프의 교점의 좌표를 이용하여 a, b, c의 값을 구한다.

함수 $y=f(x)$의 그래프와 역함수 $y=f^{-1}(x)$의 그래프의 교점 중 하나의 x좌표가 -1이므로 (→ 직선 $y=x$ 위에 교점이 있다.)

$g(-1)=h^{-1}(-1)$

즉, $h^{-1}(-1)=-a+b$이므로

$h(-a+b)=-1$에서 (→ $f(x)=y$에서 $f^{-1}(y)=x$)

$$c(-a+b)^2+\frac{5}{2}(-a+b)=-1$$

함수 $y=f(x)$의 그래프와 역함수 $y=f^{-1}(x)$의 그래프의 교점 중 하나의 x좌표가 2이므로

$h(2)=g^{-1}(2)$

즉, $g^{-1}(2)=4c+5$이므로 (→ $h(x)=cx^2+\frac{5}{2}x \ (x\geq 1)$이므로 $g^{-1}(2)=h(2)=c\times 2^2+\frac{5}{2}\times 2$)

$g(4c+5)=2$에서

$a(4c+5)+b=2 \quad \cdots\cdots$ ㉡

한편 함수 $y=f(x)$의 그래프와 역함수 $y=f^{-1}(x)$의 그래프의 교점 중 하나의 x좌표가 1이므로 $h(1)=1$이어야 한다.

즉, $h(1)=c+\frac{5}{2}=1$에서 $c=-\frac{3}{2}$

$c=-\frac{3}{2}$을 ㉠, ㉡에 대입한 후 연립하면 (→ ㉠: $a+b=1$, ㉡: $-a+b=2$)

$a=-\frac{1}{2}$, $b=\frac{3}{2}$

(i), (ii)에서

$a=-\frac{1}{2}$, $b=\frac{3}{2}$, $c=-\frac{3}{2}$

따라서

$$2a+4b-10c=2\times\left(-\frac{1}{2}\right)+4\times\frac{3}{2}-10\times\left(-\frac{3}{2}\right)=20$$

답 20

수능이 보이는 강의

함수 $y=f(x)$의 그래프와 그 역함수 $y=f^{-1}(x)$의 그래프는 직선 $y=x$에 대하여 대칭이므로 함수 $y=f(x)$의 그래프와 직선 $y=x$의 교점은 함수 $y=f(x)$의 그래프와 그 역함수 $y=f^{-1}(x)$의 그래프의 교점이기도 해.

하지만 그 역은 성립하지 않아.

즉, 함수 $y=f(x)$의 그래프와 그 역함수 $y=f^{-1}(x)$의 그래프의 교점이 반드시 함수 $y=f(x)$의 그래프와 직선 $y=x$의 교점이 되는 것은 아니야. 함수 $y=f(x)$의 그래프와 그 역함수 $y=f^{-1}(x)$의 그래프의 교점은 함수 $y=f(x)$의 그래프와 직선 $y=x$의 교점 이외에 더 있을 수도 있어.

06

정답률 3%

정답 공식 **개념만 확실히 알자!**

함수 $f(x)=\begin{cases} g(x) & (x<a) \\ h(x) & (x\ge a)\end{cases}$에서 함수 $g(x)$와 $h(x)$가 다항함수일 때, 함수 $f(x)$가 실수 전체의 집합에서 연속이기 위해서는 $x=a$에서 연속이어야 한다.

풀이 전략 연속함수의 성질을 이용한다.

문제 풀이

[STEP 1] 함수 $g(x)$가 $x=0$에서 연속일 조건을 구한다.

$$g(x)=\begin{cases} (x+3)f(x) & (x<0) \\ (x+a)f(x-b) & (x\ge 0)\end{cases}$$

함수 $g(x)$가 $x=0$에서 연속이므로

$\lim_{x\to 0-} g(x)=\lim_{x\to 0+} g(x)=g(0)$

이 성립해야 한다.

이때

$\lim_{x\to 0-} g(x)=\lim_{x\to 0-} (x+3)f(x)=3f(0)$

$\lim_{x\to 0+} g(x)=\lim_{x\to 0+} (x+a)f(x-b)=af(-b)$

$g(0)=af(-b)$

이므로

$3f(0)=af(-b)$ …… ㉠

[STEP 2] 주어진 조건의 식을 유리화하여 조건을 만족시키는 경우를 나눈다.

한편,

$$\lim_{x\to -3}\frac{\sqrt{|g(x)|+\{g(t)\}^2}-|g(t)|}{(x+3)^2}$$

$$=\lim_{x\to -3}\frac{|g(x)|}{(x+3)^2[\sqrt{|g(x)|+\{g(t)\}^2}+|g(t)|]}$$

→ 분자가 무리식이므로 근호가 있는 쪽을 유리화한다.

$$=\lim_{x\to -3}\frac{|(x+3)f(x)|}{(x+3)^2[\sqrt{0+\{g(t)\}^2}+|g(t)|]}$$

주의 $x\to -3$이므로 $x<0$

$$=\lim_{x\to -3}\frac{|(x+3)f(x)|}{(x+3)^2\times 2|g(t)|} \quad \cdots\cdots ㉡$$

이때 $t\ne -3$이고 $t\ne 6$인 모든 실수 t에 대하여 ㉡의 값이 존재하므로

$f(x)=(x+3)(x+k)$ (k는 상수)

→ $f(x)$는 최고차항의 계수가 1인 이차함수

의 꼴이어야 하고, ㉡에서

$$\lim_{x\to -3}\frac{|(x+3)f(x)|}{(x+3)^2\times 2|g(t)|}$$

$$=\lim_{x\to -3}\frac{|(x+3)^2(x+k)|}{(x+3)^2\times 2|g(t)|}$$

$$=\lim_{x\to -3}\frac{|x+k|}{2|g(t)|} \quad \cdots\cdots ㉢$$

이때 $t=-3$과 $t=6$에서만 ㉢의 값이 존재하지 않으므로 방정식 $g(x)=0$이 모든 실근은 $x=-3$과 $x=6$뿐이다.

주어진 식에서 $g(-3)=0$이므로

$g(6)=0$, 즉 $(6+a)f(6-b)=0$

이어야 한다.

이때 $a>0$이므로 $f(6-b)=0$에서

$6-b=-3$ 또는 $6-b=-k$

따라서 $b=9$ 또는 $k-b=-6$

[STEP 3] $g(4)$의 값을 구한다.

(i) $b=9$인 경우

$x<0$에서

$g(x)=(x+3)f(x)=(x+3)^2(x+k)$

이때 $x<0$에서 $g(x)=0$의 해는 -3뿐이므로

$-k\ge 0$ 또는 $k=3$ …… ㉣

$x\ge 0$에서

$g(x)=(x+a)f(x-9)$

$=(x+a)(x-6)(x-9+k)$

이때 $x\ge 0$에서 $g(x)=0$의 해는 6뿐이므로

$9-k<0$ 또는 $9-k=6$ …… ㉤

㉣, ㉤에서 $k=3$

따라서 $f(x)=(x+3)^2$이므로 ㉠에서

$3\times 3^2=af(-9)$

$27=36a$

$a=\frac{3}{4}$

$g(4)=(4+a)f(4-b)$

$=\left(4+\frac{3}{4}\right)f(-5)$

$=\frac{19}{4}\times(-2)^2$

$=19$

(ii) $k-b=-6$인 경우

$x<0$에서

$g(x)=(x+3)f(x)$

$=(x+3)^2(x+k)$

이때 $x<0$에서 $g(x)=0$의 해는 -3뿐이므로

$-k\ge 0$ 또는 $k=3$

$x\ge 0$에서

$g(x)=(x+a)f(x-b)$

$=(x+a)(x-b+3)(x-b+k)$

$=(x+a)(x-b+3)(x-6)$

이때 $x\ge 0$에서 $g(x)=0$의 해는 6뿐이고, $b>3$이므로

→ $x=b-3>0$

$b-3=6$에서 $b=9$

$k-b=-6$이므로 $k=3$

따라서 (i)과 같으므로

$g(4)=19$

답 19

Ⅱ 미분

본문 30~55쪽

수능 유형별 기출 문제

01 8	02 ③	03 10	04 ④	05 ④
06 ③	07 10	08 ③	09 11	10 ③
11 3	12 ①	13 ③	14 ④	15 2
16 ⑤	17 24	18 ④	19 ⑤	20 ⑤
21 ①	22 ①	23 ④	24 ①	25 22
26 20	27 15	28 5	29 19	30 ③
31 ③	32 ①	33 ④	34 ①	35 ①
36 ③	37 22	38 ③	39 ③	40 ⑤
41 11	42 ②	43 ③	44 25	45 ③
46 ⑤	47 ③	48 6	49 ②	50 11
51 ①	52 ②	53 ③	54 2	55 ②
56 ②	57 ③	58 6	59 ⑤	60 ⑤
61 ①	62 ②	63 ③	64 ①	65 ③
66 19	67 ②	68 ①	69 ③	70 ④
71 ③	72 ⑤	73 4	74 12	75 ①
76 ③	77 32	78 ⑤	79 21	80 7
81 ①	82 ⑤	83 ②	84 ⑤	85 ③
86 ①	87 ④	88 ①	89 ④	90 8
91 22	92 ①	93 27		

유형 1 평균변화율과 미분계수

01

$f(x)=(x+1)(x^2+3)$에서

$f'(x)=(x^2+3)+(x+1)\times 2x$이므로

$f'(1)=(1+3)+2\times 2=8$

답 8

02

함수 $f(x)=2x^2-x$에서 $f'(x)=4x-1$이므로

$$\lim_{x\to 1}\frac{f(x)-1}{x-1}=f'(1)=3$$

답 ③

03

$f(x)=2x^2+ax+3$에서 $f'(x)=4x+a$

$f'(2)=8+a=18$이므로

$a=10$

답 10

04

함수 $f(x)=2x^3+3x$에서 $f'(x)=6x^2+3$이므로

$$\lim_{h\to 0}\frac{f(2h)-f(0)}{h}=\lim_{h\to 0}\frac{f(2h)-f(0)}{2h}\times 2$$
$$=2f'(0)=2\times 3=6$$

답 ④

05

함수 $f(x)=x^2-2x+3$에서 $f'(x)=2x-2$이므로

$$\lim_{h\to 0}\frac{f(3+h)-f(3)}{h}=f'(3)=2\times 3-2=4$$

답 ④

06

$g(x)=x^2f(x)$에서 양변을 x에 대하여 미분하면

$g'(x)=2xf(x)+x^2f'(x)$

이때 $f(2)=1$, $f'(2)=3$이므로

$g'(2)=4f(2)+4f'(2)$

$=4\times 1+4\times 3=16$

답 ③

07

곱의 미분법에 의하여 함수 $f(x)g(x)$의 도함수는

$\{f(x)g(x)\}'=f'(x)g(x)+f(x)g'(x)$

$f'(x)=4x+5$, $g'(x)=3x^2$이므로

$f'(0)g(0)+f(0)g'(0)=5\times 2+3\times 0=10$

답 10

08

$$\frac{f(a+1)-f(a)}{(a+1)-a}=\{2(a+1)^2-3(a+1)+5\}-(2a^2-3a+5)$$
$$=4a-1=7$$

에서 $a=2$

$$\lim_{h\to 0}\frac{f(a+2h)-f(a)}{h}=2\lim_{h\to 0}\frac{f(a+2h)-f(a)}{2h}$$
$$=2f'(a)=2f'(2)$$

따라서 $f'(x)=4x-3$이므로 $2f'(2)=2\times 5=10$

답 ③

09

함수 $f(x)=x^3-6x^2+5x$에서 x의 값이 0에서 4까지 변할 때의 평균변화율은

$$\frac{f(4)-f(0)}{4-0}=\frac{64-96+20}{4}=-3$$

또한 $f'(x)=3x^2-12x+5$이므로

$f'(a)=3a^2-12a+5=-3$

$3a^2-12a+8=0$ ...... ㉠

㉠을 만족시키는 모든 실수 a는 $0<a<4$를 만족시키므로 모든 실수 a의 값의 곱은 이차방정식의 근과 계수의 관계에 의하여 $\frac{8}{3}$이다.

따라서 $p=3$, $q=8$이므로

$p+q=11$

답 11

10

조건 (가)에서 $x \longrightarrow 1$일 때 (분모) $\longrightarrow 0$이므로 (분자) $\longrightarrow 0$이어야 한다.

즉, $f(1)=g(1)$ ...... ㉠

$$\lim_{x\to1}\frac{f(x)-g(x)}{x-1}=\lim_{x\to1}\frac{\{f(x)-f(1)\}-\{g(x)-g(1)\}}{x-1}=5$$

즉, $f'(1)-g'(1)=5$ ...... ㉡

조건 (나)에서

$$\lim_{x\to1}\frac{f(x)+g(x)-2f(1)}{x-1}$$

$$=\lim_{x\to1}\frac{\{f(x)-f(1)\}+\{g(x)-g(1)\}}{x-1}=7$$

즉, $f'(1)+g'(1)=7$ ...... ㉢

$\lim_{x\to1}\frac{f(x)-a}{x-1}=b\times g(1)$에서 $x \longrightarrow 1$일 때 (분모) $\longrightarrow 0$이므로 (분자) $\longrightarrow 0$이어야 한다.

즉, $a=f(1)$이고 $\lim_{x\to1}\frac{f(x)-f(1)}{x-1}=f'(1)$

㉠에서 $f(1)=g(1)$이므로 $f'(1)=b\times f(1)=ab$

㉡, ㉢을 연립하여 풀면 $f'(1)=6$

따라서 $ab=6$

답 ③

11

함수 $f(x)$에서 x의 값이 0에서 a까지 변할 때의 평균변화율은

$$\frac{f(a)-f(0)}{a-0}=\frac{a^3-3a^2+5a}{a}=a^2-3a+5$$

$f(x)=x^3-3x^2+5x$에서

$f'(x)=3x^2-6x+5$

이므로 $f'(2)=3\times2^2-6\times2+5=5$

따라서 $a^2-3a+5=5$에서

$a(a-3)=0$

$a=0$ 또는 $a=3$

$a>0$이므로 $a=3$

답 3

12

$\lim_{x\to0}\frac{f(x)+g(x)}{x}=3$에서

$x \longrightarrow 0$일 때 (분모) $\longrightarrow 0$이므로 (분자) $\longrightarrow 0$이어야 한다.

즉, $\lim_{x\to0}\{f(x)+g(x)\}=0$

이때 두 다항함수 $f(x)$, $g(x)$는 연속함수이므로

$f(0)+g(0)=0$ ...... ㉠

따라서

$$\lim_{x\to0}\frac{f(x)+g(x)}{x}=\lim_{x\to0}\frac{f(x)+g(x)-f(0)-g(0)}{x}$$

$$=\lim_{x\to0}\left\{\frac{f(x)-f(0)}{x}+\frac{g(x)-g(0)}{x}\right\}$$

$$=f'(0)+g'(0)$$

$$=3 \quad \text{...... ㉡}$$

또 $\lim_{x\to0}\frac{f(x)+3}{xg(x)}=2$에서

$x \longrightarrow 0$일 때 (분모) $\longrightarrow 0$이므로 (분자) $\longrightarrow 0$이어야 한다.

즉, $\lim_{x\to0}\{f(x)+3\}=0$이므로

$f(0)+3=0$에서

$f(0)=-3$이므로 ㉠에서

$g(0)=3$

따라서

$$\lim_{x\to0}\frac{f(x)+3}{xg(x)}=\lim_{x\to0}\left\{\frac{f(x)-f(0)}{x}\times\frac{1}{g(x)}\right\}$$

$$=\frac{f'(0)}{g(0)}$$

$$=\frac{f'(0)}{3}=2$$

에서 $f'(0)=6$

따라서 ㉡에서 $g'(0)=-3$이므로 곱의 미분법에 의하여

$h'(0)=f'(0)g(0)+f(0)g'(0)$

$=6\times3+(-3)\times(-3)=27$

답 ①

유형 2 미분가능성

13

$$f(x)g(x)=\begin{cases}-(x+3)(2x+a) & (x<-3)\\ (x+3)(2x+a) & (x\ge-3)\end{cases}$$

함수 $f(x)g(x)$가 실수 전체의 집합에서 미분가능하므로 $x=-3$에서 미분가능하다. 즉,

$$\lim_{x\to-3-}\frac{f(x)g(x)-f(-3)g(-3)}{x+3}$$

$$=\lim_{x\to-3+}\frac{f(x)g(x)-f(-3)g(-3)}{x+3}$$

에서 $\lim_{x\to-3-}(-2x-a)=\lim_{x\to-3+}(2x+a)$

따라서 $6-a=-6+a$이므로 $a=6$

답 ③

14

함수 $f(x)$가 $x=1$에서 미분가능하면 $f(x)$는 실수 전체의 집합에서 미분가능하다.

$f(1)=b+4$이므로

$$\lim_{x\to1+}\frac{f(x)-f(1)}{x-1}=\lim_{x\to1+}\frac{bx+4-b-4}{x-1}=\lim_{x\to1+}\frac{b(x-1)}{x-1}=\lim_{x\to1+}b=b \quad \cdots\cdots ㉠$$

$$\lim_{x\to1-}\frac{f(x)-f(1)}{x-1}=\lim_{x\to1-}\frac{x^3+ax+b-b-4}{x-1}=\lim_{x\to1-}\frac{x^3+ax-4}{x-1} \quad \cdots\cdots ㉡$$

함수 $f(x)$가 $x=1$에서 미분가능하려면

$\lim_{x\to1}\frac{f(x)-f(1)}{x-1}$의 값이 존재해야 하므로

㉠, ㉡에서

$$\lim_{x\to1-}\frac{x^3+ax-4}{x-1}=b \quad \cdots\cdots ㉢$$

이어야 한다.

이때 $x\longrightarrow1-$일 때 (분모) $\longrightarrow0$이고 ㉢이 수렴하므로

(분자) $\longrightarrow0$이어야 한다.

즉, $\lim_{x\to1-}(x^3+ax-4)=1+a-4=0$에서 $a=3$

이때 ㉢에서

$$b=\lim_{x\to1-}\frac{x^3+3x-4}{x-1}=\lim_{x\to1-}\frac{(x-1)(x^2+x+4)}{x-1}=\lim_{x\to1-}(x^2+x+4)=1^2+1+4=6$$

따라서 $a+b=3+6=9$

답 ④

15

함수 $f(x)$는 $x=1$에서 미분가능하므로 $x=1$에서 연속이다.

즉, $\lim_{x\to1-}f(x)=\lim_{x\to1+}f(x)=f(1)$에서

$\lim_{x\to1-}(ax^2+1)=\lim_{x\to1+}(x^4+a)=1+a$

즉, $a+1=1+a$

또한 $f(x)=\begin{cases}ax^2+1 & (x<1)\\ x^4+a & (x\ge1)\end{cases}$이 $x=1$에서 미분가능하면

미분계수 $f'(1)$이 존재해야 하므로

$$\lim_{x\to1-}\frac{f(x)-f(1)}{x-1}=\lim_{x\to1-}\frac{ax^2+1-(a+1)}{x-1}=\lim_{x\to1-}\frac{a(x^2-1)}{x-1}=\lim_{x\to1-}\frac{a(x+1)(x-1)}{x-1}=\lim_{x\to1-}a(x+1)=2a$$

$$\lim_{x\to1+}\frac{f(x)-f(1)}{x-1}=\lim_{x\to1+}\frac{x^4+a-(1+a)}{x-1}=\lim_{x\to1+}\frac{x^4-1}{x-1}=\lim_{x\to1+}\frac{(x^2+1)(x+1)(x-1)}{x-1}=\lim_{x\to1+}\{(x^2+1)(x+1)\}=4$$

$\lim_{x\to1-}\frac{f(x)-f(1)}{x-1}=\lim_{x\to1+}\frac{f(x)-f(1)}{x-1}$에서

$2a=4$

따라서 $a=2$

답 2

16

ㄱ. $\lim_{x\to1-}f(x)=0$, $\lim_{x\to1-}g(x)=-1$이므로

$\lim_{x\to1-}f(x)g(x)=\lim_{x\to1-}f(x)\times\lim_{x\to1-}g(x)$

$=0\times(-1)=0$ (거짓)

ㄴ. $f(1)=0$, $g(1)=-1$이므로 $f(1)g(1)=0\times(-1)=0$ (참)

ㄷ. $\lim_{x\to1+}f(x)=1$, $\lim_{x\to1+}g(x)=1$이므로

$\lim_{x\to1+}f(x)g(x)=\lim_{x\to1+}f(x)\times\lim_{x\to1+}g(x)=1\times1=1$

$\lim_{x\to1-}f(x)g(x)=0$에서

$\lim_{x\to1+}f(x)g(x)\neq\lim_{x\to1-}f(x)g(x)$

이므로 $\lim_{x\to1}f(x)g(x)$의 값은 존재하지 않는다.

즉, 함수 $f(x)g(x)$는 $x=1$에서 불연속이다. (참)

따라서 옳은 것은 ㄴ, ㄷ이다.

답 ⑤

17

함수 $h(x)=f(x)g(x)$가 구간 $(-2,\ 2)$에서 연속이므로 함수 $h(x)$가 $x=-1$과 $x=1$에서 연속이다.

그러므로 이차함수 $g(x)$는 $g(-1)=0$, $g(1)=0$을 만족시켜야 한다.

이차함수 $g(x)$는 최고차항의 계수가 1이므로

$g(x)=(x+1)(x-1)=x^2-1$

따라서 $g(5)=5^2-1=24$

답 24

유형 3 다항함수의 도함수

18

함수 $f(x)=2x^3-x^2+6$에서

$f'(x)=6x^2-2x$이므로 $f'(1)=6-2=4$

답 ④

19

$f(x)=x^3+3x^2+x-1$에서 $f'(x)=3x^2+6x+1$이므로

$f'(1)=3+6+1=10$

답 ⑤

20

$f(x)=2x^3+4x+5$에서 $f'(x)=6x^2+4$이므로

$f'(1)=6+4=10$

답 ⑤

21

$f(x)=x^4+3x-2$에서 $f'(x)=4x^3+3$이므로

$f'(2)=4\times2^3+3=35$

답 ①

22

$f(x)=x^3-2x-7$에서 $f'(x)=3x^2-2$이므로

$f'(1)=3\times1^2-2=1$

답 ①

23

$f(x)=x^3+7x+1$에서 $f'(x)=3x^2+7$이므로

$f'(0)=7$

답 ④

24

$g(x)=(x^3+1)f(x)$를 x에 대하여 미분하면

$g'(x)=3x^2f(x)+(x^3+1)f'(x)$

이때 $f(1)=2$, $f'(1)=3$이므로

$g'(1)=3f(1)+2f'(1)=3\times2+2\times3=12$

답 ①

25

$f(x)=(2x+3)(x^2+5)$에서

$$\begin{aligned}f'(x)&=(2x+3)'\times(x^2+5)+(2x+3)\times(x^2+5)'\\&=2(x^2+5)+(2x+3)\times2x\\&=6x^2+6x+10\end{aligned}$$

따라서 $f'(1)=6\times1^2+6\times1+10=22$

답 22

26

$f(x)=x^4-3x^2+8$에서 $f'(x)=4x^3-6x$

$f'(x)=4x^3-6x$에 $x=2$를 대입하면

$f'(2)=4\times2^3-6\times2=20$

답 20

27

$f(x)=x^3-2x^2+4$에서 $f'(x)=3x^2-4x$

$f'(x)=3x^2-4x$에 $x=3$을 대입하면

$f'(3)=3\times3^2-4\times3=15$

답 15

28

함수 $f(x)=(x^2+1)(x^2+ax+3)$에 대하여

$f'(x)=2x(x^2+ax+3)+(x^2+1)(2x+a)$

이고, $f'(1)=32$이므로

$f'(1)=2(1+a+3)+2(2+a)=32$

$4a+12=32$, $4a=20$, $a=5$

답 5

29

$f(x)=x^4+3x^2+9x-27$에서 $f'(x)=4x^3+6x+9$

따라서 $f'(1)=4\times1^3+6\times1+9=19$

답 19

30

주어진 등식의 양변에 $x=0$을 대입하면 $f(0)=0$

다항함수 $f(x)$의 차수를 n이라 하자.

(i) $n\le1$일 때, 주어진 등식의 좌변의 차수는 1 이하이고, 우변의 차수는 2이므로 등식이 성립하지 않는다.

(ii) $n=2$일 때, 주어진 등식의 좌변의 이차항의 계수는 -1이고, 우변의 이차항의 계수는 2이므로 등식이 성립하지 않는다.

(iii) $n\ge3$일 때, 주어진 등식의 좌변의 n차항의 계수가 $n-3$이고 우변의 차수는 2이므로 등식이 성립하기 위해서는 $n=3$이어야 한다.

(i), (ii), (iii)에서 $f(x)$는 삼차함수이므로

$f(x)=x^3+ax^2+bx$ (a, b는 상수)

라 하면 $f'(x)=3x^2+2ax+b$이고

$$\begin{aligned}xf'(x)-3f(x)&=x(3x^2+2ax+b)-3(x^3+ax^2+bx)\\&=-ax^2-2bx\end{aligned}$$

주어진 등식이 모든 실수 x에 대하여 성립하므로

$-a=2$, $-2b=-8$

에서 $a=-2$, $b=4$이고 $f(x)=x^3-2x^2+4x$

따라서 $f(1)=1-2+4=3$

답 ③

31

이차함수 $f(x)$는 최고차항의 계수가 1이고 함수 $y=f(x)$의 그래프는 x축에 접하므로

$f(x)=(x-a)^2$ (a는 상수)라 하면

$f'(x)=2(x-a)$이므로

$g(x)=(x-3)f'(x)=2(x-a)(x-3)$

$\quad=2x^2-2(a+3)x+6a$

곡선 $y=g(x)$가 y축에 대하여 대칭이므로 x의 계수가 0이다.

즉, $a=-3$

따라서 $f(x)=(x+3)^2$이므로 $f(0)=3^2=9$

답 ③

32

$f(x)=ax^2+b$에서 $f'(x)=2ax$

$4f(x)=\{f'(x)\}^2+x^2+4$에 $f(x)=ax^2+b$, $f'(x)=2ax$를 대입하면

$4(ax^2+b)=(2ax)^2+x^2+4$

$4ax^2+4b=4a^2x^2+x^2+4$

$4ax^2+4b=(4a^2+1)x^2+4$

$4a=4a^2+1$, $4b=4$

$(2a-1)^2=0$, $b=1$

즉, $a=\frac{1}{2}$, $b=1$

따라서 $f(x)=\frac{1}{2}x^2+1$이므로

$f(2)=\frac{1}{2}\times 2^2+1=2+1=3$

답 ①

33

$\lim_{x\to 2}\frac{f(x)}{(x-2)\{f'(x)\}^2}=\frac{1}{4}$에서

$x\to 2$일 때 (분모)$\to 0$이므로 (분자)$\to 0$이어야 한다.

즉, $f(2)=0$이므로 삼차함수 $f(x)$를

$f(x)=(x-1)(x-2)(x+a)$ (a는 상수)

로 놓을 수 있다.

이때 $f'(x)=(x-2)(x+a)+(x-1)(x+a)+(x-1)(x-2)$

$$\lim_{x\to 2}\frac{f(x)}{(x-2)\{f'(x)\}^2}=\lim_{x\to 2}\frac{(x-1)(x+a)}{\{f'(x)\}^2}$$

$$=\frac{2+a}{(2+a)^2}=\frac{1}{2+a}$$

에서 $\frac{1}{2+a}=\frac{1}{4}$이므로

$a=2$

따라서 $f(x)=(x-1)(x-2)(x+2)$이므로

$f(3)=2\times 1\times 5=10$

답 ④

유형 4 접선의 방정식

34

$y=x^3-3x^2+2x+2$에서 $y'=3x^2-6x+2$

점 A(0, 2)에서의 접선의 기울기는 2이므로 이 접선과 수직인 직선의 기울기는 $-\frac{1}{2}$이다.

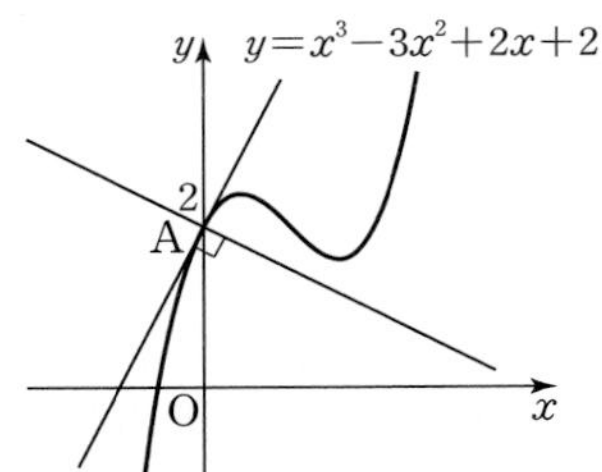

따라서 점 A(0, 2)를 지나고 기울기가 $-\frac{1}{2}$인 직선의 방정식은

$y-2=-\frac{1}{2}(x-0)$

즉, $y=-\frac{1}{2}x+2$

이므로 이 직선의 x절편은

$0=-\frac{1}{2}x+2$

에서 $x=4$

답 ①

35

$y=x^3-4x+5$에서 $y'=3x^2-4$이므로 점 (1, 2)에서의 접선의 방정식은

$y-2=-(x-1)$, 즉 $y=-x+3$ …… ㉠

또한, $y=x^4+3x+a$에서 $y'=4x^3+3$

곡선 $y=x^4+3x+a$와 직선 ㉠이 접하므로 접점의 x좌표는

$4x^3+3=-1$, $x^3=-1$, $x=-1$

따라서 접점의 좌표는 $(-1, 4)$이고 이 점은 곡선 $y=x^4+3x+a$ 위의 점이므로 $4=1-3+a$, $a=6$

답 ①

36

$f(x)=x^3-2x^2+2x+a$에서 $f'(x)=3x^2-4x+2$

$f(1)=a+1$, $f'(1)=1$이므로

곡선 위의 점 $(1, f(1))$에서의 접선의 방정식은

$y=(x-1)+a+1$, 즉 $y=x+a$

두 점 P, Q의 좌표는 각각 $(-a, 0)$, $(0, a)$이다.

$\overline{PQ}=6$에서 $\sqrt{a^2+a^2}=6$, $a^2=18$

이때 $a>0$이므로 $a=3\sqrt{2}$

답 ③

37

곡선 $y=f(x)$ 위의 점 $(3, 2)$에서의 접선의 기울기가 4이므로
$f(3)=2$, $f'(3)=4$
이때 함수 $g(x)=(x+2)f(x)$에서
$g'(x)=f(x)+(x+2)f'(x)$이므로
$g'(3)=f(3)+5f'(3)=2+5\times4=22$

답 22

38

$f(x)=x(x-a)(x-6)$이라 하면
$f(0)=0$이므로 원점은 곡선 $y=f(x)$ 위의 점이고 원점에서 접하는 접선의 기울기는 $f'(0)$이다.
원점이 아닌 점 $(t, f(t))$에서의 접선의 방정식은
$y-f(t)=f'(t)(x-t)$
이고 이 직선이 원점을 지나므로
$-f(t)=f'(t)(-t)$
$tf'(t)-f(t)=0$ …… ㉠
$f(x)=x^3-(a+6)x^2+6ax$에서
$f'(x)=3x^2-2(a+6)x+6a$
이므로 ㉠에서
$t\{3t^2-2(a+6)t+6a\}-\{t^3-(a+6)t^2+6at\}=0$
$2t^3-(a+6)t^2=0$
$t^2\{2t-(a+6)\}=0$
$t\neq0$이므로 $t=\frac{a+6}{2}$
$f'(0)=6a$

$$f'\left(\frac{a+6}{2}\right)=3\left(\frac{a+6}{2}\right)^2-2(a+6)\times\frac{a+6}{2}+6a$$
$$=-\frac{1}{4}(a^2-12a+36)$$

이므로 $0<a<6$인 실수 a에 대하여 두 접선의 기울기의 곱을 $g(a)$라 하면

$$g(a)=-\frac{3}{2}(a^3-12a^2+36a)$$
$$g'(a)=-\frac{3}{2}(3a^2-24a+36)=-\frac{9}{2}(a-2)(a-6)$$

$0<a<6$이므로 $g'(a)=0$에서 $a=2$
$0<a<6$에서 함수 $g(a)$의 증가와 감소를 표로 나타내면 다음과 같다.

a	(0)	…	2	…	(6)
$g'(a)$		$-$	0	$+$	
$g(a)$		↘	-48	↗	

함수 $g(a)$는 $a=2$일 때 극소이면서 최소가 된다.
따라서 $0<a<6$에서 함수 $g(a)$의 최솟값은
$g(2)=-48$

답 ③

39

점 P의 좌표를 (s, s^2)이라 하면 점 P에서 곡선 $y=x^2$에 접하는 직선의 기울기가 $2t$가 되어야 한다.
$f(x)=x^2$이라 하면 $f'(x)=2x$이므로 $2s=2t$에서 $s=t$
즉, $\mathrm{P}(t, t^2)$
이때 직선 OP의 방정식은 $y=tx$이므로
$tx=2tx-1$에서 $x=\frac{1}{t}$
즉, 점 Q의 좌표는 $\left(\frac{1}{t}, 1\right)$이다.
따라서

$$\lim_{t\to1-}\frac{\overline{\mathrm{PQ}}}{1-t}=\lim_{t\to1-}\frac{\sqrt{\left(\frac{1}{t}-t\right)^2+(1-t^2)^2}}{1-t}$$
$$=\lim_{t\to1-}\frac{(1-t^2)\sqrt{\frac{1}{t^2}+1}}{1-t}$$
$$=\lim_{t\to1-}(1+t)\sqrt{\frac{1}{t^2}+1}=2\sqrt{2}$$

답 ③

40

점 $(0, 0)$이 삼차함수 $y=f(x)$의 그래프 위의 점이므로
$f(0)=0$ …… ㉠
이때 점 $(0, 0)$에서의 접선의 방정식은
$y=f'(0)(x-0)+0$
$y=f'(0)x$ …… ㉡
또, 점 $(1, 2)$가 곡선 $y=xf(x)$ 위의 점이므로
$1\times f(1)=2$
$f(1)=2$ …… ㉢
$y=xf(x)$에서 $y'=f(x)+xf'(x)$이므로 점 $(1, 2)$에서의 접선의 방정식은
$y=\{f(1)+f'(1)\}(x-1)+2$
$=\{f'(1)+2\}(x-1)+2$
$=\{f'(1)+2\}x-f'(1)$ …… ㉣
이때 $f(x)=ax^3+bx^2+cx+d$ (a, b, c, d는 상수)라 하면
㉠에서 $d=0$
㉢에서 $a+b+c=2$ …… ㉤
㉡과 ㉣에서 두 접선이 일치해야 하므로
$f'(0)=f'(1)+2$, $f'(1)=0$
따라서 $f'(0)=2$, $f'(1)=0$

$f'(x)=3ax^2+2bx+c$이므로

$f'(0)=2$에서 $c=2$

$f'(1)=0$에서 $3a+2b+2=0$ …… ㉥

㉤에 $c=2$를 대입하면 $a+b=0$ …… ㉦

㉥, ㉦을 연립하여 풀면 $a=-2$, $b=2$

따라서 $f'(x)=-6x^2+4x+2$이므로

$f'(2)=-14$

답 ⑤

41

직선 $y=4x+5$와 곡선 $y=2x^4-4x+k$가 점 $\mathrm{P}(a,\ b)$에서 접한다고 하고, $f(x)=2x^4-4x+k$라고 하면

$f'(x)=8x^3-4$

곡선 $y=2x^4-4x+k$ 위의 점 P에서의 접선의 기울기가 4이므로

$f'(a)=8a^3-4=4$, $a^3=1$, $a=1$

이때 점 P는 직선 $y=4x+5$ 위의 점이므로

$b=4\times1+5=9$

또, 점 P는 곡선 $f(x)=2x^4-4x+k$ 위의 점이므로

$f(1)=2-4+k=9$에서 $k=11$

답 11

42

주어진 조건에 의하여

$f(x)=a(x-1)^2+b$ (b는 상수)로 놓으면

$f'(x)=2a(x-1)$이므로

$|f'(x)|\le 4x^2+5$에서

$|2a(x-1)|\le 4x^2+5$ …… ㉠

즉, ㉠이 모든 실수 x에 대하여 성립해야 하므로 두 함수

$y=|2a(x-1)|=|2a||x-1|$, $y=4x^2+5$

의 그래프가 다음 그림과 같아야 한다.

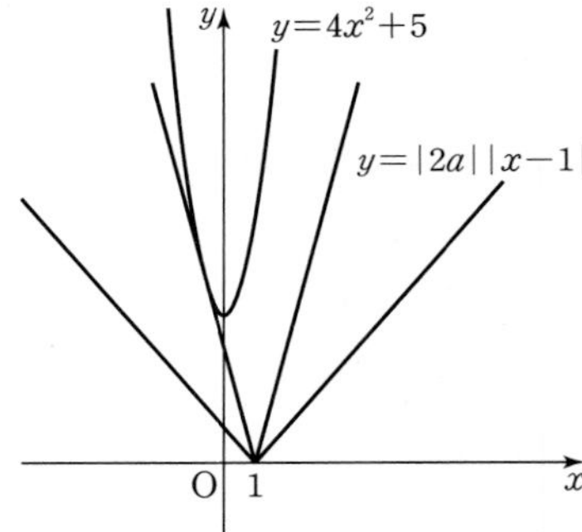

즉, 실수 a의 최댓값은 점 $(1,\ 0)$에서 곡선 $y=4x^2+5$에 그은 접선이 $y=-|2a|(x-1)$일 때이다. 이때 접점의 좌표를 $(k,\ 4k^2+5)$ $(k<0)$이라 하면 $y'=8x$에서 기울기는 $8k$이므로 접선의 방정식은

$y-(4k^2+5)=8k(x-k)$

이 접선이 점 $(1,\ 0)$을 지나므로

$4k^2-8k-5=0$

$(2k-5)(2k+1)=0$

$k<0$이므로 $k=-\frac{1}{2}$

즉, 접선의 기울기는 $8\times\left(-\frac{1}{2}\right)=-4$이므로

$-|2a|=-4$, $|a|=2$

$a=-2$ 또는 $a=2$

따라서 실수 a의 최댓값은 2이다.

답 ②

43

곡선 $y=f(x)$ 위의 점 $(2,\ 3)$에서의 접선의 방정식은

$y-3=f'(2)(x-2)$

이고, 이 접선이 점 $(1,\ 3)$을 지나므로

$3-3=f'(2)(1-2)$, $f'(2)=0$

이때 삼차함수 $f(x)$는 $f'(2)=0$이고 최고차항의 계수가 1인 삼차함수이므로

$f(x)-3=(x-a)(x-2)^2$ (단, a는 상수)

즉, $f(x)=(x-a)(x-2)^2+3$이므로

$f'(x)=(x-2)^2+2(x-a)(x-2)$

한편, 곡선 $y=f(x)$ 위의 점 $(-2,\ f(-2))$에서의 접선의 방정식은

$y-f(-2)=f'(-2)\{x-(-2)\}$

이고, 이 접선이 점 $(1,\ 3)$을 지나므로

$3-f(-2)=f'(-2)\times(1+2)$

$3-\{16(-2-a)+3\}=3\{16-8(-2-a)\}$

$8a=-64$, $a=-8$

따라서 $f(x)=(x+8)(x-2)^2+3$이므로

$f(0)=8\times(-2)^2+3=35$

답 ③

44

$f(x)=-x^3+ax^2+2x$에서

$f'(x)=-3x^2+2ax+2$이므로 $f'(0)=2$

즉, 곡선 $y=f(x)$ 위의 점 $\mathrm{O}(0,\ 0)$에서의 접선의 방정식은

$y=2x$이다.

곡선 $y=f(x)$와 직선 $y=2x$가 만나는 점의 x좌표는

$f(x)=2x$에서

$-x^3+ax^2+2x=2x$, $x^2(x-a)=0$

$x=0$ 또는 $x=a$

이고, 점 A의 x좌표는 0이 아니므로 점 A의 x좌표는 a이다.

즉, 점 A의 좌표는 $(a,\ 2a)$이다.

점 A가 선분 OB를 지름으로 하는 원 위의 점이므로

$\angle OAB=\frac{\pi}{2}$이다. 즉, 두 직선 OA와 AB는 서로 수직이다.

이때 $f'(a)=-3a^2+2a^2+2=-a^2+2$이므로 직선 AB의 기울기는 $-a^2+2$이다.

$2\times(-a^2+2)=-1$에서 $a^2=\frac{5}{2}$

즉, $a>\sqrt{2}$이므로 $a=\frac{\sqrt{10}}{2}$

따라서 점 A의 좌표는 $\left(\frac{\sqrt{10}}{2}, \sqrt{10}\right)$이므로 곡선 $y=f(x)$ 위의 점 A에서의 접선의 방정식은

$y=-\frac{1}{2}\left(x-\frac{\sqrt{10}}{2}\right)+\sqrt{10}$ …… ㉠

㉠에 $y=0$을 대입하여 정리하면

$0=-\frac{1}{2}\left(x-\frac{\sqrt{10}}{2}\right)+\sqrt{10}$, $x=\frac{5\sqrt{10}}{2}$

즉, 점 B의 좌표는 $\left(\frac{5\sqrt{10}}{2}, 0\right)$이므로

$\overline{OA}=\sqrt{\left(\frac{\sqrt{10}}{2}\right)^2+(\sqrt{10})^2}=\frac{5\sqrt{2}}{2}$,

$\overline{AB}=\sqrt{\left(\frac{5\sqrt{10}}{2}-\frac{\sqrt{10}}{2}\right)^2+(0-\sqrt{10})^2}=5\sqrt{2}$

따라서 $\overline{OA}\times\overline{AB}=\frac{5\sqrt{2}}{2}\times5\sqrt{2}=25$

답 25

유형 5 함수의 증가와 감소, 극대와 극소, 최대와 최소

45

$f(x)=2x^3+3x^2-12x+1$에서

$f'(x)=6x^2+6x-12=6(x+2)(x-1)$

$f'(x)=0$에서

$x=-2$ 또는 $x=1$

함수 $f(x)$의 증가와 감소를 표로 나타내면 다음과 같다.

x	…	-2	…	1	…
$f'(x)$	+	0	−	0	+
$f(x)$	↗	극대	↘	극소	↗

따라서 함수 $f(x)$는 $x=-2$에서 극댓값

$M=f(-2)=-16+12+24+1=21$

을 갖고, $x=1$에서 극솟값

$m=f(1)=2+3-12+1=-6$

을 갖는다.

따라서 $M+m=15$

답 ③

46

$f(x)=\frac{1}{3}x^3-2x^2-12x+4$에서

$f'(x)=x^2-4x-12=(x+2)(x-6)$

$f'(x)=0$에서 $x=-2$ 또는 $x=6$

함수 $f(x)$의 증가와 감소를 표로 나타내면 다음과 같다.

x	…	-2	…	6	…
$f'(x)$	+	0	−	0	+
$f(x)$	↗	극대	↘	극소	↗

함수 $f(x)$는 $x=-2$에서 극대이고, $x=6$에서 극소이다.

따라서 $\alpha=-2$, $\beta=6$이므로

$\beta-\alpha=6-(-2)=8$

답 ⑤

47

함수 $f(x)=x^3+ax^2+bx+1$에서

$f'(x)=3x^2+2ax+b$

함수 $f(x)$는 $x=-1$에서 극대이고, $x=3$에서 극소이므로

$3x^2+2ax+b=3(x+1)(x-3)$

$=3x^2-6x-9$

에서 $2a=-6$, $b=-9$

즉, $a=-3$, $b=-9$

따라서 함수 $f(x)=x^3-3x^2-9x+1$이므로 함수 $f(x)$의 극댓값은

$f(-1)=-1-3+9+1=6$

답 ③

48

함수 $f(x)$가 $x=1$에서 극솟값 -2를 가지므로

$f(1)=-2$에서 $a+b+a=-2$

$2a+b=-2$ …… ㉠

또, $f'(x)=3ax^2+b$이고 $f'(1)=0$이어야 하므로

$3a+b=0$ …… ㉡

㉠, ㉡을 연립하여 풀면 $a=2$, $b=-6$

그러므로 $f(x)=2x^3-6x+2$이므로

$f'(x)=6x^2-6=6(x+1)(x-1)$

이때 $f'(x)=0$에서 $x=-1$ 또는 $x=1$

함수 $f(x)$의 증가와 감소를 표로 나타내면 다음과 같다.

x	…	-1	…	1	…
$f'(x)$	+	0	−	0	+
$f(x)$	↗	6	↘	-2	↗

따라서 함수 $f(x)$는 $x=-1$에서 극댓값 6을 갖는다.

답 6

49

$f(x)=2x^3-9x^2+ax+5$에서

$f'(x)=6x^2-18x+a$

함수 $f(x)$가 $x=1$에서 극대이므로

$f'(1)=6-18+a=0$

$a=12$

$f'(x)=6x^2-18x+12=6(x-1)(x-2)$

$f'(x)=0$에서 $x=1$ 또는 $x=2$

함수 $f(x)$의 증가와 감소를 표로 나타내면 다음과 같다.

x	$\cdots$	1	$\cdots$	2	$\cdots$
$f'(x)$	+	0	−	0	+
$f(x)$	↗	극대	↘	극소	↗

함수 $f(x)$는 $x=2$에서 극소이므로 $b=2$

따라서 $a+b=12+2=14$

답 ②

50

$f(x)=x^3-3x+12$에서

$f'(x)=3x^2-3=3(x+1)(x-1)$

$f'(x)=0$에서 $x=-1$ 또는 $x=1$

함수 $f(x)$의 증가와 감소를 표로 나타내면 다음과 같다.

x	$\cdots$	-1	$\cdots$	1	$\cdots$
$f'(x)$	+	0	−	0	+
$f(x)$	↗	극대	↘	극소	↗

함수 $f(x)$는 $x=1$에서 극소이다.

따라서 $a=1$

$f(a)=f(1)=1^3-3\times1+12=10$

이므로

$a+f(a)=1+f(1)=1+10=11$

답 11

51

$f(x)=-\frac{1}{3}x^3+2x^2+mx+1$에서

$f'(x)=-x^2+4x+m$

이때 함수 $f(x)$가 $x=3$에서 극대이므로 $f'(3)=0$이다.

따라서

$f'(3)=-3^2+4\times3+m=m+3=0$

이므로

$m=-3$

답 ①

52

함수 $f(x)=x^3-ax+6$에서 $f'(x)=3x^2-a$

이때 함수 $f(x)$가 $x=1$에서 극소이므로

$f'(1)=3\times1^2-a=0$

따라서 $a=3$

답 ②

53

함수 $f(x)$는 닫힌구간 $[1, 5]$에서 연속이고 열린구간 $(1, 5)$에서 미분가능하므로 평균값의 정리에 의하여

$\frac{f(5)-f(1)}{5-1}=f'(c)$ …… ㉠

를 만족시키는 상수 c가 열린구간 $(1, 5)$에 적어도 하나 존재한다.

이때 조건 (나)에 의하여

$f'(c)\geq5$이므로 ㉠에서 $\frac{f(5)-3}{4}\geq5$

$f(5)\geq23$

따라서 $f(5)$의 최솟값은 23이다.

답 ③

54

$f(x)=x^4+ax^2+b$에서 $f'(x)=4x^3+2ax$

함수 $f(x)$가 $x=1$에서 극소이므로

$f'(1)=4+2a=0$에서 $a=-2$

$f'(x)=4x^3-4x=4x(x+1)(x-1)=0$에서

$x=-1$ 또는 $x=0$ 또는 $x=1$

함수 $f(x)$는 $x=0$에서 극댓값 4를 가지므로

$f(0)=b=4$

따라서 $a+b=(-2)+4=2$

답 2

55

$f(x)=x^3-3ax^2+3(a^2-1)x$에서

$f'(x)=3x^2-6ax+3(a^2-1)$

$f'(x)=0$에서

$3x^2-6ax+3(a^2-1)=0$

$3(x-a+1)(x-a-1)=0$

$x=a-1$ 또는 $x=a+1$

함수 $f(x)$의 증가와 감소를 표로 나타내면 다음과 같다.

x	$\cdots$	$a-1$	$\cdots$	$a+1$	$\cdots$
$f'(x)$	+	0	−	0	+
$f(x)$	↗	극대	↘	극소	↗

함수 $f(x)$는 $x=a-1$에서 극댓값을 갖는다.

이때 함수 $f(x)$의 극댓값이 4이므로 $f(a-1)=4$이다. 즉,
$(a-1)^3-3a(a-1)^2+3(a^2-1)(a-1)=4$
$a^3-3a-2=0$
$(a-2)(a+1)^2=0$
$a=-1$ 또는 $a=2$
(i) $a=-1$일 때, $f(x)=x^3+3x^2$
이때 $f(-2)=4>0$이므로 주어진 조건을 만족시킨다.
(ii) $a=2$일 때, $f(x)=x^3-6x^2+9x$
이때 $f(-2)=-50<0$이므로 주어진 조건을 만족시키지 않는다.
(i), (ii)에서 조건을 만족시키는 함수 $f(x)$는
$f(x)=x^3+3x^2$
따라서 $f(-1)=(-1)^3+3\times(-1)^2=2$

답 ②

56

$g(x)=x^3-3x^2+p$라고 하면 $f(x)=|g(x)|$
함수 $g(x)$를 x에 대하여 미분하면
$g'(x)=3x^2-6x=3x(x-2)$
$g'(x)=0$에서 $x=0$ 또는 $x=2$
함수 $g(x)$의 증가와 감소를 표로 나타내면 다음과 같다.

x	$\cdots$	0	$\cdots$	2	$\cdots$
$g'(x)$	$+$	0	$-$	0	$+$
$g(x)$	↗	극대	↘	극소	↗

따라서 함수 $f(x)=|g(x)|$가 $x=a$와 $x=b$에서 극대, 즉 극대가 되는 x의 값이 2개이려면
$g(0)=p>0$, $g(2)=p-4<0$
이어야 한다.
즉, $0<p<4$
따라서 $f(0)=|p|=p$, $f(2)=|p-4|=4-p$에서
$f(0)=f(2)$이므로
$p=4-p$, $p=2$

답 ②

57

$$f(x)=\begin{cases}-\frac{1}{3}x^3-ax^2-bx & (x<0)\\ \frac{1}{3}x^3+ax^2-bx & (x\ge 0)\end{cases}$$ 에서

$$f'(x)=\begin{cases}-x^2-2ax-b & (x<0)\\ x^2+2ax-b & (x>0)\end{cases}$$

즉, $$f'(x)=\begin{cases}-(x+a)^2+a^2-b & (x<0)\\ (x+a)^2-a^2-b & (x>0)\end{cases}$$

함수 $f(x)$가 $x=-1$의 좌우에서 감소하다가 증가하고, $x=-1$에서 미분가능하므로 함수 $y=f'(x)$의 그래프의 개형은 다음 그림과 같다.

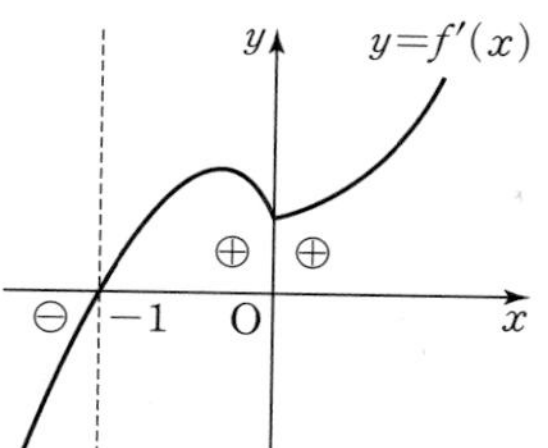

즉, $f'(-1)=0$이므로
$-1+2a-b=0$에서 $b=2a-1$
이때 $a+b=a+2a-1=3a-1$이므로 a의 값의 범위에 따라 경우를 나누면 다음과 같다.
(i) $-a<0$, 즉 $a>0$인 경우

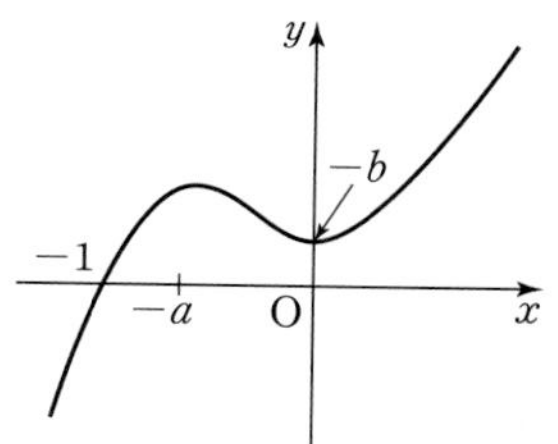

$-b\ge 0$, 즉 $b\le 0$이므로 $2a-1\le 0$에서 $a\le\frac{1}{2}$
따라서 $0<a\le\frac{1}{2}$이므로 $-1<3a-1\le\frac{1}{2}$ …… ㉠
(ii) $-a=0$, 즉 $a=0$인 경우

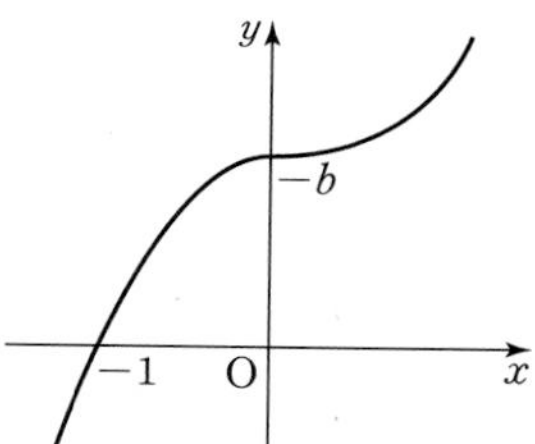

$-b\ge 0$, 즉 $b\le 0$이므로 $2a-1\le 0$에서 $a\le\frac{1}{2}$
따라서 $a=0$이므로 $3a-1=-1$ …… ㉡
(iii) $-a>0$, 즉 $a<0$인 경우

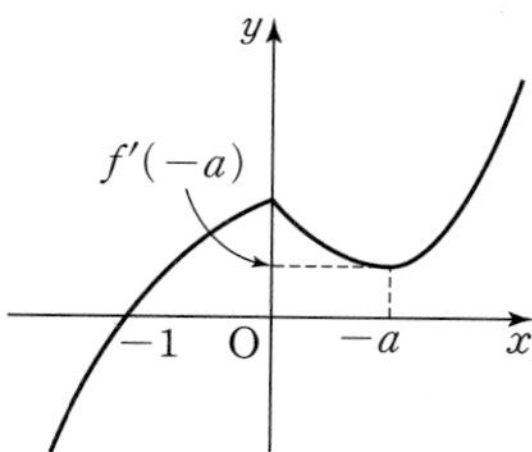

$f'(-a)\ge 0$, 즉 $-a^2-(2a-1)\ge 0$이므로
$a^2+2a-1\le 0$에서 $-1-\sqrt{2}\le a\le -1+\sqrt{2}$
따라서 $-4-3\sqrt{2}\le 3a-1<-1$ …… ㉢

㉠, ㉡, ㉢에서 $-4-3\sqrt{2}\le 3a-1\le \frac{1}{2}$

그러므로 $M-m=\frac{1}{2}-(-4-3\sqrt{2})=\frac{9}{2}+3\sqrt{2}$

답 ③

58

$f(x)=x^3+ax^2-(a^2-8a)x+3$에서

$f'(x)=3x^2+2ax-(a^2-8a)$

함수 $f(x)$가 실수 전체의 집합에서 증가하려면 $f'(x)\ge 0$이어야 한다.

이때 이차방정식 $f'(x)=0$의 판별식을 D라 하면 $\frac{D}{4}\le 0$이어야 하므로

$\frac{D}{4}=a^2-3(-a^2+8a)=4a^2-24a=4a(a-6)\le 0$

즉, $0\le a\le 6$

따라서 a의 최댓값은 6이다.

답 6

59

$f(x)=x^3+ax^2+bx+c$ (a, b, c는 상수)라 하면

$f'(x)=3x^2+2ax+b$

이때 함수 $g(x)=\begin{cases} \frac{1}{2} & (x<0) \\ f(x) & (x\ge 0) \end{cases}$이 실수 전체의 집합에서 미분가능하므로 $f(0)=\frac{1}{2}$, $f'(0)=0$이어야 한다.

즉, $c=\frac{1}{2}$, $b=0$이므로

$f(x)=x^3+ax^2+\frac{1}{2}$

ㄱ. $g(0)+g'(0)=f(0)+f'(0)=\frac{1}{2}+0=\frac{1}{2}$ (참)

ㄴ. $f'(x)=3x^2+2ax=x(3x+2a)=0$

이므로 $x=0$, $x=-\frac{2a}{3}$에서 극값을 갖는다.

만일 $-\frac{2a}{3}\le 0$이면 함수 $g(x)$의 최솟값이 $\frac{1}{2}$이므로 조건을 만족시키지 않는다. 즉, $-\frac{2a}{3}>0$이므로 $a<0$이다.

이때

$g(1)=f(1)=1+a+\frac{1}{2}=\frac{3}{2}+a$

이므로

$g(1)<\frac{3}{2}$ (참)

ㄷ. ㄴ에서 함수 $g(x)$는 $x=-\frac{2a}{3}$에서 최솟값을 가지므로 최솟값은

$g\left(-\frac{2a}{3}\right)=f\left(-\frac{2a}{3}\right)=-\frac{8}{27}a^3+\frac{4}{9}a^3+\frac{1}{2}=\frac{4}{27}a^3+\frac{1}{2}$

이므로

$\frac{4}{27}a^3+\frac{1}{2}=0$

에서

$a^3=-\frac{27}{8}$, 즉 $a=-\frac{3}{2}$

따라서 $f(x)=x^3-\frac{3}{2}x^2+\frac{1}{2}$이므로

$g(2)=f(2)=8-6+\frac{1}{2}=\frac{5}{2}$ (참)

이상에서 옳은 것은 ㄱ, ㄴ, ㄷ이다.

답 ⑤

60

$f(x)=x^2+2x+k=(x+1)^2+k-1$

이므로 함수 $f(x)$는 모든 실수 x에 대하여

$f(x)\ge k-1$

함수 $g(f(x))$에서 $f(x)=t$라 하면 $t\ge k-1$이므로 함수 $g(t)$는 구간 $[k-1, \infty)$에서 정의된 함수이다.

한편 $g(x)=2x^3-9x^2+12x-2$에서

$g'(x)=6x^2-18x+12=6(x-1)(x-2)$

이므로 $g'(x)=0$에서 $x=1$ 또는 $x=2$

함수 $g(x)$는 $x=1$에서 극대, $x=2$에서 극소이다.

$g(t)=2$에서

$2t^3-9t^2+12t-2=2$, $(2t-1)(t-2)^2=0$

즉, 함수 $y=g(t)$의 그래프와 직선 $y=2$는 다음 그림과 같다.

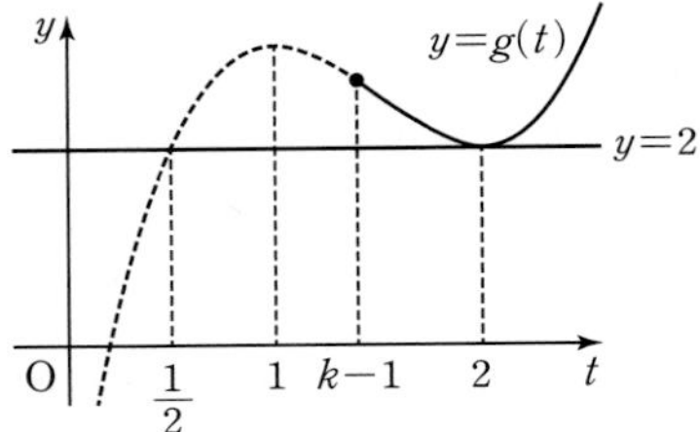

따라서 함수 $g(t)$의 최솟값이 2가 되려면 $\frac{1}{2}\le k-1\le 2$,

즉 $\frac{3}{2}\le k\le 3$이어야 하므로 조건을 만족시키는 실수 k의 최솟값은 $\frac{3}{2}$이다.

답 ⑤

61

함수 $g(x)$는 $x=a$에서 미분가능하고 $g(a)=0$이므로

$\lim_{x\to a-}\frac{g(x)}{x-a}=\lim_{x\to a+}\frac{g(x)}{x-a}$

$\lim_{x\to a-}\frac{|(x-a)f(x)|}{x-a}=\lim_{x\to a+}\frac{|(x-a)f(x)|}{x-a}$

$$\lim_{x\to a-}\frac{-(x-a)|f(x)|}{x-a}=\lim_{x\to a+}\frac{(x-a)|f(x)|}{x-a}$$

즉, $-|f(a)|=|f(a)|$에서 $f(a)=0$

$f(x)=(x-a)(x-k)$ (k는 상수)라 하면

함수 $g(x)=|(x-a)^2(x-k)|$가 $x=3$에서만 미분가능하지 않으므로 $k=3$이다.

따라서 $g(x)=|(x-a)^2(x-3)|$

$h(x)=(x-a)^2(x-3)$이라 하면 $a<3$이고 함수 $g(x)$의 극댓값이 32이므로 함수 $h(x)$의 극솟값은 -32이다.

$$h'(x)=2(x-a)(x-3)+(x-a)^2$$
$$=(x-a)(3x-6-a)=0$$

함수 $h(x)$는 $x=\frac{6+a}{3}$에서 극솟값 -32를 갖는다.

$$h\left(\frac{6+a}{3}\right)=\left(\frac{6+a}{3}-a\right)^2\left(\frac{6+a}{3}-3\right)$$
$$=-4\left(1-\frac{a}{3}\right)^3=-32$$

$\left(1-\frac{a}{3}\right)^3=8$이므로 $1-\frac{a}{3}=2$에서 $a=-3$

따라서 $f(x)=(x+3)(x-3)$에서 $f(4)=7$

답 ①

62

부등식 $f'(x)\{f(x)-2\}\le 0$을 만족시키는 경우는

$f'(x)>0$, $f(x)-2\le 0$ 또는 $f'(x)\le 0$, $f(x)-2\ge 0$

주어진 그래프의 개형에서 $f'(x)$의 부호에 따라 경우를 나누면 다음과 같다.

(i) $f'(x)>0$인 경우

$f'(x)>0$인 구간 $(-3, 2)$에서 부등식 $f(x)-2\le 0$을 만족시키는 정수 x의 값은 -2, -1

(ii) $f'(x)\le 0$인 경우

$f'(x)\le 0$인 구간 $[2, 7)$에서 부등식 $f(x)-2\ge 0$을 만족시키는 정수 x의 값은 2, 3, 4

따라서 (i), (ii)에 의해 주어진 부등식을 만족시키는 정수 x의 개수는 5이다.

답 ②

63

$f(x)=x^3-3x^2-9x-12$에서

$f'(x)=3x^2-6x-9=3(x+1)(x-3)$

$f'(x)=0$에서 $x=-1$ 또는 $x=3$

함수 $f(x)$의 증가와 감소를 표로 나타내면 다음과 같다.

x	$\cdots$	-1	$\cdots$	3	$\cdots$
$f'(x)$	+	0	−	0	+
$f(x)$	↗	극대	↘	극소	↗

함수 $f(x)$는 $x=-1$에서 극댓값 $f(-1)=-7$을 갖고, $x=3$에서 극솟값 $f(3)=-39$를 갖는다.

조건 (가)에서 $xg(x)=|xf(x-p)+qx|$이므로

$$g(x)=\begin{cases}|f(x-p)+q| & (x>0)\\ -|f(x-p)+q| & (x<0)\end{cases}$$

함수 $g(x)$가 $x=0$에서 연속이므로

$|f(-p)+q|=-|f(-p)+q|$,

즉 $|f(-p)+q|=0$이어야 한다.

한편 함수 $y=|f(x-p)+q|$의 그래프는 함수 $y=f(x)$의 그래프를 x축의 방향으로 p만큼, y축의 방향으로 q만큼 평행이동시킨 후, $y<0$인 부분에 그려진 부분을 x축에 대하여 대칭이동시킨 것이다. 이때 p, q가 모두 양수이고 조건 (나)에서 함수 $g(x)$가 $x=a$에서 미분가능하지 않은 실수 a의 개수가 1이므로 $p=1$, $q=7$이어야 한다.

따라서 $p+q=1+7=8$

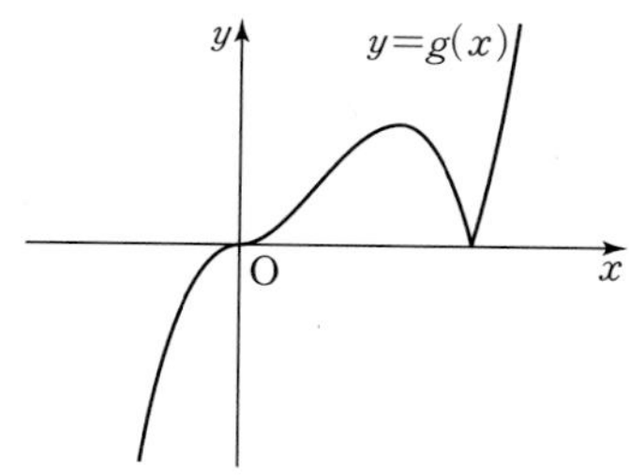

답 ③

64

(i) $0<a<3$일 때, 함수 $y=(x^2-9)(x+a)$의 그래프는 x축과 세 점 $(-3, 0)$, $(-a, 0)$, $(3, 0)$에서 만나므로 그래프의 개형은 [그림 1]과 같다.

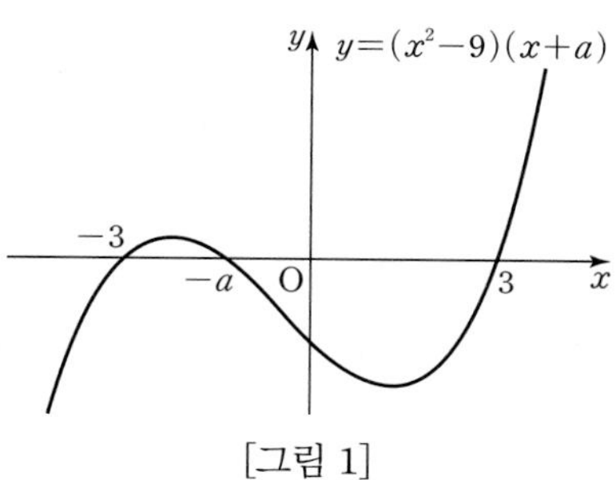

[그림 1]

그러므로 함수 $y=f(x)=|(x^2-9)(x+a)|$의 그래프의 개형은 [그림 2]와 같다.

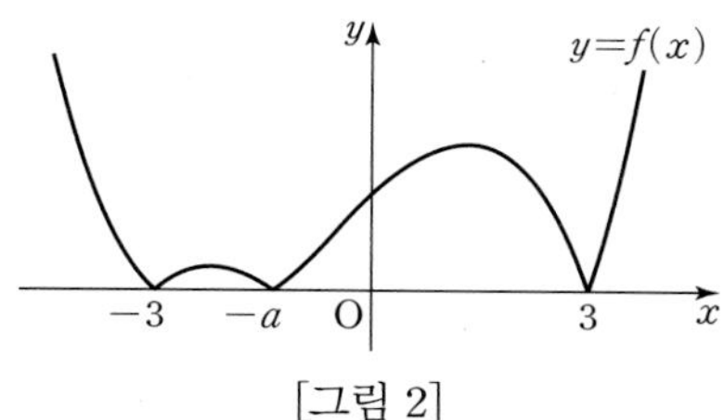

[그림 2]

함수 $f(x)$는 $x=-3$, $x=-a$, $x=3$에서 미분가능하지 않으므로 주어진 조건을 만족시키지 않는다.

(ii) $a=3$일 때, 함수 $y=(x^2-9)(x+a)=(x+3)^2(x-3)$의 그래프는 x축과 점 $(-3, 0)$에서 접하고 점 $(3, 0)$에서 만나므로 그래프의 개형은 [그림 3]과 같다.

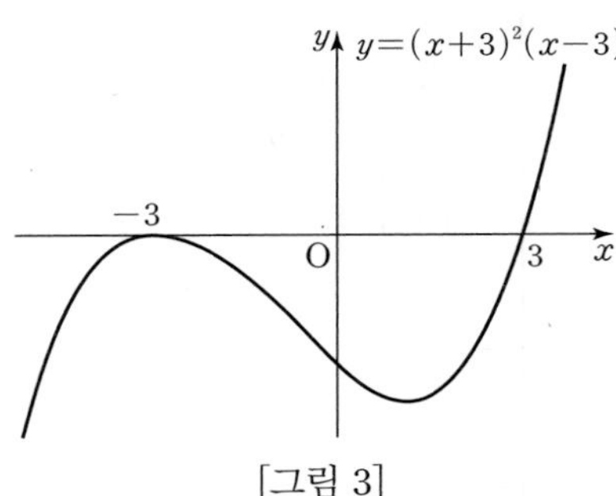

[그림 3]

그러므로 $y=f(x)=|(x+3)^2(x-3)|$의 그래프의 개형은 [그림 4]와 같다.

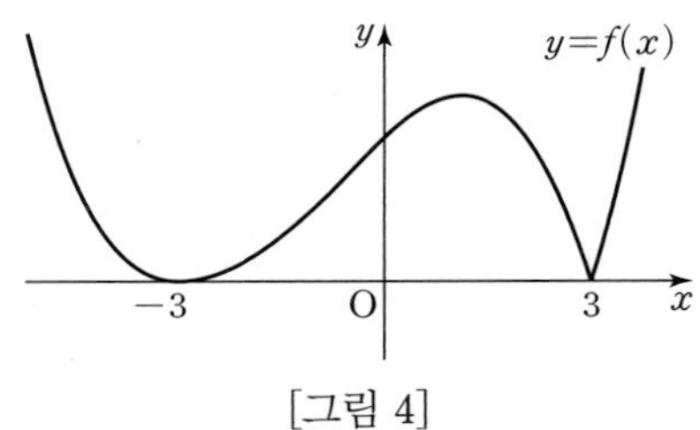

[그림 4]

함수 $f(x)$는 $x=3$에서만 미분가능하지 않으므로 주어진 조건을 만족시킨다.

(iii) $a>3$일 때, 함수 $y=(x^2-9)(x+a)$의 그래프는 x축과 세 점 $(-a, 0)$, $(-3, 0)$, $(3, 0)$에서 만나므로 그래프의 개형은 [그림 5]와 같다.

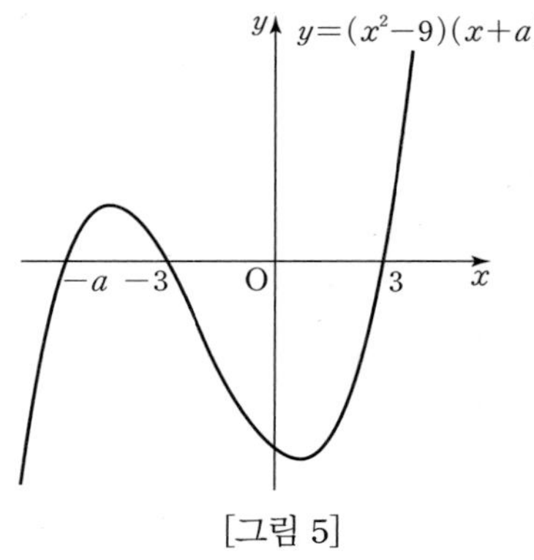

[그림 5]

그러므로 함수 $y=f(x)=|(x^2-9)(x+a)|$의 그래프의 개형은 [그림 6]과 같다.

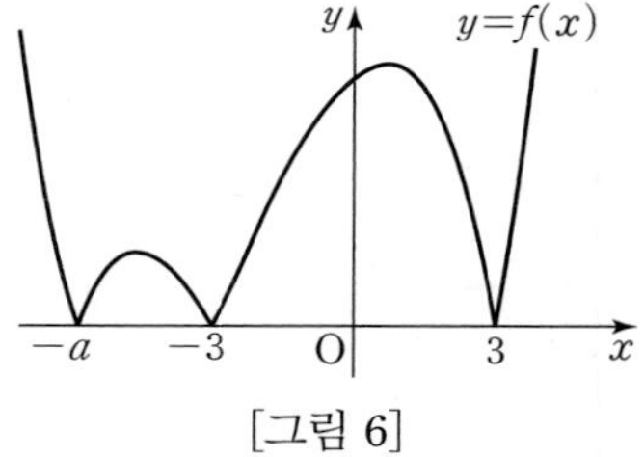

[그림 6]

함수 $f(x)$는 $x=-a$, $x=-3$, $x=3$에서 미분가능하지 않으므로 주어진 조건을 만족시키지 않는다.

(i), (ii), (iii)에 의하여 $a=3$

함수 $y=(x^2-9)(x+3)$의 극솟값의 절댓값이 함수 $f(x)=|(x^2-9)(x+3)|$의 극댓값이다.

$y=(x^2-9)(x+3)$에서

$y'=2x(x+3)+(x^2-9)=3(x+3)(x-1)$이므로

$y'=0$에서 $x=-3$ 또는 $x=1$

$y=(x^2-9)(x+3)$의 증가와 감소를 표로 나타내면 다음과 같다.

x	$\cdots$	-3	$\cdots$	1	$\cdots$
y'	$+$	0	$-$	0	$+$
y	↗	0	↘	-32	↗

따라서 함수 $y=(x^2-9)(x+3)$은 $x=1$에서 극소이고 극솟값은 -32이므로 함수 $f(x)$는 $x=1$에서 극대이고 극댓값은

$f(1)=|-32|=32$

답 ①

보충 설명

$a=3$일 때 함수 $f(x)$가 $x=3$에서만 미분가능하지 않음을 알아보자.

$$f(x)=|(x^2-9)(x+3)|=|(x+3)^2(x-3)|$$

$$=\begin{cases}(x+3)^2(x-3) & (x\geq3)\\ -(x+3)^2(x-3) & (x<3)\end{cases}$$

함수 $f(x)$가 구간 $(-\infty, 3)$과 구간 $(3, \infty)$에서 각각 다항함수이므로 함수 $f(x)$는 $x\neq3$인 모든 실수 x에서 미분가능하다.

그런데

$$\lim_{x\to3-}\frac{f(x)-f(3)}{x-3}=\lim_{x\to3-}\frac{-(x+3)^2(x-3)}{x-3}=-36$$

$$\lim_{x\to3+}\frac{f(x)-f(3)}{x-3}=\lim_{x\to3+}\frac{(x+3)^2(x-3)}{x-3}=36$$

이므로 $\lim_{x\to3}\frac{f(x)-f(3)}{x-3}$의 값이 존재하지 않는다.

따라서 함수 $f(x)$는 $x=3$에서 미분가능하지 않으므로 오직 한 개의 x의 값에서만 미분가능하지 않다.

65

ㄱ. 곡선 $f(x)=x^3$과 직선 $y=-x+t$는 한 점에서 만나므로 $g(t)=1$이다.

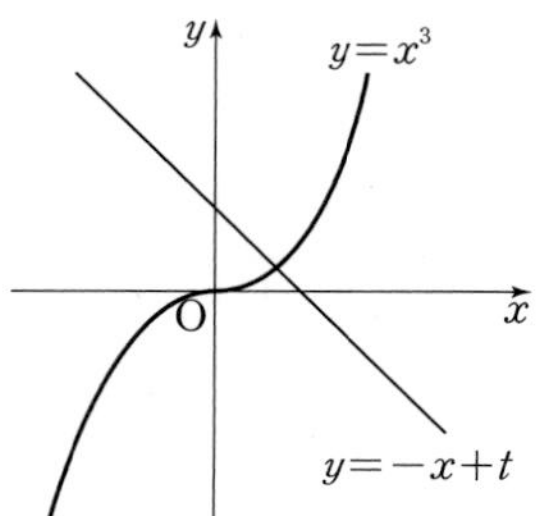

그러므로 함수 $g(t)$는 상수함수이다. (참)

ㄴ. 삼차함수 $y=f(x)$의 그래프와 직선 $y=-x+1$의 교점의 개수가 2인 경우는 다음 그림과 같은 경우이다.

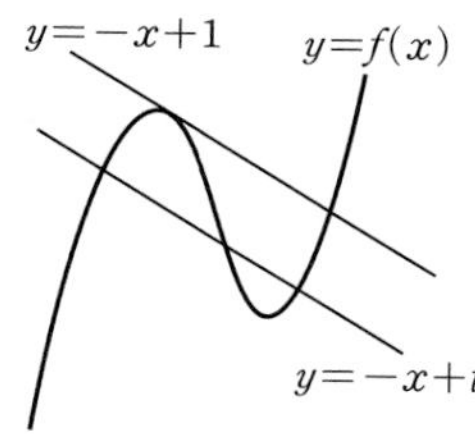

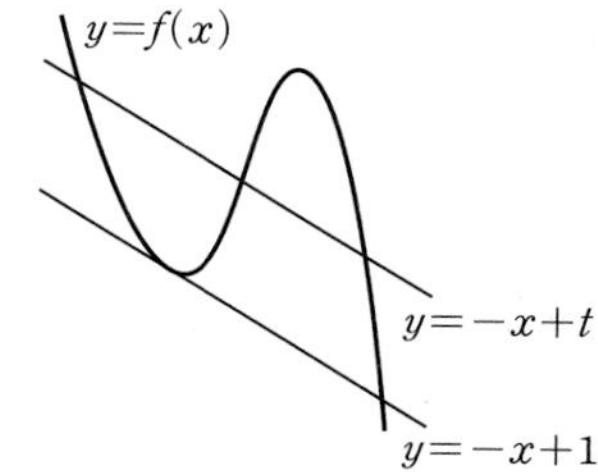

그러므로 삼차함수 $y=f(x)$의 그래프와 직선 $y=-x+t$가 세 점에서 만나도록 하는 실수 t가 존재한다. (참)

ㄷ. $f(x)=ax^3+bx^2+cx+d$ ($a>0$, b, c, d는 상수)라 하자.

함수 $g(t)$가 상수함수이면 방정식

$ax^3+bx^2+cx+d=-x+t$

의 실근이 1개 존재하여야 한다.

방정식 $ax^3+bx^2+(c+1)x+d=t$에서

함수 $y=ax^3+bx^2+(c+1)x+d$의 그래프와 직선 $y=t$가 오직 한 점에서 만나야 한다.

즉, 함수 $y=ax^3+bx^2+(c+1)x+d$의 극값이 존재하지 않아야 하므로 $y'=3ax^2+2bx+c+1$에서 방정식 $3ax^2+2bx+c+1=0$의 판별식을 D_1이라 하면

$\frac{D_1}{4}=b^2-3a(c+1)=b^2-3ac-3a\le 0$

이어야 한다.

한편 $f'(x)=3ax^2+2bx+c$에서

방정식 $f'(x)=0$의 판별식을 D_2라 하면

$\frac{D_2}{4}=b^2-3ac$

이때 $a=2$, $b=3$, $c=1$이라 하면

$\frac{D_1}{4}=b^2-3ac-3a=3^2-3\times2\times1-3\times2=-3<0$

$\frac{D_1}{4}\le 0$을 만족시키지만

$\frac{D_2}{4}=b^2-3ac=3^2-3\times2\times1=3>0$

이므로 삼차함수 $f(x)$의 극값은 존재한다. (거짓)

따라서 옳은 것은 ㄱ, ㄴ이다.

답 ③

66

조건 (나)에 의해 삼차함수 $y=f(x)$의 그래프와 직선 $y=-1$의 교점의 개수가 2이므로 극값 -1을 갖는다.

조건 (가)에서 $\lim_{x\to0}\frac{f(x)-3}{x}=0$이므로 $\lim_{x\to0}\{f(x)-3\}=0$이어야 한다.

즉, $\lim_{x\to0}f(x)=3$이므로 $f(0)=3$

또 $\lim_{x\to0}\frac{f(x)-3}{x}=\lim_{x\to0}\frac{f(x)-f(0)}{x}=0$

$f'(0)=0$

$f(0)=3$, $f'(0)=0$이므로 함수 $f(x)$는 $x=0$에서 극값 3을 갖는다.

그러므로 직선 $y=-1$과 $y=f(x)$의 그래프는 그림과 같다.

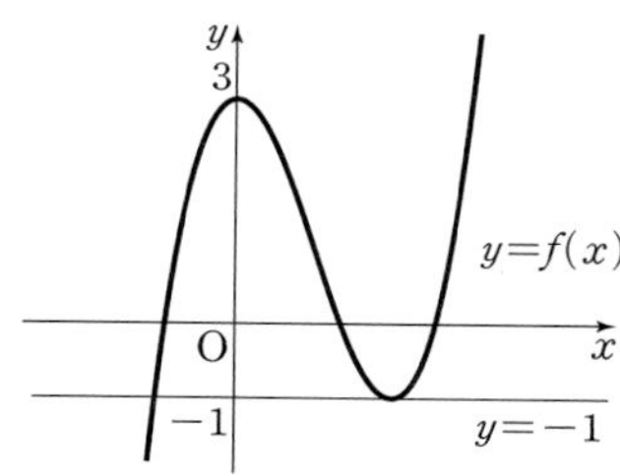

$f(x)=x^3+ax^2+bx+3$ (a, b는 상수)라 하면

$f'(x)=3x^2+2ax+b$에서 $f'(0)=0$이므로 $b=0$

$f\left(-\frac{2a}{3}\right)=\left(-\frac{2a}{3}\right)^3+a\times\left(-\frac{2a}{3}\right)^2+3=-1$에서

$a=-3$

따라서 $f(x)=x^3-3x^2+3$이므로

$f(4)=4^3-3\times4^2+3=19$

답 19

67

조건 (가), (나)에서 최고차항의 계수가 1인 삼차방정식 $f(x)=0$의 실근이 α, β $(\alpha<\beta)$뿐인 함수 $f(x)$의 극솟값이 -4이므로 $x=\alpha$에서 극댓값을 갖는다.

따라서 삼차함수 $f(x)$의 식은

$f(x)=(x-\alpha)^2(x-\beta)$

로 놓을 수 있다.

ㄱ. $f'(x)=(x-\alpha)(3x-\alpha-2\beta)$

그러므로 $f'(\alpha)=0$ (참)

ㄴ. $f'(x)=(x-\alpha)(3x-\alpha-2\beta)=0$에서

$x=\alpha$ 또는 $x=\frac{\alpha+2\beta}{3}$

함수 $f(x)$가 $x=\frac{\alpha+2\beta}{3}$에서 극솟값 -4를 가지므로

$f\left(\frac{\alpha+2\beta}{3}\right)=\left(\frac{\alpha+2\beta}{3}-\alpha\right)^2\left(\frac{\alpha+2\beta}{3}-\beta\right)=-4$

$(\beta-\alpha)^3=3^3$에서 $\beta-\alpha=3$

그러므로 $\beta=\alpha+3$ (참)

ㄷ. $f(0)=-\alpha^2\beta=16$이고 ㄴ에서 $\beta=\alpha+3$이므로

$\alpha^3+3\alpha^2+16=(\alpha+4)(\alpha^2-\alpha+4)=0$

$\alpha=-4$이고 $\beta=-1$

그러므로 $\alpha^2+\beta^2=17$ (거짓)

따라서 옳은 것은 ㄱ, ㄴ이다.

답 ②

68

$x\le 2$일 때, $f(x)=2x^3-6x+1$에서

$f'(x)=6x^2-6=6(x-1)(x+1)$

$f'(x)=0$에서 $x=-1$ 또는 $x=1$

$x\le 2$에서 함수 $f(x)$의 증가와 감소를 표로 나타내면 다음과 같다.

x	$\cdots$	-1	$\cdots$	1	$\cdots$	2
$f'(x)$	$+$	0	$-$	0	$+$	$+$
$f(x)$	↗	5	↘	-3	↗	5

또한, a, b가 자연수이므로 $x>2$일 때, 곡선 $y=a(x-2)(x-b)+9$는 두 점 $(2, 9)$, $(b, 9)$를 지나고 아래로 볼록한 포물선이다.

(i) $b=1$ 또는 $b=2$인 경우

함수 $f(x)$는 $x>2$에서 증가하고, 함수 $y=f(x)$의 그래프는 아래 그림과 같다.

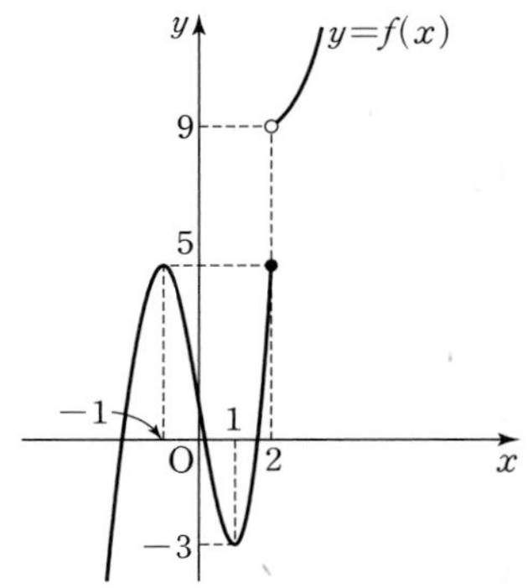

이때 $-3<k<5$인 모든 실수 k에 대하여

$g(k)=\lim_{t\to k-}g(k)=\lim_{t\to k+}g(k)=3$ …… ㉠

이므로

$g(k)+\lim_{t\to k-}g(k)+\lim_{t\to k+}g(k)=9$ …… ㉡

을 만족시키는 실수 k의 개수가 1이 아니다.

(ii) $b\ge 3$인 경우

곡선 $y=a(x-2)(x-b)+9$는 직선 $x=\frac{2+b}{2}=1+\frac{b}{2}$에 대하여 대칭이므로 함수 $f(x)$는 $x=1+\frac{b}{2}$에서 극솟값을 갖는다.

이때 이 극솟값을 m이라 하자.

((ii)－①) $m>-3$인 경우

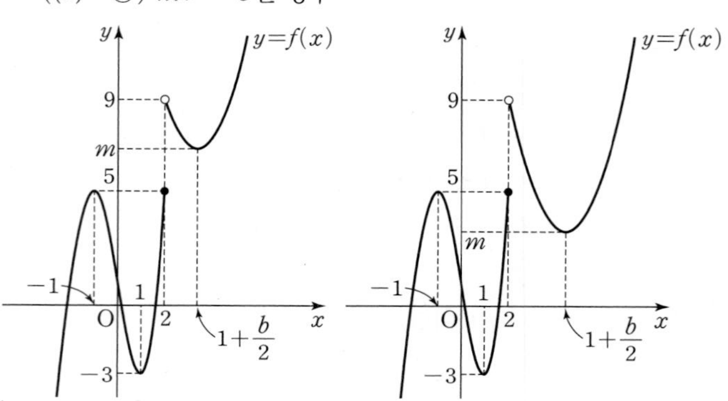

m과 5 중에 크지 않은 값을 m_1이라 하면 $-3<k<m_1$인 모든 실수 k에 대하여 ㉠이 성립하므로 ㉡을 만족시키는 실수 k의 개수가 1이 아니다.

((ii)－②) $m<-3$인 경우

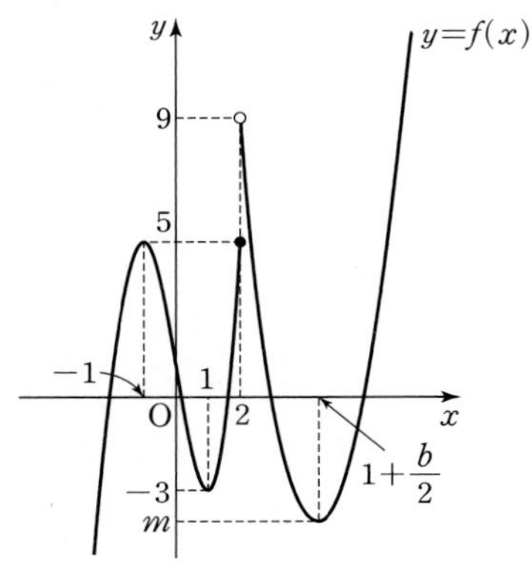

$m<k<-3$인 모든 실수 k에 대하여 ㉠이 성립하므로 ㉡을 만족시키는 실수 k의 개수가 1이 아니다.

((ii)－③) $m=-3$인 경우

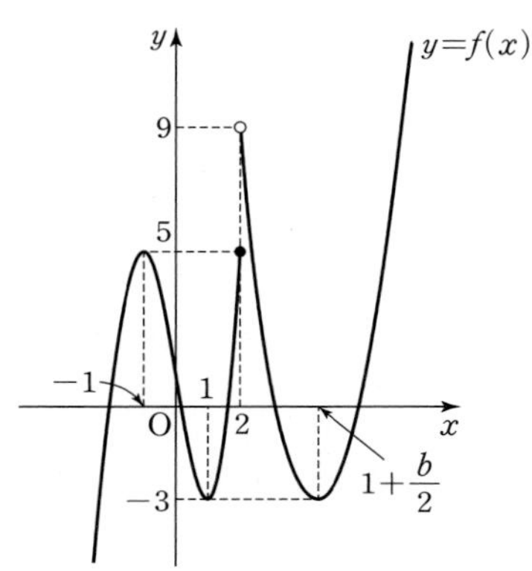

k의 값에 따라 $g(k)$, $\lim_{t\to k-}g(k)$, $\lim_{t\to k+}g(k)$의 값을 구하면 다음과 같다.

	$g(k)$	$\lim_{t\to k-}g(k)$	$\lim_{t\to k+}g(k)$
$k<-3$	1	1	1
$k=-3$	3	1	5
$-3<k<5$	5	5	5
$k=5$	4	5	2
$5<k<9$	2	2	2
$k=9$	1	2	1
$k>9$	1	1	1

즉, ㉡을 만족시키는 실수 k의 값은 -3뿐이므로 문제의 조건을 만족시킨다.

(i), (ii)에서 $b\ge 3$, $m=-3$이다.

$f\left(1+\frac{b}{2}\right)=-3$에서

$a\left(\frac{b}{2}-1\right)\left(1-\frac{b}{2}\right)+9=-3$, $a(b-2)^2=48$

이때 $48=2^4\times3$이므로 두 자연수 a, b의 순서쌍 (a, b)는 $(48, 3)$, $(12, 4)$, $(3, 6)$이다.
따라서 $a+b$의 최댓값은
$48+3=51$

답 ①

유형 6 방정식과 부등식에의 활용

69

방정식 $2x^3-3x^2-12x+k=0$, 즉
$2x^3-3x^2-12x=-k$ ...... ㉠
에서 $f(x)=2x^3-3x^2-12x$라 하자.
$f'(x)=6x^2-6x-12=6(x+1)(x-2)$
$f'(x)=0$에서 $x=-1$ 또는 $x=2$
함수 $f(x)$의 증가와 감소를 표로 나타내면 다음과 같다.

x	$\cdots$	-1	$\cdots$	2	$\cdots$
$f'(x)$	$+$	0	$-$	0	$+$
$f(x)$	↗	7	↘	-20	↗

함수 $f(x)$는 $x=-1$에서 극댓값 7을 갖고, $x=2$에서 극솟값 -20을 갖는다.

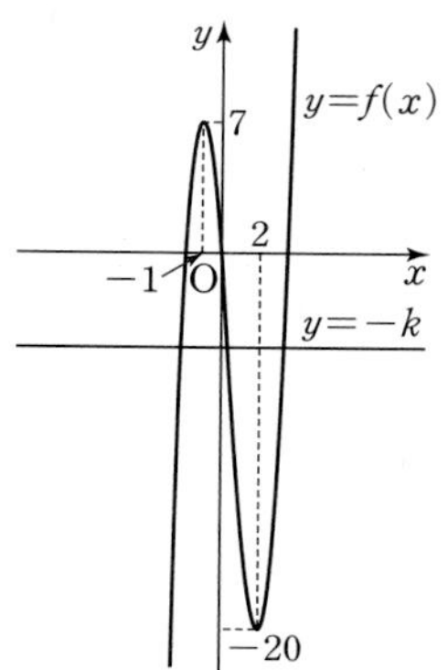

방정식 ㉠이 서로 다른 세 실근을 가지려면 함수 $y=f(x)$의 그래프와 직선 $y=-k$가 서로 다른 세 점에서 만나야 하므로
$-20<-k<7$, 즉 $-7<k<20$
따라서 정수 k의 값은 -6, -5, -4, $\cdots$, 19이고, 그 개수는 26이다.

답 ③

70

$f(x)=x^3-3x^2-9x$라 하면
$f'(x)=3x^2-6x-9=3(x+1)(x-3)$
$f'(x)=0$에서 $x=-1$ 또는 $x=3$
함수 $f(x)$의 증가와 감소를 표로 나타내면 다음과 같다.

x	$\cdots$	-1	$\cdots$	3	$\cdots$
$f'(x)$	$+$	0	$-$	0	$+$
$f(x)$	↗	5	↘	-27	↗

함수 $y=f(x)$의 그래프는 그림과 같다.

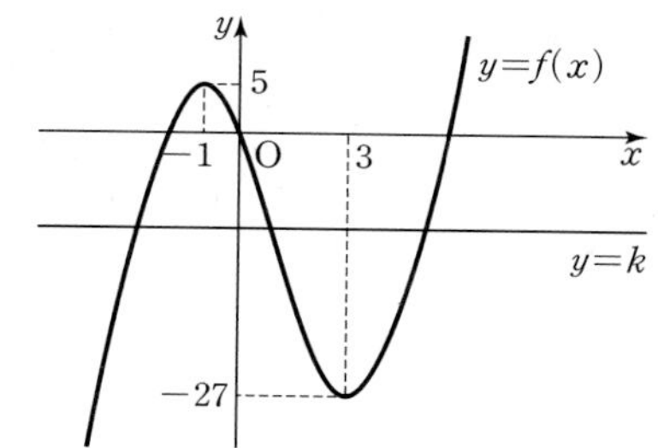

직선 $y=k$는 x축에 평행하므로 함수 $y=f(x)$의 그래프와 서로 다른 세 점에서 만나기 위한 k의 값의 범위는 $-27<k<5$
따라서 정수 k의 최댓값 $M=4$, 최솟값 $m=-26$이므로
$M-m=4-(-26)=30$

답 ④

71

두 곡선 $y=2x^2-1$, $y=x^3-x^2+k$가 만나는 점의 개수가 2가 되려면 방정식 $2x^2-1=x^3-x^2+k$, 즉
$-x^3+3x^2-1=k$ ...... ㉠
이 서로 다른 두 실근을 가져야 한다.
방정식 ㉠이 서로 다른 두 실근을 가지려면 곡선
$y=-x^3+3x^2-1$과 직선 $y=k$가 서로 다른 두 점에서 만나야 한다.
$f(x)=-x^3+3x^2-1$이라 하면
$f'(x)=-3x^2+6x=-3x(x-2)$
$f'(x)=0$에서 $x=0$ 또는 $x=2$
함수 $f(x)$의 증가와 감소를 표로 나타내면 다음과 같다.

x	$\cdots$	0	$\cdots$	2	$\cdots$
$f'(x)$	$-$	0	$+$	0	$-$
$f(x)$	↘	극소	↗	극대	↘

함수 $f(x)$는 $x=0$에서 극솟값 $f(0)=-1$을 가지고, $x=2$에서 극댓값 $f(2)=3$을 가지고, 함수 $y=f(x)$의 그래프는 다음 그림과 같다.

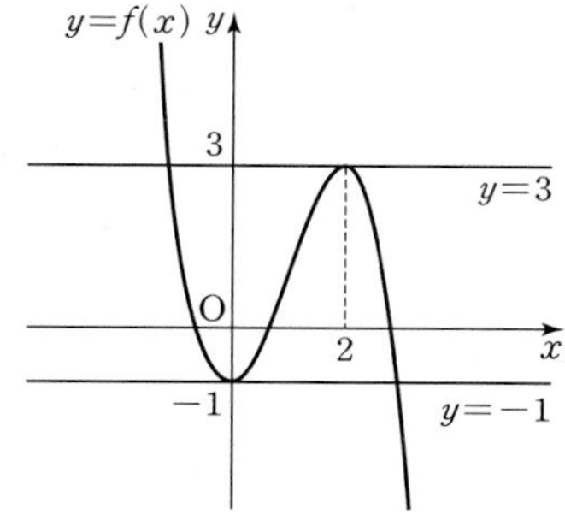

따라서 함수 $y=f(x)$의 그래프와 직선 $y=k$가 서로 다른 두 점에서 만나도록 하는 양수 k의 값은 3이다.

답 ③

72

$h(x)=f(x)-g(x)$라 하면 $h(x)=x^3-x^2-x+6-a$

이때 $x\geq 0$인 모든 실수 x에 대하여 부등식 $h(x)\geq 0$이 성립하려면 $x\geq 0$에서 함수 $h(x)$의 최솟값이 0 이상이어야 한다.

$h'(x)=3x^2-2x-1=(3x+1)(x-1)$

$h'(x)=0$에서 $x=-\frac{1}{3}$ 또는 $x=1$

$x\geq 0$에서 함수 $h(x)$의 증가와 감소를 표로 나타내면 다음과 같다.

x	0	$\cdots$	1	$\cdots$
$h'(x)$		$-$	0	$+$
$h(x)$	$6-a$	↘	$5-a$	↗

즉, $x\geq 0$에서 함수 $h(x)$의 최솟값이 $5-a$이므로 주어진 조건을 만족시키려면 $5-a\geq 0$이어야 한다.

따라서 $a\leq 5$이므로 구하는 실수 a의 최댓값은 5이다.

답 ⑤

73

$f(x)=3x^4-4x^3-12x^2$이라 하면

$f'(x)=12x^3-12x^2-24x$

$=12x(x^2-x-2)$

$=12x(x+1)(x-2)$

$f'(x)=0$에서 $x=-1$ 또는 $x=0$ 또는 $x=2$

함수 $f(x)$의 증가와 감소를 표로 나타내면 다음과 같다.

x	$\cdots$	-1	$\cdots$	0	$\cdots$	2	$\cdots$
$f'(x)$	$-$	0	$+$	0	$-$	0	$+$
$f(x)$	↘	극소	↗	극대	↘	극소	↗

따라서 사차함수 $f(x)$는 $x=0$에서 극댓값 $f(0)=0$을 갖고, $x=-1$, $x=2$에서 각각 극솟값 $f(-1)=3+4-12=-5$, $f(2)=48-32-48=-32$를 갖는다.

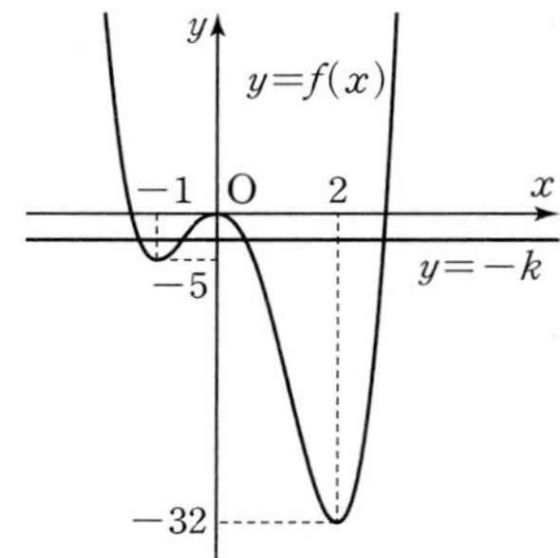

주어진 방정식의 서로 다른 실근의 개수는 곡선 $y=f(x)$와 직선 $y=-k$의 교점의 개수와 같으므로 주어진 방정식이 서로 다른 4개의 실근을 가지려면 $-5<-k<0$, 즉 $0<k<5$이어야 한다.

따라서 구하는 자연수 k는 1, 2, 3, 4의 4개이다.

답 4

74

방정식 $x^3-x^2-8x+k=0$에서

$x^3-x^2-8x=-k$

$f(x)=x^3-x^2-8x$라 하면

$f'(x)=3x^2-2x-8$

$=(3x+4)(x-2)$

$f'(x)=0$에서 $x=-\frac{4}{3}$ 또는 $x=2$

함수 $f(x)$의 증가와 감소를 표로 나타내면 다음과 같다.

x	$\cdots$	$-\frac{4}{3}$	$\cdots$	2	$\cdots$
$f'(x)$	$+$	0	$-$	0	$+$
$f(x)$	↗	극대	↘	극소	↗

$f\left(-\frac{4}{3}\right)=\frac{176}{27}$, $f(2)=-12$

이므로 함수 $y=f(x)$의 그래프는 다음 그림과 같다.

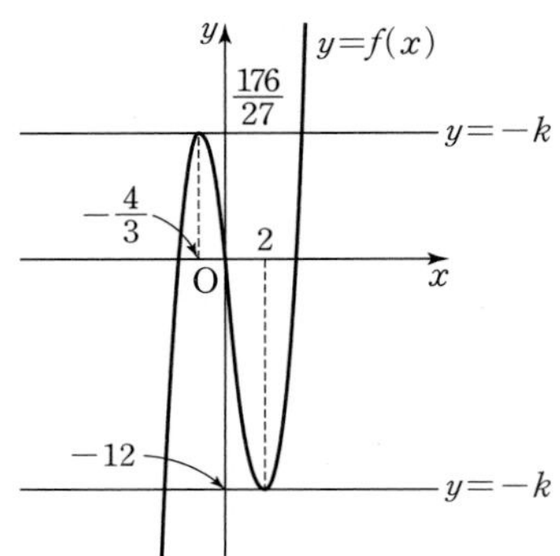

방정식 $f(x)=-k$의 서로 다른 실근의 개수가 2이려면 함수 $y=f(x)$의 그래프와 직선 $y=-k$가 서로 다른 두 점에서 만나야 하므로

$-k=\frac{176}{27}$ 또는 $-k=-12$

즉, $k=-\frac{176}{27}$ 또는 $k=12$

이때 k는 양수이므로 $k=12$

답 12

75

조건 (가)에서 $f(0)=0$이고 $g(0)=0$이므로

$g(x)=f(x)+|f'(x)|$에서 $f'(0)=0$

$f(x)$는 최고차항의 계수가 1인 삼차함수이므로

$f(x)=x(x^2+ax+b)$(a, b는 상수)로 놓으면

$f'(x)=(x^2+ax+b)+x(2x+a)$에서

$f'(0)=b=0$

따라서 $f(x)=x^2(x+a)$, $f'(x)=x(3x+2a)$

$f'(x)=0$에서 $x=0$ 또는 $x=-\frac{2}{3}a$

조건 (나)에서 $-a>0$이므로 $-\frac{2}{3}a>0$

함수 $f(x)$의 증가와 감소를 표로 나타내면 다음과 같다.

x	$\cdots$	0	$\cdots$	$-\frac{2}{3}a$	$\cdots$
$f'(x)$	$+$	0	$-$	0	$+$
$f(x)$	↗	0	↘	$\frac{4}{27}a^3$	↗

함수 $y=f(x)$의 그래프는 다음 그림과 같다.

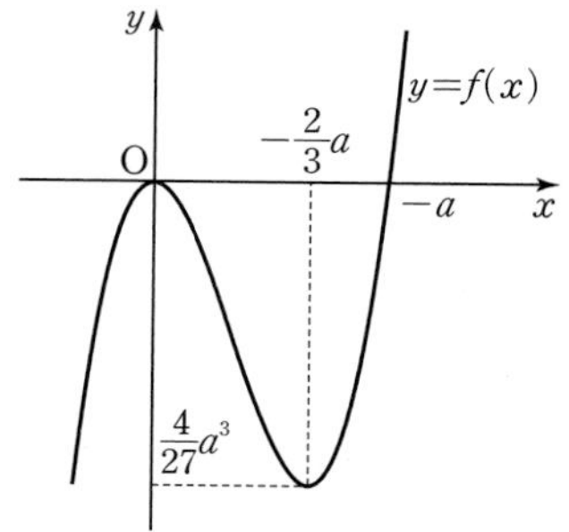

조건 (다)에서 $\left|f\left(-\frac{2}{3}a\right)\right|=4$이므로

$f\left(-\frac{2}{3}a\right)=\frac{4}{27}a^3=-4$이고 $a^3=-27$에서 $a=-3$

그러므로 $f(x)=x^2(x-3)$이고

$g(x)=x^2(x-3)+|3x(x-2)|$

따라서 $g(3)=9$

답 ①

76

$f(x)=2x^3+6x^2+a$라 하면

$f'(x)=6x^2+12x=6x(x+2)$

이므로 $f'(x)=0$에서 $x=-2$ 또는 $x=0$

함수 $f(x)$의 증가와 감소를 표로 나타내면 다음과 같다.

x	$\cdots$	-2	$\cdots$	0	$\cdots$
$f'(x)$	$+$	0	$-$	0	$+$
$f(x)$	↗	$8+a$	↘	a	↗

그러므로 방정식 $f(x)=0$이 $-2\le x\le 2$에서 서로 다른 두 실근을 갖기 위해서는 함수 $y=f(x)$의 그래프가 다음 그림과 같아야 한다.

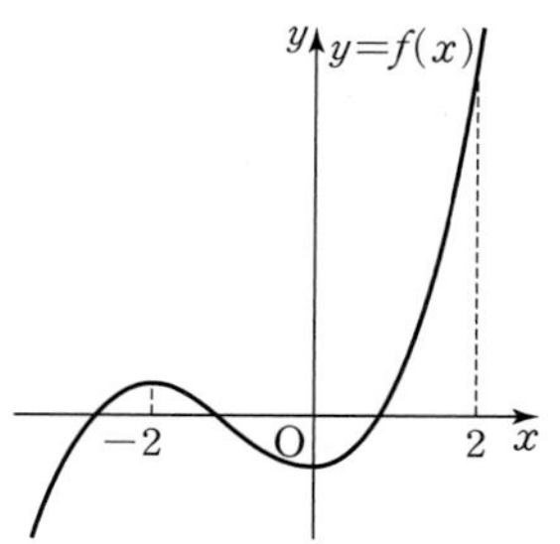

이때 $f(2)=40+a$이므로 $f(2)>f(-2)$

따라서 조건을 만족시키기 위해서는

$f(-2)\ge 0$이고 $f(0)<0$

이어야 한다.

$f(-2)\ge 0$에서 $8+a\ge 0$, $a\ge -8$ …… ㉠

또, $f(0)<0$에서 $a<0$ …… ㉡

㉠, ㉡에서 $-8\le a<0$이므로 정수 a는

$-8, -7, -6, \cdots, -1$의 8개이다.

답 ③

77

$f(x)=3x^4-4x^3-12x^2+k$라 하면

$f'(x)=12x^3-12x^2-24x=12x(x+1)(x-2)$

$f'(x)=0$에서 $x=-1$ 또는 $x=0$ 또는 $x=2$

함수 $f(x)$의 증가와 감소를 표로 나타내면 다음과 같다.

x	$\cdots$	-1	$\cdots$	0	$\cdots$	2	$\cdots$
$f'(x)$	$-$	0	$+$	0	$-$	0	$+$
$f(x)$	↘		↗		↘		↗

함수 $f(x)$는 $x=-1$, $x=2$에서 극소, $x=0$에서 극대이고, 이때

$f(-1)=3+4-12+k=-5+k$,

$f(2)=48-32-48+k=-32+k$이므로

$f(-1)>f(2)$

따라서 함수 $f(x)$의 최솟값은 $f(2)$이므로 모든 실수 x에 대하여 주어진 부등식이 항상 성립하려면

$f(2)=-32+k\ge 0$, 즉 $k\ge 32$이어야 하고, 실수 k의 최솟값은 32이다.

답 32

78

부등식 $f(x)\le g(x)$에서 $g(x)-f(x)\ge 0$

$\frac{1}{3}x^3-2x^2+a-(-x^4-x^3+2x^2)\ge 0$

즉, $x^4+\frac{4}{3}x^3-4x^2+a\ge 0$

이때 $h(x)=x^4+\frac{4}{3}x^3-4x^2+a$라고 하면

$h'(x)=4x^3+4x^2-8x=4x(x-1)(x+2)$

$h'(x)=0$에서 $x=-2$ 또는 $x=0$ 또는 $x=1$

함수 $h(x)$의 증가와 감소를 표로 나타내면 다음과 같다.

x	$\cdots$	-2	$\cdots$	0	$\cdots$	1	$\cdots$
$h'(x)$	$-$	0	$+$	0	$-$	0	$+$
$h(x)$	↘	$a-\frac{32}{3}$	↗	a	↘	$a-\frac{5}{3}$	↗

함수 $h(x)$는 $x=-2$에서 최솟값 $a-\frac{32}{3}$를 갖는다.

이때 $h(x)\geq 0$이므로 $a-\frac{32}{3}\geq 0$에서 $a\geq\frac{32}{3}$

따라서 실수 a의 최솟값은 $\frac{32}{3}$이다.

답 ⑤

79

$x^3-3x^2+2x-3=2x+k$에서

$x^3-3x^2-3=k$ ...... ㉠

따라서 $y=x^3-3x^2-3$이라 하면 $y'=3x^2-6x$

이므로 $y'=0$에서

$3x^2-6x=3x(x-2)=0$

$x=0$ 또는 $x=2$

이때 함수 $y=x^3-3x^2-3$의 증가와 감소를 표로 나타내면 다음과 같다.

x	$\cdots$	0	$\cdots$	2	$\cdots$
y'	$+$	0	$-$	0	$+$
y	↗	-3	↘	-7	↗

따라서 곡선 $y=x^3-3x^2-3$은 그림과 같으므로 ㉠이 서로 다른 두 실근만을 갖기 위해서는 곡선 $y=x^3-3x^2-3$과 직선 $y=k$가 서로 다른 두 점에서만 만나야 한다.

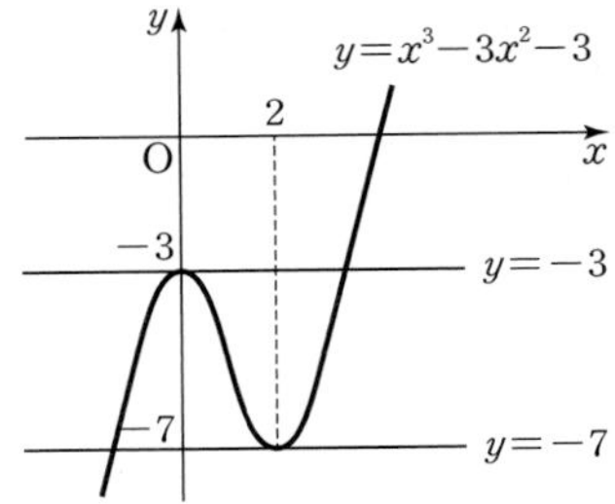

즉, $k=-3$ 또는 $k=-7$

따라서 구하는 모든 실수 k의 값의 곱은

$(-3)\times(-7)=21$

답 21

80

방정식 $2x^3-6x^2+k=0$ ...... ㉠

에서 $f(x)=2x^3-6x^2+k$라 하면 방정식의 실근은 함수 $y=f(x)$의 그래프와 x축이 만나는 점의 x좌표이다.

$f'(x)=6x^2-12x=6x(x-2)$

$f'(x)=0$에서

$x=0$ 또는 $x=2$

함수 $f(x)$의 증가와 감소를 표로 나타내면 다음과 같다.

x	$\cdots$	0	$\cdots$	2	$\cdots$
$f'(x)$	$+$	0	$-$	0	$+$
$f(x)$	↗	k	↘	$k-8$	↗

이때 ㉠이 2개의 서로 다른 양의 실근을 갖기 위해서는 함수 $y=f(x)$의 그래프가 다음 그림과 같아야 한다.

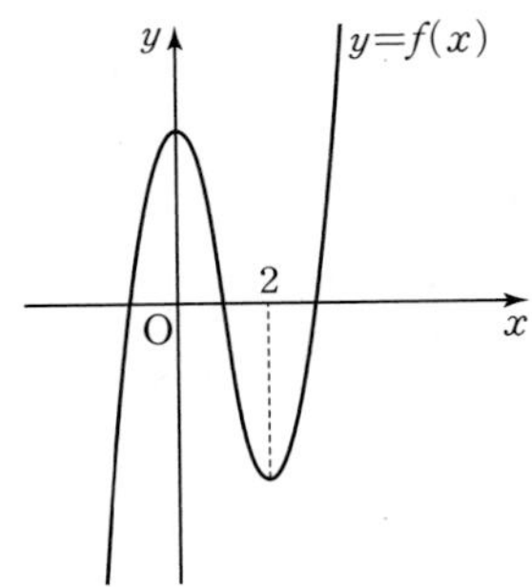

즉, 함수 $f(x)$의 극댓값은 양수이어야 하고 함수 $f(x)$의 극솟값은 음수이어야 한다.

그러므로 $k>0$이고 $k-8<0$이므로

$0<k<8$

따라서 정수 k는 1, 2, 3, 4, 5, 6, 7로 그 개수는 7이다.

답 7

81

ㄱ. 함수 $g(x)$의 역함수가 존재하고 최고차항의 계수가 양수이므로 모든 실수 x에 대하여 $g'(x)=3x^2+2ax+b\geq 0$이 성립해야 한다.

이차방정식 $3x^2+2ax+b=0$의 판별식을 D_1이라 하면

$\frac{D_1}{4}=a^2-3b\leq 0$

$a^2\leq 3b$ (참)

ㄴ. $2f(x)=g(x)-g(-x)$에서

$f(x)=\frac{g(x)-g(-x)}{2}$

$=\frac{(x^3+ax^2+bx+c)-(-x^3+ax^2-bx+c)}{2}$

$=x^3+bx$

$f'(x)=3x^2+b$이므로 $f'(x)=0$에서 $3x^2+b=0$

이차방정식 $3x^2+b=0$의 판별식을 D_2라 하면

$D_2=0^2-4\times 3\times b=-12b$

ㄱ에 의하여 $b\geq\frac{a^2}{3}\geq 0$이므로 $D_2=-12b\leq 0$

그러므로 이차방정식 $f'(x)=0$은 서로 다른 두 실근을 갖지 않는다. (거짓)

ㄷ. 방정식 $f'(x)=0$이 실근을 가지므로 $3x^2+b=0$의 실근이 존재한다. 즉, $b\leq 0$

또한 ㄱ에 의하여 $b\geq 0$이므로 $b=0$이고 $a=0$이다.

$g'(x)=3x^2$이므로 $g'(1)=3$ (거짓)

따라서 옳은 것은 ㄱ이다.

답 ①

82

$f(x)=2x^3-8x=2x(x+2)(x-2)$

함수 $y=f(x)$의 그래프는 다음 그림과 같이 원점에 대하여 대칭이다.

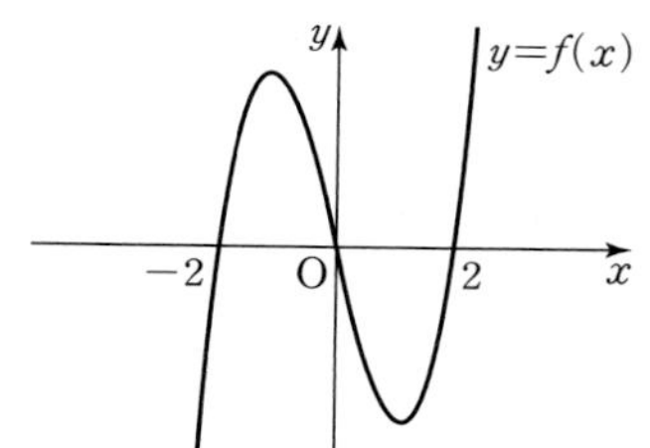

ㄱ. $m=-1$일 때,

$f\left(\frac{1}{2}\right)=2\times\frac{1}{8}-8\times\frac{1}{2}=-\frac{15}{4}$

$g\left(\frac{1}{2}\right)=-2\times\frac{1}{2}-4=-5$

$g\left(\frac{1}{2}\right)\le f\left(\frac{1}{2}\right)$이므로 $h\left(\frac{1}{2}\right)=g\left(\frac{1}{2}\right)=-5$ (참)

ㄴ. $m=-1$일 때, $g(x)=\begin{cases}47x-4 & (x<0)\\ -2x-4 & (x\ge 0)\end{cases}$

(i) $x<0$일 때, 함수 $y=g(x)$의 그래프는 기울기가 양수이고 y절편이 음수인 직선의 일부이므로 두 함수 $y=f(x)$, $y=g(x)$의 그래프는 단 하나의 교점을 갖는다.

그 교점의 x좌표를 x_1 $(x_1<0)$이라 하면 $x<0$에서 함수 $h(x)$는 $x=x_1$에서만 미분가능하지 않다.

(ii) $x=0$일 때, $g(0)=-4$, $f(0)=0$이므로 $g(0)<f(0)$

$x=0$에서 함수 $h(x)$의 미분가능성은 함수 $g(x)$의 미분가능성과 같다.

즉, 함수 $h(x)$는 $x=0$에서 미분가능하지 않다.

(iii) $x>0$일 때,

$f(x)-g(x)=2x^3-6x+4=2(x-1)^2(x+2)\ge 0$

즉, $f(x)\ge g(x)$

$x>0$에서 $h(x)=g(x)$이므로 함수 $h(x)$의 미분가능성은 함수 $g(x)$의 미분가능성과 같다.

즉, $x>0$에서 함수 $h(x)$는 미분가능하다.

(i), (ii), (iii)에서 함수 $h(x)$가 미분가능하지 않은 x의 개수는 2이다. (참)

ㄷ. 양수 m에 대하여 $x=0$일 때, $g(0)=\frac{4}{m^3}>f(0)$이므로

$x=0$에서 함수 $h(x)$의 미분가능성은 함수 $f(x)$의 미분가능성과 같다.

즉, 함수 $h(x)$는 $x=0$에서 미분가능하다.

$x>0$일 때, 함수 $y=g(x)$의 그래프는 기울기가 양수이고 y절편도 양수인 직선의 일부이므로 두 함수 $y=f(x)$, $y=g(x)$의 그래프는 단 하나의 교점을 갖는다.

그 교점의 x좌표를 x_2 $(x_2>0)$이라 하면 $x>0$에서 함수 $h(x)$는 $x=x_2$에서만 미분가능하지 않다.

그러므로 함수 $h(x)$가 미분가능하지 않은 x의 개수가 1이려면 $x<0$에서 함수 $h(x)$는 미분가능해야 한다.

$x<0$에서 두 함수 $y=f(x)$, $y=g(x)$의 그래프가 접한다고 할 때, 접점의 x좌표를 t라 하자.

$f(t)=g(t)$, $f'(t)=g'(t)$에서

$2t^3-8t=-\frac{47}{m}t+\frac{4}{m^3}$ …… ㉠

$6t^2-8=-\frac{47}{m}$ …… ㉡

$t\times$㉡$-$㉠을 하면

$4t^3=-\frac{4}{m^3}$, $t=-\frac{1}{m}$ …… ㉢

㉢을 ㉡에 대입하면

$\frac{6}{m^2}-8=-\frac{47}{m}$, $8m^2-47m-6=0$

$(8m+1)(m-6)=0$

m은 양수이므로 $m=6$

$m=6$일 때 두 함수 $y=f(x)$, $y=g(x)$의 그래프는 $x=-\frac{1}{6}$인 점에서 접한다.

(i) $m=6$일 때, $x<0$인 모든 실수 x에 대하여 $g(x)\ge f(x)$이므로 $h(x)=f(x)$이다.

그러므로 $x<0$에서 함수 $h(x)$는 미분가능하다.

(ii) $0<m<6$일 때, $x<0$에서 m의 값이 작아질수록 함수 $y=g(x)$의 그래프는 $m=6$일 때보다 기울기의 절댓값이 커지고 y절편도 커지므로 $x<0$에서 두 함수 $y=f(x)$, $y=g(x)$의 그래프는 만나지 않는다.

즉, $x<0$인 모든 실수 x에 대하여 $g(x)\ge f(x)$이므로 $h(x)=f(x)$이다.

그러므로 $x<0$에서 함수 $h(x)$는 미분가능하다.

(iii) $m>6$일 때, $x<0$에서 m의 값이 커질수록 함수 $y=g(x)$의 그래프는 $m=6$일 때보다 기울기의 절댓값이 작아지고 y절편도 작아지므로 $x<0$에서 두 함수 $y=f(x)$, $y=g(x)$의 그래프는 서로 다른 두 점에서 만난다. 이때 두 점의 x좌표를 각각 x_3, x_4라 하면 함수 $h(x)$는 $x=x_3$, $x=x_4$에서 미분가능하지 않다.

(i), (ii), (iii)에서 함수 $h(x)$가 미분가능하지 않은 x의 개수가 1인 양수 m의 최댓값은 6이다. (참)

이상에서 옳은 것은 ㄱ, ㄴ, ㄷ이다.

답 ⑤

83

ㄱ. $k=0$일 때, $f(x)+g(x)=x^3+2x^2+4$

$h_1(x)=x^3+2x^2+4$라 하면

$h_1'(x)=3x^2+4x=x(3x+4)$

$h_1'(x)=0$에서 $x=-\frac{4}{3}$ 또는 $x=0$이므로 함수 $h_1(x)$는

$x=-\frac{4}{3}$에서 극대, $x=0$에서 극소이다.

이때 $h_1(0)=4>0$이므로 방정식 $h_1(x)=0$은 오직 하나의 실근을 갖는다. (참)

ㄴ. $f(x)-g(x)=0$에서

$x^3-kx+6-(2x^2-2)=0$, $x^3-2x^2+8=kx$

$h_2(x)=x^3-2x^2+8$이라 하면 곡선 $y=h_2(x)$에 직선 $y=kx$가 접할 때만 방정식 $h_2(x)=kx$의 서로 다른 실근의 개수가 2이다. 접점의 좌표를 $(a,\ a^3-2a^2+8)$이라 하면

$h_2'(x)=3x^2-4x$이므로 접선의 방정식은

$y-(a^3-2a^2+8)=(3a^2-4a)(x-a)$

이 접선이 원점을 지나므로

$-(a^3-2a^2+8)=(3a^2-4a)\times(-a)$

$2a^3-2a^2-8=0$

$(a-2)(a^2+a+2)=0$, $a=2$

따라서 구하는 k의 값은 $h_2'(2)=12-8=4$뿐이다. (참)

ㄷ. $|x^3-kx+6|=2x^2-2$에서 $2x^2-2\geq 0$이므로 x의 값의 범위는 $x\leq -1$ 또는 $x\geq 1$이고, 주어진 방정식은

$x^3-kx+6=-(2x^2-2)$ 또는 $x^3-kx+6=2x^2-2$, 즉

$x^3+2x^2+4=kx$ 또는 $x^3-2x^2+8=kx$

$h_1(x)=x^3+2x^2+4$, $h_2(x)=x^3-2x^2+8$이라 하면 주어진 방정식의 실근의 개수는 $x\leq -1$ 또는 $x\geq 1$일 때 직선 $y=kx$와 두 곡선 $y=h_1(x)$, $y=h_2(x)$의 교점의 개수와 같다.

ㄴ에서 $k=4$일 때 직선 $y=kx$와 곡선 $y=h_2(x)$가 접하므로 $k\leq 4$일 때 $x\leq -1$ 또는 $x\geq 1$에서 직선 $y=kx$와 두 곡선 $y=h_1(x)$, $y=h_2(x)$의 교점의 개수의 최댓값은 3이다.

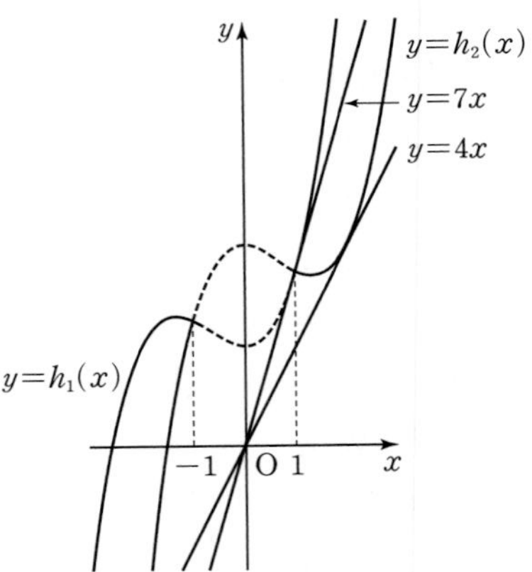

$k>4$일 때, $x\leq -1$에서 직선 $y=kx$와 두 곡선 $y=h_1(x)$, $y=h_2(x)$의 서로 다른 교점의 개수는 2이다.

원점에서 곡선 $y=h_1(x)$에 그은 접선의 방정식을 $y=7x$로 놓으면 접점의 좌표는 $(1,\ 7)$이므로 $k>4$일 때, $x\geq 1$에서 직선 $y=7x$와 두 곡선 $y=h_1(x)$, $y=h_2(x)$의 서로 다른 교점의 개수는 2이다.

즉, $k>4$일 때, $x\leq -1$ 또는 $x\geq 1$에서 직선 $y=kx$와 두 곡선 $y=h_1(x)$, $y=h_2(x)$의 서로 다른 교점의 개수는 4이다.

따라서 방정식 $|f(x)|=g(x)$의 서로 다른 실근의 개수의 최댓값은 4이다. (거짓)

이상에서 옳은 것은 ㄱ, ㄴ이다.

답 ②

84

$g(x)=x^3-12x+k$라고 하면

$g'(x)=3x^2-12=3(x+2)(x-2)$

$g'(x)=0$에서 $x=-2$ 또는 $x=2$

함수 $g(x)$의 증가와 감소를 표로 나타내면 다음과 같다.

x	$\cdots$	-2	$\cdots$	2	$\cdots$
$g'(x)$	$+$	0	$-$	0	$+$
$g(x)$	↗	$k+16$	↘	$k-16$	↗

함수 $g(x)$는 $x=-2$에서 극댓값 $k+16$, $x=2$에서 극솟값 $k-16$을 가진다.

따라서 k의 값에 따라 다음과 같은 경우로 나누어 생각할 수 있다.

(i) $k-16<0$, 즉 $0<k<16$인 경우

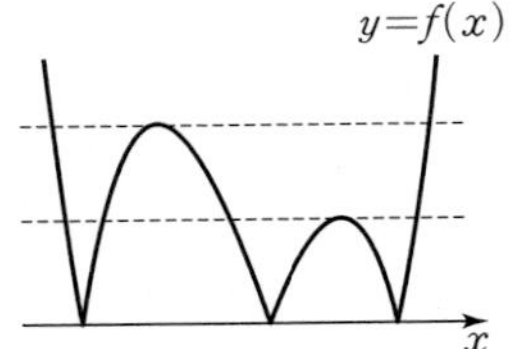

함수 $y=f(x)$의 그래프와 직선 $y=a$가 만나는 서로 다른 점의 개수가 홀수가 되는 실수 a의 값이 3개 존재하므로 조건을 만족시키지 못한다.

(ii) $k-16>0$, 즉 $k>16$인 경우

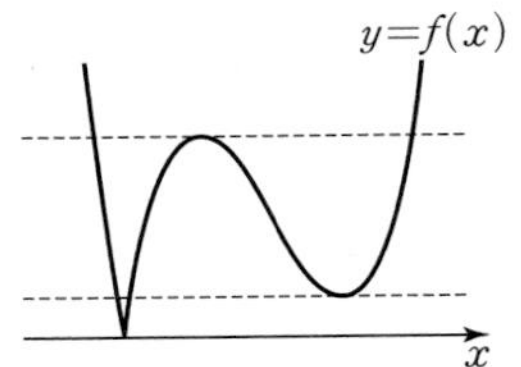

함수 $y=f(x)$의 그래프와 직선 $y=a$가 만나는 서로 다른 점의 개수가 홀수가 되는 실수 a의 값이 3개 존재하므로 조건을 만족시키지 못한다.

(iii) $k=16$인 경우

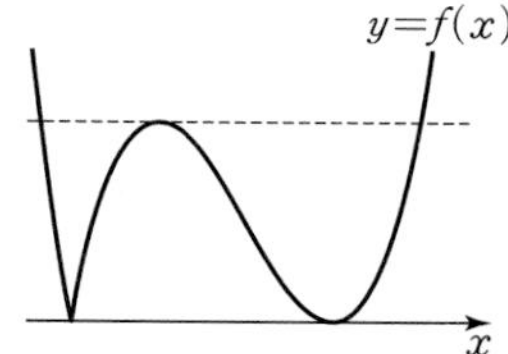

함수 $y=f(x)$의 그래프와 직선 $y=a$가 만나는 서로 다른 점의 개수가 홀수가 되는 실수 a의 값이 오직 하나이므로 조건을 만족시킨다.

(i), (ii), (iii)에 의하여 $k=16$

답 ⑤

85

조건 (가)에서

$-1+a-b>-1$이므로 $a>b$

조건 (나)에서

$(1+a+b)-(-1+a-b)>8$

$2+2b>8$이므로 $b>3$

조건 (가), (나)에서 $a>b>3$

ㄱ. $f'(x)=3x^2+2ax+b$이므로

이차방정식 $3x^2+2ax+b=0$의 판별식을 D_1이라 하면

$\frac{D_1}{4}=a^2-3b$

이때 $a^2-3b>b^2-3b=b(b-3)>0$이므로 방정식 $f'(x)=0$은 서로 다른 두 실근을 갖는다. (참)

ㄴ. $f'(-1)=3-2a+b$

$=3-(2a-b)=3-\{(a-b)+a\}$

$a-b>0$이고 $a>3$이므로 $f'(-1)<0$이다.

즉, $-1<x<1$인 모든 실수 x에 대하여 $f'(x)\geq 0$이 성립하지 않는다. (거짓)

ㄷ. $x^3+ax^2+bx-(3k^2+2ak+b)x=0$

$x(x^2+ax-3k^2-2ak)=0$

$x=0$ 또는 $x^2+ax-3k^2-2ak=0$

(i) 이차방정식 $x^2+ax-3k^2-2ak=0$이 $x=0$을 근으로 갖는 경우

$-3k^2-2ak=0$에서

$3k^2+2ak=k(3k+2a)=0$

$k=0$ 또는 $k=-\frac{2a}{3}$

이때 방정식 $f(x)-f'(k)x=0$은 두 실근 $x=0$, $x=-a$를 갖는다.

(ii) 이차방정식 $x^2+ax-3k^2-2ak=0$이 0이 아닌 중근을 갖는 경우

이차방정식 $x^2+ax-3k^2-2ak=0$의 판별식을 D_2라 하면

$D_2=a^2+12k^2+8ak=0$에서

k에 대한 이차방정식 $12k^2+8ak+a^2=0$을 풀면

$k=\frac{-4a\pm\sqrt{16a^2-12a^2}}{12}$

$=\frac{-4a\pm 2|a|}{12}$

이때 $a>3$이므로

$k=-\frac{a}{2}$ 또는 $k=-\frac{a}{6}$

(i), (ii)에서 실수 k의 개수는 4이다. (참)

따라서 옳은 것은 ㄱ, ㄷ이다.

답 ③

86

함수 $f(x)$의 삼차항의 계수를 a라 하면 조건 (가)에 의해 함수 $y=f(x)$의 그래프와 x축이 서로 다른 세 점에서 만나므로 함수 $y=f(x)$의 그래프의 개형은 다음 그림과 같다.

$a>0$일 때

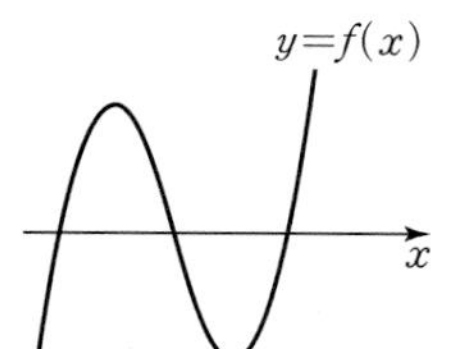

$a<0$일 때

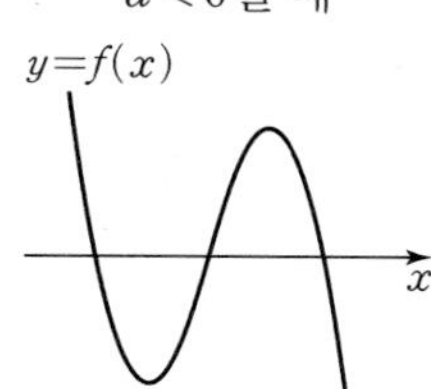

함수 $f(x)$는 삼차함수이므로 실수 전체의 집합을 치역으로 갖고, 이차함수 $g(x)=x^2-6x+10=(x-3)^2+1$은 $x=3$에서 최솟값 1을 갖는다. 그러므로 조건 (나)에서 함수

$g(f(x))=\{f(x)-3\}^2+1$

은 $f(x)=3$인 x에서 최솟값 1을 가지므로 $m=1$

한편 방정식 $g(f(x))=1$의 서로 다른 실근의 개수가 2이므로 방정식 $f(x)=3$을 만족시키는 서로 다른 실근의 개수는 2이다.

직선 $y=3$과 함수 $y=f(x)$의 그래프의 개형은 다음 그림과 같다.

$a>0$일 때

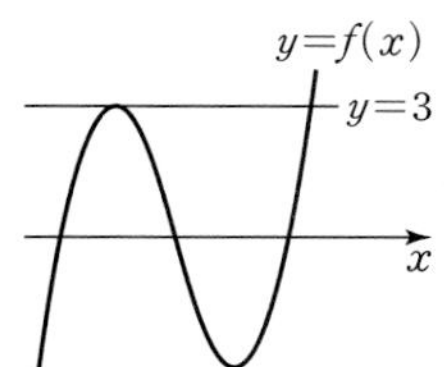

$a<0$일 때

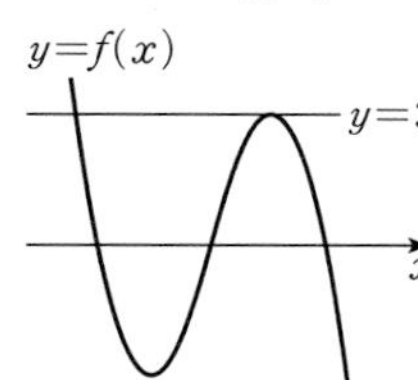

즉, 함수 $f(x)$의 극댓값은 3이다.

조건 (다)의 방정식 $g(f(x))=17$을 풀면

$\{f(x)-3\}^2+1=17$, $\{f(x)-3\}^2=16$

$f(x)=-1$ 또는 $f(x)=7$

방정식 $g(f(x))=17$은 서로 다른 세 실근을 가지므로 위의 그림에서 방정식 $f(x)=7$의 실근의 개수는 1이고, 방정식 $f(x)=-1$의 서로 다른 실근의 개수는 2이어야 한다.

Ⅱ 미분

그러므로 세 직선 $y=-1$, $y=3$, $y=7$과 함수 $y=f(x)$의 그래프의 개형은 그림과 같다.

$a>0$일 때

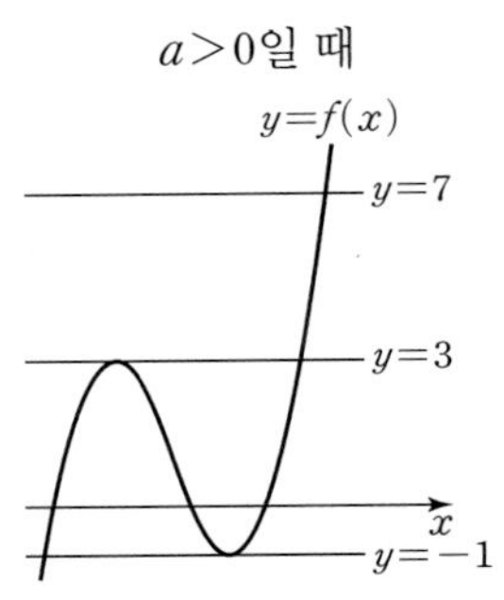

$a<0$일 때

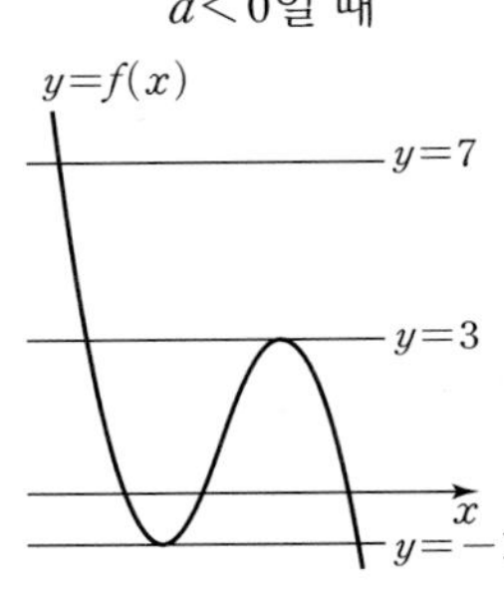

즉, 함수 $f(x)$의 극솟값은 -1이다.

따라서 함수 $f(x)$의 극댓값은 3이고 극솟값은 -1이므로 그 합은

$3+(-1)=2$

답 ①

유형 7 속도와 가속도

87

시각 t에서의 속도를 v라 하면

$x=t^3+kt^2+kt$에서 $v=3t^2+2kt+k$

시각 $t=1$에서 점 P가 운동 방향을 바꾸므로 $t=1$에서 $v=0$

그러므로 $3+2k+k=0$에서 $k=-1$

시각 t에서의 가속도를 a라 하면

$a=6t+2k=6t-2$

따라서 시각 $t=2$에서 점 P의 가속도는

$6\times2-2=10$

답 ④

88

시각 $t=1$에서 점 P가 운동 방향을 바꾸므로 시각 t에서의 속도를 $v(t)$라 하면 $v(1)=0$

한편 $x=t^3+at^2+bt$에서 $v(t)=3t^2+2at+b$이므로

$v(1)=3+2a+b=0$ …… ㉠

또, 시각 t에서의 가속도를 $a(t)$라 하면

$a(t)=6t+2a$

이때 $a(2)=0$이므로

$a(2)=12+2a=0$

$a=-6$ …… ㉡

㉡을 ㉠에 대입하면 $b=9$

따라서 $a+b=(-6)+9=3$

답 ①

89

점 P의 시각 t에서의 위치 x가

$x=t^3-12t+k$

이므로 점 P의 시각 t에서의 속도 v는

$v=3t^2-12$

점 P의 운동 방향이 바뀔 때의 점 P의 속도는 0이므로

$3t^2-12=0$에서 $3(t+2)(t-2)=0$

이때 $t>0$이므로 $t=2$

점 P의 운동 방향이 원점에서 바뀌므로 $t=2$일 때 점 P의 위치는 원점이다.

즉, $2^3-12\times2+k=0$에서 $k=16$

답 ④

90

점 P의 시각 t에서의 위치 x가

$x=t^3-5t^2+6t$

이므로 시각 t에서의 속도를 v라 하면

$v=\frac{dx}{dt}=3t^2-10t+6$

또, 시각 t에서의 가속도를 a라 하면

$a=\frac{dv}{dt}=6t-10$

따라서 $t=3$에서 점 P의 가속도는 $6\times3-10=8$

답 8

91

점 P의 시각 $t\,(t\geq0)$에서의 위치 x가

$x=-\frac{1}{3}t^3+3t^2+k$

이므로 점 P의 시각 $t\,(t\geq0)$에서의 속도 v는

$v=-t^2+6t$

이고 점 P의 시각 $t\,(t\geq0)$에서의 가속도 a는

$a=-2t+6$

점 P의 가속도가 0이므로

$-2t+6=0$에서 $t=3$

$t=3$일 때, 점 P의 위치가 40이므로

$-\frac{1}{3}\times 3^3+3\times 3^2+k=40$

따라서 $k=22$

답 22

92

점 P의 시각 t에서의 속도를 $v(t)$라 하면

$v(t)=3t^2-10t+a$

점 P가 움직이는 방향이 바뀌지 않으려면 실수 $t\,(t\ge 0)$에 대하여 $v(t)\ge 0$ 또는 $v(t)\le 0$이어야 한다.

이때

$v(t)=3\left(t-\frac{5}{3}\right)^2+a-\frac{25}{3}$

이므로 실수 $t\,(t\ge 0)$에 대하여 $v(t)\le 0$일 수는 없다.

즉, 실수 $t\,(t\ge 0)$에 대하여 $v(t)\ge 0$이어야 하므로

$a-\frac{25}{3}\ge 0$

따라서 $a\ge\frac{25}{3}$이므로 조건을 만족시키는 자연수 a의 최솟값은 9 이다.

답 ①

93

두 점 P, Q의 시각 t에서의 속도를 각각 v_1, v_2라 하면

$v_1=3t^2-4t+3$, $v_2=2t+12$

두 점 P, Q의 속도가 같아지는 경우는

$3t^2-4t+3=2t+12$에서 $3t^2-6t-9=0$

$3(t^2-2t-3)=0$, $3(t+1)(t-3)=0$

$t\ge 0$이므로 $t=3$일 때 두 점 P, Q의 속도가 같아진다.

$t=3$일 때 점 P의 위치는

$3^3-2\times 3^2+3\times 3=18$

$t=3$일 때 점 Q의 위치는

$3^2+12\times 3=45$

따라서 구하는 두 점 사이의 거리는 $45-18=27$

답 27

도전 1등급 문제

본문 56~61쪽

01 21	**02** ②	**03** 160	**04** 34	**05** 108
06 38	**07** 19	**08** 29	**09** 729	**10** 82
11 5	**12** 61	**13** 42	**14** 40	**15** 108
16 105	**17** 51	**18** 65	**19** 483	

01

정답률 **19.6%**

정답 공식 **개념만 확실히 알자!**

1. 함수의 극대, 극소

미분가능한 함수 $f(x)$에 대하여 $f'(a)=0$이고, $x=a$의 좌우에서 $f'(x)$의 부호가

(1) 양에서 음으로 바뀌면 $f(x)$는 $x=a$에서 극대이고, 극댓값은 $f(a)$이다.

(2) 음에서 양으로 바뀌면 $f(x)$는 $x=a$에서 극소이고, 극솟값은 $f(a)$이다.

2. 방정식에의 활용

방정식 $f(x)=k$의 서로 다른 실근의 개수는 곡선 $y=f(x)$와 직선 $y=k$의 교점의 개수와 같다.

풀이 전략 함수의 그래프를 이용하여 방정식의 실근의 개수를 추론한다.

문제 풀이

[STEP 1] $g(x)=f(x)+|f(x)+x|-6x$로 놓고 함수 $g(x)$를 x의 값의 범위에 따라 나타낸다.

$f(x)+|f(x)+x|=6x+k$에서 $f(x)+|f(x)+x|-6x=k$

$g(x)=f(x)+|f(x)+x|-6x$로 놓으면 $g(x)=k$

$g(x)=\begin{cases}-7x & (f(x)<-x)\\ 2f(x)-5x & (f(x)\ge -x)\end{cases}$

$g(x)=f(x)-\{f(x)+x\}-6x=-7x$

$g(x)=f(x)+\{f(x)+x\}-6x=2f(x)-5x$

$=\begin{cases}-7x & (f(x)<-x)\\ x^3-9x^2+15x & (f(x)\ge -x)\end{cases}$

$f(x)=-x$에서

$\frac{1}{2}x^3-\frac{9}{2}x^2+10x=-x$

$\frac{1}{2}x^3-\frac{9}{2}x^2+11x=0$

$\frac{1}{2}x(x^2-9x+22)=0$

이때 모든 실수 x에 대하여

$x^2-9x+22=\left(x-\frac{9}{2}\right)^2+\frac{7}{4}>0$

이므로 $x=0$

즉, 곡선 $y=f(x)$와 직선 $y=-x$는 오직 원점 $(0, 0)$에서만 만난다.

따라서 $g(x)=\begin{cases}-7x & (x<0)\\ x^3-9x^2+15x & (x\ge 0)\end{cases}$

실수 $x=0$을 기준으로 $g(x)$의 식을 정리해야 해.

[STEP 2] 함수 $y=g(x)$의 그래프를 그린다.

$h(x)=x^3-9x^2+15x$로 놓으면

$$g(x)=\begin{cases}-7x & (x<0)\\ h(x) & (x\geq 0)\end{cases}$$

$h'(x)=3x^2-18x+15=3(x-1)(x-5)$

$h'(x)=0$에서 $x=1$ 또는 $x=5$

함수 $h(x)$의 증가와 감소를 표로 나타내면 다음과 같다.

x	$\cdots$	1	$\cdots$	5	$\cdots$
$h'(x)$	$+$	0	$-$	0	$+$
$h(x)$	↗	극대	↘	극소	↗

즉, 함수 $h(x)$는 $x=1$에서 극댓값 $h(1)=7$, $x=5$에서 극솟값 $h(5)=-25$를 갖는다.

따라서 함수 $y=g(x)$의 그래프는 다음 그림과 같다.

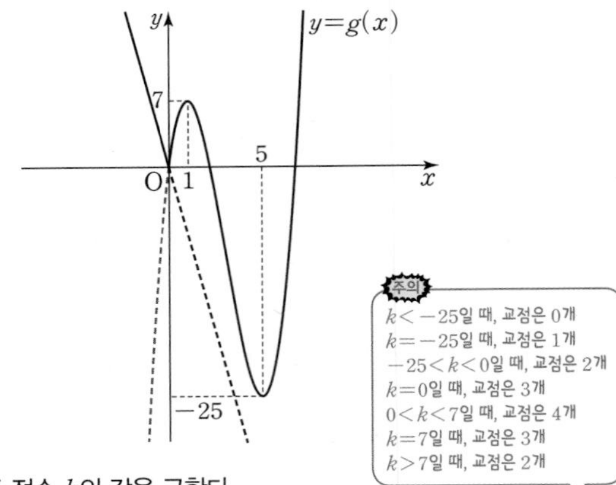

주의
$k<-25$일 때, 교점은 0개
$k=-25$일 때, 교점은 1개
$-25<k<0$일 때, 교점은 2개
$k=0$일 때, 교점은 3개
$0<k<7$일 때, 교점은 4개
$k=7$일 때, 교점은 3개
$k>7$일 때, 교점은 2개

[STEP 3] 모든 정수 k의 값을 구한다.

주어진 방정식의 서로 다른 실근의 개수가 4가 되기 위해서는 곡선 $y=g(x)$와 직선 $y=k$의 교점의 개수가 4이어야 하므로 실수 k의 값의 범위는 $0<k<7$이다.

따라서 모든 정수 k의 값은 1, 2, 3, 4, 5, 6이므로 그 합은

$1+2+3+4+5+6=21$

답 21

02

정답률 **14.7%**

정답 공식 **개념만 확실히 알자!**

미분가능 조건

함수 $f(x)=\begin{cases}g(x) & (x\geq a)\\ h(x) & (x<a)\end{cases}$가 $x=a$에서 미분가능한 조건

(i) $x=a$에서 연속이다. ⇨ $\lim\limits_{x\to a-}h(x)=g(a)$

(ii) $g'(a)=h'(a)$

풀이 전략 두 함수의 곱의 연속성과 미분가능성을 이용한다.

문제 풀이

[STEP 1] 다항함수 $p(x)$가 실수 전체의 집합에서 연속임을 이용하여 조건을 구한다.

다항함수 $p(x)$는 실수 전체의 집합에서 연속이므로

$\lim\limits_{x\to 0+}p(x)=\lim\limits_{x\to 0-}p(x)=p(0)$

이 성립한다.

[STEP 2] 함수 $p(x)f(x)$가 실수 전체의 집합에서 연속임을 이용하여 $p(0)$의 값을 구한다.

ㄱ. $f(0)=0$이고

$\lim\limits_{x\to 0-}f(x)=\lim\limits_{x\to 0-}(-x)=0$ → $x\leq 0$일 때 $f(x)=-x$이므로 $f(0)=-0=0$

$\lim\limits_{x\to 0+}f(x)=\lim\limits_{x\to 0+}(x-1)=-1$

이므로

$\lim\limits_{x\to 0-}p(x)f(x)=\lim\limits_{x\to 0-}p(x)\times\lim\limits_{x\to 0-}f(x)=0$ → $p(0)\times 0=0$

$\lim\limits_{x\to 0+}p(x)f(x)=\lim\limits_{x\to 0+}p(x)\times\lim\limits_{x\to 0+}f(x)=-p(0)$ → $p(0)\times(-1)=-p(0)$

$p(0)f(0)=0$

이때 함수 $p(x)f(x)$가 실수 전체의 집합에서 연속이면 $x=0$에서도 연속이므로

$\lim\limits_{x\to 0-}p(x)f(x)=\lim\limits_{x\to 0+}p(x)f(x)=p(0)f(0)$

이 성립해야 한다.

즉, $-p(0)=0$이어야 하므로

$p(0)=0$ (참)

[STEP 3] 함수 $p(x)f(x)$가 실수 전체의 집합에서 미분가능함을 이용하여 $p(2)$의 값을 구한다.

ㄴ. $g(x)=p(x)f(x)$라 하자.

함수 $p(x)f(x)$가 실수 전체의 집합에서 미분가능하면 $x=2$에서도 미분가능하므로 $\lim\limits_{x\to 2}\dfrac{g(x)-g(2)}{x-2}$의 값이 존재해야 한다.

주의 $x=2$에서의 미분계수 $g'(2)$가 존재하려면 $\lim\limits_{x\to 2-}\dfrac{g(x)-g(2)}{x-2}=\lim\limits_{x\to 2+}\dfrac{g(x)-g(2)}{x-2}$이어야 돼.

$\lim\limits_{x\to 2-}\dfrac{g(x)-g(2)}{x-2}$

$=\lim\limits_{x\to 2-}\dfrac{p(x)f(x)-p(2)f(2)}{x-2}$

$=\lim\limits_{x\to 2-}\dfrac{(x-1)p(x)-p(2)}{x-2}$ → $0<x\leq 2$일 때 $f(x)=x-1$

$=\lim\limits_{x\to 2-}\dfrac{(x-2)p(x)+p(x)-p(2)}{x-2}$

$=\lim\limits_{x\to 2-}p(x)+\lim\limits_{x\to 2-}\dfrac{p(x)-p(2)}{x-2}$

$=p(2)+p'(2)$

이고

$\lim\limits_{x\to 2+}\dfrac{g(x)-g(2)}{x-2}$

$=\lim\limits_{x\to 2+}\dfrac{p(x)f(x)-p(2)f(2)}{x-2}$

$=\lim\limits_{x\to 2+}\dfrac{(2x-3)p(x)-p(2)}{x-2}$ → $x>2$일 때 $f(x)=2x-3$

$=\lim\limits_{x\to 2+}\dfrac{2(x-2)p(x)+p(x)-p(2)}{x-2}$

$$= \lim_{x \to 2+} 2p(x) + \lim_{x \to 2+} \frac{p(x)-p(2)}{x-2}$$

$$=2p(2)+p'(2)$$

이므로

$$\lim_{x \to 2-} \frac{g(x)-g(2)}{x-2} = \lim_{x \to 2+} \frac{g(x)-g(2)}{x-2}$$

가 성립하려면

$p(2)+p'(2)=2p(2)+p'(2)$

즉, $p(2)=0$이어야 한다. (참) → $p(2)-2p(2)=0$, $-p(2)=0$

[STEP 4] 실수 전체의 집합에서 미분가능한 $p(x)\{f(x)\}^2$을 만족시키는 $p(x)$가 $x^2(x-2)^2$으로 나누어떨어지지 않는 예를 찾아본다.

ㄷ. (반례) $h(x)=p(x)\{f(x)\}^2$이라 하자.

$p(x)=x^2(x-2)$이면

$$h(x)=\begin{cases} x^4(x-2) & (x \le 0) \\ x^2(x-1)^2(x-2) & (0<x \le 2) \\ x^2(2x-3)^2(x-2) & (x>2) \end{cases}$$

이므로 함수 $h(x)$는 $x \neq 0$, $x \neq 2$인 실수 전체의 집합에서 미분가능하다.

한편

$$\lim_{x \to 0-} \frac{h(x)-h(0)}{x} = \lim_{x \to 0+} \frac{h(x)-h(0)}{x} = 0$$

이므로 함수 $h(x)$는 $x=0$에서 미분가능하다.

또, $\displaystyle\lim_{x \to 2-} \frac{h(x)-h(2)}{x-2} = \lim_{x \to 2+} \frac{h(x)-h(2)}{x-2} = 4$이므로 함수 $h(x)$는 $x=2$에서 미분가능하다.

따라서 함수 $h(x)$는 실수 전체의 집합에서 미분가능하다.

하지만 함수 $p(x)$는 $x^2(x-2)^2$으로 나누어떨어지지 않는다.

(거짓)

이상에서 옳은 것은 ㄱ, ㄴ이다.

답 ②

03

정답률 13.3%

정답 공식 **개념만 확실히 알자!**

삼차함수 $f(x)=ax^3+bx^2+cx+d$ $(a>0)$에 대하여 $f'(x)=3ax^2+2bx+c$에서 이차방정식 $3ax^2+2bx+c=0$이 서로 다른 두 실근 α, β $(\alpha<\beta)$를 갖는다고 가정하면 삼차함수 $f(x)$는 $x=\alpha$에서 극댓값 $f(\alpha)$를 갖고, $x=\beta$에서 극솟값 $f(\beta)$를 갖는다. 삼차방정식 $ax^3+bx^2+cx+d=0$이 서로 다른 세 실근을 가지려면 $f(\alpha)f(\beta)<0$이어야 한다.

풀이 전략 함수의 극대와 극소를 이용한다.

문제 풀이

[STEP 1] $f'(x)=0$을 만족시키는 x의 값을 구한다.

$f(x)=2x^3-3(a+1)x^2+6ax$에서

$f'(x)=6x^2-6(a+1)x+6a=6(x-1)(x-a)$

이므로 $f'(x)=0$에서 $x=1$ 또는 $x=a$

[STEP 2] 방정식 $f(x)=0$이 서로 다른 세 실근을 갖도록 하는 식을 세운다.

$f(1)=2-3(a+1)+6a$

$\quad=3a-1$ → 극댓값

$f(a)=2a^3-3a^2(a+1)+6a^2$

$\quad=-a^2(a-3)$ → 극솟값

이므로 삼차방정식 $f(x)=0$이 서로 다른 세 실근을 갖기 위해서는

$f(1)f(a)=-a^2(3a-1)(a-3)<0$

[STEP 3] $\displaystyle\sum_{n=1}^{10}(b_n-a_n)$의 값을 구한다.

$a^2>0$이므로 $(3a-1)(a-3)>0$

그런데 a는 자연수이므로 $a>3$

그러므로 $a_1=4$, $a_2=5$, $\cdots$, $a_n=n+3$

$a=a_n$일 때 $f(x)=2x^3-3(a_n+1)x^2+6a_nx$이고,

$f(x)$는 $x=1$에서 극댓값 $b_n=f(1)=3a_n-1$

주의: $f'(x)=0$에서 $x=1$ 또는 $x=a$이므로 $x=1$에서 극대, $x=a$에서 극소야.

따라서

$$\sum_{n=1}^{10}(b_n-a_n)=\sum_{n=1}^{10}(2a_n-1)=\sum_{n=1}^{10}(2n+5)$$

$$=2\times\frac{10\times11}{2}+5\times10=160$$

답 160

04

정답률 11.6%

정답 공식 **개념만 확실히 알자!**

함수의 최댓값, 최솟값

함수 $f(x)$가 닫힌구간 $[a, b]$에서 연속일 때, 최댓값과 최솟값은 다음과 같은 순서로 구한다.

① 주어진 구간에서 $f(x)$의 극댓값과 극솟값을 구한다.

② 주어진 구간의 양 끝값에서의 함숫값 $f(a)$, $f(b)$를 구한다.

③ 위에서 구한 극댓값, 극솟값, $f(a)$, $f(b)$ 중에서 가장 큰 값이 최댓값이고, 가장 작은 값이 최솟값이다.

풀이 전략 도함수를 이용하여 부등식과 관련된 문제를 해결한다.

문제 풀이

[STEP 1] 모든 실수 x에 대하여 $f(x)\le12x+k\le g(x)$를 만족시키는 k의 값의 범위를 구한다.

모든 실수 x에 대하여 부등식 $f(x)\le12x+k\le g(x)$를 만족시키는 k의 값의 범위를 구해 보자.

(i) $f(x)\le12x+k$일 때

$f(x)\le12x+k$에서 $f(x)-12x\le k$

$h(x)=f(x)-12x$라 하면

$h(x)=-x^4-2x^3-x^2-12x$

$h'(x)=-4x^3-6x^2-2x-12$

$=-2(x+2)(2x^2-x+3)$

$h'(x)=0$에서 $x=-2$　　$2x^2-x+3=2\left(x-\frac{1}{4}\right)^2+\frac{23}{8}>0$

함수 $h(x)$의 증가와 감소를 표로 나타내면 다음과 같다.

x	$\cdots$	-2	$\cdots$
$h'(x)$	$+$	0	$-$
$h(x)$	↗	20	↘

함수 $h(x)$는 $x=-2$에서 최대이고 최댓값은 20이다.

그러므로 모든 실수 x에 대하여 부등식 $f(x)\le 12x+k$를 만족시키는 k의 값의 범위는 $k\ge 20$

(ii) $g(x)\ge 12x+k$일 때

$g(x)\ge 12x+k$에서 $g(x)-12x-k\ge 0$

부등식 $3x^2-12x+a-k\ge 0$이 모든 실수 x에 대하여 성립해야 하므로 이차방정식 $3x^2-12x+a-k=0$의 판별식을 D라 하면

$\frac{D}{4}=(-6)^2-3\times(a-k)\le 0,\ k\le a-12$

그러므로 모든 실수 x에 대하여 부등식 $g(x)\ge 12x+k$를 만족시키는 k의 값의 범위는 $k\le a-12$

[STEP 2] a의 값을 구한다.

(i), (ii)에 의하여 $20\le k\le a-12$이고 이를 만족시키는 자연수 k의 개수는 3이므로 $22\le a-12<23$

따라서 $34\le a<35$이므로 자연수 a의 값은 34이다.

답 34

05

정답률 **6.9%**

정답 공식 **개념만 확실히 알자!**

1. 구간별로 다르게 정의된 함수의 미분가능성

다항함수 $g(x)$, $h(x)$에 대하여 함수

$f(x)=\begin{cases} g(x) & (x<a) \\ h(x) & (x\ge a) \end{cases}$가 $x=a$에서 미분가능하면

(1) $x=a$에서 연속이므로

$\lim_{x\to a-} g(x)=\lim_{x\to a+} h(x)=h(a)$

(2) $x=a$에서의 미분계수가 존재한다.

$\lim_{x\to a-}\frac{g(x)-g(a)}{x-a}=\lim_{x\to a+}\frac{h(x)-h(a)}{x-a}$

2. 삼차함수 $f(x)=ax^3+bx^2+cx+d\ (a>0)$의 그래프

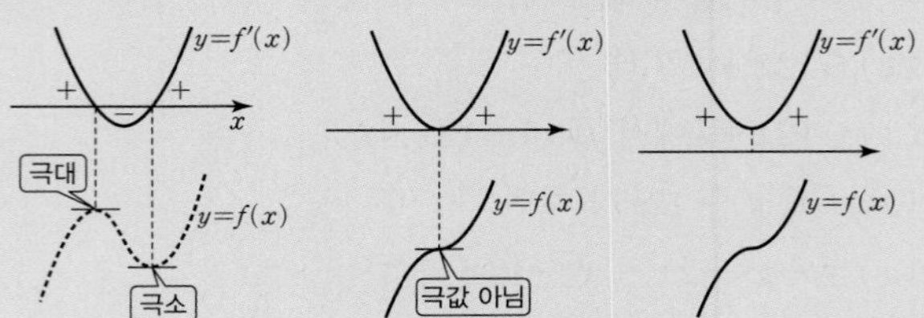

풀이 전략 미분가능하면 연속이고 미분계수가 존재함을 알고 삼차함수의 극값을 이용한다.

문제 풀이

[STEP 1] 함수 $g(x)$를 x의 값의 범위에 따라 간단히 한다.

조건 (가)에서 $x\ne 0$, $x\ne 2$일 때,

$g(x)=\frac{x(x-2)}{|x(x-2)|}(|f(x)|-a)$

$x<0$ 또는 $x>2$일 때 $x(x-2)>0$,

$0<x<2$일 때 $x(x-2)<0$이므로

$g(x)=\begin{cases} |f(x)|-a & (x<0 \text{ 또는 } x>2) \\ a-|f(x)| & (0<x<2) \end{cases}$

[STEP 2] $f'(0)$, $f'(2)$의 값을 구한다.

조건 (나)에 의해 함수 $g(x)$는 $x=0$, $x=2$에서 미분가능하므로 $x=0$, $x=2$에서 연속이다.

즉, $\lim_{x\to 0-} g(x)=\lim_{x\to 0+} g(x)$에서

$|f(0)|-a=a-|f(0)|$

그러므로 $|f(0)|=a$

즉, $g(0)=\lim_{x\to 0+} g(x)=0$

같은 방법으로 $|f(2)|=a$이고 $g(2)=0$

그러므로 $g(x)=\begin{cases} |f(x)|-a & (x<0 \text{ 또는 } x>2) \\ a-|f(x)| & (0\le x\le 2) \end{cases}$

함수 $g(x)$가 $x=0$에서 미분가능하므로

$\lim_{x\to 0-}\frac{g(x)-g(0)}{x}=\lim_{x\to 0+}\frac{g(x)-g(0)}{x}$

즉, $\lim_{x\to 0-}\frac{|f(x)|-a}{x}=\lim_{x\to 0+}\frac{a-|f(x)|}{x}$ ...... ㉠

(i) $f(0)=a$인 경우

$f(x)$는 $x=0$에서 연속이고 $f(0)>0$이므로 $\lim_{x\to 0} f(x)>0$이다. 그러므로

$\lim_{x\to 0-}\frac{|f(x)|-a}{x}=\lim_{x\to 0-}\frac{f(x)-f(0)}{x}=f'(0)$

$\lim_{x\to 0+}\frac{a-|f(x)|}{x}=\lim_{x\to 0+}\frac{f(0)-f(x)}{x}=-f'(0)$

㉠에 의하여 $f'(0)=-f'(0)$이므로 $f'(0)=0$

(ii) $f(0)=-a$인 경우

$f(x)$는 $x=0$에서 연속이고 $f(0)<0$이므로 $\lim_{x\to 0} f(x)<0$이다. 그러므로

$\lim_{x\to 0-}\frac{|f(x)|-a}{x}=\lim_{x\to 0-}\frac{-f(x)+f(0)}{x}=-f'(0)$

$\lim_{x\to 0+}\frac{a-|f(x)|}{x}=\lim_{x\to 0+}\frac{-f(0)+f(x)}{x}=f'(0)$

㉠에 의하여 $-f'(0)=f'(0)$이므로 $f'(0)=0$

(i), (ii)에 의하여 $f'(0)=0$

함수 $g(x)$가 $x=2$에서도 미분가능하므로 같은 방법으로 $f'(2)=0$이다.

[STEP 3] $f(x)$를 구한다.

$f'(0)=f'(2)=0$이므로 삼차함수 $f(x)$는 $x=0$과 $x=2$에서 극값을 갖고 최고차항의 계수가 1이므로 $x=0$에서 극댓값 $f(0)=a$, $x=2$에서 극솟값 $f(2)=-a$를 갖는다.

> 함정: 삼차함수 $f(x)$는 $x=0$과 $x=2$에서 극값을 갖고 $|f(0)|=a$, $|f(2)|=a$이므로 극값은 $f(0)=\pm a$, $f(2)=\pm a$ 중에서 될 수 있어.

$f(x)=x^3+px^2+qx+a$ (p, q는 상수)라 하면

$f'(x)=3x^2+2px+q$이고 $f'(0)=f'(2)=0$이므로

$p=-3$, $q=0$ → $f'(0)=q=0$, $f'(2)=12+4p=0$에서 $p=-3$

즉, $f(x)=x^3-3x^2+a$

$f(2)=2^3-3\times2^2+a=-a$에서 $a=2$이므로

$f(x)=x^3-3x^2+2$

[STEP 4] $g(3a)$의 값을 구한다.

따라서 $g(3a)=g(6)=|f(6)|-2=|6^3-3\times6^2+2|-2=108$

답 108

수능이 보이는 강의

$f(0)=f(2)=a$ 또는 $f(0)=f(2)=-a$인 경우에 삼차함수 $f(x)$는 극댓값과 극솟값이 서로 같을 수 없으므로 모순이야.

$f(0)=-a$, $f(2)=a$인 경우에 삼차함수 $f(x)$의 최고차항의 계수가 1이므로 모순이야.

06

정답률 **6.4%**

정답 공식 **개념만 확실히 알자!**

구간별로 다르게 정의된 함수의 미분가능

구간별로 다르게 정의된 함수 $f(x)=\begin{cases} g(x) & (x<k) \\ h(x) & (x\geq k)\end{cases}$가 경곗값인 $x=k$에서 미분가능하면

① $x=k$에서 연속이므로 $g(k)=h(k)$

② $f'(k)=\lim\limits_{h\to0}\dfrac{f(k+h)-f(k)}{h}$가 존재한다.

풀이 전략 미분가능성을 이용하여 조건을 만족시키는 함수를 구한다.

문제 풀이

[STEP 1] 이차함수 $f(x)$의 식의 꼴을 구한다.

이차함수 $f(x)$가 $x=-1$에서 극대이므로 함수 $y=f(x)$의 그래프는 직선 $x=-1$에 대하여 대칭이다.

$f(-2)=f(0)=h(0)$

이때 $h(0)=k$라 하면 $f(x)$는

$f(x)=ax(x+2)+k=ax^2+2ax+k$ ($a<0$)

> 실수: 이차함수 $f(x)$가 극댓값을 가지므로 $a<0$

로 놓을 수 있다.

[STEP 2] 삼차함수의 최고차항의 계수가 양수인 경우와 음수인 경우로 나누어 조건을 만족시키는 함수 $h(x)$를 구한다.

한편, $g(x)$가 삼차함수이므로 $h(x)$가 실수 전체의 집합에서 미분가능하기 위해서는 $x=0$에서의 곡선 $y=g(x)$의 접선의 기울기는 음수이어야 한다.

또, 방정식 $h(x)=h(0)$의 모든 실근의 합이 1이어야 하므로 다음 두 가지로 나눌 수 있다.

(i) 삼차함수 $g(x)$의 최고차항의 계수가 양수인 경우

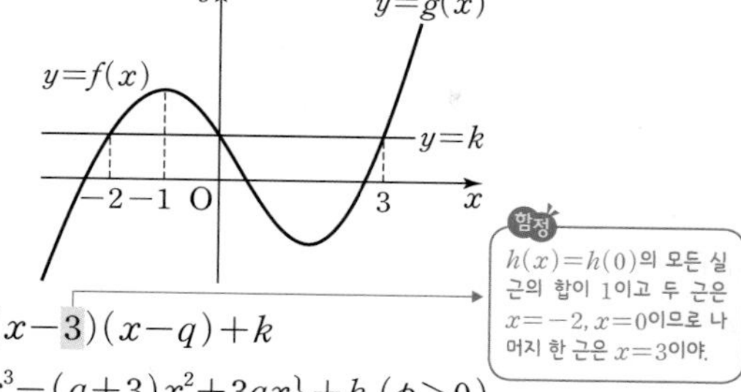

> 함정: $h(x)=h(0)$의 모든 실근의 합이 1이고 두 근은 $x=-2$, $x=0$이므로 나머지 한 근은 $x=3$이야.

$g(x)=px(x-3)(x-q)+k$

$=p\{x^3-(q+3)x^2+3qx\}+k$ ($p>0$)

한편 삼차함수 $g(x)$의 이차항의 계수가 0이므로 $q=-3$

$g(x)=p(x^3-9x)+k$

이때 $g'(x)=p(3x^2-9)$이므로 $g'(x)=0$에서

$x=-\sqrt{3}$ 또는 $x=\sqrt{3}$ → $p>0$이므로 함수 $g(x)$는 $x=-\sqrt{3}$에서 극대, $x=\sqrt{3}$에서 극소

그러므로 함수 $h(x)$는 $x=\sqrt{3}$에서 극소이다.

이때 $x=0$에서의 곡선 $y=f(x)$의 접선의 기울기와 $x=0$에서의 곡선 $y=g(x)$의 접선의 기울기가 서로 같아야 하므로

$f'(x)=2ax+2a$, $g'(x)=p(3x^2-9)$에서

$2a=-9p$ …… ㉠

또, 닫힌구간 $[-2, 3]$에서 함수 $h(x)$의 최댓값은 $f(-1)$, 최솟값은 $g(\sqrt{3})$이므로 ㉠을 이용하면

$f(-1)-g(\sqrt{3})=(-a+k)-(-6\sqrt{3}p+k)$

$=-a+6\sqrt{3}p=\dfrac{9}{2}p+6\sqrt{3}p$

$=\dfrac{9+12\sqrt{3}}{2}p=3+4\sqrt{3}$

그러므로 $p=\dfrac{2}{3}$, $a=-\dfrac{9}{2}p=-3$

따라서 $f'(x)=-6x-6$, $g'(x)=2x^2-6$이므로

$h'(-3)+h'(4)=f'(-3)+g'(4)$

$=-6\times(-3)-6+2\times4^2-6=38$

(ii) 삼차함수 $g(x)$의 최고차항의 계수가 음수인 경우

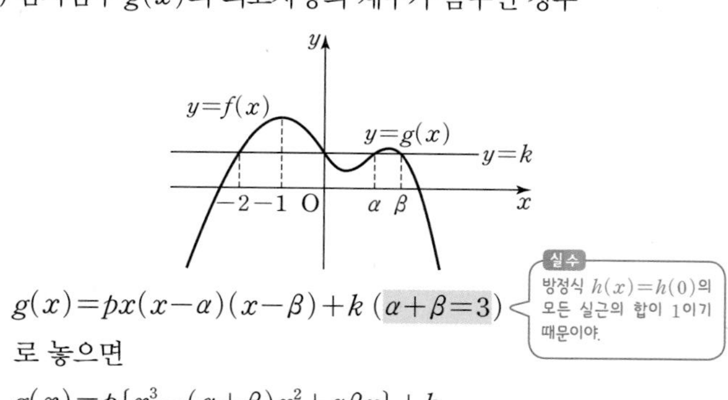

$g(x)=px(x-\alpha)(x-\beta)+k$ ($\alpha+\beta=3$)

> 실수: 방정식 $h(x)=h(0)$의 모든 실근의 합이 1이기 때문이야.

로 놓으면

$g(x)=p\{x^3-(\alpha+\beta)x^2+\alpha\beta x\}+k$

$=p(x^3-3x^2+\alpha\beta x)+k$

이므로 이차항의 계수가 0이 아니다.

따라서 (i), (ii)에서 구하는 값은 38이다.

답 38

07

정답률 **5.9%**

정답 공식 **개념만 확실히 알자!**

방정식 $f(x)=k$의 서로 다른 실근의 개수는 곡선 $y=f(x)$와 직선 $y=k$의 교점의 개수와 같다.

풀이 전략 실근 조건을 만족시키는 삼차함수를 구한다.

문제 풀이

[STEP 1] $x<1$일 때 함수 $g(x)$의 식을 구한다.

$x<1$일 때, 함수 $g(x)$는

$$y=\frac{ax-9}{x-1}=\frac{a(x-1)+a-9}{x-1}=\frac{a-9}{x-1}+a$$

→ $y=\frac{a-9}{x-1}+a$의 그래프는 점근선이 $x=1$, $y=a$인 유리함수의 그래프이다.

이 그래프는 함수 $y=\frac{a-9}{x}$의 그래프를 x축의 방향으로 1만큼, y축의 방향으로 a만큼 평행이동시킨 것이다.

그러므로 $a-9$의 부호에 따라 함수 $y=g(x)$의 그래프의 개형을 그리면 다음 그림과 같다.

[STEP 2] $a-9$의 부호에 따라 $y=g(x)$의 그래프의 개형을 그려서 조건을 만족시키는 t의 값을 구한다.

(i) $a-9>0$, 즉 $a>9$일 때

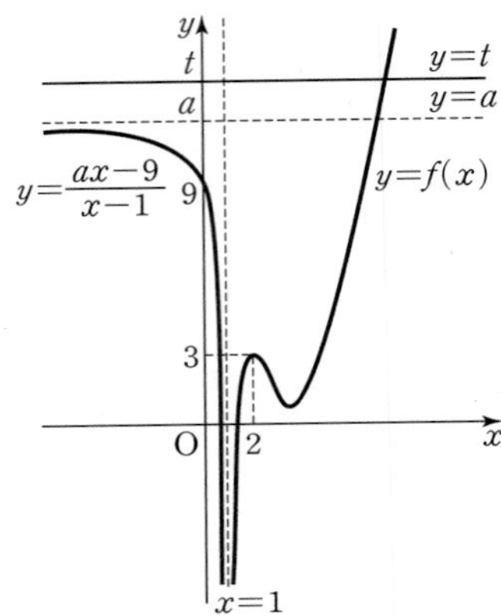

직선 $y=t$가 $t>a$일 때는 곡선 $y=\frac{a-9}{x-1}+a$와 만나지 않는다.

또, 실수 t의 값이 충분히 크면 삼차함수 $y=f(x)$의 그래프는 직선 $y=t$와 한 점에서 만난다.

그러므로 조건을 만족시키지 못한다.

(ii) $a-9=0$, 즉 $a=9$일 때

$$y=\frac{a-9}{x-1}+a=9$$

→ $a=9$를 대입하면 $y=\frac{9-9}{x-1}+9=9$

이 경우에도 직선 $y=t$가 $t>9$이고 충분히 크면 직선 $y=t$와 삼차함수 $y=f(x)$의 그래프가 한 점에서만 만난다.

그러므로 조건을 만족시키지 못한다.

(iii) $a-9<0$, 즉 $a<9$일 때

조건을 만족시키려면 유리함수 $y=\frac{a-9}{x-1}+a$의 그래프의 점근선은 $y=3$이어야 한다. 즉, $a=3$

또, 삼차함수 $y=f(x)$의 그래프는 두 직선 $y=3$, $y=-1$에 접하고 $f(1)\le-1$이어야 한다.

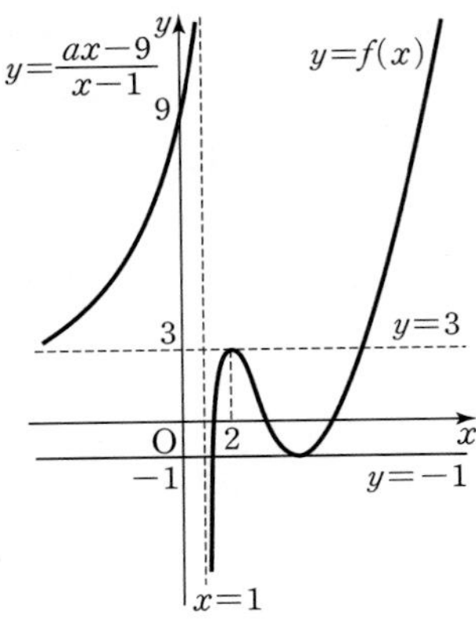

[STEP 3] 삼차함수 $f(x)$를 구한다.

삼차함수 $f(x)$의 최고차항의 계수가 1이므로

$f(x)=(x-2)^2(x-k)+3\,(k>2)$로 놓으면

$$\begin{aligned}f'(x)&=2(x-2)(x-k)+(x-2)^2\\&=(x-2)(3x-2k-2)\\&=3(x-2)\left(x-\frac{2k+2}{3}\right)\end{aligned}$$

$f'(x)=0$에서 $x=2$ 또는 $x=\frac{2k+2}{3}$

주의 함수 $y=g(x)$의 그래프와 직선 $y=-1$이 서로 다른 두 점에서 만나려면 극솟값이 -1이어야 해.

이때 함수 $f(x)$는 $x=\frac{2k+2}{3}$에서 극솟값 -1을 가져야 하므로

$$\begin{aligned}f\left(\frac{2k+2}{3}\right)&=\left(\frac{2k+2}{3}-2\right)^2\left(\frac{2k+2}{3}-k\right)+3\\&=-\frac{4}{27}(k-2)^3+3\end{aligned}$$

에서 $-\frac{4}{27}(k-2)^3+3=-1$이므로

$(k-2)^3=27$

$k=5$

즉, $f(x)=(x-2)^2(x-5)+3$

[STEP 4] $(g\circ g)(-1)$의 값을 구한다.

따라서 $g(x)=\begin{cases}\dfrac{3x-9}{x-1} & (x<1)\\(x-2)^2(x-5)+3 & (x\ge1)\end{cases}$이므로

$$\begin{aligned}(g\circ g)(-1)&=g(g(-1))\\&=g(6)\\&=19\end{aligned}$$

→ $g(-1)=\frac{3\times(-1)-9}{-1-1}=\frac{-12}{-2}=6$

→ $g(6)=(6-2)^2\times(6-5)+3=4^2+3$

답 19

수능이 보이는 강의

$a-9$의 부호, 즉 $a>9$, $a=9$, $a<9$인 경우에 따라 함수 $g(x)$가 주어진 조건을 만족시키는지의 여부를 판단해야 돼.

08

정답률 5.2%

정답 공식 **개념만 확실히 알자!**

- 함수 $f(x)$가 $x=a$에서 미분가능함을 보이려면 $x=a$에서의 미분계수 $f'(a)$, 즉 $\lim_{h\to 0}\frac{f(a+h)-f(a)}{h}$가 존재함을 보이면 된다.
- 함수 $f(x)$가 $x=a$에서 미분가능할 때, 곡선 $y=f(x)$ 위의 점 $P(a, f(a))$에서의 접선의 방정식은 $y-f(a)=f'(a)(x-a)$이다.

풀이 전략 두 곡선 $y=f(x)$, $y=g(x)$가 점 (a, b)에서 공통인 접선을 가지므로 $f(a)=g(a)=b$, $f'(a)=g'(a)$임을 이용한다.

문제 풀이

[STEP 1] 조건 (가)를 이용하여 함수 $g(x)$의 그래프를 그린다.

$0<x\le 4$에서

$g(x)=x^3-8x^2+16x=x(x-4)^2$

함수 $g(x)$가 $x=4$에서 연속이므로

$\lim_{x\to 4+}g(x)=\lim_{x\to 4-}g(x)$

$\lim_{x\to 4+}f(x)=\lim_{x\to 4-}x(x-4)^2$

즉, $f(4)=0$

또, 함수 $g(x)$가 $x=4$에서 미분가능하므로

$\lim_{x\to 4+}\frac{g(x)-g(4)}{x-4}=\lim_{x\to 4-}\frac{g(x)-g(4)}{x-4}$

$\lim_{x\to 4+}\frac{f(x)-f(4)}{x-4}=\lim_{x\to 4-}\frac{x(x-4)^2}{x-4}$

즉, $f'(4)=0$

이때 $f(4)=f'(4)=0$이고 $g\left(\frac{21}{2}\right)=f\left(\frac{21}{2}\right)=0$이므로

$f(x)=a(x-4)^2(2x-21)$ $(a\ne 0)$이라 하면

$$g(x)=\begin{cases} x(x-4)^2 & (0<x\le 4) \\ a(x-4)^2(2x-21) & (x>4)\end{cases}$$

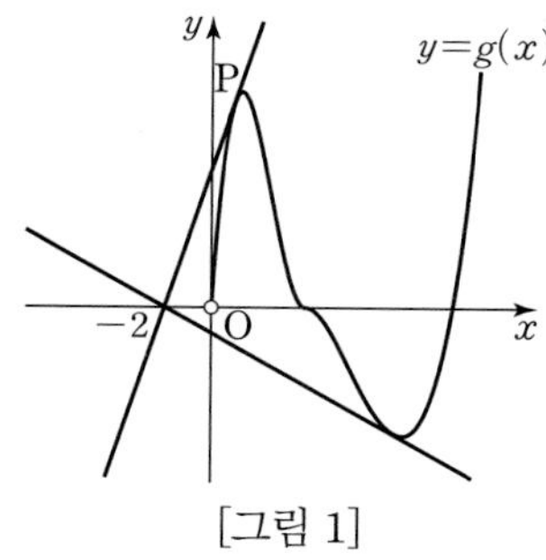

[그림 1]

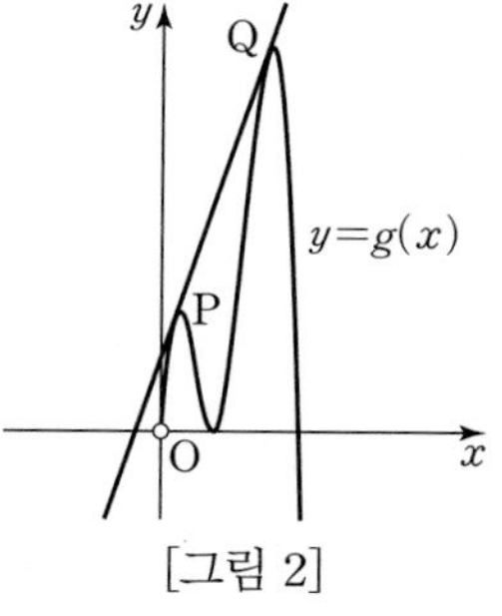

[그림 2]

[STEP 2] 조건 (나)를 이용하여 함수 $g(x)$의 그래프의 접선의 방정식을 구한다.

$a>0$이면 함수 $y=g(x)$의 그래프의 개형이 [그림 1]과 같으므로 점 $(-2, 0)$에서 곡선 $y=g(x)$에 그은 기울기가 0이 아닌 접선이 오직 하나 존재하지 않으므로 조건 (나)를 만족시키지 못한다.

한편, $a<0$이면 함수 $y=g(x)$의 그래프의 개형이 [그림 2]와 같으므로 점 $(-2, 0)$에서 곡선 $y=g(x)$에 그은 기울기가 0이 아닌 접선이 오직 하나 존재하므로 조건 (나)를 만족시킨다.

즉, 점 $(-2, 0)$에서 곡선 $y=g(x)$에 그은 기울기가 0이 아닌 접선은 곡선 $y=g(x)$ 위의 두 점 P, Q에서 곡선 $y=g(x)$에 접한다.

이때 두 점 P, Q의 x좌표를 각각 t, s라 하면

$0<t<4$, $s>4$이다.

$0<t<4$에서 $g'(t)=3t^2-16t+16$이므로 점 P에서의 접선의 방정식은

$y=(3t^2-16t+16)(x-t)+t^3-8t^2+16t$

이고, 이 접선이 점 $(-2, 0)$을 지나므로

$(3t^2-16t+16)(-2-t)+t^3-8t^2+16t=0$

$2t^3-2t^2-32t+32=0$

$(t-4)(t+4)(t-1)=0$

이때 $0<t<4$이므로 $t=1$

즉, 점 P에서의 접선의 방정식은 $y=3x+6$이고, 이 접선이 점 Q에서 곡선 $y=f(x)$ $(x>4)$에 접한다.

$f(x)=a(x-4)^2(2x-21)$에서

$f'(x)=2a(x-4)(2x-21)+2a(x-4)^2$

$=2a(3x^2-37x+100)$

$=2a(x-4)(3x-25)$

이므로 점 Q에서의 접선의 방정식은

$y=2a(s-4)(3s-25)(x-s)+a(s-4)^2(2s-21)$

이고, 이 접선이 점 $(-2, 0)$을 지나므로

$2a(s-4)(3s-25)(-2-s)+a(s-4)^2(2s-21)=0$

이때 $a\ne 0$, $s>4$이므로

$-2(s+2)(3s-25)+(s-4)(2s-21)=0$

$4s^2-9s-184=0$

$(4s+23)(s-8)=0$

$s=8$

즉, 점 Q에서의 접선의 방정식은 $y=-8ax-16a$이고, 이 접선은 $y=3x+6$이므로

$-8a=3$, $a=-\frac{3}{8}$

[STEP 3] 함수 $f(x)$를 구한 후 미지수의 값을 구한다.

따라서 $f(x)=-\frac{3}{8}(x-4)^2(2x-21)$이므로

$g(10)=f(10)=\frac{27}{2}$

즉, $p=2$, $q=27$이므로 $p+q=29$

답 29

수능이 보이는 강의

함수의 그래프에서 미분가능한 점은 매끄럽게 연결된 점이고, 미분가능하지 않은 점은 불연속인 점과 꺾이는 점이다.

09

정답률 4.0%

정답 공식 **개념만 확실히 알자!**

방정식 $f(x)=k$의 서로 다른 실근의 개수는 곡선 $y=f(x)$와 직선 $y=k$의 교점의 개수와 같다.

풀이 전략 실근의 조건을 만족시키는 사차함수를 구한다.

문제 풀이

[STEP 1] 극한값이 존재하기 위한 조건을 구한다.

$\lim_{x\to k}\frac{g(x)-g(k)}{|x-k|}$의 값이 존재하므로

$\lim_{x\to k-}\frac{g(x)-g(k)}{|x-k|}=\lim_{x\to k+}\frac{g(x)-g(k)}{|x-k|}$이어야 한다. 즉

$$\lim_{x\to k-}\frac{g(x)-g(k)}{|x-k|}=\lim_{x\to k-}\left\{\frac{g(x)-g(k)}{x-k}\times\frac{x-k}{|x-k|}\right\}$$

$$=\lim_{x\to k-}\frac{g(x)-g(k)}{x-k}\times(-1)\quad\cdots\cdots ㉠$$

$$\lim_{x\to k+}\frac{g(x)-g(k)}{|x-k|}=\lim_{x\to k+}\left\{\frac{g(x)-g(k)}{x-k}\times\frac{x-k}{|x-k|}\right\}$$

$$=\lim_{x\to k+}\frac{g(x)-g(k)}{x-k}\times 1\quad\cdots\cdots ㉡$$

에서 ㉠과 ㉡이 같아야 하므로

$\lim_{x\to k}\frac{g(x)-g(k)}{x-k}=0$이거나 $\lim_{x\to k-}\frac{g(x)-g(k)}{x-k}$와

$\lim_{x\to k+}\frac{g(x)-g(k)}{x-k}$의 값이 절댓값이 같고 부호가 반대이어야 한다.

따라서 $g'(k)=0$에서 $f'(k)=0$이거나

$g(k)=0$에서 $|f(k)-t|=0$, 즉 $f(k)=t$이어야 한다.

[STEP 2] 방정식 $f'(k)=0$의 실근의 개수에 따라 주어진 조건을 만족시키는 경우를 구한다.

방정식 $f'(x)=0$의 서로 다른 실근의 개수에 따라 다음과 같이 경우를 나누어 생각할 수 있다.

(i) 서로 다른 실근의 개수가 1인 경우

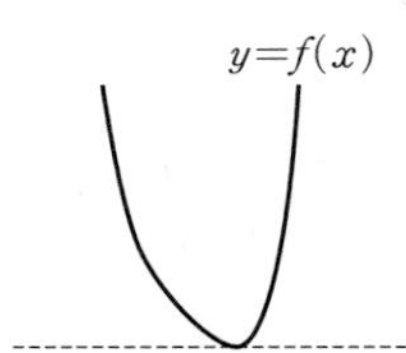

함수 $h(t)$가 불연속이 되는 실수 t가 오직 하나만 존재하므로 조건 (나)를 만족시키지 못한다.

(ii) 서로 다른 실근의 개수가 2인 경우

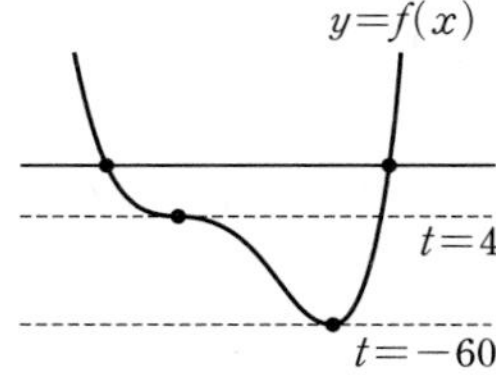

함수 $h(t)$가 $t=-60$과 $t=4$에서 불연속이므로 $f'(\alpha)=0$일 때 $f(\alpha)$의 값은 -60과 4이다. 이때 $\lim_{t\to 4+}h(t)=4$가 되어 조건 (가)를 만족시키지 못한다.

(iii) 서로 다른 실근의 개수가 3인 경우

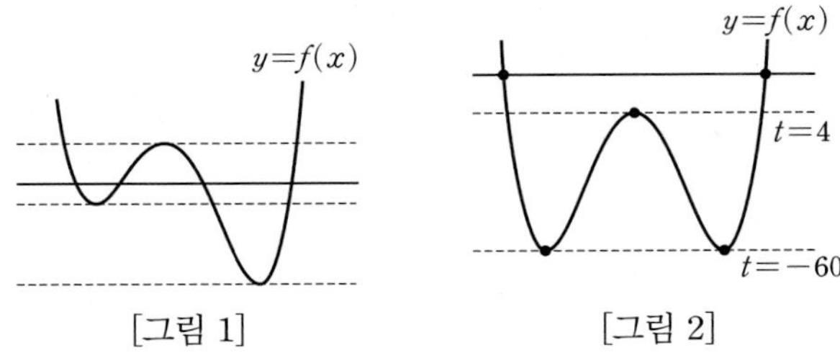

[그림 1] [그림 2]

[그림 1]과 같이 두 극솟값의 크기가 다르면 함수 $h(t)$가 불연속이 되는 서로 다른 실수 t가 3개 존재하므로 조건 (나)를 만족시키지 못한다.

[그림 2]와 같이 두 극솟값의 크기가 같은 경우 조건 (나)를 만족시키고, 함수 $f(x)$의 극댓값이 4이면 $\lim_{t\to 4+}h(t)=5$이므로 조건 (가)를 만족시킨다. 이때 $h(4)=5$

(i), (ii), (iii)에서 사차함수 $f(x)$는 최고차항의 계수가 1이고 두 극솟값은 모두 -60, 극댓값은 4이다.

이때 $f(2)=4$이고 $f'(2)>0$이므로 방정식 $f(x)=4$의 가장 큰 실근이 2가 된다.

[STEP 3] 그래프의 성질을 이용하여 함숫값을 구한다.

함수 $y=f(x)$의 그래프를 극댓점이 원점에 오도록 평행이동한 그래프를 나타내는 함수를 $p(x)$라 하면 $p(0)=0$이고 $p'(0)=0$이므로 함수 $p(x)$는 x^2을 인수로 갖는다.

또한 함수 $y=p(x)$의 그래프는 y축에 대하여 대칭이므로 양수 a에 대하여 $p(a)=p(-a)=0$이라 하면

$p(x)=x^2(x-a)(x+a)=x^4-a^2x^2$

$p'(x)=4x^3-2a^2x=2x(2x^2-a^2)$

이므로 $p'(x)=0$에서

$x=0$ 또는 $x=\frac{a}{\sqrt{2}}$ 또는 $x=-\frac{a}{\sqrt{2}}$

또, $p\left(\frac{a}{\sqrt{2}}\right)=p\left(-\frac{a}{\sqrt{2}}\right)=-64$이므로

$p\left(\frac{a}{\sqrt{2}}\right)=\left(\frac{a}{\sqrt{2}}\right)^4-a^2\left(\frac{a}{\sqrt{2}}\right)^2=-\frac{a^4}{4}=-64$

즉, $a^4=256=4^4$이므로 $a=4$이다.

이때 $p(x)=x^2(x-4)(x+4)$이므로 방정식 $p(x)=0$의 가장 큰 실근이 4이므로 함수 $y=p(x)$의 그래프를 x축의 방향으로 -2만큼, y축의 방향으로 4만큼 평행이동하면 함수 $y=f(x)$의 그래프와 일치한다.

따라서 $f(x)=(x+2)^2(x-2)(x+6)+4$에서

$f(4)=724$, $h(4)=5$이므로

$f(4)+h(4)=724+5=729$

답 729

10

정답률 **4.0%**

정답 공식 **개념만 확실히 알자!**

최고차항의 계수가 양수인 사차함수 $f(x)$에 대하여 $f'(x)=0$의 근의 개수에 따라 $y=f(x)$의 그래프의 개형은 다음과 같이 3가지 경우가 있다.

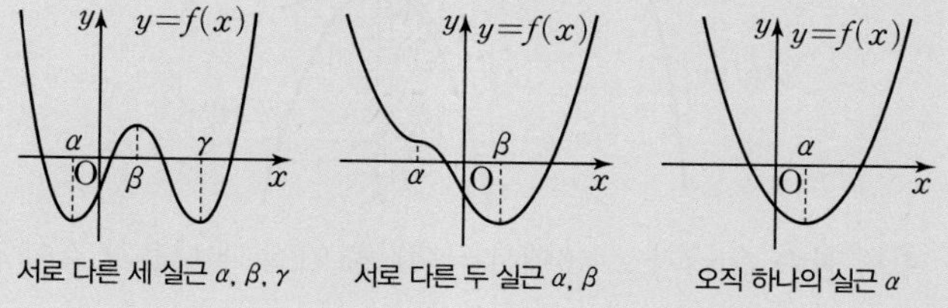

서로 다른 세 실근 α, β, γ 서로 다른 두 실근 α, β 오직 하나의 실근 α

풀이 전략 다항함수의 도함수를 활용하여 함수에 대한 문제를 해결한다.

문제 풀이

[STEP 1] 사차함수 $f(x)$가 극솟값을 갖는 x의 값이 2개임을 파악한다.

사차함수 $f(x)$가 $x=\alpha$에서만 극솟값을 갖는다고 하면

함수 $g(t)$는

$$g(t)=\begin{cases} f(t)-f(\alpha) & (t<\alpha) \\ f(\alpha)-f(t) & (t\ge\alpha) \end{cases}$$

구간 $(-\infty, \alpha)$에서 함수 $f(t)$가 감소하므로 함수 $g(t)$도 감소하고, 구간 $[\alpha, \infty)$에서 함수 $f(t)$가 증가하므로 함수 $g(t)$는 감소한다.

$f(\alpha)-f(t)$이므로 $f(t)$가 증가하면 $g(t)$는 감소한다.

실수 전체의 집합에서 함수 $g(t)$가 감소하므로 조건을 만족시키는 양수 k가 존재하지 않는다.

그러므로 함수 $f(x)$는 극댓값을 가져야 한다.

[STEP 2] 두 개의 극솟값의 대소 관계를 나누어 양수 k가 존재하는 경우를 구한다.

함수 $f(x)$가 $x=\alpha$, $x=\beta$ $(\alpha<\beta)$에서 극솟값을 가지고, $f(\alpha)=a$, $f(\beta)=b$라 하자.

(i) $f(\alpha)=f(\beta)$인 경우

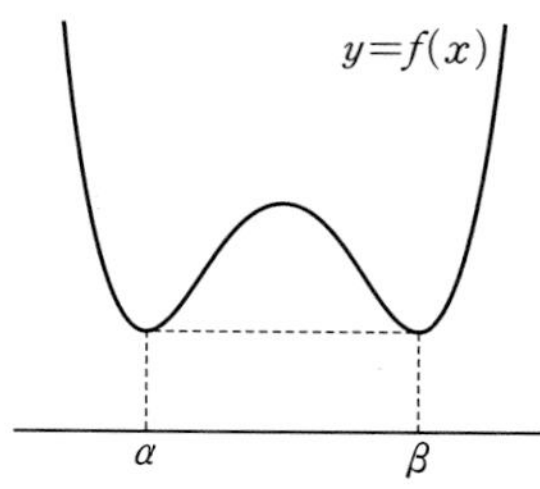

함수 $f(x)$의 최솟값은 a이므로

$$g(t)=\begin{cases} f(t)-a & (t<\alpha) \\ 0 & (\alpha\le t\le\beta) \\ a-f(t) & (t>\beta) \end{cases}$$

따라서 조건을 만족시키는 양수 k가 존재하지 않는다.

(ii) $f(\alpha)<f(\beta)$인 경우

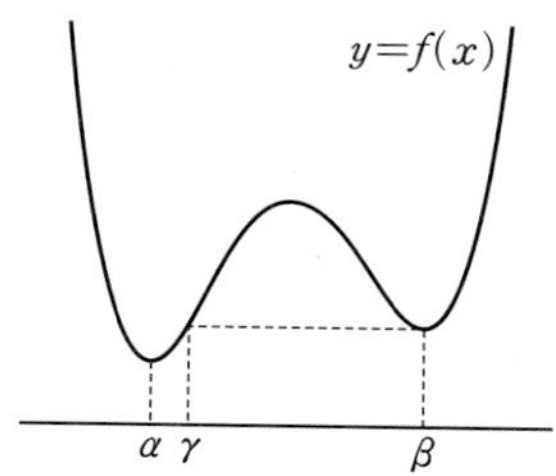

$\alpha<x<\beta$일 때, $f(x)=f(\beta)$의 해를 γ라 하면

$$g(t)=\begin{cases} f(t)-a & (t<\alpha) \\ a-f(t) & (\alpha\le t<\gamma) \\ a-b & (\gamma\le t\le\beta) \\ a-f(t) & (t>\beta) \end{cases}$$

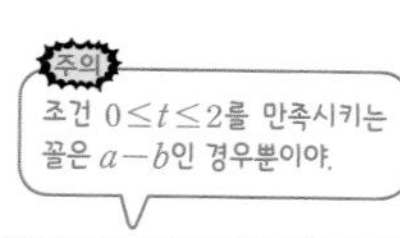

주의
조건 $0\le t\le 2$를 만족시키는 꼴은 $a-b$인 경우뿐이야.

$a-b<0$이므로 조건을 만족시키는 양수 k가 존재하지 않는다.

(iii) $f(\alpha)>f(\beta)$인 경우

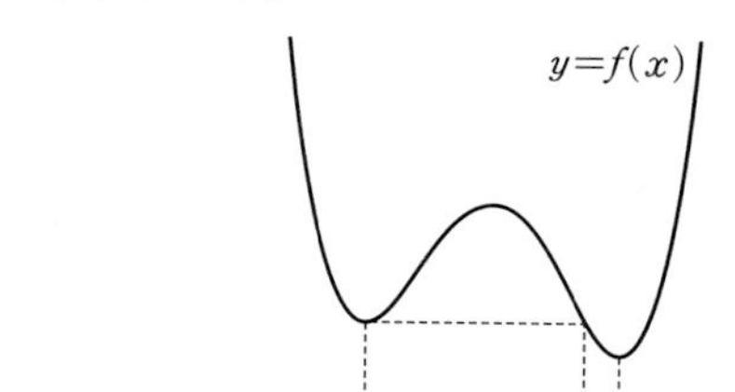

$\alpha<x<\beta$일 때, $f(x)=f(\alpha)$의 해를 γ라 하면

$$g(t)=\begin{cases} f(t)-b & (t<\alpha) \\ a-b & (\alpha\le t\le\gamma) \\ f(t)-b & (\gamma<t<\beta) \\ b-f(t) & (t\ge\beta) \end{cases}$$

$a-b>0$이므로 $k=a-b$, $\alpha=0$, $\gamma=2$이면 k는 주어진 조건을 만족시킨다.

[STEP 3] $k+g(-1)$의 값을 구한다.

(i), (ii), (iii)에서

$f'(\alpha)=0$, $f(\alpha)=f(\gamma)$

$f'(0)=0$, $f(0)=f(2)$

이다. 또 $g(4)=0$이므로 $\beta=4$이고 $f'(4)=0$이다.

$f(x)-f(0)=x^2(x-2)(x-p)$ (p는 상수)라 하면

$f'(x)=2x(x-2)(x-p)+x^2(2x-p-2)$이므로

$f'(4)=0$에서 $16(4-p)+16(6-p)=0$

$10-2p=0$, $p=5$

그러므로

$f(x)=x^2(x-2)(x-5)+f(0)$

$k=f(\alpha)-f(\beta)=f(0)-f(4)$

$\quad=f(0)-\{-32+f(0)\}=32$

$g(-1)=f(-1)-f(4)$

$\qquad=\{18+f(0)\}-\{-32+f(0)\}=50$

따라서 $k+g(-1)=82$

답 82

수능이 보이는 강의

사차함수 $f(x)$가 극솟값을 갖는 x의 값이 2개 존재하면 극댓값을 갖는다는 것은 함수의 그래프를 생각하면 쉽게 알 수 있어.

11

정답률 **4.0%**

정답 공식 **개념만 확실히 알자!**

접선의 방정식
함수 $f(x)$가 $x=a$에서 미분가능할 때, 곡선 $y=f(x)$ 위의 점 $(a, f(a))$에서의 접선의 방정식은
➡ $y-f(a)=f'(a)(x-a)$

풀이 전략 곡선 위의 접선 조건을 이용하여 함수의 그래프의 개형을 그려 본다.

문제 풀이

[STEP 1] 함수 $g(x)$의 식을 구한다.

조건 (가)에서 곡선 $y=g(x)$ 위의 점 $(2, 0)$에서의 접선이 x축이고 함수 $g(x)$는 최고차항의 계수가 -1인 이차함수이므로 $g(x)$의 식은 다음과 같다.

주의: 포물선 $y=g(x)$의 꼭짓점의 좌표가 $(2, 0)$이라는 말이야.

$g(x)=-(x-2)^2$

[STEP 2] 함수 $y=f(x)$의 그래프의 개형을 그려 본다.

삼차함수 $f(x)$의 최고차항의 계수가 1이므로 $x<0$인 범위에서 두 곡선 $y=f(x)$, $y=g(x)$는 반드시 한 점에서 만난다.

조건 (다)에서 방정식 $f(x)=g(x)$는 오직 하나의 실근을 가지므로 두 곡선 $y=f(x)$, $y=g(x)$는 $x<0$에서 만나는 점을 제외하고는 만나지 않아야 한다.

또, 조건 (가)에서 곡선 $y=f(x)$ 위의 점 $(0, 0)$에서의 접선이 x축이므로 곡선 $y=f(x)$는 x축과 접해야 한다.

따라서 삼차함수 $y=f(x)$가 극값을 갖는 경우와 극값을 갖지 않는 경우로 나눈 후, 삼차함수 $y=f(x)$의 그래프의 개형을 그려 점 $(2, 0)$에서 곡선 $y=f(x)$에 그은 접선의 개수를 조사하면 다음과 같다.

(i) 삼차함수 $f(x)$가 극값을 갖는 경우

삼차함수 $y=f(x)$가 $x=0$에서 극솟값을 가질 때, 점 $(2, 0)$에서 곡선 $y=f(x)$에 그은 접선의 개수는 다음 그림과 같이 x축을 포함하여 3개이다.

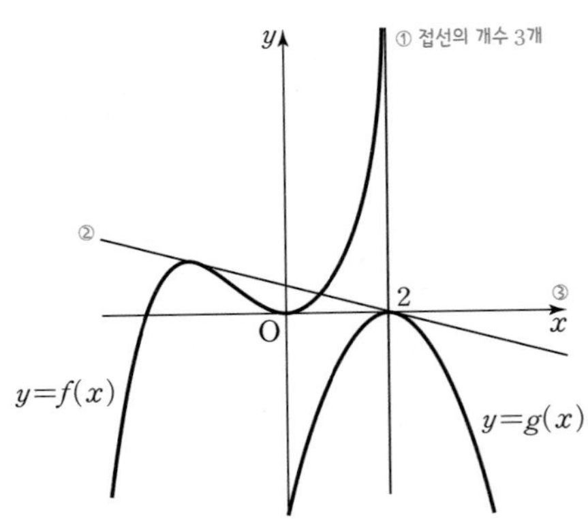

한편 함수 $f(x)$가 $x=0$에서 극댓값을 가질 때 다음과 같이 세 가지로 나누어 생각할 수 있다.

㉠ $f(2)>0$이면 점 $(2, 0)$에서 곡선 $y=f(x)$에 그은 접선의 개수는 다음 그림과 같이 x축을 포함하여 3개이다.

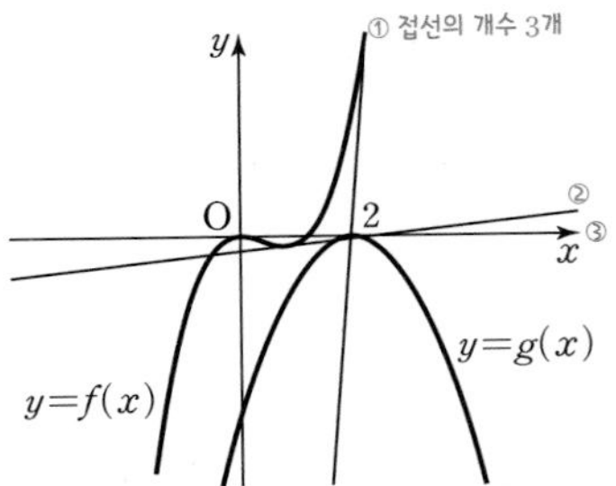

㉡ $f(2)=0$이면 점 $(2, 0)$에서 곡선 $y=f(x)$에 그은 접선의 개수는 다음 그림과 같이 x축을 포함하여 2개이다.
하지만 이때는 두 곡선 $y=f(x)$, $y=g(x)$는 서로 다른 세 점에서 만난다.

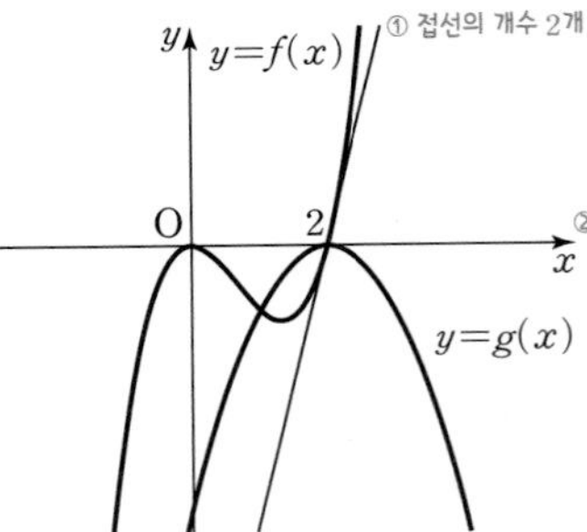

㉢ $f(2)<0$이면 점 $(2, 0)$에서 곡선 $y=f(x)$에 그은 접선은 x축뿐이다. 즉, 접선의 개수는 다음 그림과 같이 1개이다.

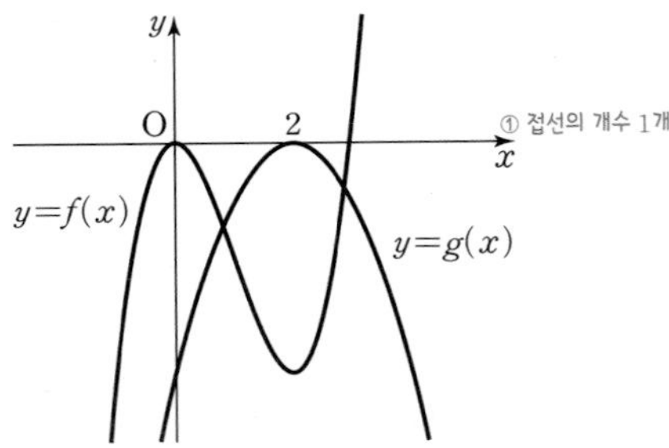

(ii) 삼차함수 $f(x)$가 극값을 갖지 않는 경우

삼차함수 $f(x)=x^3$이고 점 $(2, 0)$에서 곡선 $y=f(x)$에 그은 접선의 개수는 다음 그림과 같이 x축을 포함하여 2개이다.

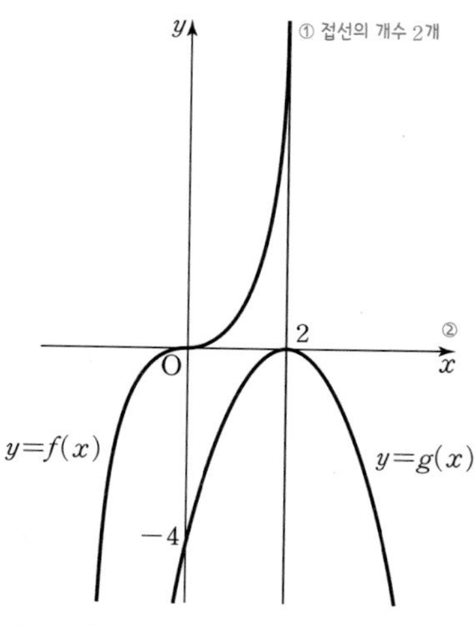

(i), (ii)에서 $f(x)=x^3$

[STEP 3] 주어진 부등식을 만족시키는 직선의 기울기 k의 최댓값 α, 최솟값 β를 구한다.

한편 $x>0$인 모든 실수 x에 대하여

$g(x) \le kx-2 \le f(x)$

이므로 곡선 $y=g(x)$는 직선 $y=kx-2$와 만나거나 아래쪽에 있어야 하고 곡선 $y=f(x)$는 직선 $y=kx-2$와 만나거나 위쪽에 있어야 한다.

한편 직선 $y=kx-2$는 점 $(0,\ -2)$를 지나는 직선이고 k는 이 직선의 기울기이므로 k가 최소가 되는 직선과 최대가 되는 직선은 다음 그림과 같이 접선이다.

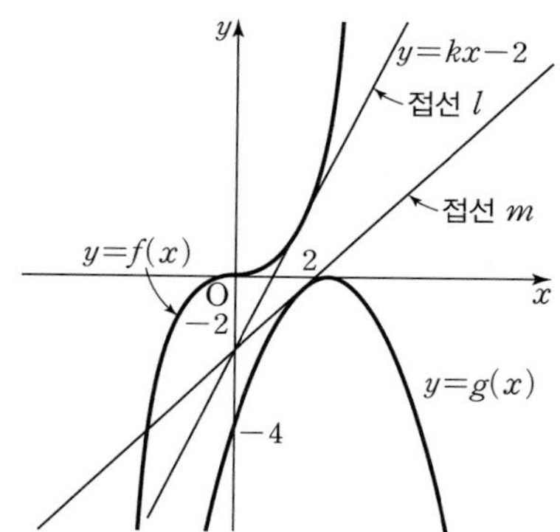

점 $(0,\ -2)$를 지나고 곡선 $y=f(x)$와의 접점의 좌표를 $(p,\ p^3)$이라 하면 $f'(x)=3x^2$이므로 접선 l의 방정식은

$y=3p^2\times(x-p)+p^3$

이다. 이 접선이 점 $(0,\ -2)$를 지나므로 대입하면

$-2=3p^2\times(-p)+p^3$

$p=1$

그러므로 $\alpha=3$ → $\alpha=f'(1)=3\times1^2=3$

또, 점 $(0,\ -2)$를 지나고 곡선 $y=g(x)$의 접점의 좌표를 $(q,\ -(q-2)^2)$이라 하면 $g'(x)=-2(x-2)$이므로 접선 m의 방정식은

$y=-2(q-2)(x-q)-(q-2)^2$

이 접선이 점 $(0,\ -2)$를 지나므로 대입하면

$-2=-2(q-2)(-q)-(q-2)^2$

$-2=2q^2-4q-q^2+4q-4$

$q^2=2$

$q>0$이므로 $q=\sqrt{2}$

그러므로

$\beta=-2(\sqrt{2}-2)=4-2\sqrt{2}$ → $\beta=g'(\sqrt{2})$

[STEP 4] $\alpha-\beta=a+b\sqrt{2}$임을 이용하여 a, b의 값을 구한다.

$\alpha-\beta=3-(4-2\sqrt{2})=-1+2\sqrt{2}$

따라서 $a=-1,\ b=2$이므로

$a^2+b^2=(-1)^2+2^2=5$

답 5

12

정답률 **3.8%**

정답 공식 **개념만 확실히 알자!**

(1) 방정식 $f(x)=g(x)$의 실근의 개수는 함수 $y=f(x)$의 그래프와 $y=g(x)$의 그래프의 교점의 개수 또는 $y=f(x)-g(x)$의 그래프와 x축 $(y=0)$의 교점의 개수와 같다.

(2) 방정식 $f(x)=g(x)$의 실근은 함수 $y=f(x)$의 그래프와 $y=g(x)$의 그래프의 교점의 x좌표와 같다.

풀이 전략 방정식의 실근의 개수를 이용하여 조건을 만족시키는 삼차함수의 그래프를 찾고 식을 구한다.

문제 풀이

[STEP 1] 조건 (나)를 만족시키는 경우를 파악한다.

조건 (가)에서 방정식 $f(x)=0$의 서로 다른 두 실근을 α, β라 하면

$f(x)=k(x-\alpha)^2(x-\beta)$ (k는 상수)

로 놓을 수 있다.

> 주의 삼차함수 $f(x)$에 대하여 $f(x)=0$이 서로 다른 두 실근을 가지므로 한 근은 중근이야.

조건 (나)에서

$x-f(x)=\alpha$ 또는 $x-f(x)=\beta$

를 만족시키는 서로 다른 x의 값의 개수가 3이어야 한다.

즉, $f(x)=x-\alpha$ 또는 $f(x)=x-\beta$에서 곡선 $y=f(x)$와 두 직선 $y=x-\alpha$, $y=x-\beta$가 만나는 서로 다른 점의 개수가 3이어야 한다.

[STEP 2] 곡선 $y=f(x)$ 위의 점 $(1,\ 4)$에서의 접선의 방정식을 구한다.

한편 곡선 $y=f(x)$ 위의 점 $(1,\ 4)$에서의 접선의 기울기가 1이므로 점 $(1,\ 4)$에서의 접선의 방정식은 $y=x+3$

[STEP 3] 함수 $f(x)$의 식을 구한다.

그런데 $f(0)>0$, $f'(0)>1$이므로 곡선 $y=f(x)$와 직선 $y=x+3$은 그림과 같다.

> 함정 삼차함수 $y=f(x)$의 그래프 중 $f(0)>0$, $f'(0)>1$을 만족시키는 그래프를 생각해.

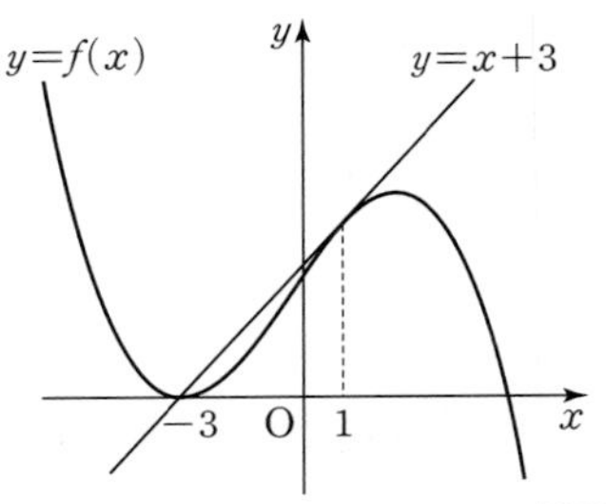

$f(x)-(x+3)=k(x+3)(x-1)^2$이므로

곡선 $y=f(x)$와 직선 $y=x+3$은 $x=-3$인 점에서 만나고 $x=1$인 점에서 접한다.

$f(x)=k(x+3)(x-1)^2+x+3$

$f'(x)=k(x-1)^2+k(x+3)\times 2(x-1)+1$

이때 $f'(-3)=0$이므로

$f'(-3)=16k+1=0$

$k=-\dfrac{1}{16}$

따라서 $f(x)=-\dfrac{1}{16}(x+3)(x-1)^2+x+3$

[STEP 4] $p+q$의 값을 구한다.

$f(0)=-\dfrac{3}{16}+3=\dfrac{45}{16}$이므로

$p=16$, $q=45$

따라서 $p+q=16+45=61$

답 61

수능이 보이는 강의

방정식 $f(x)=0$의 서로 다른 실근의 개수가 2이므로 $y=f(x)$로 가능한 그래프는 다음의 4가지 경우야.

㉠ ㉡

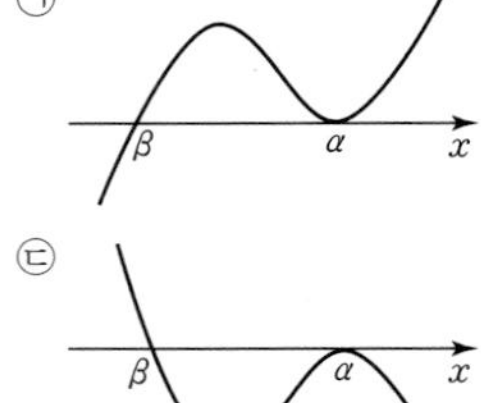

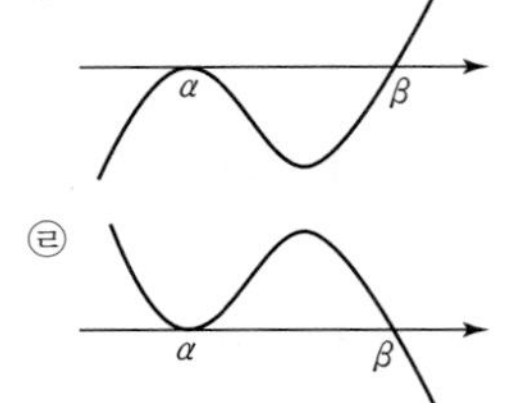

㉢ ㉣

이때 곡선 $y=f(x)$와 두 직선 $y=x-\alpha$, $y=x-\beta$가 만나는 서로 다른 점의 개수가 3이어야 해. 이를 만족시키는 것은 다음의 2가지 경우야.

㉢ ㉣

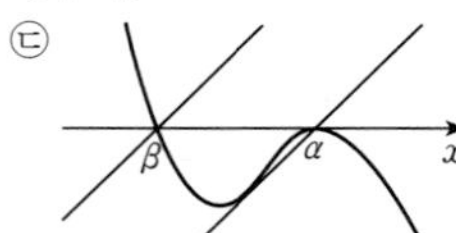

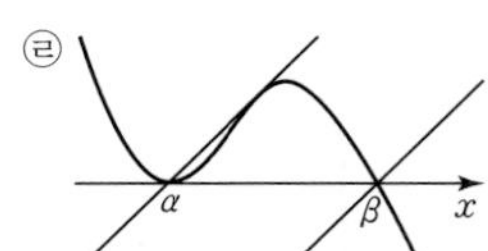

따라서 $f(1)=4$, $f(0)>0$, $f'(0)>1$, $f'(-3)=0$을 만족시키는 경우는 ㉣뿐이야.

13

정답률 3.8%

정답 공식 **개념만 확실히 알자!**

곡선 위의 점에서의 접선의 방정식

함수 $f(x)$가 $x=a$에서 미분가능할 때, 곡선 $y=f(x)$ 위의 점 $\mathrm{P}(a, f(a))$에서의 접선의 기울기는 함수 $f(x)$의 $x=a$에서의 미분계수 $f'(a)$와 같다.

따라서 곡선 $y=f(x)$ 위의 점 $\mathrm{P}(a, f(a))$에서의 접선의 방정식은

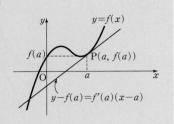

$y-f(a)=f'(a)(x-a)$

풀이 전략 두 점을 지나는 직선의 기울기와 곡선 위의 점에서의 접선의 기울기가 같음을 이용한다.

문제 풀이

[STEP 1] 등차수열의 성질과 접선의 방정식을 이용하여 사차함수 $f(x)$의 식을 세운다.

네 수 -1, 0, 1, 2가 이 순서대로 등차수열을 이루고, $f(-1)$, $f(0)$, $f(1)$, $f(2)$도 이 순서대로 등차수열을 이루므로 좌표평면에서 네 점 $(-1, f(-1))$, $(0, f(0))$, $(1, f(1))$, $(2, f(2))$는 한 직선 위에 있다.

이 직선의 방정식을

$y=mx+n$ (m, n은 상수)

라 하자.

함수 $f(x)$가 최고차항의 계수가 1인 사차함수이므로

$f(x)-(mx+n)=x(x+1)(x-1)(x-2)$

주의: 곡선 $y=f(x)$와 직선 $y=mx+n$의 교점의 x좌표가 $-1, 0, 1, 2$이므로 $f(x)-(mx+n)=0$의 근이 $-1, 0, 1, 2$야.

즉, $f(x)=x(x+1)(x-1)(x-2)+mx+n$으로 놓을 수 있다.

[STEP 2] 접선의 기울기를 이용하여 상수 k의 값을 구한다.

$f(x)=x(x+1)(x-1)(x-2)+mx+n$을 x에 대하여 미분하면

$$f'(x)=(x+1)(x-1)(x-2)+x(x-1)(x-2)+x(x+1)(x-2)+x(x+1)(x-1)+m$$

이므로

$f'(-1)=-6+m$, $f'(2)=6+m$

곡선 $y=f(x)$ 위의 점 $(-1, f(-1))$에서의 접선이 점 $(k, 0)$을 지나므로

$f'(-1)=\dfrac{0-f(-1)}{k-(-1)}$에서

두 점 $(-1, f(-1))$, $(k, 0)$을 지나는 직선의 기울기

$-6+m=\dfrac{m-n}{k+1}$ ← $f(-1)=-m+n$

$mk+n=6(k+1)$ …… ㉠

곡선 $y=f(x)$ 위의 점 $(2, f(2))$에서의 접선이 점 $(k, 0)$을 지나므로 $f'(2)=\dfrac{0-f(2)}{k-2}$에서

두 점 $(2, f(2))$, $(k, 0)$을 지나는 직선의 기울기

$6+m=\dfrac{-2m-n}{k-2}$ ← $f(2)=2m+n$

$mk+n=6(2-k)$ …… ㉡

㉠, ㉡에서 $6(k+1)=6(2-k)$이므로

$6k+6=12-6k$

$12k=6$

$k=\frac{1}{2}$

[STEP 3] $k=\frac{1}{2}$을 이용하여 $f(x)$의 식을 구하고 $f(4k)$의 값을 구한다.

㉠에 $k=\frac{1}{2}$을 대입하면

$\frac{1}{2}m+n=9$ …… ㉢

주어진 조건에서 $f(2k)=20$이므로

$f(2k)=f(1)=m+n=20$ …… ㉣

㉢, ㉣을 연립하여 풀면

$m=22$, $n=-2$

따라서 $f(x)=x(x+1)(x-1)(x-2)+22x-2$이므로

$f(4k)=f(2)=22\times2-2=42$

답 42

14

정답률 **3.2%**

정답 공식 **개념만 확실히 알자!**

함수의 증가, 감소

함수 $f(x)$가 어떤 구간에서 미분가능할 때, 그 구간의 모든 x에 대하여

(1) $f'(x)>0$이면 함수 $f(x)$는 이 구간에서 증가한다.

(2) $f'(x)<0$이면 함수 $f(x)$는 이 구간에서 감소한다.

풀이 전략 실근 조건을 만족시키는 삼차함수를 구한다.

문제 풀이

[STEP 1] 삼차함수 $y=f(x)$의 그래프의 개형을 그려 본다.

$x=a$가 방정식 $(f\circ f)(x)=x$, 즉 $f(f(x))=x$의 한 실근이므로 다음과 같은 두 가지 경우 중의 하나이다.

(i) $f(a)=a$일 때

a는 곡선 $y=f(x)$와 직선 $y=x$의 교점의 x좌표이다.

(ii) $f(a)=b$이고 $f(b)=a$일 때 (단, $a\neq b$)

두 점 (a, b), (b, a)는 직선 $y=x$에 대하여 대칭이고, 이 두 점을 모두 지나는 직선의 기울기는

$\frac{a-b}{b-a}=-1$

이다.

(i) 또는 (ii)와 주어진 조건

$f'(1)<0$, $f'(2)<0$ 및 $0<1<a<2<b$를 모두 만족시키는 a의 개수가 5가 되도록 하는 최고차항의 계수가 양수인 삼차함수 $y=f(x)$의 그래프는 그림과 같은 경우뿐이다.

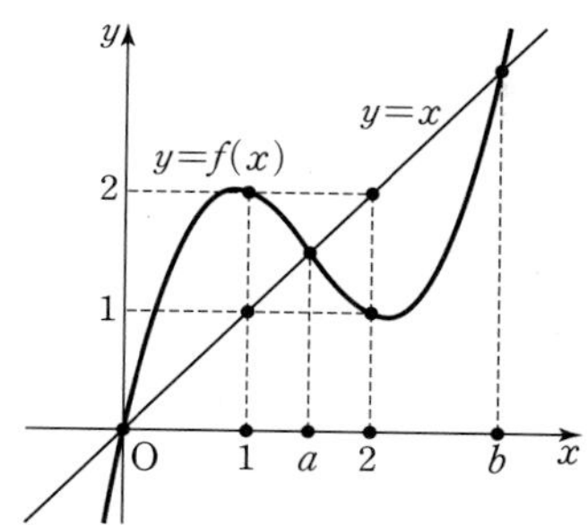

[STEP 2] 삼차방정식 $f(x)-x=0$의 식을 이용하여 $f(x)$를 구한다.

따라서 삼차방정식 $f(x)=x$를 만족시키는 실수는 0, a, b의 3개이고, $f(1)=2$, $f(2)=1$이어야 한다.

즉, 삼차방정식 $f(x)-x=0$의 해는 0, a, b이므로

$f(x)-x=kx(x-a)(x-b)$ (k는 양의 상수)

로 놓을 수 있다.

→ 위의 그림에서 $y=f(x)$의 그래프와 직선 $y=x$의 교점의 x좌표는 $x=0$, $x=a$, $x=b$이다.

$f(1)=2$에서

$2-1=k(a-1)(b-1)$

$ab-(a+b)=\frac{1}{k}-1$ …… ㉠

$f(2)=1$에서

$1-2=2k(a-2)(b-2)$

$ab-2(a+b)=-\frac{1}{2k}-4$ …… ㉡

한편

$f(x)=k\{x^3-(a+b)x^2+abx\}+x$

이므로

$f'(x)=k\{3x^2-2(a+b)x+ab\}+1$

따라서 주어진 조건 $f'(0)-f'(1)=6$에서

$abk+1-[k\{3-2(a+b)+ab\}+1]=6$ ($abk+1$ → $f'(0)$, $[k\{3-2(a+b)+ab\}+1]$ → $f'(1)$)

$-3k+2k(a+b)=6$

$a+b=\frac{3}{k}+\frac{3}{2}$ …… ㉢

㉢을 ㉠, ㉡에 각각 대입하면

$ab=\frac{4}{k}+\frac{1}{2}$이고 $ab=\frac{11}{2k}-1$이므로

$\frac{4}{k}+\frac{1}{2}=\frac{11}{2k}-1$에서

$\frac{3}{2k}=\frac{3}{2}$

따라서 $k=1$이므로

$a+b=\frac{9}{2}$

$ab=\frac{9}{2}$

이때 $f(x)=kx(x-a)(x-b)+x$에 $k=1$을 대입하면

$f(x)=x^3-(a+b)x^2+(ab+1)x$

→ $a+b=\frac{9}{2}$, $ab=\frac{9}{2}$를 대입한다.

이므로

$$f(x)=x^3-\frac{9}{2}x^2+\frac{11}{2}x$$

따라서

$$f(5)=5^3-\frac{9}{2}\times5^2+\frac{11}{2}\times5=40$$

답 40

다른 풀이

위의 풀이의 그림에서 삼차함수의 그래프의 특성으로부터 점 (a, a)가 두 점 $(1, 2)$, $(2, 1)$의 중점임을 알면 다음과 같이 간단히 계산할 수도 있다.

점 (a, a)가 두 점 $(1, 2)$, $(2, 1)$의 중점이므로

$a=\frac{1+2}{2}=\frac{3}{2}$

→ 두 점 (m_1, n_1), (m_2, n_2)의 중점의 좌표는 $\left(\frac{m_1+m_2}{2}, \frac{n_1+n_2}{2}\right)$

이고, 두 점 $(1, 2)$, $(2, 1)$을 지나는 직선의 방정식은

$y=-x+3$

→ $y-2=\frac{1-2}{2-1}(x-1)$, $y=-(x-1)+2$

따라서 곡선 $y=f(x)$와 직선 $y=-x+3$이 만나는 세 점의 x좌표는

$1, \frac{3}{2}, 2$

이므로 삼차방정식 $f(x)-(-x+3)=0$의 세 실근은

$1, \frac{3}{2}, 2$

이다. 따라서

$$f(x)+x-3=k(x-1)\left(x-\frac{3}{2}\right)(x-2)\ (k\text{는 양의 상수})$$

로 놓을 수 있다.

$f(x)=k(x-1)\left(x-\frac{3}{2}\right)(x-2)-x+3$이므로

$$f'(x)=k\left\{\left(x-\frac{3}{2}\right)(x-2)+(x-1)(x-2)+(x-1)\left(x-\frac{3}{2}\right)\right\}-1$$

따라서

$$f'(0)=k\left(3+2+\frac{3}{2}\right)-1=\frac{13}{2}k-1$$

$$f'(1)=\frac{1}{2}k-1$$

이므로 $f'(0)-f'(1)=6$에서

$$\left(\frac{13}{2}k-1\right)-\left(\frac{1}{2}k-1\right)=6k=6$$

따라서 $k=1$이므로

$$f(x)=(x-1)\left(x-\frac{3}{2}\right)(x-2)-x+3$$

그러므로 $f(5)=4\times\frac{7}{2}\times3-5+3=40$

15

정답률 3.1%

정답 공식 **개념만 확실히 알자!**

(1) 실수 전체의 집합에서 정의된 두 함수 $g(x)$, $h(x)$에 대하여 함수

$$f(x)=\begin{cases} g(x) & (x<a) \\ h(x) & (x\ge a)\end{cases}$$

가 모든 실수 x에 대하여 연속이려면

$$\lim_{x\to a-}g(x)=\lim_{x\to a+}h(x)=h(a)$$

(2) 함수 $y=f(x)$에서 $x=a$에서의 미분계수는

$$f'(a)=\lim_{x\to a}\frac{f(x)-f(a)}{x-a}=\lim_{h\to0}\frac{f(a+h)-f(a)}{h}$$

(3) 방정식 $f(x)=0$의 실근의 개수는 함수 $y=f(x)$의 그래프와 x축 $(y=0)$의 교점의 개수와 같다.

풀이 전략 함수의 연속성, 미분가능성과 삼차함수의 그래프를 이용하여 주어진 조건을 만족시키는 함수를 구한다.

문제 풀이

[STEP 1] 함수 $g(x)$를 변형한다.

$i(x)=|f(x)|$로 놓으면 함수 $f(x)$는 다항함수이므로 모든 x의 값에 대하여 $\lim_{h\to0+}\frac{i(x+h)-i(x)}{h}$, $\lim_{h\to0-}\frac{i(x+h)-i(x)}{h}$의 값이 항상 존재한다.

→ 다항함수는 모든 실수 x에 대하여 연속이고 미분가능하다.

따라서

$$\lim_{h\to0+}\frac{|f(x+h)|-|f(x-h)|}{h}$$

$$=\lim_{h\to0+}\frac{|f(x+h)|-|f(x)|-|f(x-h)|+|f(x)|}{h}$$

$$=\lim_{h\to0+}\frac{i(x+h)-i(x)}{h}+\lim_{h\to0+}\frac{i(x-h)-i(x)}{-h}$$

이므로

$g(x)$

$$=f(x-3)\times\lim_{h\to0+}\frac{|f(x+h)|-|f(x-h)|}{h}$$

$$=f(x-3)\times\left\{\lim_{h\to0+}\frac{i(x+h)-i(x)}{h}+\lim_{h\to0+}\frac{i(x-h)-i(x)}{-h}\right\}$$

[STEP 2] 함수 $f(x)$가 될 수 있는 경우로 나누어 조건을 만족시키는지 파악한다.

(i) 함수 $f(x)$의 극값이 존재하지 않고 $f(\alpha)=0$, $f'(\alpha)\neq0$인 경우

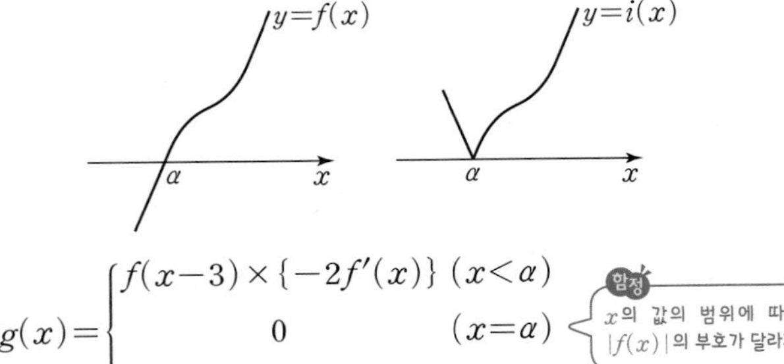

$$g(x)=\begin{cases} f(x-3)\times\{-2f'(x)\} & (x<\alpha) \\ 0 & (x=\alpha) \\ f(x-3)\times2f'(x) & (x>\alpha)\end{cases}$$

함정: x의 값의 범위에 따라 $|f(x)|$의 부호가 달라져.

이때 조건 (가)를 만족시키기 위해서는

$$\lim_{x\to\alpha-}g(x)=\lim_{x\to\alpha+}g(x)=g(\alpha)$$

주의: 함수 $g(x)$가 모든 실수에서 연속이려면 $x=\alpha$에서 연속이어야 해.

이어야 하므로

$f(\alpha-3)\times\{-2f'(\alpha)\}=f(\alpha-3)\times 2f'(\alpha)=0$

그런데 $f'(\alpha)\neq 0$, $f(\alpha-3)\neq 0$이므로 성립하지 않는다.

(ii) 함수 $f(x)$의 극값이 존재하지 않고 $f(\alpha)=0$, $f'(\alpha)=0$인 경우

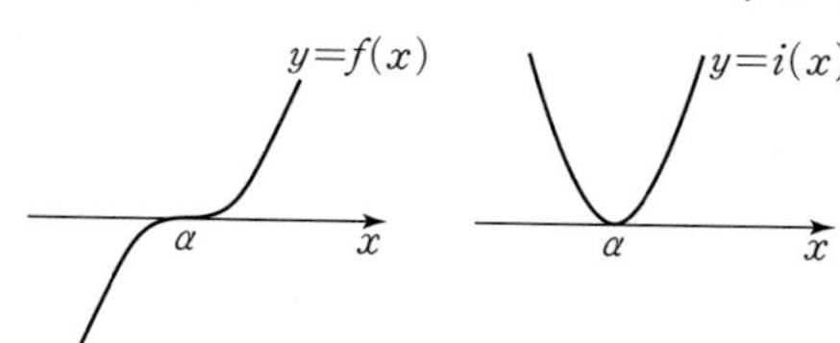

$$g(x)=\begin{cases} f(x-3)\times\{-2f'(x)\} & (x<\alpha) \\ 0 & (x=\alpha) \\ f(x-3)\times 2f'(x) & (x>\alpha) \end{cases}$$

이때 조건 (가)를 만족시키기 위해서는

$\lim_{x\to\alpha-} g(x)=\lim_{x\to\alpha+} g(x)=g(\alpha)$

이어야 하고 $f'(\alpha)=0$이므로

$f(\alpha-3)\times\{-2f'(\alpha)\}=f(\alpha-3)\times 2f'(\alpha)=0$

이 성립한다.

그런데 방정식 $g(x)=0$을 만족시키는 실근은 $x=\alpha$ 또는 $x=\alpha+3$으로 2개뿐이므로 조건 (나)를 만족시키지 못한다.

(iii) 함수 $f(x)$의 극값이 존재하고 $f(\alpha)\neq 0$, $f(\beta)\neq 0$, $f'(\alpha)=f'(\beta)=0$인 경우

(i)의 경우와 같이 $f(k)=0$을 만족시키는 $x=k$에서 함수 $g(x)$는 연속이 아니므로 조건 (가)를 만족시키지 못한다.

(iv) 함수 $f(x)$의 극값이 존재하고 $f(k)=0$, $f(\alpha)\neq 0$, $f(\beta)=0$, $f'(\alpha)=f'(\beta)=0$ $(k<\alpha<\beta)$인 경우

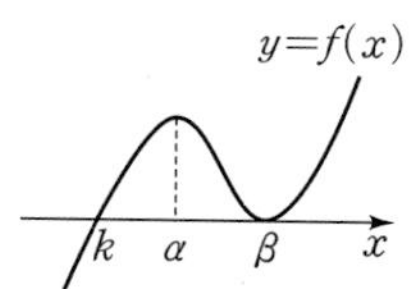

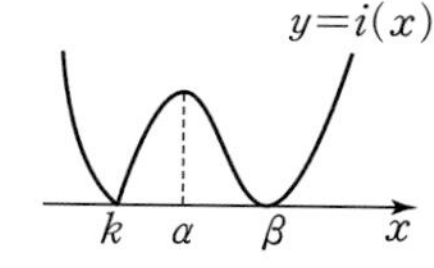

(i)의 경우와 같이 $f(k)=0$을 만족시키는 $x=k$에서 함수 $g(x)$는 연속이 아니므로 조건 (가)를 만족시키지 못한다.

(v) 함수 $f(x)$의 극값이 존재하고 $f(k)=0$, $f(l)=0$, $f(m)=0$, $f'(\alpha)=f'(\beta)=0$ $(k<\alpha<l<\beta<m)$인 경우

(i)의 경우와 같이 $f(k)=0$을 만족시키는 $x=k$에서 함수 $g(x)$는 연속이 아니므로 조건 (가)를 만족시키지 못한다.

(vi) 함수 $f(x)$의 극값이 존재하고 $f(k)=0$, $f(\alpha)=0$, $f(\beta)\neq 0$, $f'(\alpha)=f'(\beta)=0$ $(\alpha<\beta<k)$인 경우

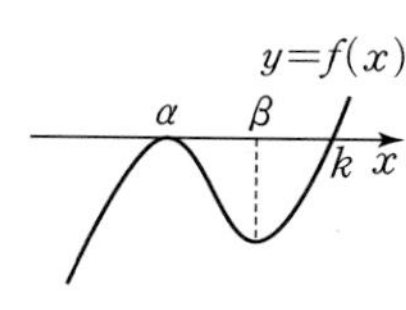

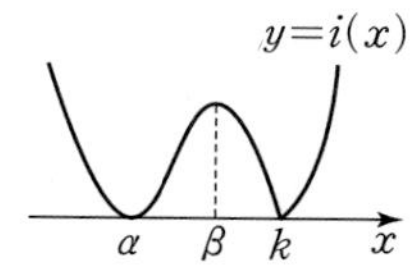

$$g(x)=\begin{cases} f(x-3)\times\{-2f'(x)\} & (x<k) \\ 0 & (x=k) \\ f(x-3)\times 2f'(x) & (x>k) \end{cases}$$

이때 조건 (가)를 만족시키기 위해서는

$\lim_{x\to k-} g(x)=\lim_{x\to k+} g(x)=g(k)$

주의 함수 $g(x)$가 모든 실수에서 연속이려면 $x=k$에서 연속이어야 해.

이어야 하므로

$f(k-3)\times\{-2f'(k)\}=f(k-3)\times 2f'(k)=0$

그런데 $f'(k)\neq 0$이므로 $f(k-3)=0$이고

$k-3=\alpha$ …… ㉠

즉, $k=\alpha+3$이면 조건 (가)를 만족시킨다.

또한 방정식 $g(x)=0$의 서로 다른 실근은

$x<k$일 때 $x=\alpha$ 또는 $x=\beta$

$x=k$일 때 $x=k$

$x>k$일 때 $x=k+3$

→ x의 값의 범위에 따라 방정식 $g(x)=0$의 해를 구한다.

[STEP 3] 주어진 조건을 만족시키는 함수 $f(x)$의 식을 구한다.

조건 (나)에서 서로 다른 네 실근의 합이 7이므로

$\alpha+\beta+k+(k+3)=7$

$\alpha+\beta+2k=4$ …… ㉡

또한 $f(x)=(x-\alpha)^2(x-k)$이고

→ (vi)에서 $f(k)=0$, $f(\alpha)=0$, $f'(\alpha)=0$이므로 $f(x)=(x-\alpha)^2(x-k)$이다.

$f'(x)=(x-\alpha)(3x-2k-\alpha)$이므로

$f'(x)=0$에서

$x=\alpha$ 또는 $x=\dfrac{2k+\alpha}{3}$

→ (vi)에서 $f'(\alpha)=f'(\beta)=0$이므로 $f'(x)=0$에서 $x=\alpha$ 또는 $x=\beta$이다.

따라서 $\beta=\dfrac{2k+\alpha}{3}$

$\beta=\dfrac{2k+\alpha}{3}$를 ㉡에 대입하여 정리하면

$\alpha+2k=3$ …… ㉢

㉠, ㉢을 연립하여 풀면 $\alpha=-1$, $k=2$이므로

$f(x)=(x+1)^2(x-2)$

[STEP 4] $f(5)$의 값을 구한다.

따라서

$f(5)=(5+1)^2\times(5-2)$

$=36\times 3$

$=108$

답 108

수능이 보이는 강의

최고차항의 계수가 1인 삼차함수 $y=f(x)$의 그래프가 될 수 있는 경우에 대하여 모두 생각해 봐야 해.

16

정답률 **3.0%**

정답 공식 **개념만 확실히 알자!**

절댓값이 있는 함수의 미분가능성
함수 $|f(x)|$가 미분가능하려면
$f(x)=0$을 만족시키는 $x=a$에서 $f'(a)=0$이어야 한다.

풀이 전략 절댓값이 있는 함수의 미분가능성의 정의를 이용한다.

문제 풀이

[STEP 1] 조건 (가), (나)를 만족시키는 함수 $f(x)$의 식의 꼴을 구한다.

삼차함수 $f(x)$의 최고차항의 계수를 p ($p\neq0$)라 하면
조건 (가)에서 $f(x)=p(x-1)(x-3)(x-q)$ (p, q는 상수)
로 놓으면 조건 (나)에서
$q<1$ (→ $q\geq1$이면 집합 $\{x|x\geq1$이고 $f'(x)=0\}$의 원소의 개수가 2이다.)

[STEP 2] 함수 $g(x)$가 실수 전체의 집합에서 미분가능하도록 하는 함수 $f(x)$의 식과 상수 a의 값을 구한다.

$$f(a-x)=p(a-x-1)(a-x-3)(a-x-q)$$
$$=-p(x-a+1)(x-a+3)(x-a+q)$$
이므로
$$f(x)f(a-x)=-p^2(x-1)(x-3)(x-q)\times(x-a+1)(x-a+3)(x-a+q)$$
$$g(x)=|f(x)f(a-x)|$$
$$=p^2|(x-1)(x-3)(x-q)\times(x-a+1)(x-a+3)(x-a+q)|$$
이고 $q<1<3$이고 $a-3<a-1<a-q$이므로 함수 $g(x)$가 실수 전체의 집합에서 미분가능하려면 (→ $q<1<3$에서 $-3<-1<-q$이고 $a-3<a-1<a-q$)
$$g(x)=p^2|(x-\alpha)^2(x-\beta)^2(x-\gamma)^2|$$
꼴이어야 한다.
그러므로 $a-3=q$, $a-1=1$, $a-q=3$이어야 한다.
따라서 $a=2$, $q=-1$

[STEP 3] 주어진 식의 값을 구한다.

$f(x)=p(x+1)(x-1)(x-3)$이므로
$f(a-x)=-p(x+1)(x-1)(x-3)=-f(x)$
따라서
$g(x)=|f(x)f(a-x)|=\{f(x)\}^2$
이므로

> 주의: 함수 $y=x|x|$는 $x=0$에서 연속이고 $x\to0-$일 때와 $x\to0+$일 때의 미분계수가 같으므로 $x=0$에서 미분가능한 것과 비슷해.

$$\frac{g(4a)}{f(0)\times f(4a)}=\frac{\{f(8)\}^2}{f(0)\times f(8)}$$
$$=\frac{f(8)}{f(0)}$$
$$=\frac{p\times9\times7\times5}{p\times1\times(-1)\times(-3)}$$
$$=105$$

답 105

17

정답률 **2.4%**

정답 공식 **개념만 확실히 알자!**

접선의 기울기
곡선 $y=f(x)$ 위의 점 $(a, f(a))$에서의 접선의 기울기는 미분계수 $f'(a)$와 같다.

풀이 전략 주어진 조건을 이용하여 삼차함수의 그래프를 추론하여 함숫값을 구한다.

문제 풀이

[STEP 1] 주어진 조건을 이용하여 삼차함수 $f(x)$의 그래프의 개형을 그려 본다.

최고차항의 계수가 양수인 삼차함수 $f(x)$를 다음과 같이 놓는다.
$f(x)=ax^3+bx^2+cx+d$ (a, b, c, d는 상수, $a>0$)
라 하면 $f(0)=0$이므로 $d=0$
$f'(x)=3ax^2+2bx+c$에서 $f'(1)=1$이므로
$3a+2b+c=1$ …… ㉠
조건 (가)와 조건 (나)에서 곡선 $y=f(x)$는 두 직선 $y=x$, $y=-x$와 각각 두 점에서 만나야 한다.
이때 $f(0)=0$, $f'(1)=1$이므로 곡선 $y=f(x)$는 그림과 같이 직선 $y=x$와 원점에서 접하고, 직선 $y=-x$와 점 $(\alpha, f(\alpha))$ $(\alpha>0)$에서 접해야 한다.

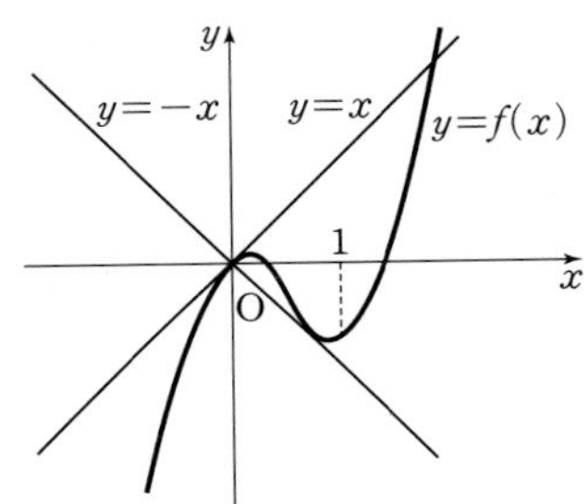

[STEP 2] 삼차함수 $f(x)$의 식을 구한다.

그래프에서 $f'(0)=1$이므로 (→ $x=0$에서 곡선 $y=f(x)$와 직선 $y=x$가 접한다.)
$c=1$
이때 ㉠에서 $3a+2b+1=1$, 즉 $3a+2b=0$이므로
$b=-\frac{3}{2}a$
따라서 $f(x)=ax^3-\frac{3}{2}ax^2+x$이다.
곡선 $y=f(x)$와 직선 $y=-x$의 접점의 x좌표가 α이므로
$f(\alpha)=-\alpha$에서 $a\alpha^3-\frac{3}{2}a\alpha^2+\alpha=-\alpha$
이때 $\alpha>0$이므로
$2a\alpha^2-3a\alpha+4=0$ …… ㉡
$f'(\alpha)=-1$이므로

> 주의: 곡선 $y=f(x)$와 직선 $y=-x$의 접점의 x좌표 α에서의 접선의 기울기 $f'(\alpha)=-1$

$f'(x)=3ax^2-3ax+1$에서
$3a\alpha^2-3a\alpha+1=-1$

$3a\alpha^2-3a\alpha+2=0$ ⋯⋯ ㉢

㉡, ㉢을 연립하여 풀면

$\alpha=\frac{3}{4}$, $a=\frac{32}{9}$

따라서 $f(x)=\frac{32}{9}x^3-\frac{16}{3}x^2+x$이므로

$f(3)=32\times3-16\times3+3=51$

답 51

18

정답률 1.9%

정답 공식 **개념만 확실히 알자!**

사잇값의 정리
함수 $f(x)$가 닫힌구간 $[a, b]$에서 연속이고 $f(a)\neq f(b)$일 때, $f(a)$와 $f(b)$ 사이의 임의의 값 k에 대하여 $f(c)=k$인 c가 열린구간 (a, b)에서 적어도 하나 존재한다.

풀이 전략 주어진 조건과 사잇값의 정리 등을 이용하여 사차함수를 구한다.

문제 풀이

[STEP 1] 조건 (가), (나)에서 $f(x)=0$인 경우를 구한다.

조건 (가)에서

$f(1)=f(1)f(2)$

$f(1)+f(2)=f(2)f(3)$

$f(1)+f(2)+f(3)=f(3)f(4)$

$f(1)+f(2)+f(3)+f(4)=f(4)f(5)$

$f(1)+f(2)+f(3)+f(4)+f(5)=f(5)f(6)$

이므로

주의 조건 (가)를 이용하여 규칙성을 찾을 수 있게 직접 나열해 봐.

$f(1)=f(1)f(2)$ ⋯⋯ ㉠

$f(2)=f(2)\{f(3)-f(1)\}$ ⋯⋯ ㉡

$f(3)=f(3)\{f(4)-f(2)\}$ ⋯⋯ ㉢

$f(4)=f(4)\{f(5)-f(3)\}$ ⋯⋯ ㉣

$f(5)=f(5)\{f(6)-f(4)\}$ ⋯⋯ ㉤

조건 (나)에서

$\frac{f(5)-f(3)}{5-3}\leq0$, $\frac{f(6)-f(4)}{6-4}\leq0$

→ $f(x)$에서 x의 값이 n에서 $n+2$까지 변할 때의 평균변화율은 $\frac{f(n+2)-f(n)}{(n+2)-n}$

→ $n=3$을 대입한 평균변화율

이므로

$f(5)-f(3)\leq0$, $f(6)-f(4)\leq0$

→ $f(5)\leq f(3)$, $f(6)\leq f(4)$

그러므로 ㉣에서

$f(4)=0$ 또는 $f(3)=f(5)$

또, ㉤에서

$f(5)=0$ 또는 $f(4)=f(6)$

그러므로 다음 각 경우로 나눌 수 있다.

[STEP 2] $f(4)=0$이고 $f(5)=0$인 경우의 사차함수 $f(x)$를 구한다.

(i) $f(4)=0$이고 $f(5)=0$인 경우

㉢에서 $f(3)=-f(3)f(2)$이므로

$f(3)=0$ 또는 $f(2)=-1$ ⋯⋯ ㉥

→ $f(3)\{1+f(2)\}=0$에서 $f(3)=0$ 또는 $f(2)=-1$

㉥에서 $f(3)=0$이면 ㉠, ㉡은

$f(1)=f(1)f(2)$

$f(2)=-f(1)f(2)$

만약 $f(1)=0$이면 $f(2)=0$이고 $f(2)=0$이면 $f(1)=0$이므로 사차방정식 $f(x)=0$은 서로 다른 5개의 근을 갖게 되어 모순이다.

그러므로 $f(1)\neq0$, $f(2)\neq0$

이때 $f(1)=-1$, $f(2)=1$

사잇값의 정리에 의하여 방정식 $f(x)=0$은 1과 2 사이에 한 실근 k를 갖는다.

이때

$f(x)=a(x-k)(x-3)(x-4)(x-5)$ $(a\neq0,\ 1<k<2)$

라 하면

$f(1)=-1$, $f(2)=1$에서

$a(1-k)\times(-24)=-1$

→ $a(1-k)(1-3)(1-4)(1-5)=a(1-k)\times(-2)\times(-3)\times(-4)$

$a(2-k)\times(-6)=1$

즉, $a(1-k)=\frac{1}{24}$

$a(2-k)=-\frac{1}{6}$

두 식을 변끼리 빼면 $a=-\frac{5}{24}$

이 값을 대입하면

$-\frac{5}{24}(1-k)=\frac{1}{24}$

$k=\frac{6}{5}$

그러므로

$f(x)=-\frac{5}{24}\left(x-\frac{6}{5}\right)(x-3)(x-4)(x-5)$

㉥에서 $f(2)=-1$인 경우 ㉠에서 $f(1)=0$

또, ㉡에서 $-1=-f(3)$, $f(3)=1$

이때 $f(2)=-1$, $f(3)=1$이므로 사잇값의 정리에 의하여 방정식 $f(x)=0$은 2와 3 사이에 적어도 한 실근 l을 갖는다.

$f(x)=a(x-l)(x-1)(x-4)(x-5)$ $(a\neq0,\ 2<l<3)$

이라 하면 $f(2)=-1$, $f(3)=1$에서

$a=\frac{5}{12}$, $l=\frac{12}{5}$

그러나 $f(6)-f(4)\leq0$을 만족시키지 않으므로 모순이다.

[STEP 3] $f(4)=0$이고 $f(4)=f(6)$인 경우의 사차함수 $f(x)$를 구한다.

(ii) $f(4)=0$이고 $f(4)=f(6)$인 경우

이때 $f(6)=0$이고 ㉢에서

$f(3)=-f(3)f(2)$이므로 → $f(3)\{1+f(2)\}=0$

$f(3)=0$ 또는 $f(2)=-1$ …… ㉦

$f(3)=0$이면 ㉠, ㉡에서

$f(1)=f(1)f(2)$, $f(2)=-f(2)f(1)$

이때 $f(1)=0$이면 $f(2)=0$이고 $f(2)=0$이면 $f(1)=0$이므로 사차방정식 $f(x)=0$은 서로 다른 5개의 근을 갖게 되어 모순이다.

그러므로 $f(1)\neq0$, $f(2)\neq0$

이때 $f(1)=-1$, $f(2)=1$

사잇값의 정리에 의해 방정식 $f(x)=0$은 1과 2 사이에 적어도 한 실근을 갖는다. 이때 함수 $y=f(x)$의 그래프는 다음 그림과 같다.

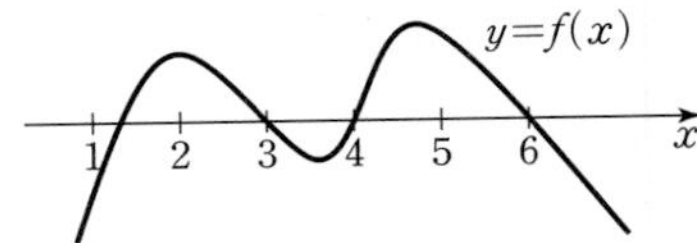

이때 조건 (나)의 $\dfrac{f(5)-f(3)}{5-3}\leq0$을 만족시키지 않으므로 함수 $f(x)$는 존재하지 않는다.

실수 두 점 $(3, f(3))$, $(5, f(5))$를 지나는 직선의 기울기야.

㉦에서 $f(2)=-1$인 경우

㉠에서 $f(1)=0$

또, ㉡에서 $-1=-f(3)$, $f(3)=1$

이때 $f(2)=-1$, $f(3)=1$이므로 사잇값의 정리에 의하여 방정식 $f(x)=0$은 2와 3 사이에 적어도 한 실근을 갖는다.

$f(4)=0$, $f(6)=0$, $f(1)=0$이고

㉤에서 $f(5)=0$이므로 사차방정식은 서로 다른 5개의 근을 갖게 되어 모순이다.

[STEP 4] $f(3)=f(5)$이고 $f(5)=0$인 경우의 사차함수 $f(x)$를 구한다.

(iii) $f(3)=f(5)$이고 $f(5)=0$인 경우

이때 $f(3)=0$이고

㉣에서 $f(4)=0$

한편 ㉠과 ㉡에서

$f(1)=f(1)f(2)$, $f(2)=-f(2)f(1)$

만약 $f(1)=0$이면 $f(2)=0$이고 $f(2)=0$이면 $f(1)=0$이므로 사차방정식 $f(x)=0$은 서로 다른 5개의 근을 갖게 되어 모순이다.

그러므로 $f(1)\neq0$, $f(2)\neq0$

이때 $f(1)=-1$, $f(2)=1$

사잇값의 정리에 의하여 방정식 $f(x)=0$은 1과 2 사이에 적어도 한 실근을 갖는다. 이때 함수 $y=f(x)$의 그래프는 다음 그림과 같다.

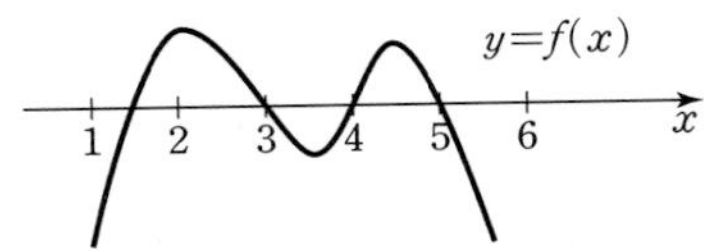

이때 (i)에서

$$f(x)=-\frac{5}{24}\left(x-\frac{6}{5}\right)(x-3)(x-4)(x-5)$$

[STEP 5] $f(3)=f(5)$이고 $f(4)=f(6)$인 경우의 사차함수 $f(x)$를 구한다.

(iv) $f(3)=f(5)$이고 $f(4)=f(6)$인 경우

㉣과 ㉤에서 $f(4)=0$, $f(5)=0$

그러므로 $f(3)=0$, $f(6)=0$

한편 ㉠과 ㉡에서 $f(1)=f(1)f(2)$, $f(2)=-f(2)f(1)$

만약 $f(1)=0$이면 $f(2)=0$이고 $f(2)=0$이면 $f(1)=0$이므로 사차방정식 $f(x)=0$은 서로 다른 6개의 근을 갖게 되어 모순이다.

그러므로 $f(1)\neq0$, $f(2)\neq0$

이때 $f(1)=-1$, $f(2)=1$

사잇값의 정리에 의해 방정식 $f(x)=0$은 1과 2 사이에 적어도 한 실근을 갖는다. 이는 사차방정식 $f(x)=0$이 5개 이상의 근을 갖게 되어 모순이다.

따라서 (i)~(iv)로부터

$128\times f\left(\frac{5}{2}\right)$

$=2^7\times\left(-\frac{5}{24}\right)\times\frac{13}{10}\times\left(-\frac{1}{2}\right)\times\left(-\frac{3}{2}\right)\times\left(-\frac{5}{2}\right)$

→ $8=2^3$이므로 $\frac{5\times13}{2^3\times2^4}=\frac{5\times13}{2^7}$

$=2^7\times\frac{5\times13}{2^7}$

$=65$

답 65

19

정답률 **1.5%**

정답 공식 **개념만 확실히 알자!**

함수의 극대, 극소
미분가능한 함수 $f(x)$에 대하여 $f'(a)=0$이고, $x=a$의 좌우에서 $f'(x)$의 부호가
(1) 양에서 음으로 바뀌면 $f(x)$는 $x=a$에서 극대이고, 극댓값은 $f(a)$이다.
(2) 음에서 양으로 바뀌면 $f(x)$는 $x=a$에서 극소이고, 극솟값은 $f(a)$이다.

풀이 전략 함수의 그래프를 이용하여 조건을 만족시키는 함수를 구한 수 함숫값을 구한다.

문제 풀이

[STEP 1] 조건이 의미하는 뜻을 파악한다.

함수 $f(x)$에 대하여 $f(k-1)f(k+1)<0$을 만족시키는 정수 k가 존재하지 않으므로 모든 정수 k에 대하여

$f(k-1)f(k+1)\geq 0$ …… ㉠

이어야 한다.

[STEP 2] 여러 가지 경우로 나누어 조건을 만족시키는 경우를 찾는다.

함수 $f(x)$는 삼차함수이므로 방정식 $f(x)=0$은 반드시 실근을 갖는다.

(i) 방정식 $f(x)=0$의 실근의 개수가 1인 경우
방정식 $f(x)=0$의 실근을 a라 할 때,
a보다 작은 정수 중 최댓값을 m이라 하면
$f(m)<0<f(m+2)$이므로
$f(m)f(m+2)<0$이 되어 ㉠을 만족시키지 않는다.

(ii) 방정식 $f(x)=0$의 서로 다른 실근의 개수가 2인 경우
방정식 $f(x)=0$의 실근을 a, $b(a<b)$라 할 때,
$f(x)=(x-a)(x-b)^2$ 또는 $f(x)=(x-a)^2(x-b)$이다.
((ii)-①) $f(x)=(x-a)(x-b)^2$일 때

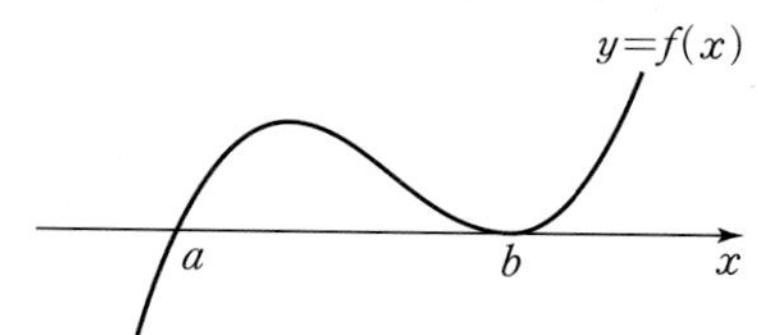

a보다 작은 정수 중 최댓값을 m이라 하면
$f(m-1)<0$, $f(m)<0$,
$f(m+1)\geq 0$, $f(m+2)\geq 0$
이다. 이때 ㉠을 만족시키려면
$f(m-1)f(m+1)\geq 0$, $f(m)f(m+2)\geq 0$이어야 하므로
$f(m+1)=f(m+2)=0$이어야 한다.
따라서 $a=m+1$, $b=m+2$이다.
$f'\left(\frac{1}{4}\right)<0$이므로 $m+1<\frac{1}{4}<m+2$이고 정수 m의 값은 -1이다. …… ㉡

즉, $f(x)=x(x-1)^2$
이때 함수 $y=f(x)$의 그래프에서 $f'\left(-\frac{1}{4}\right)>0$이므로
$f'\left(-\frac{1}{4}\right)=-\frac{1}{4}$을 만족시키지 않는다.
((ii)-②) $f(x)=(x-a)^2(x-b)$일 때

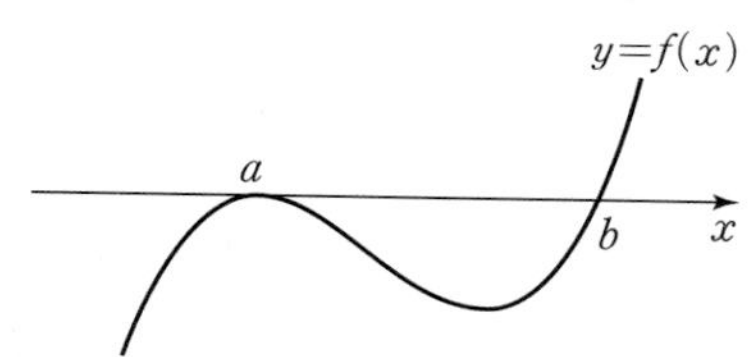

$a<n<b$인 정수 n이 존재한다면 그 중 가장 큰 값을 n_1이라 하자.
이때 $f(n_1)<0<f(n_1+2)$이므로 $f(n_1)f(n_1+2)<0$이 되어 ㉠을 만족시키지 않는다.
즉, $a<n<b$인 정수 n은 존재하지 않는다. …… ㉢
따라서 a보다 작은 정수 중 최댓값을 m이라 하면
$f(m-1)<0$, $f(m)<0$,
$f(m+1)\geq 0$, $f(m+2)\geq 0$
이고, ㉡과 마찬가지로 $a=m+1$, $b=m+2$, 정수 m의 값은 -1이다.
즉, $f(x)=x^2(x-1)$
이때 함수 $y=f(x)$의 그래프에서 $f'\left(-\frac{1}{4}\right)>0$이므로
$f'\left(-\frac{1}{4}\right)=-\frac{1}{4}$을 만족시키지 않는다.

(iii) 방정식 $f(x)=0$의 서로 다른 실근의 개수가 3인 경우
$f(x)=(x-a)(x-b)(x-c)\ (a<b<c)$라 하자.

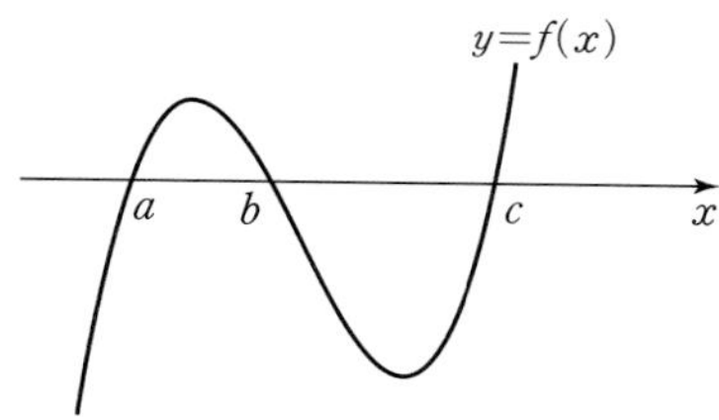

이때 ㉢과 마찬가지로 $b<n<c$인 정수 n은 존재하지 않는다.
따라서 a보다 작은 정수 중 최댓값을 m이라 하면
$f(m-1)<0$, $f(m)<0$,
$f(m+1)\geq 0$, $f(m+2)\geq 0$
이다. 이때 ㉠을 만족시키려면
$f(m-1)f(m+1)\geq 0$, $f(m)f(m+2)\geq 0$이어야 하므로
$f(m+1)=f(m+2)=0$이어야 한다.
즉, $a=m+1$, $b=m+2$
또는 $a=m+1$, $c=m+2$
또는 $b=m+1$, $c=m+2$이다.
또, $f'\left(-\frac{1}{4}\right)=-\frac{1}{4}<0$, $f'\left(\frac{1}{4}\right)<0$이므로 $f'(0)<0$이다.

((iii)-①) $a=m+1$, $b=m+2$일 때

$a<n<b$ 또는 $b<n<c$인 정수 n은 존재하지 않고,

$f'(0)<0$이므로 $b=m+2=0$이다.

이때 $a=m+1=-1$이므로

$f(x)=x(x+1)(x-c)=(x^2+x)(x-c)$

이다.

$f'(x)=(2x+1)(x-c)+(x^2+x)$이므로

$f'\left(-\frac{1}{4}\right)=\frac{1}{2}\times\left(-\frac{1}{4}-c\right)+\left(\frac{1}{16}-\frac{1}{4}\right)$

$=-\frac{1}{2}c-\frac{5}{16}$

$f'\left(-\frac{1}{4}\right)=-\frac{1}{4}$에서

$-\frac{1}{2}c-\frac{5}{16}=-\frac{1}{4}$

$c=-\frac{1}{8}$

그러나 이는 $b<c$에 모순이다.

((iii)-②) $a=m+1$, $c=m+2$일 때

$m+1$, $m+2$는 연속하는 두 정수이므로 $f'(n)<0$을 만족시키는 정수 n은 존재하지 않는다.

그러나 이는 $f'(0)<0$에 모순이다.

((iii)-③) $b=m+1$, $c=m+2$일 때

$a<n<b$ 또는 $b<n<c$인 정수 n은 존재하지 않고, $f'(0)<0$이므로 $b=m+1=0$이다.

이때 $c=m+2=1$이므로

$f(x)=(x-a)x(x-1)=(x-a)(x^2-x)$에서

$f'(x)=(x^2-x)+(x-a)(2x-1)$이므로

$f'\left(-\frac{1}{4}\right)=\frac{5}{16}+\left(-\frac{1}{4}-a\right)\times\left(-\frac{3}{2}\right)$

$=\frac{11}{16}+\frac{3}{2}a$

$f'\left(-\frac{1}{4}\right)=-\frac{1}{4}$에서

$\frac{11}{16}+\frac{3}{2}a=-\frac{1}{4}$

$a=-\frac{5}{8}$

즉, $a=-\frac{5}{8}$이면

$f'\left(\frac{1}{4}\right)=-\frac{3}{16}+\left(\frac{1}{4}+\frac{5}{8}\right)\times\left(-\frac{1}{2}\right)$

$=-\frac{5}{8}$

이므로 $f'\left(\frac{1}{4}\right)<0$도 만족시킨다.

[STEP 3] $f(8)$의 값을 구한다.

(i), (ii), (iii)에서 함수 $f(x)$는

$f(x)=\left(x+\frac{5}{8}\right)(x^2-x)$이므로

$f(8)=\frac{69}{8}\times 56$

$=483$

답 483

수능이 보이는 강의

삼차함수 $f(x)$는 최고차항의 계수가 1이고 $f'(x)<0$인 x가 존재하므로 함수 $y=f(x)$의 그래프는 극대와 극소를 모두 갖는 개형이다.

Ⅲ 적분

본문 64~79쪽

수능 유형별 기출 문제

01 33	02 8	03 ④	04 ②	05 15
06 ①	07 16	08 15	09 8	10 ①
11 ④	12 9	13 86	14 ⑤	15 ②
16 ③	17 ⑤	18 ②	19 ①	20 10
21 24	22 ⑤	23 ②	24 ⑤	25 ②
26 10	27 24	28 ⑤	29 39	30 ②
31 ⑤	32 ②	33 ②	34 ④	35 66
36 4	37 ①	38 ③	39 ④	40 ②
41 ②	42 ③	43 ②	44 ③	45 ③
46 36	47 ①	48 ①	49 ⑤	50 ③
51 ③	52 18	53 ④	54 ⑤	55 80
56 6	57 ②	58 ⑤	59 ③	60 17
61 102				

유형 1 부정적분과 정적분

01

$f(x)=\int f'(x)dx=\int (8x^3-1)dx$

$=2x^4-x+C$ (단, C는 적분상수)

이때 $f(0)=3$이므로 $C=3$

따라서 $f(x)=2x^4-x+3$이므로

$f(2)=32-2+3=33$

답 33

02

$f(x)=\int f'(x)dx=\int (8x^3-12x^2+7)dx$

$=2x^4-4x^3+7x+C$ (단, C는 적분상수)

이때 $f(0)=3$이므로 $C=3$

따라서 $f(x)=2x^4-4x^3+7x+3$이므로

$f(1)=2-4+7+3=8$

답 8

03

$f'(x)=3x(x-2)=3x^2-6x$이므로

$f(x)=\int (3x^2-6x)dx$

$=x^3-3x^2+C$ (단, C는 적분상수)

$f(1)=6$이므로 $f(1)=1-3+C=6$에서 $C=8$

따라서 $f(2)=8-12+8=4$

답 ④

04

$\int_0^2 (2x^3+3x^2)dx=\left[\frac{1}{2}x^4+x^3\right]_0^2=8+8=16$

답 ②

05

$f(x)=\int f'(x)dx=\int (4x^3-2x)dx$

$=x^4-x^2+C$ (단, C는 적분상수)

이때 $f(0)=3$이므로 $C=3$

따라서 $f(x)=x^4-x^2+3$이므로

$f(2)=16-4+3=15$

답 15

06

$\int_0^2 (3x^2+6x)dx=\left[x^3+3x^2\right]_0^2=8+12=20$

답 ①

07

$f(x)=\int f'(x)dx=\int (6x^2-4x+3)dx$

$=2x^3-2x^2+3x+C$ (단, C는 적분상수)

$f(1)=2-2+3+C=5$에서 $C=2$

따라서 $f(x)=2x^3-2x^2+3x+2$이므로

$f(2)=16-8+6+2=16$

답 16

08

$f(x)=\int f'(x)dx=\int (8x^3+6x^2)dx$

$=2x^4+2x^3+C$ (단, C는 적분상수)

$f(0)=C=-1$

따라서 $f(x)=2x^4+2x^3-1$이므로 $f(-2)=32-16-1=15$

답 15

09

$f(x)=\int f'(x)dx=\int (-x^3+3)dx$

$=-\frac{1}{4}x^4+3x+C$ (단, C는 적분상수)

$f(2)=-\frac{1}{4}\times 2^4+3\times 2+C=10$에서 $C=8$

따라서 $f(x)=-\frac{1}{4}x^4+3x+8$이므로

$f(0)=8$

답 8

10

$\int_{2}^{-2}(x^3+3x^2)dx=\left[\frac{1}{4}x^4+x^3\right]_{2}^{-2}=(4-8)-(4+8)=-16$

답 ①

11

$f'(x)=6x^2-2f(1)x$에서

$f(x)=\int f'(x)dx=\int\{6x^2-2f(1)x\}dx$

$=2x^3-f(1)x^2+C$ (단, C는 적분상수)

이고, $f(0)=4$이므로 $f(0)=C=4$

즉, $f(x)=2x^3-f(1)x^2+4$

위 식에 $x=1$을 대입하면

$f(1)=2-f(1)+4$, $2f(1)=6$, $f(1)=3$

따라서 $f(x)=2x^3-3x^2+4$이므로

$f(2)=2\times8-3\times4+4=8$

답 ④

12

$F(x)$는 함수 $f(x)$의 한 부정적분이므로

$F(x)=\begin{cases}-x^2+C_1 & (x<0)\\ k\left(x^2-\frac{1}{3}x^3\right)+C_2 & (x\geq0)\end{cases}$ (단, C_1, C_2는 적분상수)

그런데 $F(x)$가 $x=0$에서 미분가능하므로 $C_1=C_2$

즉, $F(x)=\begin{cases}-x^2+C_1 & (x<0)\\ k\left(x^2-\frac{1}{3}x^3\right)+C_1 & (x\geq0)\end{cases}$

그러므로 $F(2)-F(-3)=21$에서

$\left(\frac{4}{3}k+C_1\right)-(-9+C_1)=21$

따라서 $k=9$

답 9

다른 풀이

$F(x)$는 함수 $f(x)$의 한 부정적분이므로

$F(2)-F(-3)=\left[F(x)\right]_{-3}^{2}=\int_{-3}^{2}f(x)dx$

$\int_{-3}^{2}f(x)dx=\int_{-3}^{0}f(x)dx+\int_{0}^{2}f(x)dx$

$=\int_{-3}^{0}(-2x)dx+\int_{0}^{2}k(2x-x^2)dx$

$=\left[-x^2\right]_{-3}^{0}+k\left[x^2-\frac{1}{3}x^3\right]_{0}^{2}$

$=9+\frac{4}{3}k=21$

따라서 $k=9$

13

$\int_{1}^{3}(4x^3-6x+4)dx+\int_{1}^{3}(6x-1)dx=\int_{1}^{3}(4x^3+3)dx$

$=\left[x^4+3x\right]_{1}^{3}$

$=90-4=86$

답 86

14

$\int_{5}^{2}2t\,dt-\int_{5}^{0}2t\,dt=\int_{5}^{2}2t\,dt+\int_{0}^{5}2t\,dt$

$=\int_{0}^{5}2t\,dt+\int_{5}^{2}2t\,dt$

$=\int_{0}^{2}2t\,dt$

$=\left[t^2\right]_{0}^{2}=4$

답 ⑤

15

함수 $y=-f(x+1)+1$의 그래프는 함수 $y=f(x)$의 그래프를 x축에 대하여 대칭이동시킨 후, x축의 방향으로 -1만큼, y축의 방향으로 1만큼 평행이동시킨 것이다.

$f(0)=0$, $f(1)=1$, $\int_{0}^{1}f(x)dx=\frac{1}{6}$이므로

조건 (가)에서

$\int_{-1}^{0}g(x)dx=\int_{-1}^{0}\{-f(x+1)+1\}dx$

$=-\int_{0}^{1}f(x)dx+\left[x\right]_{-1}^{0}$

$=-\frac{1}{6}+1=\frac{5}{6}$

$\int_{0}^{1}g(x)dx=\int_{0}^{1}f(x)dx=\frac{1}{6}$

$\int_{-1}^{1}g(x)dx=\int_{-1}^{0}g(x)dx+\int_{0}^{1}g(x)dx$

$=\frac{5}{6}+\frac{1}{6}=1$

조건 (나)에서 $g(x+2)=g(x)$이므로

$\int_{-3}^{2}g(x)dx=\int_{-3}^{-1}g(x)dx+\int_{-1}^{1}g(x)dx+\int_{1}^{2}g(x)dx$

$=2\int_{-1}^{1}g(x)dx+\int_{-1}^{0}g(x)dx$

$=2\times1+\frac{5}{6}=\frac{17}{6}$

답 ②

16

$\int_0^1 g(t)\,dt=a$라 하면

조건 (가)에서 $f(x)=2x+2a$

$g(x)$는 $f(x)$의 한 부정적분이므로

$g(x)=\int f(x)\,dx=x^2+2ax+C$ (단, C는 적분상수)

조건 (나)에서

$C-\int_0^1 (t^2+2at+C)\,dt=\frac{2}{3}$

$C-\left[\frac{1}{3}t^3+at^2+Ct\right]_0^1=\frac{2}{3}$

$C-\left(\frac{1}{3}+a+C\right)=\frac{2}{3}$에서 $a=-1$

$\int_0^1 g(t)\,dt=a$에서 $\left[\frac{1}{3}t^3-t^2+Ct\right]_0^1=-1$

$\frac{1}{3}-1+C=-1$이므로 $C=-\frac{1}{3}$

따라서 $g(x)=x^2-2x-\frac{1}{3}$이므로

$g(1)=1-2-\frac{1}{3}=-\frac{4}{3}$

답 ③

17

삼차함수 $f(x)$는 최고차항의 계수가 1이고 $f'(0)=f'(2)=0$이므로

$f'(x)=3x(x-2)=3x^2-6x$

따라서

$f(x)=\int f'(x)\,dx=\int (3x^2-6x)\,dx$

$=x^3-3x^2+C$ (단, C는 적분상수)

이때

$f(x)-f(0)=x^3-3x^2$

이고

$f(x+p)-f(p)$

$=(x+p)^3-3(x+p)^2+C-(p^3-3p^2+C)$

$=x^3+(3p-3)x^2+(3p^2-6p)x$

이므로

$$g(x)=\begin{cases} x^3-3x^2 & (x\le 0) \\ x^3+(3p-3)x^2+(3p^2-6p)x & (x>0) \end{cases}$$

ㄱ. $p=1$일 때,

$$g(x)=\begin{cases} x^3-3x^2 & (x\le 0) \\ x^3-3x & (x>0) \end{cases}$$

이므로

$$g'(x)=\begin{cases} 3x^2-6x & (x<0) \\ 3x^2-3 & (x>0) \end{cases}$$

따라서 $g'(1)=3-3=0$ (참)

ㄴ. $\lim_{x\to 0-} g(x)=\lim_{x\to 0+} g(x)=g(0)=0$이므로 함수 $g(x)$는 $x=0$에서 연속이다. 이때

$\lim_{x\to 0-} g'(x)=\lim_{x\to 0-} (3x^2-6x)=0$

$\lim_{x\to 0+} g'(x)=\lim_{x\to 0+} \{3x^2+2(3p-3)x+(3p^2-6p)\}$

$=3p^2-6p$

이므로 $g(x)$가 실수 전체의 집합에서 미분가능하려면 $3p^2-6p=0$이어야 한다.

$3p^2-6p=3p(p-2)=0$에서

$p=0$ 또는 $p=2$

따라서 양수 p의 값은 $p=2$뿐이므로 양수 p의 개수는 1이다. (참)

ㄷ. $\int_{-1}^0 g(x)\,dx=\int_{-1}^0 (x^3-3x^2)\,dx$

$=\left[\frac{1}{4}x^4-x^3\right]_{-1}^0$

$=0-\left(\frac{1}{4}+1\right)=-\frac{5}{4}$

이고

$\int_0^1 g(x)\,dx$

$=\int_0^1 \{x^3+(3p-3)x^2+(3p^2-6p)x\}\,dx$

$=\left[\frac{1}{4}x^4+(p-1)x^3+\frac{3p^2-6p}{2}x^2\right]_0^1$

$=\frac{1}{4}+(p-1)+\frac{3p^2-6p}{2}$

$=\frac{3}{2}p^2-2p-\frac{3}{4}$

이므로

$\int_{-1}^1 g(x)\,dx=\int_{-1}^0 g(x)\,dx+\int_0^1 g(x)\,dx$

$=\left(-\frac{5}{4}\right)+\left(\frac{3}{2}p^2-2p-\frac{3}{4}\right)$

$=\frac{3}{2}p^2-2p-2$

$=\frac{1}{2}(3p+2)(p-2)$

따라서 $p\ge 2$일 때 $\int_{-1}^1 g(x)\,dx\ge 0$이다. (참)

이상에서 옳은 것은 ㄱ, ㄴ, ㄷ이다.

답 ⑤

다른 풀이

삼차함수 $f(x)$의 최고차항의 계수가 1이고 $f'(0)=f'(2)=0$이므로 함수 $f(x)$는 $x=0$에서 극대이고 $x=2$에서 극소이다.

이때 곡선 $y=f(x)-f(0)$은 곡선 $y=f(x)$를 y축의 방향으로 $-f(0)$만큼 평행이동한 것이고, 곡선 $y=f(x+p)-f(p)$는 곡

Ⅲ 적분

선 $y=f(x)$의 그래프를 x축의 방향으로 $-p$만큼, y축의 방향으로 $-f(p)$만큼 평행이동한 것이다.
따라서 두 곡선 $y=f(x)-f(0)$, $y=f(x+p)-f(p)$는 모두 원점을 지나고 함수 $y=g(x)$의 그래프는 다음 그림과 같다.

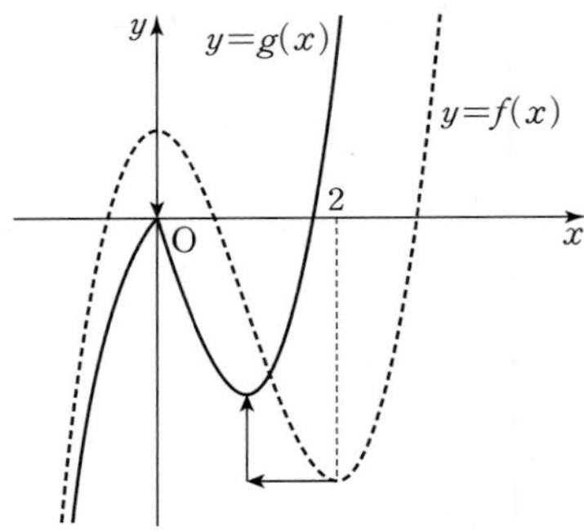

ㄱ. $p=1$일 때, 곡선 $y=f(x+1)-f(1)$은 곡선 $y=f(x)$를 x축의 방향으로 -1만큼, y축의 방향으로 $-f(1)$만큼 평행이동한 것이다.
따라서 $g'(1)=0$이다. (참)

ㄴ. $\lim_{x\to0-}g(x)=\lim_{x\to0+}g(x)=g(0)=0$이므로 함수 $g(x)$는 $x=0$에서 연속이다.
이때 $\lim_{x\to0-}g'(x)=\lim_{x\to0-}(3x^2-6x)=0$이므로 $g(x)$가 실수 전체의 집합에서 미분가능하려면 $\lim_{x\to0+}g'(x)=0$이어야 한다.
그런데 $f'(x)=0$인 양수 x의 값은 2뿐이므로 양수 p의 값은 2뿐이다.
따라서 양수 p의 개수는 1이다. (참)

ㄷ. $p\ge2$일 때 함수 $y=g(x)$의 그래프는 다음 그림과 같다.

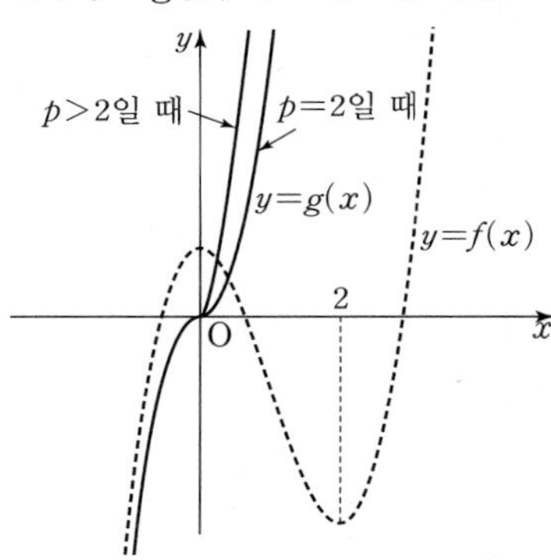

$p=2$일 때, 함수 $y=g(x)$의 그래프는 원점에 대하여 대칭이므로
$\int_{-1}^{1}g(x)dx=0$
$p>2$일 때, 모든 실수 x에 대하여
$f(x+p)-f(p)\ge f(x+2)-f(2)$이므로
$\int_{-1}^{1}g(x)dx\ge0$
따라서 $p\ge2$일 때 $\int_{-1}^{1}g(x)dx\ge0$이다. (참)

18

$\int_0^1|f(t)|dt=a$라 하면 $a>0$ …… ㉠
$f(x)=x^3-4ax$
$f(1)=1-4a>0$에서 $a<\frac{1}{4}$ …… ㉡
㉠, ㉡에서 $0<a<\frac{1}{4}$
$f(x)=x(x^2-4a)=0$에서
$x=0$ 또는 $x=\pm2\sqrt{a}$
$0<x<2\sqrt{a}$일 때 $f(x)<0$이고, $x\ge2\sqrt{a}$일 때 $f(x)\ge0$이다.
$0<a<\frac{1}{4}$에서 $0<2\sqrt{a}<1$이므로

$$\begin{aligned}a&=\int_0^1|f(t)|dt\\&=\int_0^{2\sqrt{a}}\{-f(t)\}dt+\int_{2\sqrt{a}}^1 f(t)dt\\&=\int_0^{2\sqrt{a}}(-t^3+4at)dt+\int_{2\sqrt{a}}^1(t^3-4at)dt\\&=\left[-\frac{1}{4}t^4+2at^2\right]_0^{2\sqrt{a}}+\left[\frac{1}{4}t^4-2at^2\right]_{2\sqrt{a}}^1\\&=4a^2+\left(\frac{1}{4}-2a+4a^2\right)\\&=8a^2-2a+\frac{1}{4}\end{aligned}$$

$8a^2-3a+\frac{1}{4}=0$에서
$32a^2-12a+1=0$
$(8a-1)(4a-1)=0$
이때 $0<a<\frac{1}{4}$이므로 $a=\frac{1}{8}$
따라서 $f(x)=x^3-\frac{1}{2}x$이므로
$f(2)=2^3-\frac{1}{2}\times2=7$

답 ②

19

$\int_0^1 f(t)dt=k$로 놓으면 $f(x)=4x^3+kx$
이때
$k=\int_0^1(4t^3+kt)dt=\left[t^4+\frac{k}{2}t^2\right]_0^1=1+\frac{k}{2}$
이므로 $k=2$
따라서 $f(x)=4x^3+2x$이므로
$f(1)=4+2=6$

답 ①

20

$\int_1^4 (x+|x-3|)dx$

$=\int_1^3 \{x-(x-3)\}dx+\int_3^4 \{x+(x-3)\}dx$

$=\int_1^3 3dx+\int_3^4 (2x-3)dx$

$=\Big[3x\Big]_1^3+\Big[x^2-3x\Big]_3^4$

$=(9-3)+\{(16-12)-(9-9)\}$

$=6+4=10$

답 10

21

$\int_{-3}^2 (2x^3+6|x|)dx-\int_{-3}^{-2} (2x^3-6x)dx$

$=\int_{-3}^{-2} (2x^3+6|x|)dx+\int_{-2}^2 (2x^3+6|x|)dx$

$-\int_{-3}^{-2} (2x^3-6x)dx$

$=\int_{-2}^2 (2x^3+6|x|)dx$

$=\int_{-2}^2 6|x|dx$

$=2\int_0^2 6x\,dx$

$=2\Big[3x^2\Big]_0^2$

$=2\times 12=24$

답 24

22

최고차항의 계수가 1이고 $f(0)=0$, $f(1)=0$인 삼차함수 $f(x)$를

$f(x)=x(x-1)(x-a)$ (a는 상수) …… ㉠

라 하자.

ㄱ. $g(0)=\int_0^1 f(x)dx-\int_0^1 |f(x)|dx=0$

$\int_0^1 f(x)dx=\int_0^1 |f(x)|dx$

따라서 $0\le x\le 1$일 때 $f(x)\ge 0$이므로 함수 $y=f(x)$의 그래프의 개형은 다음 그림과 같다.

(i) $a>1$일 때,

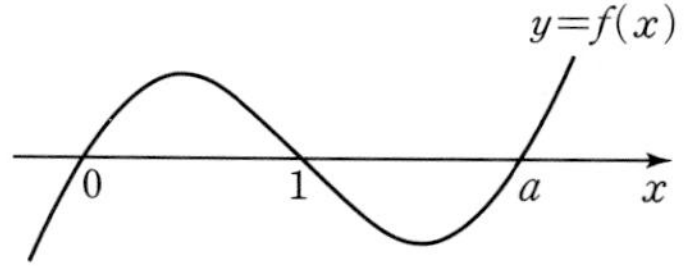

(ii) $a=1$일 때,

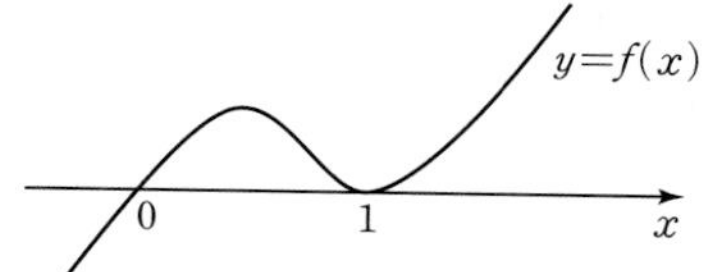

(i), (ii)에 의하여 $\int_{-1}^0 f(x)dx<0$이므로

$g(-1)=\int_{-1}^0 f(x)dx-\int_0^1 |f(x)|dx<0$ (참)

ㄴ. $g(-1)>0$이면 $0\le x\le 1$일 때 $f(x)\le 0$이므로

$g(-1)=\int_{-1}^0 f(x)dx-\int_0^1 |f(x)|dx$

$=\int_{-1}^0 f(x)dx+\int_0^1 f(x)dx$

$=\int_{-1}^1 f(x)dx$

$=\int_{-1}^1 x(x-1)(x-a)dx$

$=\int_{-1}^1 \{x^3-(a+1)x^2+ax\}dx$

$=2\int_0^1 \{-(a+1)x^2\}dx$

$=2\Big[-\frac{a+1}{3}x^3\Big]_0^1$

$=-\frac{2(a+1)}{3}>0$

즉, $a<-1$이므로 $f(k)=0$을 만족시키는 $k<-1$인 실수 k가 존재한다. (참)

ㄷ. $g(-1)=-\frac{2(a+1)}{3}>1$에서 $a<-\frac{5}{2}$

$0\le x\le 1$일 때 $f(x)\le 0$이므로

$g(0)=\int_0^1 f(x)dx-\int_0^1 |f(x)|dx$

$=\int_0^1 f(x)dx+\int_0^1 f(x)dx$

$=2\int_0^1 f(x)dx$

$=2\int_0^1 \{x^3-(a+1)x^2+ax\}dx$

$=2\Big[\frac{1}{4}x^4-\frac{a+1}{3}x^3+\frac{a}{2}x^2\Big]_0^1$

$=2\Big(\frac{1}{4}-\frac{a+1}{3}+\frac{a}{2}\Big)$

$=\frac{1}{3}a-\frac{1}{6}<-1$ (참)

이상에서 옳은 것은 ㄱ, ㄴ, ㄷ이다.

답 ⑤

유형 2 적분과 미분의 관계

23

$xf(x)-f(x)=3x^4-3x$에서

$(x-1)f(x)=3x(x-1)(x^2+x+1)$ ...... ㉠

함수 $f(x)$가 삼차함수이고 ㉠이 x에 대한 항등식이므로

$f(x)=3x(x^2+x+1)$

따라서

$$\begin{aligned}\int_{-2}^{2}f(x)dx&=\int_{-2}^{2}3x(x^2+x+1)dx\\&=\int_{-2}^{2}(3x^3+3x^2+3x)dx\\&=2\int_{0}^{2}3x^2dx\\&=2\times\Big[x^3\Big]_0^2\\&=2\times2^3=16\end{aligned}$$

답 ②

24

주어진 등식의 양변에 $x=1$을 대입하면

$\int_1^1\left\{\frac{d}{dt}f(t)\right\}dt=1^3+a\times1^2-2$

$0=1+a-2$에서 $a=1$

한편 $\frac{d}{dt}f(t)=f'(t)$이므로

$\int_1^x\left\{\frac{d}{dt}f(t)\right\}dt=\int_1^x f'(t)dt=\Big[f(t)\Big]_1^x=f(x)-f(1)$

이때 $\int_1^x\left\{\frac{d}{dt}f(t)\right\}dt=x^3+x^2-2$에서

$f(x)-f(1)=x^3+x^2-2$

따라서 $f'(x)=3x^2+2x$이므로

$f'(a)=f'(1)=3+2=5$

답 ⑤

25

$\int_1^x f(t)dt=x^3-ax+1$ ...... ㉠

㉠의 양변에 $x=1$을 대입하면

$1-a+1=0$, $a=2$

㉠의 양변을 x에 대하여 미분하면

$f(x)=3x^2-2$

이고, $a=2$를 대입하면

$f(2)=12-2=10$

답 ②

26

조건 (가)에 $x=1$을 대입하면 $0=f(1)-3$이므로

$f(1)=3$ ...... ㉠

조건 (가)의 양변을 x에 대하여 미분하면

$f(x)=f(x)+xf'(x)-4x$

이고, $f(x)$는 다항함수이므로 $f'(x)=4$

즉, $f(x)=\int f'(x)dx=\int 4\,dx$

$=4x+C_1$ (단, C_1은 적분상수)

로 놓을 수 있다.

이때 ㉠에서 $f(1)=3$이므로

$f(1)=4+C_1=3$, $C_1=-1$

즉, $f(x)=4x-1$이므로

$F(x)=\int f(x)dx=\int(4x-1)dx$

$=2x^2-x+C_2$ (단, C_2는 적분상수)

한편, 조건 (나)에서

$f(x)G(x)+F(x)g(x)=\{F(x)G(x)\}'$

이므로

$\{F(x)G(x)\}'=8x^3+3x^2+1$

의 양변을 x에 대하여 적분하면

$F(x)G(x)=2x^4+x^3+x+C_3$ (단, C_3은 적분상수)

이때 $F(x)=2x^2-x+C_2$이고, $G(x)$도 다항함수이므로 $G(x)$는 최고차항의 계수가 1인 이차함수이다. 즉

$G(x)=x^2+ax+b$ (a, b는 상수)

로 놓으면

$(2x^2-x+C_2)(x^2+ax+b)=2x^4+x^3+x+C_3$

양변의 x^3의 계수를 비교하면 $2a-1=1$, $a=1$

따라서 $G(x)=x^2+x+b$이므로

$$\begin{aligned}\int_1^3 g(x)dx&=\Big[G(x)\Big]_1^3\\&=G(3)-G(1)\\&=(3^2+3+b)-(1^2+1+b)\\&=10\end{aligned}$$

답 10

27

$2x^2f(x)=3\int_0^x(x-t)\{f(x)+f(t)\}dt$에서

$$\begin{aligned}2x^2f(x)&=3\int_0^x(x-t)f(x)dt+3\int_0^x(x-t)f(t)dt\\&=3f(x)\int_0^x(x-t)dt+3\int_0^x(x-t)f(t)dt\\&=3f(x)\Big[xt-\frac{1}{2}t^2\Big]_0^x+3\int_0^x(x-t)f(t)dt\\&=\frac{3}{2}x^2f(x)+3\int_0^x(x-t)f(t)dt\end{aligned}$$

이므로

$x^2f(x)=6\int_0^x (x-t)f(t)dt$

즉, $x^2f(x)=6x\int_0^x f(t)dt-6\int_0^x tf(t)dt$ …… ㉠

㉠의 양변을 x에 대하여 미분하면

$2xf(x)+x^2f'(x)=6\int_0^x f(t)dt$ …… ㉡

이때 $f'(2)=4$이므로 다항함수 $f(x)$의 차수는 1 이상이다.

즉, 함수 $f(x)$의 차수를 n이라 하고, 최고차항의 계수를 a $(a\neq 0)$라고 할 때, ㉡의 양변의 최고차항의 계수를 비교하면

$2ax^{n+1}+anx^{n+1}=6\times\frac{a}{n+1}x^{n+1}$

$2+n=\frac{6}{n+1}$, $n^2+3n-4=0$, $(n-1)(n+4)=0$

이때 n은 자연수이므로 $n=1$

따라서 함수 $f(x)$가 일차함수이고 $f'(2)=4$이므로 $a=4$

즉, $f(x)=4x+b$ (단, b는 상수)라고 하면 ㉡에서

$2x(4x+b)+4x^2=6\Big[2t^2+bt\Big]_0^x$

$12x^2+2bx=12x^2+6bx$

$2bx=6bx$ …… ㉢

따라서 모든 실수 x에 대하여 ㉢이 성립하므로 $b=0$

즉, $f(x)=4x$이므로 $f(6)=24$

답 24

28

ㄱ. $h(x)=(x-1)f(x)$에서

$h'(x)=f(x)+(x-1)f'(x)$

따라서 $h'(x)=g(x)$ (참)

ㄴ. 함수 $f(x)$가 $x=-1$에서 극값 0을 가지므로

$f'(-1)=0$, $f(-1)=0$

이다. 이때

$f'(x)=3x^2+2x+a$이므로

$f'(-1)=3-2+a=0$에서 $a=-1$

또, $f(-1)=-1+1-a+b=0$에서 $b=a=-1$

따라서 $f(x)=x^3+x^2-x-1$이므로

$\int_0^1 g(x)dx=\int_0^1 h'(x)dx=\Big[h(x)\Big]_0^1$

$=\Big[(x-1)f(x)\Big]_0^1=0-\{-f(0)\}$

$=f(0)=-1$ (참)

ㄷ. 함수 $h(x)$가 닫힌구간 $[0, 1]$에서 연속이고, 열린구간 $(0, 1)$에서 미분가능하므로 평균값 정리에 의하여

$\frac{h(1)-h(0)}{1-0}=h'(c)$

를 만족시키는 c가 열린구간 $(0, 1)$에서 적어도 하나 존재한다.

이때 $h'(c)=h(1)-h(0)=0-\{-f(0)\}=0$이므로

$g(c)=h'(c)=0$

따라서 방정식 $g(x)=0$은 열린구간 $(0, 1)$에서 적어도 하나의 실근을 갖는다. (참)

이상에서 옳은 것은 ㄱ, ㄴ, ㄷ이다.

답 ⑤

29

최고차항의 계수가 1인 이차함수 $f(x)$의 부정적분 중 하나를 $F(x)$라고 하면 $F'(x)=f(x)$

$g(x)=\int_0^x f(t)dt=F(x)-F(0)$이므로 $g'(x)=f(x)$

즉, 함수 $g(x)$는 최고차항의 계수가 $\frac{1}{3}$인 삼차함수이다.

조건에서 $x\geq 1$인 모든 실수 x에 대하여 $g(x)\geq g(4)$이므로 삼차함수 $g(x)$는 구간 $[1, \infty)$에서 $x=4$일 때 최소이자 극소이다. …… ㉠

즉, $g'(4)=f(4)=0$이므로

$f(x)=(x-4)(x-a)$ (a는 상수) …… ㉡

로 놓을 수 있다.

(i) $g(4)\geq 0$인 경우

$x\geq 1$인 모든 실수 x에 대하여 $g(x)\geq g(4)\geq 0$이므로 이 범위에서 $|g(x)|=g(x)$이다.

조건에서 $x\geq 1$인 모든 실수 x에 대하여

$|g(x)|\geq|g(3)|$, 즉 $g(x)\geq g(3)$이어야 한다. …… ㉢

그런데 ㉠에서 $g(3)>g(4)$이므로 ㉢을 만족시키지 않는다.

(ii) $g(4)<0$인 경우

$x\geq 1$인 모든 실수 x에 대하여 $|g(x)|\geq|g(3)|$이려면

$g(3)=0$ …… ㉣

이어야 한다.

㉡에서 $f(x)=x^2-(a+4)x+4a$이므로

$F(x)=\int \{x^2-(a+4)x+4a\}dx$

$=\frac{1}{3}x^3-\frac{a+4}{2}x^2+4ax+C$ (단, C는 적분상수)

그러므로

$g(x)=F(x)-F(0)=\frac{1}{3}x^3-\frac{a+4}{2}x^2+4ax$

㉣에서 $g(3)=9-\frac{9}{2}(a+4)+12a=0$

$\frac{15}{2}a=9$, $a=\frac{6}{5}$

따라서 $f(x)=(x-4)\left(x-\frac{6}{5}\right)$이므로

$f(9)=5\times\frac{39}{5}=39$

답 39

다른 풀이

최고차항의 계수가 1인 이차함수 $f(x)$에 대하여 함수

$g(x)=\int_0^x f(t)\,dt$ …… ㉠

는 최고차항의 계수가 $\frac{1}{3}$인 삼차함수이다. ㉠에서

$g(0)=0$ …… ㉡

조건에서 $x\geq1$인 모든 실수 x에 대하여 $g(x)\geq g(4)$이므로 삼차함수 $g(x)$는 구간 $[1, \infty)$에서 $x=4$일 때 최소이자 극소이다. …… ㉢

그러므로 $g'(4)=f(4)=0$ …… ㉣

(i) $g(4)\geq0$인 경우

$x\geq1$인 모든 실수 x에 대하여 $g(x)\geq g(4)\geq0$이므로 이 범위에서 $|g(x)|=g(x)$이다.

조건에서 $x\geq1$인 모든 실수 x에 대하여 $|g(x)|\geq|g(3)|$, 즉 $g(x)\geq g(3)$이어야 하므로 $g(3)=g(4)$이어야 한다. 이는 ㉢에 모순이다.

(ii) $g(4)<0$인 경우

$x\geq1$인 모든 실수 x에 대하여 $|g(x)|\geq|g(3)|$이려면

$g(3)=0$ …… ㉤

이어야 한다. ㉡, ㉤에서

$g(x)=\frac{1}{3}x(x-3)(x+a)$

$=\frac{1}{3}x^3+\frac{a-3}{3}x^2-ax$ (a는 상수)

로 놓을 수 있으므로

$g'(x)=x^2+\frac{2(a-3)}{3}x-a$

㉣에서 $g'(4)=0$이므로

$16+\frac{8}{3}(a-3)-a=0$, $8+\frac{5}{3}a=0$, $a=-\frac{24}{5}$

㉠에서 $f(x)=g'(x)=x^2-\frac{26}{5}x+\frac{24}{5}$이므로

$f(9)=81-\frac{234}{5}+\frac{24}{5}=39$

30

$g(x)=\int_0^x f(t)dt+f(x)$에서

$g'(x)=f(x)+f'(x)$

$g(0)=\int_0^0 f(t)dt+f(0)=f(0)$

$g'(0)=f(0)+f'(0)$

조건 (가)에 의하여

$g(0)=f(0)=0$ …… ㉠

$g'(0)=f(0)+f'(0)=0$이므로

$f'(0)=0$ …… ㉡

㉠, ㉡에 의하여 x^2은 삼차식 $f(x)$의 인수이다.

$f(x)=x^2(x-k)$ (k는 상수)라 하면

$f'(x)=3x^2-2kx$이므로

$g'(x)=x^3-kx^2+3x^2-2kx$

$=x^3+(3-k)x^2-2kx$

조건 (나)에 의하여 모든 실수 x에 대하여

$g'(-x)=-g'(x)$이므로

$-x^3+(3-k)x^2+2kx=-x^3-(3-k)x^2+2kx$

$2(3-k)x^2=0$에서

$k=3$

따라서 $f(x)=x^2(x-3)$이므로

$f(2)=-4$

답 ②

다른 풀이

최고차항의 계수가 1이므로

$f(x)=x^3+ax^2+bx+c$ (a, b, c는 상수)로 놓으면

$f'(x)=3x^2+2ax+b$

조건 (가)에 의하여 $f(0)=0$이므로 $c=0$

$g(x)=\int_0^x f(t)dt+f(x)$에서

$g'(x)=f(x)+f'(x)$이므로

$g'(0)=f(0)+f'(0)=0$

$f'(0)=0$이므로 $b=0$

즉, $f(x)=x^3+ax^2$

$g'(x)=f(x)+f'(x)$

$=x^3+ax^2+3x^2+2ax$

$=x^3+(a+3)x^2+2ax$

조건 (나)에 의하여 함수 $y=g'(x)$의 그래프는 원점에 대하여 대칭이므로 x^2의 계수는 0이다.

즉, $a=-3$

따라서 $f(x)=x^3-3x^2$이므로

$f(2)=2^3-3\times2^2=-4$

31

최고차항의 계수가 4이고 $f(0)=0$이므로

$f(x)=4x^3+ax^2+bx$ (a, b는 상수)라 하면

$f'(x)=12x^2+2ax+b$에서 $f'(0)=0$이므로 $b=0$

즉, $f(x)=4x^3+ax^2$에서

$\int_0^x f(t)dt=x^4+\frac{a}{3}x^3$이므로

$$g(x)=\begin{cases} x^4+\frac{a}{3}x^3+5 & (x<c) \\ \left|x^4+\frac{a}{3}x^3-\frac{13}{3}\right| & (x\geq c)\end{cases}$$

곡선 $y=x^4+\frac{a}{3}x^3-\frac{13}{3}$은 곡선 $y=x^4+\frac{a}{3}x^3+5$를 y축의 방향으로 $-\frac{28}{3}$만큼 평행이동한 것이다.

다음은 a의 값에 따른 곡선 $y=x^4+\frac{a}{3}x^3+5$와 곡선 $y=\left|x^4+\frac{a}{3}x^3-\frac{13}{3}\right|$의 개형 중 c의 개수가 0, 1, 2인 경우이다.

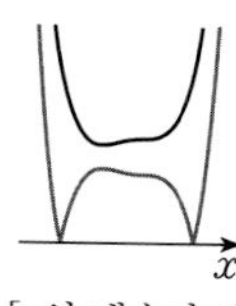
[c의 개수가 0]

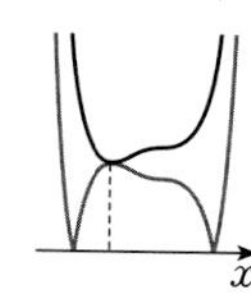
[c의 개수가 1]

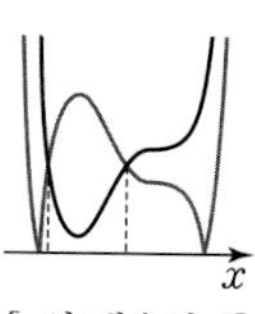
[c의 개수가 2]

함수 $g(x)$가 연속이 되도록 하는 실수 c의 개수가 1이기 위해서는 함수

$y=x^4+\frac{a}{3}x^3+5$ …… ㉠

의 극솟값과 함수

$y=-\left(x^4+\frac{a}{3}x^3-\frac{13}{3}\right)$ …… ㉡

의 극댓값이 서로 같아야 한다.

㉠, ㉡의 함수의 도함수는 각각 $f(x)$, $-f(x)$이고

$f(x)=x^2(4x+a)=0$에서

$x=0$ 또는 $x=-\frac{a}{4}$ $(a\neq0)$

㉠, ㉡의 함수는 각각 $x=-\frac{a}{4}$에서 극값을 갖고 $c=-\frac{a}{4}$이다.

$\left(-\frac{a}{4}\right)^4+\frac{a}{3}\times\left(-\frac{a}{4}\right)^3+5=-\left\{\left(-\frac{a}{4}\right)^4+\frac{a}{3}\times\left(-\frac{a}{4}\right)^3-\frac{13}{3}\right\}$

이를 정리하여 풀면 $\begin{cases}a=4\\c=-1\end{cases}$ 또는 $\begin{cases}a=-4\\c=1\end{cases}$

그러므로 $a=4$일 때 $g(1)=\left|1+\frac{4}{3}-\frac{13}{3}\right|=2$,

$a=-4$일 때 $g(1)=\left|1-\frac{4}{3}-\frac{13}{3}\right|=\frac{14}{3}$

따라서 $g(1)$의 최댓값은 $\frac{14}{3}$이다.

답 ⑤

32

$g(x)=\int_0^x f(t)dt-xf(x)$의 양변을 x에 대하여 미분하면

$g'(x)=f(x)-\{f(x)+xf'(x)\}=-xf'(x)$

삼차함수 $f(x)$의 최고차항의 계수가 4이므로 $f'(x)$는 최고차항의 계수가 12인 이차함수이다.

그러므로 $g'(x)=-xf'(x)$에서 $g'(x)$는 최고차항의 계수가 -12인 삼차함수이다.

또, 모든 실수 x에 대하여 $g(x)\leq g(3)$이므로 함수 $g(x)$는 $x=3$에서 최댓값을 가지고 함수 $g(x)$는 $x=3$에서 극값을 가진다.

즉, $g'(3)=0$

$g'(3)=-3f'(3)=0$에서 $f'(3)=0$이므로

$g'(x)=-12x(x-3)(x-a)$

사차함수 $g(x)$가 오직 1개의 극값만 가지므로 함수 $g(x)$는 $x=0$에서 극값을 가질 수 없다.

즉, $a=0$

$g'(x)=-12x^2(x-3)=-12x^3+36x^2$

따라서

$\int_0^1 g'(x)dx=\Big[-3x^4+12x^3\Big]_0^1=-3+12=9$

답 ②

33

함수 $f(x)$가 실수 전체의 집합에서 연속이므로

$n-1\leq x\leq n$일 때,

$f(x)=6(x-n+1)(x-n)$

또는 $f(x)=-6(x-n+1)(x-n)$

함수 $g(x)$가 $x=2$에서 최솟값 0을 가지므로

$g(2)=\int_0^2 f(t)dt-\int_2^4 f(t)dt=0$

$\int_0^2 f(t)dt=\int_2^4 f(t)dt$

이때 함수 $g(x)$가 $x=2$에서 최솟값을 가져야 하므로 닫힌구간 $[0, 4]$에서 함수 $y=f(x)$의 그래프는 다음 그림과 같다.

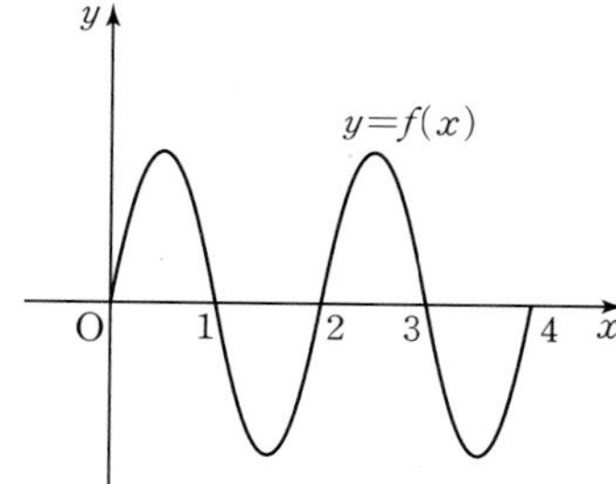

따라서

$\int_{\frac{1}{2}}^4 f(x)dx$

$=\int_{\frac{1}{2}}^1 f(x)dx+\int_1^2 f(x)dx+\int_2^3 f(x)dx+\int_3^4 f(x)dx$

$=\int_{\frac{1}{2}}^1 f(x)dx-\int_0^1 f(x)dx+\int_0^1 f(x)dx-\int_0^1 f(x)dx$

$=-\int_0^{\frac{1}{2}} f(x)dx$

$=-\int_0^{\frac{1}{2}} \{-6x(x-1)\}dx$

$=\int_0^{\frac{1}{2}} (6x^2-6x)dx$

$=\Big[2x^3-3x^2\Big]_0^{\frac{1}{2}}$

$=2\times\left(\frac{1}{2}\right)^3-3\times\left(\frac{1}{2}\right)^2=-\frac{1}{2}$

답 ②

34

ㄱ. $x<0$일 때, $g'(x)=-f(x)$

$x>0$일 때, $g'(x)=f(x)$

그런데, 함수 $g(x)$는 $x=0$에서 미분가능하고 함수 $f(x)$는 실수 전체의 집합에서 연속이므로

$\lim_{x\to 0-}\{-f(x)\}=\lim_{x\to 0+}f(x)$

$-f(0)=f(0)$에서 $f(0)=0$ (참)

ㄴ. $g(0)=\int_0^0 f(t)\,dt=0$이고 함수 $g(x)$는 삼차함수이므로

$g(x)=x^2(x-a)$ (a는 상수)로 놓으면

$g'(x)=2x(x-a)+x^2=x(3x-2a)$

(i) $a>0$일 때,

$$f(x)=\begin{cases}-x(3x-2a) & (x<0)\\ x(3x-2a) & (x\geq 0)\end{cases}$$

이므로 함수 $y=f(x)$의 그래프는 다음 그림과 같고 $x=0$에서 극댓값을 갖는다.

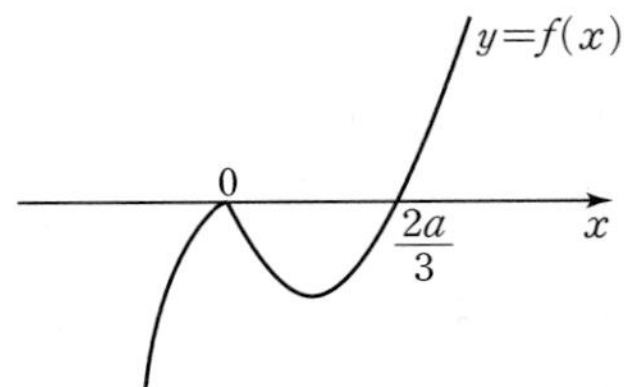

(ii) $a<0$일 때,

$$f(x)=\begin{cases}-x(3x-2a) & (x<0)\\ x(3x-2a) & (x\geq 0)\end{cases}$$

이므로 함수 $y=f(x)$의 그래프는 다음 그림과 같고 $x=\frac{a}{3}$에서 극댓값을 갖는다.

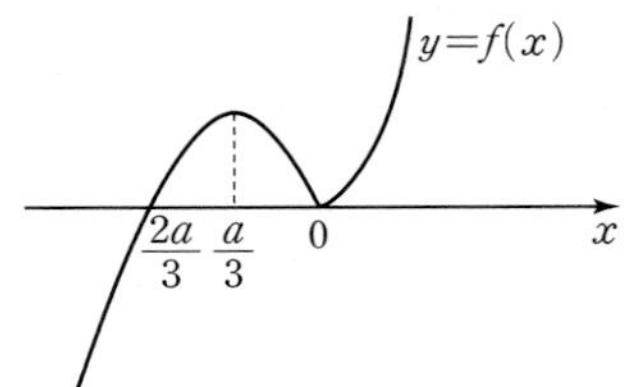

(iii) $a=0$일 때,

$$f(x)=\begin{cases}-3x^2 & (x<0)\\ 3x^2 & (x\geq 0)\end{cases}$$

이므로 함수 $y=f(x)$의 그래프는 극댓값이 존재하지 않는다. (거짓)

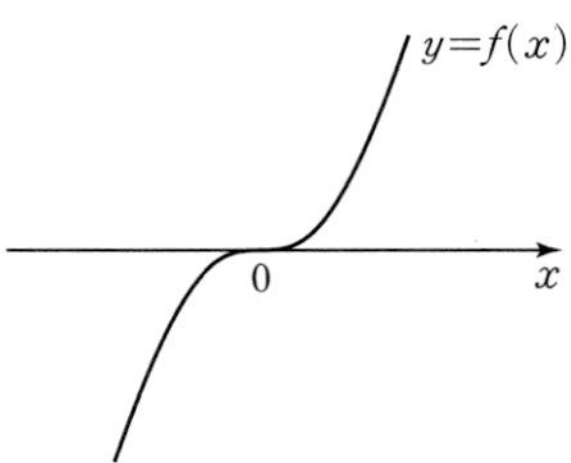

ㄷ. (i) ㄴ. (i)의 경우

$f(1)=3-2a$이므로 $2<3-2a<4$에서 $0<a<\frac{1}{2}$

또한, $x<0$일 때

$f'(x)=-(3x-2a)-3x=-6x+2a$

이므로

$\lim_{x\to 0-}f'(x)=2a$

이때 $0<2a<1$이므로 함수 $y=f(x)$의 그래프와 직선 $y=x$는 다음 그림과 같이 세 점에서 만난다.

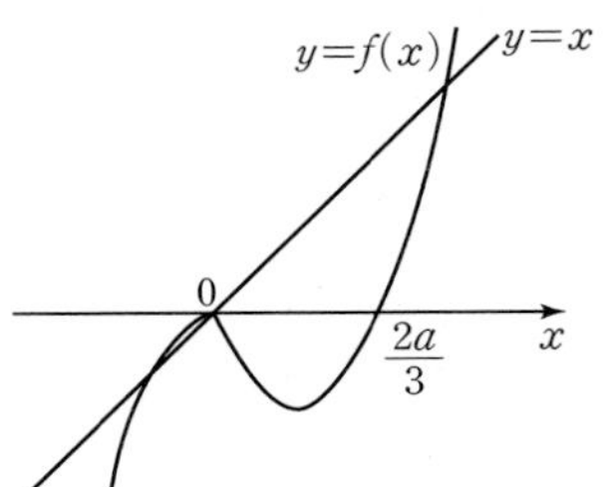

따라서 $2<f(1)<4$일 때, 방정식 $f(x)=x$의 서로 다른 실근의 개수는 3이다.

(ii) ㄴ. (ii)의 경우

$f(1)=3-2a$이므로 $2<3-2a<4$에서

$-\frac{1}{2}<a<0$

또한, $x>0$일 때

$f'(x)=(3x-2a)+3x=6x-2a$

이므로

$\lim_{x\to 0+}f'(x)=-2a$

이때 $0<-2a<1$이므로 함수 $y=f(x)$의 그래프와 직선 $y=x$는 다음 그림과 같이 세 점에서 만난다.

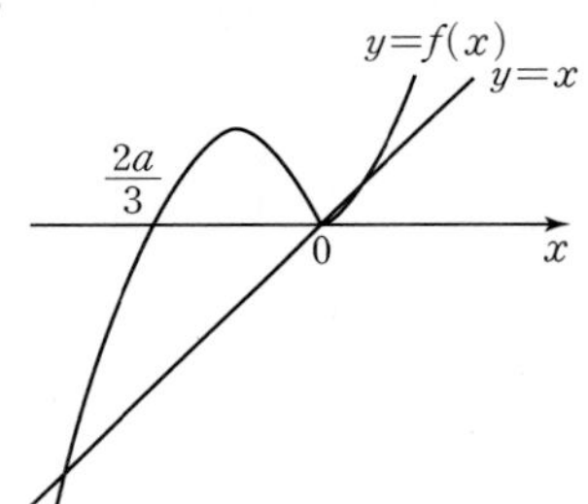

따라서 $2<f(1)<4$일 때, 방정식 $f(x)=x$의 서로 다른 실근의 개수는 3이다.

(iii) ㄴ. (iii)의 경우

$f(1)=3$이고 함수 $y=f(x)$의 그래프와 직선 $y=x$는 다음 그림과 같이 세 점에서 만난다.

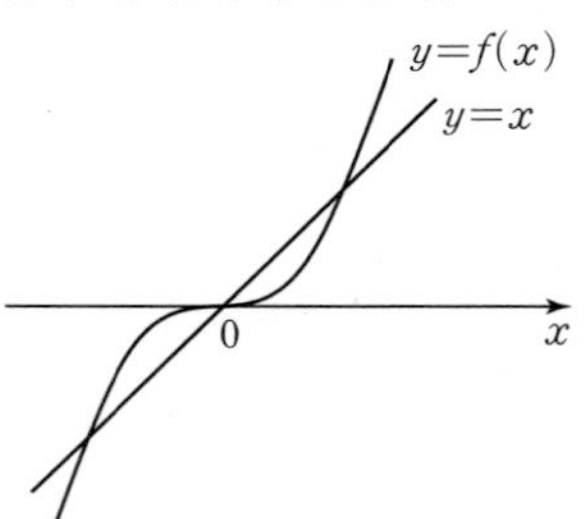

따라서 $2<f(1)<4$일 때, 방정식 $f(x)=x$의 서로 다른 실근의 개수는 3이다. (참)

이상에서 옳은 것은 ㄱ, ㄷ이다.

답 ④

다른 풀이

ㄷ. (i) ㄴ. (i)의 경우

$0<a<\frac{1}{2}$이고

① $x<0$일 때, $-x(3x-2a)=x$에서

$-3x+2a=1$, $x=\frac{2a-1}{3}$

② $x\geq 0$일 때, $x(3x-2a)=x$에서

$x(3x-2a-1)=0$

$x=0$ 또는 $x=\frac{2a+1}{3}$

따라서 $2<f(1)<4$일 때, 방정식 $f(x)=x$는 서로 다른 실근 $\frac{2a-1}{3}$, 0, $\frac{2a+1}{3}$을 갖는다.

35

조건 (나)에서 $x=0$일 때, $g(0)=f(p)-f(p)=0$이므로

$$\lim_{x\to 0-}\frac{g(x)-g(0)}{x-0}=\lim_{x\to 0-}\frac{f(x-p)-f(-p)}{x}=f'(-p)$$

$$\lim_{x\to 0+}\frac{g(x)-g(0)}{x-0}=\lim_{x\to 0+}\frac{f(x+p)-f(p)}{x}=f'(p)$$

조건 (가)에서 $g'(0)=0$이므로 $f'(-p)=f'(p)=0$이다.

함수 $f(x)$는 최고차항의 계수가 1이고 $f(0)=1$인 삼차함수이므로 $f'(x)$는 이차항의 계수가 3인 이차식이다.

즉, $f'(-p)=f'(p)=0$이므로

$f'(x)=3(x+p)(x-p)=3x^2-3p^2$

$$f(x)=\int f'(x)\,dx$$

$$=\int(3x^2-3p^2)\,dx$$

$=x^3-3p^2x+C$ (단, C는 적분상수)

$f(0)=1$이므로 $f(x)=x^3-3p^2x+1$

$x\geq 0$에서 $g(x)=f(x+p)-f(p)$이므로

$$\int_0^p g(x)\,dx=\int_0^p\{f(x+p)-f(p)\}\,dx$$

$$=\int_0^p(x^3+3px^2)\,dx$$

$$=\left[\frac{x^4}{4}+px^3\right]_0^p$$

$$=\frac{5}{4}p^4=20$$

이때 $p>0$이므로 $p=2$

따라서 $f(x)=x^3-12x+1$이므로

$f(5)=5^3-12\times 5+1=66$

답 66

유형 3 넓이

36

두 곡선 $y=3x^3-7x^2$, $y=-x^2$이 만나는 점의 x좌표는

$3x^3-7x^2=-x^2$에서 $3x^3-6x^2=0$, $3x^2(x-2)=0$

즉, $x=0$ 또는 $x=2$

이때 두 함수 $y=3x^3-7x^2$, $y=-x^2$의 그래프는 다음 그림과 같다.

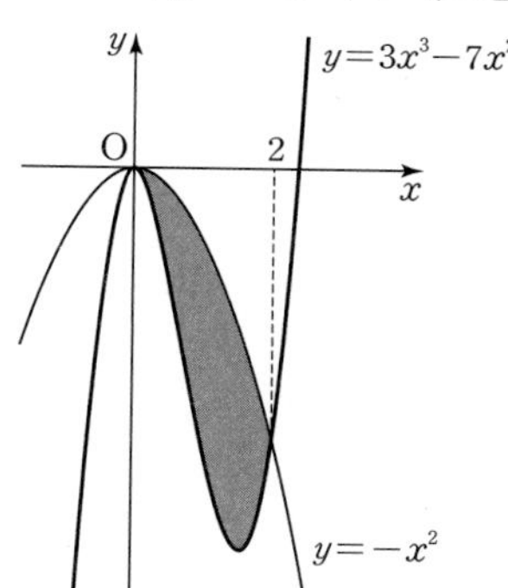

따라서 두 곡선 $y=3x^3-7x^2$, $y=-x^2$으로 둘러싸인 부분의 넓이는

$$\int_0^2\{(-x^2)-(3x^3-7x^2)\}\,dx=\int_0^2(-3x^3+6x^2)\,dx$$

$$=\left[-\frac{3}{4}x^4+2x^3\right]_0^2$$

$$=-12+16=4$$

답 4

37

곡선 $y=\frac{1}{3}x^2+1$과 x축, y축 및 직선 $x=3$으로 둘러싸인 부분의 넓이는

$$\int_0^3\left(\frac{1}{3}x^2+1\right)dx=\left[\frac{1}{9}x^3+x\right]_0^3=3+3=6$$

답 ①

38

함수 $y=|x^2-2x|+1$의 그래프와 x축, y축 및 직선 $x=2$로 둘러싸인 부분의 넓이는

$$\int_0^2(|x^2-2x|+1)\,dx=\int_0^2(-x^2+2x+1)\,dx$$

$$=\left[-\frac{1}{3}x^3+x^2+x\right]_0^2$$

$$=-\frac{8}{3}+4+2=\frac{10}{3}$$

답 ③

39

$x>0$일 때, 점 B에서 두 함수 $y=ax^2+2$와 $y=2x$의 그래프가 접하므로

$ax^2+2=2x$에서 $ax^2-2x+2=0$

Ⅲ 적분

이차방정식 $ax^2-2x+2=0$의 판별식을 D라 하면

$\frac{D}{4}=(-1)^2-2a=0$

$a=\frac{1}{2}$

두 함수 $y=\frac{1}{2}x^2+2$와 $y=2x$의 그래프의 교점의 x좌표는

$\frac{1}{2}x^2+2=2x,\ x^2-4x+4=0$

$(x-2)^2=0,\ x=2$

두 함수 $y=\frac{1}{2}x^2+2,\ y=2|x|$의 그래프가 모두 y축에 대하여 대칭이므로 구하는 넓이는

$$2\times\int_0^2\left(\frac{1}{2}x^2+2-2x\right)dx=2\times\left[\frac{1}{6}x^3+2x-x^2\right]_0^2$$
$$=2\times\frac{4}{3}=\frac{8}{3}$$

답 ④

40

$f(x)=x^2-4x+6$이라 하면 $f'(x)=2x-4$

곡선 $y=f(x)$ 위의 점 A(3, 3)에서의 접선의 기울기가 $f'(3)=2$이므로 접선 l의 방정식은

$y-3=2(x-3),\ y=2x-3$

따라서 곡선 $y=f(x)$와 직선 l 및 y축으로 둘러싸인 부분의 넓이는

$$\int_0^3\{x^2-4x+6-(2x-3)\}dx=\int_0^3(x^2-6x+9)dx$$
$$=\left[\frac{1}{3}x^3-3x^2+9x\right]_0^3$$
$$=9-27+27=9$$

답 ②

41

함수 $f(x)=kx(x-2)(x-3)$에 대하여 $f(x)=0$에서 $x=0$ 또는 $x=2$ 또는 $x=3$이므로 두 점 P, Q의 좌표는 각각 $(2, 0)$, $(3, 0)$이다.

이때 (A의 넓이)$=\int_0^2 f(x)dx$,

(B의 넓이)$=\int_2^3\{-f(x)\}dx$이므로

$$(A\text{의 넓이})-(B\text{의 넓이})=\int_0^2 f(x)dx-\int_2^3\{-f(x)\}dx$$
$$=\int_0^2 f(x)dx+\int_2^3 f(x)dx$$
$$=\int_0^3 f(x)dx=3$$

이어야 한다. 이때

$$\int_0^3 f(x)dx=k\int_0^3(x^3-5x^2+6x)dx$$
$$=k\left[\frac{1}{4}x^4-\frac{5}{3}x^3+3x^2\right]_0^3$$
$$=k\left(\frac{81}{4}-45+27\right)=\frac{9}{4}k$$

이므로 $\frac{9}{4}k=3,\ k=\frac{4}{3}$

답 ②

42

함수 $g(x)=-(x-t)+f(t)$는 $x\ge t$일 때, 점 $(t, f(t))$를 지나고 기울기가 -1인 직선이므로 이 직선은 x축과 점 $(t+f(t), 0)$에서 만난다.

즉, 함수 $y=g(x)$의 그래프와 x축으로 둘러싸인 부분의 넓이를 $S(t)$라 하면

$$S(t)=\int_0^t f(x)dx+\int_t^{t+f(t)}\{-(x-t)+f(t)\}dx$$
$$=\int_0^t f(x)dx+\frac{1}{2}\times\{f(t)\}^2$$

위 식의 양변을 미분하면

$$S'(t)=f(t)+f(t)\times f'(t)$$
$$=f(t)\{1+f'(t)\}$$

한편, $f(x)=\frac{1}{9}x(x-6)(x-9)$이므로 $0<t<6$에서 $f(t)>0$이고,

$1+f'(t)$

$=1+\frac{1}{9}\{(t-6)(t-9)+t(t-9)+t(t-6)\}$

$=1+\frac{1}{9}\{(t^2-15t+54)+(t^2-9t)+(t^2-6t)\}$

$=1+\frac{1}{9}(3t^2-30t+54)$

$=1+\frac{1}{3}(t^2-10t+18)$

$=\frac{1}{3}(t^2-10t+21)$

$=\frac{1}{3}(t-3)(t-7)$

이므로 $0<t<6$에서 함수 $S(t)$의 증가와 감소를 표로 나타내면 다음과 같다.

t	(0)	⋯	3	⋯	(6)
$S'(t)$		+	0	−	
$S(t)$		↗	극대	↘	

함수 $S(t)$는 $t=3$에서 극대이면서 최대이므로 구하는 최댓값은

$$S(3)=\int_0^3 f(x)dx+\frac{1}{2}\{f(3)\}^2$$

$=\frac{1}{9}\int_0^3 x(x-6)(x-9)\,dx$

$+\frac{1}{2}\times\left\{\frac{1}{9}\times3\times(-3)\times(-6)\right\}^2$

$=\frac{1}{9}\int_0^3 (x^3-15x^2+54x)\,dx+18$

$=\frac{1}{9}\left[\frac{1}{4}x^4-5x^3+27x^2\right]_0^3+18$

$=\frac{1}{9}\times\left(\frac{1}{4}\times81-5\times27+27\times9\right)+18=\frac{129}{4}$

답 ③

43

모든 실수 x에 대하여 $f(-x)=-f(x)$이므로 함수 $y=f(x)$의 그래프는 원점에 대하여 대칭이다.

그림과 같이 색칠된 부분의 넓이를 각각 S_1, S_2라 하면

$S_1=S_2$

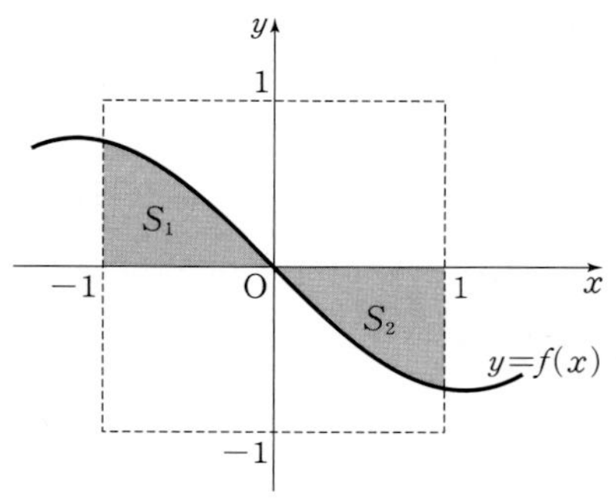

함수 $y=f(x)$의 그래프를 x축의 방향으로 1만큼, y축의 방향으로 1만큼 평행이동시킨 함수 $y=g(x)$의 그래프에서 빗금 친 부분의 넓이를 S_3이라 하면

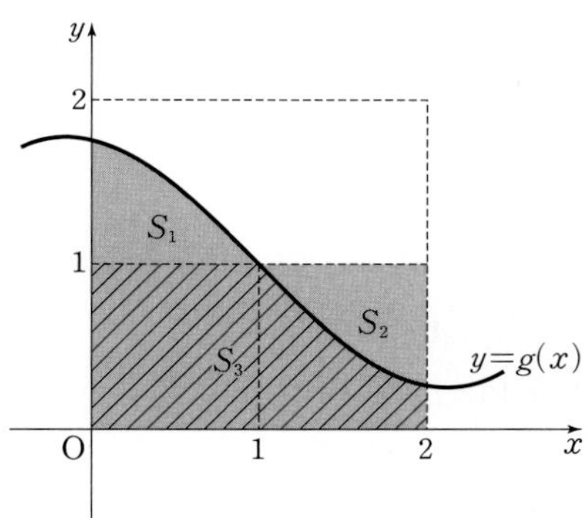

$\int_0^2 g(x)dx=S_1+S_3=S_2+S_3=2\times1=2$

답 ②

44

$f(x)=x^2-2x$이므로

$-f(x-1)-1=-\{(x-1)^2-2(x-1)\}-1$

$=-(x^2-4x+3)-1$

$=-x^2+4x-4$

두 곡선 $y=f(x)$, $y=-f(x-1)-1$이 만나는 점의 x좌표는

$x^2-2x=-x^2+4x-4$에서

$x^2-3x+2=0$

$(x-1)(x-2)=0$

$x=1$ 또는 $x=2$

따라서 두 곡선 $y=f(x)$, $y=-f(x-1)-1$로 둘러싸인 부분의 넓이는

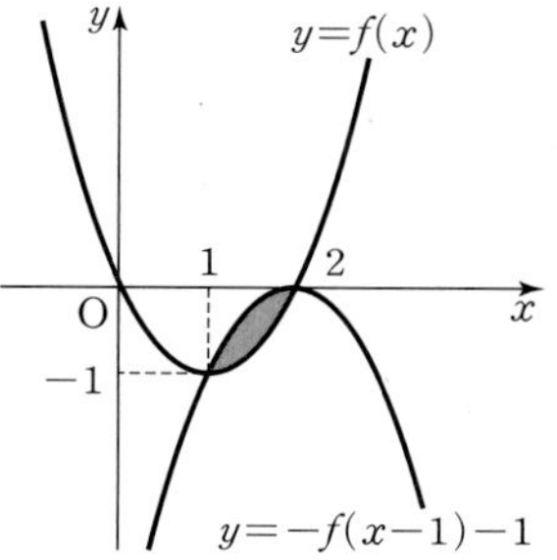

$\int_1^2 [\{-f(x-1)-1\}-f(x)]dx$

$=\int_1^2 \{(-x^2+4x-4)-(x^2-2x)\}dx$

$=\int_1^2 (-2x^2+6x-4)dx$

$=\left[-\frac{2}{3}x^3+3x^2-4x\right]_1^2$

$=-\frac{4}{3}-\left(-\frac{5}{3}\right)=\frac{1}{3}$

답 ③

45

구하고자 하는 도형의 넓이를 S라 하면

$S=\int_0^2 |f(x)-g(x)|dx=\int_0^2 \{g(x)-f(x)\}dx$

$g(x)-f(x)$는 최고차항의 계수가 3이고 삼차방정식

$g(x)-f(x)=0$은 한 실근 0과 중근 2를 가지므로

$g(x)-f(x)=3x(x-2)^2$

따라서

$S=\int_0^2 3x(x-2)^2dx$

$=\int_0^2 (3x^3-12x^2+12x)dx$

$=\left[\frac{3}{4}x^4-4x^3+6x^2\right]_0^2$

$=12-32+24=4$

답 ③

46

곡선 $y=x^2-7x+10$과 직선 $y=-x+10$이 만나는 점의 x좌표는

$x^2-7x+10=-x+10$에서

$x^2-6x=0$, $x(x-6)=0$

$x=0$ 또는 $x=6$

Ⅲ 적분

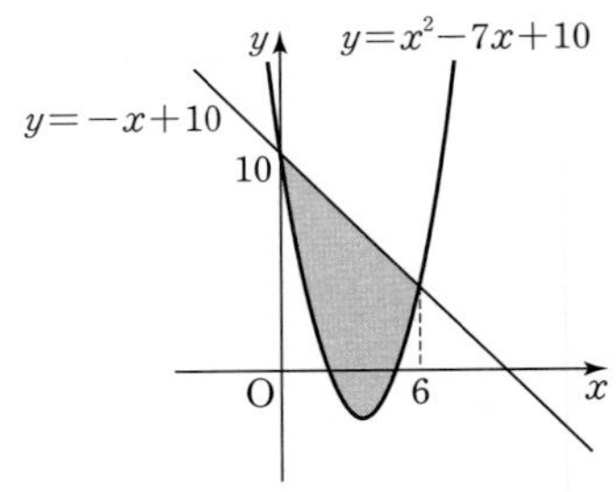

따라서 곡선 $y=x^2-7x+10$과 직선 $y=-x+10$으로 둘러싸인 부분의 넓이는

$\int_0^6 \{(-x+10)-(x^2-7x+10)\}dx$

$=\int_0^6 (-x^2+6x)dx=\left[-\frac{1}{3}x^3+3x^2\right]_0^6$

$=-\frac{1}{3}\times6^3+3\times6^2=36$

답 36

47

두 함수 $y=f(x)$, $y=g(x)$의 그래프로 둘러싸인 부분에서 $0\le x\le2$인 부분과 $2\le x\le4$인 부분의 넓이가 같으므로 구하는 넓이를 S라 하면

$S=\int_0^4 \{g(x)-f(x)\}dx$

$=2\int_0^2 \{(-x^2+2x)-(x^2-4x)\}dx$

$=2\int_0^2 (-2x^2+6x)dx=2\left[-\frac{2}{3}x^3+3x^2\right]_0^2$

$=2\left(-\frac{16}{3}+12\right)=\frac{40}{3}$

답 ①

48

$x^2-5x=x$에서 $x(x-6)=0$, $x=0$ 또는 $x=6$

곡선 $y=x^2-5x$와 직선 $y=x$가 만나는 점은 원점과 $(6, 6)$이다.

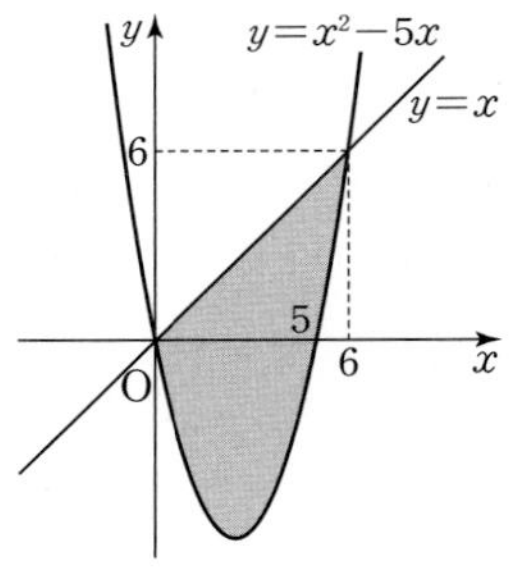

곡선 $y=x^2-5x$와 직선 $y=x$로 둘러싸인 부분의 넓이는

$\int_0^6 \{x-(x^2-5x)\}dx=\int_0^6 (6x-x^2)dx$

$=\left[3x^2-\frac{1}{3}x^3\right]_0^6=36$

따라서 직선 $x=k$가 넓이를 이등분하므로

$18=\int_0^k \{x-(x^2-5x)\}dx=\int_0^k (6x-x^2)dx$

$=\left[3x^2-\frac{1}{3}x^3\right]_0^k=3k^2-\frac{1}{3}k^3$

$k^3-9k^2+54=0$, $(k-3)(k^2-6k-18)=0$

이때 $0<k<6$이므로 $k=3$

답 ①

49

함수 $f(x)$가 실수 전체의 집합에서 미분가능하므로 함수 $f(x)$는 $x=k$에서 미분가능하다.

이때 함수 $f(x)$는 $x=k$에서 연속이므로

$f(k)=\lim_{x\to k-}f(x)=ak$

한편, 함수 $f(x)$가 $x=k$에서 미분가능하므로

$f'(k)=\lim_{x\to k-}\frac{f(x)-f(k)}{x-k}=\lim_{x\to k-}\frac{ax-ak}{x-k}=a$

ㄱ. $f'(k)=a$이고 $a=1$이면 $f'(k)=1$이다. (참)

ㄴ. $g(x)=-x^2+4bx-3b^2$이라 하면 직선 $y=ax$는 원점에서 곡선 $y=g(x)$에 그은 기울기가 양수인 접선 중 하나이고, 접점의 좌표는 $(k, g(k))$이다.

$g'(x)=-2x+4b$이므로 곡선 $y=g(x)$ 위의 점 $(k, g(k))$에서의 접선의 방정식은

$y-(-k^2+4bk-3b^2)=(-2k+4b)(x-k)$

이 직선이 원점을 지나므로

$0-(-k^2+4bk-3b^2)=(-2k+4b)(0-k)$

$k^2-3b^2=0$, $k^2=3b^2$

이때 $k>0$, $b>0$이므로 $k=\sqrt{3}b$

따라서 $k=3$이면 $b=\sqrt{3}$이므로

$a=g'(k)=-2k+4b=-6+4\sqrt{3}$ (참)

ㄷ. ㄴ에서 $a=-2k+4b$, $k=\sqrt{3}b$이므로

$a=-2\sqrt{3}b+4b=b(4-2\sqrt{3})$이다. 즉

$f(x)=\begin{cases}(4-2\sqrt{3})bx & (x<\sqrt{3}b)\\ -x^2+4bx-3b^2 & (x\ge\sqrt{3}b)\end{cases}$

$f'(x)=\begin{cases}(4-2\sqrt{3})b & (x<\sqrt{3}b)\\ -2x+4b & (x>\sqrt{3}b)\end{cases}$

$f(k)=f'(k)$에서 $f(\sqrt{3}b)=f'(\sqrt{3}b)$이므로

$-3b^2+4\sqrt{3}b^2-3b^2=-2\sqrt{3}b+4b$, $b=\frac{\sqrt{3}}{3}$이다.

따라서

$f(x)=\begin{cases}\frac{4\sqrt{3}-6}{3}x & (x<1)\\ -x^2+\frac{4\sqrt{3}}{3}x-1 & (x\ge1)\end{cases}$

이고, 함수 $y=f(x)$의 그래프는 다음 그림과 같다.

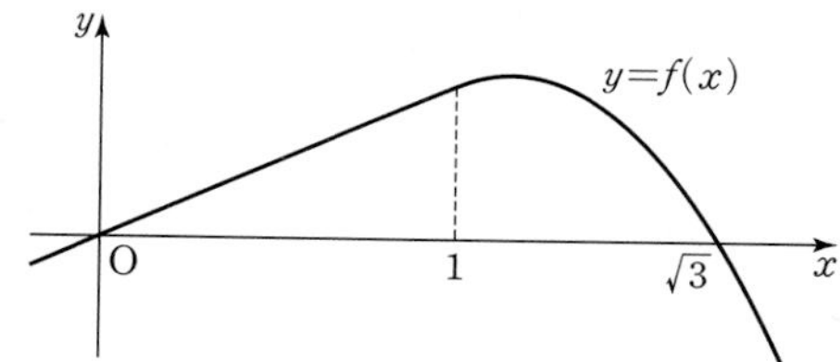

그러므로 함수 $y=f(x)$의 그래프와 x축으로 둘러싸인 부분의 넓이는

$\int_0^{\sqrt{3}} f(x)\,dx$

$=\frac{1}{2}\times1\times\frac{4\sqrt{3}-6}{3}+\int_1^{\sqrt{3}}\left(-x^2+\frac{4\sqrt{3}}{3}x-1\right)dx$

$=\frac{2\sqrt{3}-3}{3}+\left[-\frac{x^3}{3}+\frac{2\sqrt{3}}{3}x^2-x\right]_1^{\sqrt{3}}$

$=\frac{2\sqrt{3}-3}{3}+\frac{4-2\sqrt{3}}{3}=\frac{1}{3}$ (참)

이상에서 옳은 것은 ㄱ, ㄴ, ㄷ이다.

답 ⑤

50

함수 $f(x)$는 최고차항의 계수가 1이고 $f'(2)=0$이므로 실수 k에 대하여 $f(x)=x^2-4x+k$라 하자.

ㄱ. $f(2)\geq0$이라고 하면 $x>2$일 때 $f(x)>0$이므로 정적분과 넓이의 관계에 의하여 $\int_2^4 f(x)\,dx>0$

즉, $\int_4^2 f(x)\,dx=-\int_2^4 f(x)\,dx<0$이므로 주어진 조건을 만족시키지 못한다. 따라서 $f(2)<0$ (참)

ㄴ. $\int_4^3 f(x)\,dx=\int_4^3 (x^2-4x+k)\,dx$

$=\left[\frac{1}{3}x^3-2x^2+kx\right]_4^3=-k+\frac{5}{3}$

에서 $-k+\frac{5}{3}\geq0$이므로 $k\leq\frac{5}{3}$ …… ㉠

$\int_4^2 f(x)\,dx=\int_4^2 (x^2-4x+k)\,dx$

$=\left[\frac{1}{3}x^3-2x^2+kx\right]_4^2=-2k+\frac{16}{3}$

에서 $-2k+\frac{16}{3}\geq0$이므로 $k\leq\frac{8}{3}$ …… ㉡

㉠, ㉡에서 $k\leq\frac{5}{3}$

$\int_4^3 f(x)\,dx-\int_4^2 f(x)\,dx$

$=-k+\frac{5}{3}-\left(-2k+\frac{16}{3}\right)=k-\frac{11}{3}$

이므로 $k-\frac{11}{3}\leq-2<0$

따라서 $\int_4^3 f(x)\,dx<\int_4^2 f(x)\,dx$ (거짓)

ㄷ. ㄴ에서 $k\leq\frac{5}{3}$이므로 $f(3)=k-3\leq-\frac{4}{3}<0$

즉, $f'(2)=0$이므로 $f(3)=f(1)<0$

구간 $[1, 3]$에서 $f(x)<0$이고, $n=1$ 또는 $n=2$일 때 곡선 $y=f(x)$의 그래프와 x축 및 두 직선 $x=n$, $x=3$으로 둘러싸인 부분의 넓이가 $-\int_n^3 f(x)\,dx$와 같다.

즉, $\int_3^n f(x)\,dx=-\int_n^3 f(x)\,dx>0$ …… ㉢

또한, $\int_4^5 f(x)\,dx=\int_4^5 (x^2-4x+k)\,dx$

$=\left[\frac{1}{3}x^3-2x^2+kx\right]_4^5=k+\frac{7}{3}$

에서 $k+\frac{7}{3}\geq0$, 즉 $k\geq-\frac{7}{3}$이므로

$f(5)=5+k\geq\frac{8}{3}>0$

따라서 구간 $[5, \infty)$에서 $f(x)>0$이고, 6 이상의 모든 자연수 n에 대하여 곡선 $y=f(x)$와 x축 및 두 직선 $x=5$, $x=n$으로 둘러싸인 부분의 넓이가 $\int_5^n f(x)\,dx$와 같다.

즉, $\int_5^n f(x)\,dx>0$ …… ㉣

㉢, ㉣에서 $\int_4^3 f(x)\,dx\geq0$, $\int_4^5 f(x)\,dx\geq0$이면 함수 $f(x)$가 주어진 조건을 만족시키므로

$k\leq\frac{5}{3}$, $k+\frac{7}{3}\geq0$에서

$-\frac{7}{3}\leq k\leq\frac{5}{3}$ …… ㉤

$\int_4^6 f(x)\,dx=\int_4^6 (x^2-4x+k)\,dx$

$=\left[\frac{1}{3}x^3-2x^2+kx\right]_4^6=2k+\frac{32}{3}$

이므로 ㉤에서 $-\frac{14}{3}\leq 2k\leq\frac{10}{3}$, $6\leq 2k+\frac{32}{3}\leq14$

따라서 $6\leq\int_4^6 f(x)\,dx\leq14$ (참)

이상에서 옳은 것은 ㄱ, ㄷ이다.

답 ③

유형 4 수직선에서 속도와 거리

51

점 P의 시각 t $(t>0)$에서의 가속도를 $a(t)$라 하면

$v(t)=-4t^3+12t^2$이므로

$a(t)=v'(t)=-12t^2+24t$

시각 $t=k$에서 점 P의 가속도가 12이므로

$-12k^2+24k=12$

$k^2-2k+1=0$, $(k-1)^2=0$, $k=1$

한편 $v(t)=-4t^3+12t^2=-4t^2(t-3)$이므로 $3\le t\le 4$일 때 $v(t)\le 0$이다.

따라서 $t=3$에서 $t=4$까지 점 P가 움직인 거리는

$$\int_3^4 |v(t)|\,dt=\int_3^4 |-4t^3+12t^2|\,dt=\int_3^4 (4t^3-12t^2)\,dt$$

$$=\Big[t^4-4t^3\Big]_3^4=0-(-27)=27$$

답 ③

52

시각 t에서 두 점 P, Q의 위치를 각각 $x_1(t)$, $x_2(t)$라 하면

$$x_1(t)=\int v_1(t)\,dt=\int(3t^2-15t+k)\,dt=t^3-\frac{15}{2}t^2+kt$$

$$x_2(t)=\int v_2(t)=\int(-3t^2+9t)\,dt=-t^3+\frac{9}{2}t^2$$

두 점 P, Q가 출발한 후 한 번만 만나므로 $t>0$에서 방정식 $x_1(t)=x_2(t)$의 서로 다른 실근의 개수는 1이다.

즉, 방정식 $x_1(t)-x_2(t)=0$에서

$$t^3-\frac{15}{2}t^2+kt-\left(-t^3+\frac{9}{2}t^2\right)=0$$

$2t^3-12t^2+kt=0$

$t(2t^2-12t+k)=0$에서 $k>0$, $t>0$이므로 이차방정식 $2t^2-12t+k=0$은 중근을 가져야 한다.

따라서 이차방정식 $2t^2-12t+k=0$의 판별식을 D라 하면 $D=0$이어야 한다. 즉,

$D=(-12)^2-4\times2\times k=0$, $k=18$

답 18

53

시각 $t=2$에서 점 P의 위치는

$$\int_0^2 v(t)\,dt=\int_0^2 (3t^2+at)\,dt=\left[t^3+\frac{a}{2}t^2\right]_0^2=8+2a$$

점 P$(8+2a)$와 점 A(6) 사이의 거리가 10이므로

$|(8+2a)-6|=10$, 즉 $2a+2=\pm10$

따라서 양수 a의 값은 $2a+2=10$에서 $a=4$

답 ④

54

점 P의 시각 t $(t\ge0)$에서의 위치를 $x_1(t)$라 하면

$$x_1(t)=\int_0^t (2-t)\,dt=\left[2t-\frac{1}{2}t^2\right]_0^t=2t-\frac{1}{2}t^2$$

출발 후 점 P가 다시 원점으로 돌아온 시각은

$2t-\frac{1}{2}t^2=0$, $t^2-4t=0$, $t(t-4)=0$

따라서 $t=4$이므로 출발한 시각부터 점 P가 원점으로 돌아올 때까지 점 Q가 움직인 거리는

$$\int_0^4 |3t|\,dt=\int_0^4 3t\,dt=\left[\frac{3}{2}t^2\right]_0^4=\frac{3}{2}\times16=24$$

답 ⑤

55

점 P의 시각 t에서의 가속도 $a(t)$는

$a(t)=v'(t)=12t^2-48$

$a(k)=12(k^2-4)=0$에서 $k>0$이므로 $k=2$이다.

$0\le t\le 2$일 때 $v(t)\le0$이므로 시각 $t=0$에서 $t=2$까지 점 P가 움직인 거리는

$$\int_0^2 |v(t)|\,dt=\int_0^2 (-4t^3+48t)\,dt$$

$$=\Big[-t^4+24t^2\Big]_0^2=-16+96=80$$

답 80

56

시각 t에서 점 P의 위치를 $x(t)$라 하면

$$x(t)=0+\int_0^t v(t)\,dt=\int_0^t (3t^2-4t+k)\,dt$$

$$=\Big[t^3-2t^2+kt\Big]_0^t=t^3-2t^2+kt$$

이때 $x(1)=-3$에서 $-1+k=-3$, $k=-2$

$x(t)=t^3-2t^2-2t$이므로 $x(3)=27-18-6=3$

따라서 시각 $t=1$에서 $t=3$까지 점 P의 위치의 변화량은

$x(3)-x(1)=3-(-3)=6$

답 6

57

시각 t에서의 두 점 P, Q의 위치를 각각 $x_1(t)$, $x_2(t)$라 하면

$$x_1(t)=0+\int_0^t (t^2-6t+5)\,dt=\frac{1}{3}t^3-3t^2+5t,$$

$$x_2(t)=0+\int_0^t (2t-7)\,dt=t^2-7t$$

이므로

$$f(t)=|x_1(t)-x_2(t)|=\left|\frac{1}{3}t^3-4t^2+12t\right|$$

이다. 함수 $g(t)$를 $g(t)=\frac{1}{3}t^3-4t^2+12t$라 하면

$g'(t)=t^2-8t+12=(t-2)(t-6)$

$g'(t)=0$에서 $t=2$ 또는 $t=6$

$t\ge0$에서 함수 $g(t)$의 증가와 감소를 표로 나타내면 다음과 같다.

t	0	$\cdots$	2	$\cdots$	6	$\cdots$
$g'(t)$		$+$	0	$-$	0	$+$
$g(t)$	0	↗	$\frac{32}{3}$	↘	0	↗

$t \geq 0$인 모든 실수 t에 대하여 $g(t) \geq 0$이므로 $f(t)=g(t)$이고 함수 $y=f(t)$의 그래프는 다음 그림과 같다.

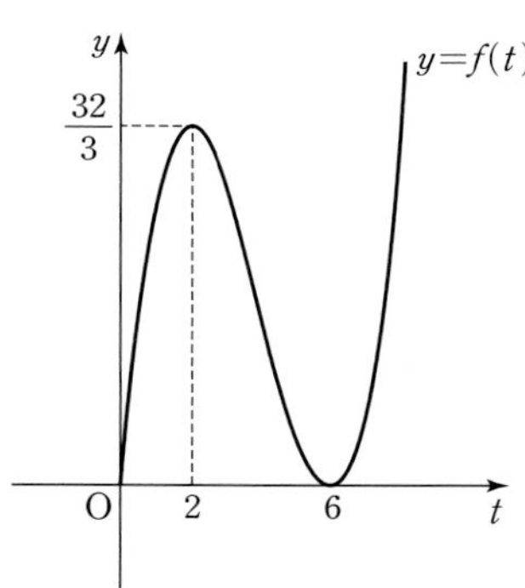

즉, 함수 $f(t)$는 구간 $[0, 2]$에서 증가하고, 구간 $[2, 6]$에서 감소하고, 구간 $[6, \infty)$에서 증가하므로 $a=2$, $b=6$이다.
따라서 시각 $t=2$에서 $t=6$까지 점 Q가 움직인 거리는

$$\begin{aligned}\int_2^6 |v_2(t)|\,dt &= \int_2^6 |2t-7|\,dt \\ &= \int_2^{\frac{7}{2}} (7-2t)\,dt + \int_{\frac{7}{2}}^6 (2t-7)\,dt \\ &= \Big[7t-t^2\Big]_2^{\frac{7}{2}} + \Big[t^2-7t\Big]_{\frac{7}{2}}^6 \\ &= \frac{9}{4}+\frac{25}{4}=\frac{17}{2}\end{aligned}$$

답 ②

58

점 P는 점 A(1)에서 출발하고, 수직선 위를 움직이는 속도가 $v_1(t)=3t^2+4t-7$이므로 시각 t에서의 위치를 $s_1(t)$라 하면

$$\begin{aligned}s_1(t) &= 1+\int_0^t (3t^2+4t-7)\,dt = 1+\Big[t^3+2t^2-7t\Big]_0^t \\ &= t^3+2t^2-7t+1 \quad \cdots\cdots \text{㉠}\end{aligned}$$

또, 점 Q는 점 B(8)에서 출발하고, 수직선 위를 움직이는 속도가 $v_2(t)=2t+4$이므로 시각 t에서의 위치를 $s_2(t)$라 하면

$$\begin{aligned}s_2(t) &= 8+\int_0^t (2t+4)\,dt \\ &= 8+\Big[t^2+4t\Big]_0^t \\ &= t^2+4t+8 \quad \cdots\cdots \text{㉡}\end{aligned}$$

이때 두 점 P, Q 사이의 거리가 4가 되는 시각은
$|s_1(t)-s_2(t)|=4$
를 만족시켜야 한다.
㉠, ㉡에서 $|(t^3+2t^2-7t+1)-(t^2+4t+8)|=4$
$|t^3+t^2-11t-7|=4$
$t^3+t^2-11t-7=4$ 또는 $t^3+t^2-11t-7=-4$
즉, $t^3+t^2-11t-11=0$ 또는 $t^3+t^2-11t-3=0$
(i) $t^3+t^2-11t-11=0$일 때
$t^2(t+1)-11(t+1)=0$, $(t+1)(t^2-11)=0$
$t=-1$ 또는 $t^2=11$
이때 $t \geq 0$이므로 $t=\sqrt{11}$
(ii) $t^3+t^2-11t-3=0$일 때
$(t-3)(t^2+4t+1)=0$
이때 $t \geq 0$이므로 $t=3$
(i), (ii)에 의하여 두 점 P, Q 사이의 거리가 처음으로 4가 되는 시각은 $t=3$이다.
한편, $v_1(t)=3t^2+4t-7=(3t+7)(t-1)$이므로
$0 \leq t < 1$일 때, $v_1(t)<0$
$t \geq 1$일 때, $v_1(t) \geq 0$
따라서 두 점 P, Q 사이의 거리가 처음으로 4가 될 때까지 점 P가 움직인 거리, 즉 점 P가 시각 $t=0$에서 시각 $t=3$까지 움직인 거리는

$$\begin{aligned}&\int_0^3 |v_1(t)|\,dt \\ &= -\int_0^1 v_1(t) + \int_1^3 v_1(t)\,dt \\ &= -\int_0^1 (3t^2+4t-7)\,dt + \int_1^3 (3t^2+4t-7)\,dt \\ &= -\Big[t^3+2t^2-7t\Big]_0^1 + \Big[t^3+2t^2-7t\Big]_1^3 \\ &= -(-4)+\{24-(-4)\}=32\end{aligned}$$

답 ⑤

59

속도 $v(t)=-t(t-1)(t-a)(t-2a)$에서 $a \neq 0$, $a \neq \frac{1}{2}$, $a \neq 1$이면 점 P는 출발 후 운동 방향을 세 번 바꾼다. 따라서 운동 방향을 한 번만 바꾸도록 하는 경우를 나누어 생각하면 다음과 같다.
(i) $a=0$일 때, $v(t)=-t^3(t-1)$
점 P는 출발 후 운동 방향을 $t=1$에서 한 번만 바꾸므로 조건을 만족시킨다. 그러므로 시각 $t=0$에서 $t=2$까지 점 P의 위치의 변화량은

$$\begin{aligned}\int_0^2 -t^3(t-1)\,dt &= \int_0^2 (-t^4+t^3)\,dt \\ &= \Big[-\frac{1}{5}t^5+\frac{1}{4}t^4\Big]_0^2 \\ &= -\frac{32}{5}+4=-\frac{12}{5}\end{aligned}$$

(ii) $a=\frac{1}{2}$일 때, $v(t)=-t\left(t-\frac{1}{2}\right)(t-1)^2$
점 P는 출발 후 운동 방향을 $t=\frac{1}{2}$에서 한 번만 바꾸므로 조건

을 만족시킨다. 그러므로 시각 $t=0$에서 $t=2$까지 점 P의 위치의 변화량은

$$\int_0^2 -t\left(t-\frac{1}{2}\right)(t-1)^2dt$$
$$=\int_0^2 -\left(t^2-\frac{1}{2}t\right)(t^2-2t+1)dt$$
$$=\int_0^2 \left(-t^4+\frac{5}{2}t^3-2t^2+\frac{1}{2}t\right)dt$$
$$=\left[-\frac{1}{5}t^5+\frac{5}{8}t^4-\frac{2}{3}t^3+\frac{1}{4}t^2\right]_0^2$$
$$=-\frac{32}{5}+10-\frac{16}{3}+1=-\frac{11}{15}$$

(iii) $a=1$일 때, $v(t)=-t(t-1)^2(t-2)$

점 P는 출발 후 운동 방향을 $t=2$에서 한 번만 바꾸므로 조건을 만족시킨다. 그러므로 시각 $t=0$에서 $t=2$까지 점 P의 위치의 변화량은

$$\int_0^2 -t(t-1)^2(t-2)dt$$
$$=\int_0^2 -t(t^2-2t+1)(t-2)dt$$
$$=\int_0^2 (-t^4+4t^3-5t^2+2t)dt$$
$$=\left[-\frac{1}{5}t^5+t^4-\frac{5}{3}t^3+t^2\right]_0^2$$
$$=-\frac{32}{5}+16-\frac{40}{3}+4=\frac{4}{15}$$

(i), (ii), (iii)에서 구하는 점 P의 위치의 변화량의 최댓값은 $\frac{4}{15}$이다.

답 ③

60

$t\geq2$일 때

$v(t)=3t^2+4t+C$ (단, C는 적분상수)

이때 $v(2)=0$이므로

$12+8+C=0$에서 $C=-20$

즉, $0\leq t\leq3$에서

$$v(t)=\begin{cases}2t^3-8t & (0\leq t\leq2)\\ 3t^2+4t-20 & (2\leq t\leq3)\end{cases}$$

따라서 시각 $t=0$에서 $t=3$까지 점 P가 움직인 거리는

$$\int_0^3 |v(t)|dt$$
$$=\int_0^2 |v(t)|dt+\int_2^3 |v(t)|dt$$
$$=-\int_0^2 v(t)dt+\int_2^3 v(t)dt$$
$$=-\int_0^2 (2t^3-8t)dt+\int_2^3 (3t^2+4t-20)dt$$
$$=-\left[\frac{1}{2}t^4-4t^2\right]_0^2+\left[t^3+2t^2-20t\right]_2^3$$
$$=-(-8)+9=17$$

답 17

61

원점에서 출발한 점 P의 시각 $t=k$에서의 위치는

$$\int_0^k v_1(t)dt=\int_0^k (12t-12)dt$$
$$=\left[6t^2-12t\right]_0^k$$
$$=6k^2-12k$$

원점에서 출발한 점 Q의 시각 $t=k$에서의 위치는

$$\int_0^k v_2(t)dt=\int_0^k (3t^2+2t-12)dt$$
$$=\left[t^3+t^2-12t\right]_0^k$$
$$=k^3+k^2-12k$$

시각 $t=k$에서 두 점 P, Q의 위치가 같으므로

$6k^2-12k=k^3+k^2-12k$

$k^3-5k^2=0$

$k^2(k-5)=0$

이때 $k>0$이므로 $k=5$

따라서 시각 $t=0$에서 $t=5$까지 점 P가 움직인 거리는

$$\int_0^5 |v_1(t)|dt$$
$$=\int_0^5 |12t-12|dt$$
$$=\int_0^1 (12-12t)dt+\int_1^5 (12t-12)dt$$
$$=\left[12t-6t^2\right]_0^1+\left[6t^2-12t\right]_1^5$$
$$=6+96=102$$

답 102

도전 1등급 문제

본문 80~84쪽

01 5	02 ③	03 8	04 ③	05 ②
06 80	07 ④	08 14	09 13	10 110
11 16	12 41	13 7	14 340	15 80
16 4	17 9	18 432	19 58	

01

정답률 **28.2%**

정답 공식 개념만 확실히 알자!

다항함수의 정적분

(1) $\int_a^a f(x)dx=0$

(2) $\int_a^b f(x)dx=-\int_b^a f(x)dx$

(3) $\frac{d}{dx}\int_a^x f(t)dt=f(x)$

풀이 전략 적분과 미분의 관계를 이용한다.

문제 풀이

[STEP 1] 함수 $g'(x)$를 구해 $y=g'(x)$의 그래프를 그려 본다.

$f(x)=-x^2-4x+a$이므로

$g(x)=\int_0^x f(t)dt$에서

$g'(x)=f(x)$

$=-x^2-4x+a$

$=-(x+2)^2+a+4$ → $-x^2-4x+a=-(x^2+4x+4-4)+a$
$=-(x+2)^2+a+4$

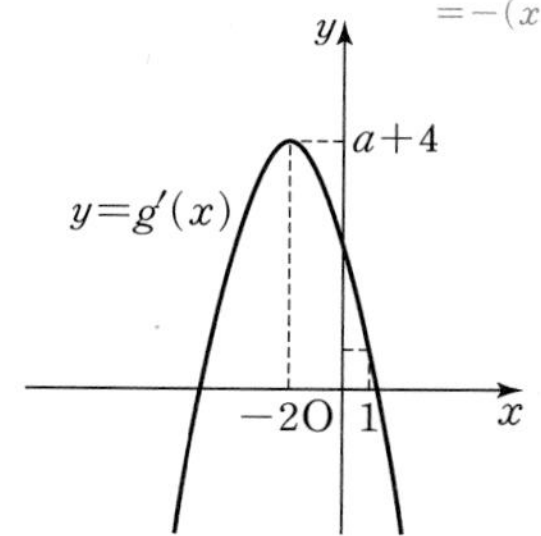

[STEP 2] a의 최솟값을 구한다.

함수 $g(x)$가 닫힌구간 $[0, 1]$에서 증가해야 하므로

$g'(1)=a-5\geq 0$

주의: $g'(0)>g'(1)$이므로 닫힌구간 $[0, 1]$에서 $g'(x)\geq 0$이려면 $g'(1)\geq 0$이면 돼.

즉, $a\geq 5$

따라서 a의 최솟값은 5이다.

답 5

02

정답률 **27.8%**

정답 공식 개념만 확실히 알자!

직선 운동에서의 위치의 변화량과 움직인 거리

수직선 위를 움직이는 점 P의 시각 t에서의 속도를 $v(t)$라 하면

① 시각 $t=a$에서 시각 $t=b$ $(a\leq b)$까지 점 P의 위치의 변화량

⇨ $\int_a^b v(t)dt$

② 시각 $t=a$에서 시각 $t=b$ $(a\leq b)$까지 점 P가 움직인 거리

⇨ $\int_a^b |v(t)|dt$

풀이 전략 수직선 위를 움직이는 점의 시각 t에 따른 위치의 변화량, 움직인 거리를 구하여 주어진 명제의 참, 거짓을 판별한다.

문제 풀이

[STEP 1] $t=0$, $t=1$일 때, 점 P의 위치를 파악한다.

$x(0)=0$, $x(1)=0$이므로 점 P의 위치는 → $x(t)=t(t-1)(at+b)$에 $t=0$, $t=1$을 대입한다.

$t=0$일 때 수직선의 원점이고, $t=1$일 때도 수직선의 원점이다.

[STEP 2] $\int_0^1 |v(t)|dt=2$의 의미를 파악한다.

$\int_0^1 |v(t)|dt=2$이므로 점 P가 $t=0$에서 $t=1$까지 움직인 거리가 2이다.

[STEP 3] 보기에서 옳은 것을 찾는다.

ㄱ. 점 P의 $t=0$에서 $t=1$까지 위치의 변화량이 0이므로

$\int_0^1 v(t)dt=0$ (참)

실수: $x(0)=0$, $x(1)=0$을 이용해!

ㄴ. $|x(t_1)|>1$이면 점 P와 원점 사이의 거리가 1보다 큰 시각 t_1이 존재하므로 점 P가 $t=0$에서 $t=1$까지 움직인 거리가 2보다 크다. (거짓)

→ $\int_0^1 |v(t)|dt=2$를 만족시키지 않는다.

ㄷ. $0\leq t\leq 1$인 모든 시각 t에서 $|x(t)|<1$이면 점 P와 원점 사이의 거리가 1보다 작고, 점 P가 $t=0$에서 $t=1$까지 움직인 거리가 2이므로 점 P는 $0<t<1$에서 적어도 한 번 원점을 지나간다. 즉, $x(t_2)=0$인 t_2가 열린구간 $(0, 1)$에 존재한다. (참)

따라서 옳은 것은 ㄱ, ㄷ이다.

답 ③

03

정답률 **24.7%**

정답 공식 **개념만 확실히 알자!**

1. 함수 $f(x)$가 닫힌구간 $[a, b]$에서 연속이면
   $\frac{d}{dx}\int_a^x f(t)dt=f(x)$ (단, $a<x<b$)
2. **함수의 극대, 극소**
   미분가능한 함수 $f(x)$에 대하여 $f'(a)=0$이고, $x=a$의 좌우에서 $f'(x)$의 부호가
   ① 양에서 음으로 바뀌면 $f(x)$는 $x=a$에서 극대이고, 극댓값은 $f(a)$이다.
   ② 음에서 양으로 바뀌면 $f(x)$는 $x=a$에서 극소이고, 극솟값은 $f(a)$이다.

풀이 전략 정적분의 성질을 이용하여 정적분으로 나타내어진 함수의 도함수를 구하고 함수가 극값을 하나만 갖는 경우를 파악한다.

문제 풀이

[STEP 1] $g'(x)=0$을 만족시키는 조건을 구한다.

$f(x)=x^3-12x^2+45x+3$에서

$f'(x)=3x^2-24x+45$

$=3(x-3)(x-5)$

$g(x)=\int_a^x \{f(x)-f(t)\}\times\{f(t)\}^4dt$

$=f(x)\int_a^x \{f(t)\}^4dt-\int_a^x \{f(t)\}^5dt$

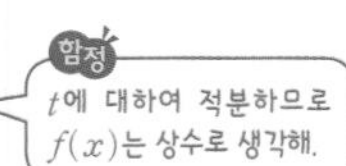

함정
t에 대하여 적분하므로 $f(x)$는 상수로 생각해.

이므로

$g'(x)=f'(x)\int_a^x \{f(t)\}^4dt+\{f(x)\}^5-\{f(x)\}^5$

$=f'(x)\int_a^x \{f(t)\}^4dt$

$g'(x)=0$에서 $f'(x)=0$ 또는 $x=a$ ($f'(x)=0$ → $x=3$ 또는 $x=5$, $x=a$ → $\int_a^a f(x)dx=0$)

[STEP 2] 오직 하나의 극값을 갖도록 하는 a의 값을 구한다.

(i) $a\neq3$, $a\neq5$일 때

$g'(x)=0$에서 $x=3$ 또는 $x=5$ 또는 $x=a$

따라서 함수 $g(x)$는 $x=3$, $x=5$, $x=a$에서 모두 극값을 갖는다.

(ii) $a=3$일 때

$g'(x)=0$에서 $x=3$ 또는 $x=5$

함수 $g(x)$의 증가와 감소를 표로 나타내면 다음과 같다.

x	$\cdots$	3	$\cdots$	5	$\cdots$
$g'(x)$	$-$	0	$-$	0	$+$
$g(x)$	↘		↘	극소	↗

즉, 함수 $g(x)$는 $x=5$에서만 극값을 갖는다.

(iii) $a=5$일 때

$g'(x)=0$에서 $x=3$ 또는 $x=5$

함수 $g(x)$의 증가와 감소를 표로 나타내면 다음과 같다.

x	$\cdots$	3	$\cdots$	5	$\cdots$
$g'(x)$	$-$	0	$+$	0	$+$
$g(x)$	↘	극소	↗		↗

즉, 함수 $g(x)$는 $x=3$에서만 극값을 갖는다.

(i), (ii), (iii)에서 함수 $g(x)$가 오직 하나의 극값을 갖도록 하는 a의 값은 3 또는 5이다.

[STEP 3] 모든 a의 값의 합을 구한다.

따라서 모든 a의 값의 합은

$3+5=8$

답 8

04

정답률 **24.5%**

정답 공식 **개념만 확실히 알자!**

$a<b<c$인 실수 a, b, c에 대하여

함수 $h(x)=\begin{cases} f(x) & (a\le x<b) \\ g(x) & (b\le x<c)\end{cases}$ 일 때,

$\int_a^c h(x)dx=\int_a^b f(x)dx+\int_b^c g(x)dx$

풀이 전략 구간별로 주어진 조건을 만족시키는 함수를 구한 후 정적분의 값을 구한다.

문제 풀이

[STEP 1] 조건 (나), (다)를 이용하여 두 함수 $f(x)$, $g(x)$를 찾고 두 함수의 그래프의 교점의 x좌표를 구한다.

조건 (나), (다)에 의해 $x^2+3x=(x^2+1)+(3x-1)$

두 함수 $y=x^2+1$, $y=3x-1$의 그래프의 교점의 x좌표는

$x^2+1=3x-1$에서

$x^2-3x+2=0$

$(x-1)(x-2)=0$

$x=1$ 또는 $x=2$

두 함수 $y=x^2+1$, $y=3x-1$의 그래프는 그림과 같다.

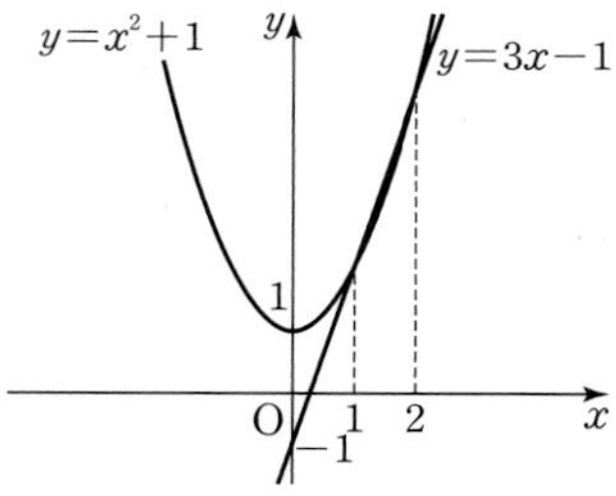

[STEP 2] 조건 (가)를 만족시키는 함수 $f(x)$, $g(x)$를 각각 구한다.

$x\le1$ 또는 $x\ge2$일 때, $x^2+1\ge3x-1$

$1<x<2$일 때, $x^2+1<3x-1$

(주의: 두 함수의 그래프를 그리면 구간별 함수의 대소 관계를 알 수 있어.)

따라서 조건 (가)를 만족시키는 함수 $f(x)$, $g(x)$는

$$f(x)=\begin{cases} x^2+1 & (x\le 1) \\ 3x-1 & (1<x<2) \\ x^2+1 & (x\ge 2) \end{cases}$$

$$g(x)=\begin{cases} 3x-1 & (x\le 1) \\ x^2+1 & (1<x<2) \\ 3x-1 & (x\ge 2) \end{cases}$$

▶ 두 함수 $y=x^2+1$, $y=3x-1$은 $x\le 1$에서 $x^2+1\ge 3x-1$ $1<x<2$에서 $3x-1>x^2+1$ $x\ge 2$에서 $x^2+1\ge 3x-1$

[STEP 3] $\int_0^2 f(x)\,dx$의 값을 구한다.

따라서

$$\int_0^2 f(x)\,dx=\int_0^1 (x^2+1)\,dx+\int_1^2 (3x-1)\,dx$$
$$=\left[\frac{1}{3}x^3+x\right]_0^1+\left[\frac{3}{2}x^2-x\right]_1^2$$
$$=\frac{4}{3}+\left(4-\frac{1}{2}\right)=\frac{29}{6}$$

답 ③

05

정답률 23.6%

정답 공식 개념만 확실히 알자!

1. 정적분

함수 $f(x)$는 닫힌구간 $[a, b]$에서 연속일 때, 함수 $f(x)$의 부정적분 중의 하나를 $F(x)$라 하면

$$\int_a^b f(x)\,dx=\Big[F(x)\Big]_a^b =F(b)-F(a)$$

2. 다항함수의 정적분

n이 음이 아닌 정수일 때,

$$\int_a^b x^n\,dx=\left[\frac{1}{n+1}x^{n+1}\right]_a^b=\frac{1}{n+1}(b^{n+1}-a^{n+1})$$

풀이 전략 정적분의 성질을 이용하여 함수를 추론한다.

문제 풀이

[STEP 1] 함수 $f(x)$의 한 부정적분을 $F(x)$라 하고 $g(t)$의 의미를 파악한다.

함수 $f(x)$의 한 부정적분을 $F(x)$라 하면 주어진 방정식은

$\int_t^x f(s)\,ds=F(x)-F(t)=0$이므로 $F(x)=F(t)$이다.

따라서 $g(t)$는 곡선 $y=F(x)$와 직선 $y=F(t)$의 서로 다른 교점의 개수와 같다.

[STEP 2] 함수 $F(x)$의 증가와 감소를 이용하여 $g(1)$의 값을 구한다.

ㄱ. $F'(x)=f(x)=x^2(x-1)$이다. ▶ $x^2\ge 0$이므로 $x>1$, $x<1$인 경우로 생각한다.

함수 $F(x)$는 $x<1$에서 감소, $x>1$에서 증가하므로 $x=1$에서 극소이면서 최소이다.

따라서 곡선 $y=F(x)$와 직선 $y=F(1)$은 오직 한 점에서 만나므로 $g(1)=1$이다. (참)

[STEP 3] 함수 $y=F(x)$의 그래프를 이용한다. ▶ 곡선 $y=F(x)$와 직선 $y=F(t)$의 교점의 개수가 3

ㄴ. 방정식 $f(x)=0$의 서로 다른 실근의 개수가 3일 때, 함수 $F(x)$의 두 극솟값이 같은 경우와 두 극솟값이 다른 경우가 있다. 각 경우 곡선 $y=F(x)$와 직선 $y=F(a)$가 서로 다른 세 점에서 만나는 실수 a가 존재한다.

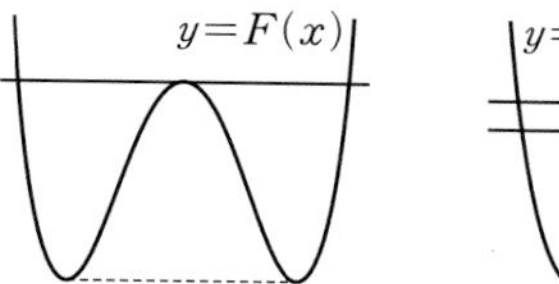

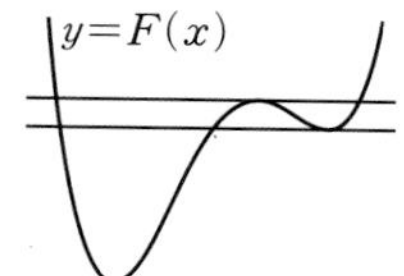

따라서 $g(a)=3$인 실수 a가 존재한다. (참)

[STEP 4] 함수 $y=F(x)$의 그래프와 미분을 이용하여 $f(x)$를 구한다.

ㄷ. 함수 $F(x)$가 극댓값을 갖지 않거나, 극댓값을 갖지만 두 극솟값의 크기가 다른 경우에는 $\lim_{t\to b} g(t)+g(b)=6$인 실수 b가 존재하지 않는다.

따라서 곡선 $y=F(x)$의 개형은 다음과 같고, $F(0)=F(3)$이다.

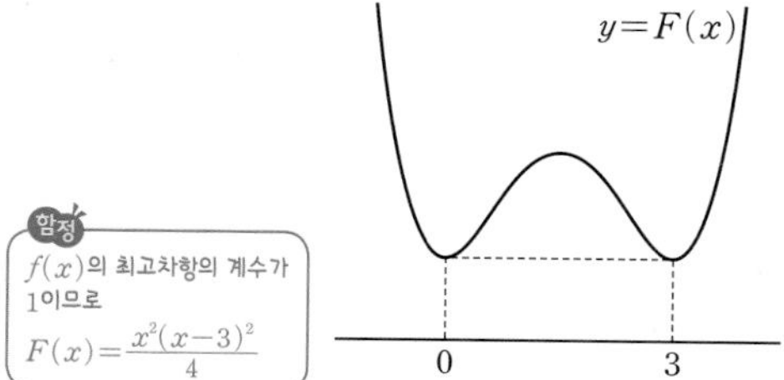

함정: $f(x)$의 최고차항의 계수가 1이므로 $F(x)=\frac{x^2(x-3)^2}{4}$

$f(0)=F'(0)=0$이고 $f(3)=F'(3)=0$이므로

$$F(x)-F(0)=\frac{x^2(x-3)^2}{4}=\frac{x^4-6x^3+9x^2}{4}$$

양변을 x에 대하여 미분하면

$$f(x)=x^3-\frac{9}{2}x^2+\frac{9}{2}x$$

이므로 $f(4)=64-72+18=10$ (거짓)

이상에서 옳은 것은 ㄱ, ㄴ이다.

답 ②

06

정답률 20.7%

정답 공식 개념만 확실히 알자!

두 곡선 사이의 넓이

두 함수 $y=f(x)$, $y=g(x)$가 닫힌구간 $[a, b]$에서 연속일 때, 두 곡선 $y=f(x)$, $y=g(x)$ 및 두 직선 $x=a$, $x=b$로 둘러싸인 부분의 넓이 S는

$$S=\int_a^b |f(x)-g(x)|\,dx$$

⇨ 두 함수의 그래프가 만나는 점의 x좌표를 구하여 적분 구간을 정한 후 {(위쪽의 식)−(아래쪽의 식)}을 정적분한다.

풀이 전략 주어진 조건을 만족시키는 함수를 구한 후 두 곡선으로 둘러싸인 부분의 넓이를 구한다.

문제 풀이

[STEP 1] 함수 $y=f(x)$의 그래프의 개형을 그려 본다.

$f(x)=x^3+x^2-x$에서

$f'(x)=3x^2+2x-1=(x+1)(3x-1)$

$f'(x)=0$에서 $x=-1$ 또는 $x=\frac{1}{3}$

함수 $f(x)$의 증가와 감소를 표로 나타내면 다음과 같다.

x	$\cdots$	-1	$\cdots$	$\frac{1}{3}$	$\cdots$
$f'(x)$	$+$	0	$-$	0	$+$
$f(x)$	↗	극대	↘	극소	↗

[STEP 2] 두 함수 $y=f(x)$, $y=g(x)$의 그래프의 교점의 개수가 2이기 위한 k의 값을 구한다.

함수 $f(x)$는 $x=-1$에서 극댓값이 $f(-1)=1$, $x=\frac{1}{3}$에서 극솟값이 $f\left(\frac{1}{3}\right)=-\frac{5}{27}$이므로 두 함수 $f(x)=x^3+x^2-x$, $g(x)=4|x|+k$의 그래프가 만나는 점의 개수가 2이기 위해서는 다음 그림과 같이 $x>0$인 부분에서 두 함수 $f(x)=x^3+x^2-x$, $g(x)=4|x|+k$의 그래프가 접해야 한다.

$f\left(\frac{1}{3}\right)=\frac{1}{27}+\frac{1}{9}-\frac{1}{3}=-\frac{5}{27}$

$f(-1)=-1+1+1=1$

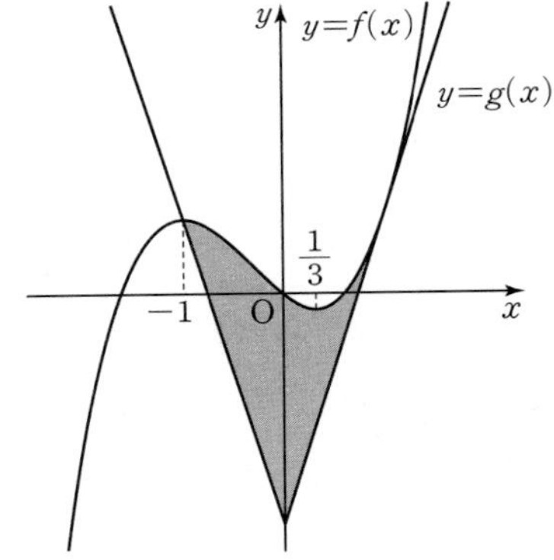

$x>0$일 때 $g(x)=4x+k$이므로

$f'(x)=3x^2+2x-1=4$에서

$3x^2+2x-5=0$, $(3x+5)(x-1)=0$

즉, $x=1$이므로 접점의 좌표는 $(1, 1)$이고

$g(1)=4+k=1$, $k=-3$

접점 $(1, 1)$이 직선 $y=g(x)$ 위의 점이므로

[STEP 3] 두 함수의 그래프로 둘러싸인 부분의 넓이를 구하고 $30\times S$의 값을 구한다.

또한, $x<0$일 때 $g(x)=-4x-3$이므로 두 함수 $y=f(x)$, $y=g(x)$의 그래프의 교점의 x좌표는

$x^3+x^2-x=-4x-3$, $x^3+x^2+3x+3=0$

$(x+1)(x^2+3)=0$, $x=-1$

따라서 구하는 넓이 S는

$$S=\int_{-1}^{0}\{(x^3+x^2-x)-(-4x-3)\}dx+\int_{0}^{1}\{(x^3+x^2-x)-(4x-3)\}dx$$

$$=\int_{-1}^{0}(x^3+x^2+3x+3)dx+\int_{0}^{1}(x^3+x^2-5x+3)dx$$

$$=\left[\frac{1}{4}x^4+\frac{1}{3}x^3+\frac{3}{2}x^2+3x\right]_{-1}^{0}+\left[\frac{1}{4}x^4+\frac{1}{3}x^3-\frac{5}{2}x^2+3x\right]_{0}^{1}$$

$$=\frac{19}{12}+\frac{13}{12}=\frac{8}{3}$$

이므로 $30\times S=30\times\frac{8}{3}=80$

답 80

07

정답률 **20.6%**

정답 공식 **개념만 확실히 알자!**

1. **미분가능한 함수의 극대, 극소**
   미분가능한 함수 $f(x)$가 $f'(a)=0$이고 $x=a$의 좌우에서
   (1) $f'(x)$의 부호가 양에서 음으로 바뀌면 $f(x)$는 $x=a$에서 극대이다.
   (2) $f'(x)$의 부호가 음에서 양으로 바뀌면 $f(x)$는 $x=a$에서 극소이다.
2. **적분과 미분의 관계**
   함수 $f(x)$가 닫힌구간 $[a, b]$에서 연속이고 $a\le x\le b$일 때,
   $\frac{d}{dx}\int_{a}^{x}f(t)dt=f(x)$

풀이 전략 정적분으로 표현된 함수가 오직 하나의 극값을 가질 조건을 이용한다.

문제 풀이

[STEP 1] $g'(x)=0$을 만족시키는 경우를 구한다.

$g(x)=x^2\int_{0}^{x}f(t)dt-\int_{0}^{x}t^2f(t)dt$의 양변을 x에 대하여 미분하면

$g'(x)=2x\int_{0}^{x}f(t)dt+x^2f(x)-x^2f(x)$

$=2x\int_{0}^{x}f(t)dt$

$g'(x)=(x^2)'\int_{0}^{x}f(t)dt+x^2\left(\int_{0}^{x}f(t)dt\right)'-\left(\int_{0}^{x}t^2f(t)dt\right)'$

이고

$f(x)=(x+1)(x-1)(x-a)$ $(a>1)$

이므로 함수 $g(x)$가 오직 하나의 극값을 가지려면

$g'(x)=0$을 만족시키는 x의 값의 좌우에서 $g'(x)$의 부호가 변하는 값이 오직 한 개만 존재해야 한다.

이때 $g'(x)=0$을 만족시키는 x의 값은 $x=0$ 또는 방정식

$\int_{0}^{x}f(t)dt=0$의 실근이다.

주의 $\alpha<0$이므로 $\int_{0}^{\alpha}f(t)dt=-\int_{\alpha}^{0}f(t)dt$

[STEP 2] 함수 $g(x)$가 오직 하나의 극값을 갖는 경우를 구한다.

(i) $\int_{0}^{\alpha}f(t)dt=0$을 만족시키는 실수 α $(\alpha<-1)$가 반드시 존

재하고, $x=a$의 좌우에서 $g'(x)$의 부호는 음에서 양으로 바뀌므로 함수 $g(x)$는 $x=a$에서 극값을 갖는다.

> 함정 $g'(x)=2x\int_0^x f(t)dt$ 에서 $x<0$임을 기억해.

(ii) $\int_0^0 f(t)dt=0$이고,

$-1<x<0$인 임의의 실수 x에 대하여 $\int_0^x f(t)dt<0$,

$0<x<1$인 임의의 실수 x에 대하여 $\int_0^x f(t)dt>0$이므로

$x=0$의 좌우에서 $\int_0^x f(t)dt$의 부호는 음에서 양으로 바뀐다.

($x<0$일 때 $\int_0^x f(t)dt<0$, $x>0$일 때 $\int_0^x f(t)dt>0$)

따라서 $g'(x)=2x\int_0^x f(t)dt$의 부호는 $x=0$의 좌우에서 항상 0 이상이므로 함수 $g(x)$는 $x=0$에서 극값을 갖지 않는다.

[STEP 3] a의 최댓값을 구한다.

따라서 a가 최대가 되는 조건을 만족시키는 경우는 다음 그림과 같이 색칠된 두 부분의 넓이가 같을 때이다.

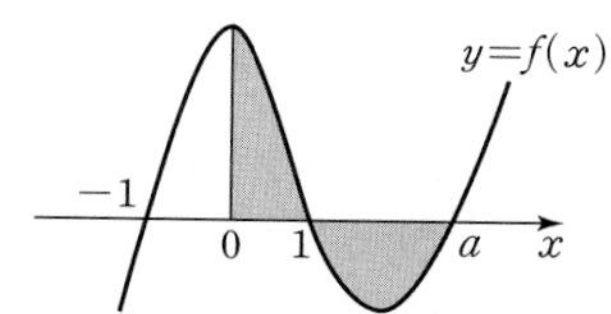

즉, $\int_0^a f(x)dx=0$이어야 하므로

$$\int_0^a (x+1)(x-1)(x-a)dx$$
$$=\int_0^a (x^3-ax^2-x+a)dx$$
$$=\left[\frac{1}{4}x^4-\frac{a}{3}x^3-\frac{1}{2}x^2+ax\right]_0^a$$
$$=\frac{1}{4}a^4-\frac{1}{3}a^4-\frac{1}{2}a^2+a^2$$
$$=-\frac{1}{12}a^4+\frac{1}{2}a^2=-\frac{1}{12}a^2(a^2-6)=0$$

$a>1$이므로 $a^2=6$

즉, a의 최댓값은 $\sqrt{6}$이다.

답 ④

다른 풀이

함수 $h(x)=\int_0^x f(t)dt$라 하면 두 함수 $y=h'(x)$, $y=h(x)$의 그래프의 개형은 다음 그림과 같다.

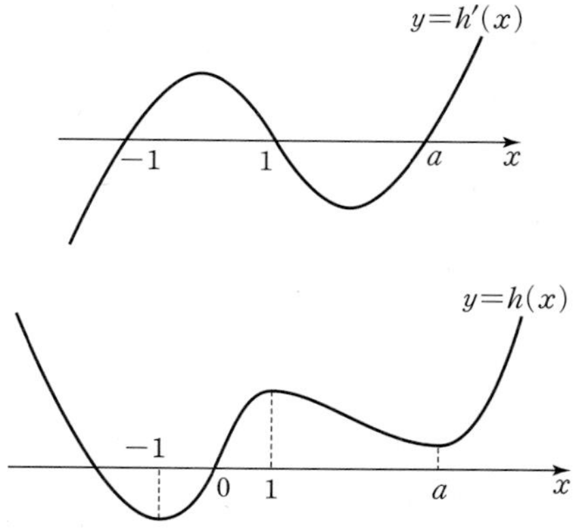

따라서 $h(a)=\int_0^a f(t)dt\geq 0$이어야 하므로

$$\int_0^a (x+1)(x-1)(x-a)dx$$
$$=\left[\frac{1}{4}x^4-\frac{a}{3}x^3-\frac{1}{2}x^2+ax\right]_0^a$$
$$=\frac{1}{4}a^4-\frac{1}{3}a^4-\frac{1}{2}a^2+a^2$$
$$=-\frac{1}{12}a^4+\frac{1}{2}a^2\geq 0$$

$a^2(a^2-6)\leq 0$

이때 $a>1$이므로 $1<a\leq\sqrt{6}$

따라서 a의 최댓값은 $\sqrt{6}$이다.

08

정답률 19.6%

정답 공식 **개념만 확실히 알자!**

> **두 함수의 그래프로 둘러싸인 부분의 넓이**
> (i) 두 함수의 그래프를 그려 위치 관계를 파악한다.
> (ii) 두 함수의 그래프가 만나는 점의 x좌표를 구하여 적분 구간을 정한다.
> (iii) {(위쪽의 식)−(아래쪽의 식)}을 정적분한다.

풀이 전략 두 함수의 그래프의 교점의 x좌표를 구하여 넓이를 구한다.

문제 풀이

[STEP 1] 두 함수 $y=f(x)$, $y=g(x)$의 그래프를 그리고, 두 함수의 그래프가 만나는 점의 x좌표를 구한다.

두 함수 $f(x)=\frac{1}{3}x(4-x)$, $g(x)=|x-1|-1$의 그래프는 다음 그림과 같다.

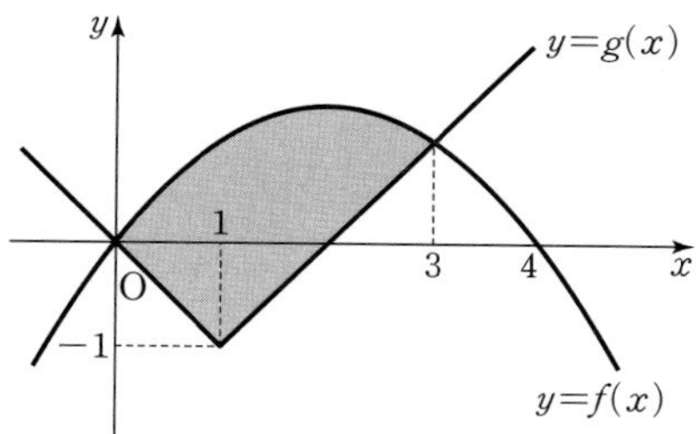

$x<1$일 때, $g(x)=-x$이므로 $\frac{1}{3}x(4-x)=-x$에서 $x=0$

($x<1$일 때 $|x-1|=-x+1$이므로 $g(x)=-x+1-1=-x$)

$x\geq 1$일 때, $g(x)=x-2$이므로 $\frac{1}{3}x(4-x)=x-2$에서

($x\geq 1$일 때 $|x-1|=x-1$이므로 $g(x)=x-1-1=x-2$)

$4x-x^2=3x-6$, $x^2-x-6=0$, $(x-3)(x+2)=0$, $x=3$

[STEP 2] 두 함수 $y=f(x)$, $y=g(x)$의 그래프로 둘러싸인 부분의 넓이 S를 구한다.

따라서 두 함수 $y=f(x)$, $y=g(x)$의 그래프로 둘러싸인 부분의 넓이 S는

$$S=\int_0^1\{f(x)-g(x)\}dx+\int_1^3\{f(x)-g(x)\}dx$$

($\int_0^1\left\{-\frac{1}{3}x^2+\frac{4}{3}x-(-x)\right\}dx+\int_1^3\left\{-\frac{1}{3}x^2+\frac{4}{3}x-(x-2)\right\}dx$)

Ⅲ 적분

$$=\int_0^1\left(-\frac{1}{3}x^2+\frac{7}{3}x\right)dx+\int_1^3\left(-\frac{1}{3}x^2+\frac{1}{3}x+2\right)dx$$

$$=\left[-\frac{1}{9}x^3+\frac{7}{6}x^2\right]_0^1+\left[-\frac{1}{9}x^3+\frac{1}{6}x^2+2x\right]_1^3$$

$$=\left(-\frac{1}{9}+\frac{7}{6}\right)+\left\{\left(-3+\frac{3}{2}+6\right)-\left(-\frac{1}{9}+\frac{1}{6}+2\right)\right\}=\frac{7}{2}$$

이므로 $4S=4\times\frac{7}{2}=14$

답 14

09

정답률 **14.0%**

정답 공식 **개념만 확실히 알자!**

절댓값 기호를 포함한 함수의 적분
절댓값 기호를 포함한 함수는 절댓값 기호 안의 부호에 따라 구간을 나누어 적분한다.

풀이 전략 정적분으로 나타낸 함수를 이해하고 극솟값을 가질 조건을 구한다.

문제 풀이

[STEP 1] 조건을 만족시키는 함수 $y=f(x)$의 그래프의 모양을 파악한다.

모든 실수 x에 대하여 $f(x)\ge 0$이면

$$g(x)=\int_x^{x+1}|f(t)|dt=\int_x^{x+1}f(t)dt$$

이므로 $g(x)$는 이차함수이고, 이때 $g(x)$가 극소인 x의 값은 1개뿐이다.
→ $\int f(x)dx=F(x)$로 놓으면 $g(x)=F(x+1)-F(x)$이므로 이차식

따라서 주어진 조건을 만족시키지 못한다.

$f(x)=2(x-\alpha)(x-\beta)$ $(\alpha<\beta)$라 하면

함수 $y=|f(x)|$의 그래프는 그림과 같고 $x=1$, $x=4$에서 함수 $g(x)$가 극소이므로 $g'(1)=0$, $g'(4)=0$이다.

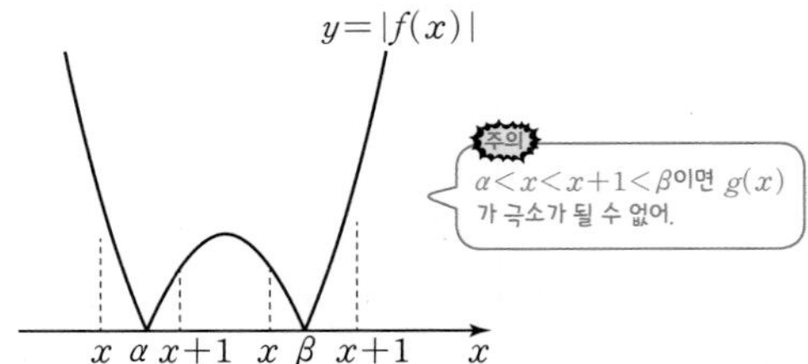

[STEP 2] $f(x)=0$을 만족시키는 x의 값을 기준으로 각 경우를 나눈다.

(i) $x<\alpha<x+1$일 때,

$g(x)$

$$=\int_x^{x+1}|f(t)|dt$$

$$=\int_x^{\alpha}f(t)dt+\int_{\alpha}^{x+1}\{-f(t)\}dt$$

→ $\alpha<x<\beta$일 때, $f(x)<0$

$$=-\int_{\alpha}^{x}f(t)dt-\int_{\alpha}^{x+1}f(t)dt$$

$$=-\int_{\alpha}^{x}2(t-\alpha)(t-\beta)dt-\int_{\alpha}^{x+1}2(t-\alpha)(t-\beta)dt$$

$$=-\int_{\alpha}^{x}2(t-\alpha)(t-\beta)dt-\int_{\alpha-1}^{x}2(t+1-\alpha)(t+1-\beta)dt$$

이므로

$$g'(x)=-2(x-\alpha)(x-\beta)-2(x+1-\alpha)(x+1-\beta)$$

$$g'(1)=-2(1-\alpha)(1-\beta)-2(2-\alpha)(2-\beta)$$

$$=6\alpha+6\beta-4\alpha\beta-10=0$$

$3\alpha+3\beta-2\alpha\beta-5=0$ …… ㉠

(ii) $x<\beta<x+1$일 때,

$g(x)$

$$=\int_x^{x+1}|f(t)|dt$$

$$=\int_x^{\beta}\{-f(t)\}dt+\int_{\beta}^{x+1}f(t)dt$$

→ $\alpha<x<\beta$일 때, $f(x)<0$

$$=\int_{\beta}^{x}f(t)dt+\int_{\beta}^{x+1}f(t)dt$$

$$=\int_{\beta}^{x}2(t-\alpha)(t-\beta)dt+\int_{\beta}^{x+1}2(t-\alpha)(t-\beta)dt$$

$$=\int_{\beta}^{x}2(t-\alpha)(t-\beta)dt+\int_{\beta-1}^{x}2(t+1-\alpha)(t+1-\beta)dt$$

이므로

$$g'(x)=2(x-\alpha)(x-\beta)+2(x+1-\alpha)(x+1-\beta)$$

$$g'(4)=2(4-\alpha)(4-\beta)+2(5-\alpha)(5-\beta)$$

$$=82-18\alpha-18\beta+4\alpha\beta=0$$

$9\alpha+9\beta-2\alpha\beta-41=0$ …… ㉡

㉠, ㉡에서 $\alpha\beta=\frac{13}{2}$이므로

$f(0)=2\alpha\beta=2\times\frac{13}{2}=13$

답 13

10

정답률 **12.1%**

정답 공식 **개념만 확실히 알자!**

1. 다항함수의 도함수
(1) $y=x^n$ ($n\ge 2$인 정수)이면 $y'=nx^{n-1}$
(2) 두 함수 $f(x)$, $g(x)$에 대하여
$\{f(x)\pm g(x)\}'=f'(x)\pm g'(x)$

2. 다항함수의 정적분
(1) n이 음이 아닌 정수일 때,
$$\int_a^b x^n dx=\left[\frac{1}{n+1}x^{n+1}\right]_a^b=\frac{1}{n+1}(b^{n+1}-a^{n+1})$$
(2) 두 함수 $f(x)$, $g(x)$가 닫힌구간 $[a, b]$에서 연속일 때,
$$\int_a^b\{f(x)\pm g(x)\}dx=\int_a^b f(x)dx\pm\int_a^b g(x)dx$$

풀이 전략 조건을 만족시키는 함수 $f(x)$를 구하고 $f(x)$의 정적분의 값을 구한다.

문제 풀이

[STEP 1] b의 값을 구한다.

$f(x+1)-xf(x)=ax+b$에 $x=0$을 대입하면 $f(1)=b$

닫힌구간 $[0, 1]$에서 $f(x)=x$이므로 $b=1$

[STEP 2] a의 값을 구한다.

$f(x+1)-xf(x)=ax+1$이므로

$0\le x\le 1$에서

$f(x+1)=x\underline{f(x)}+ax+1=x^2+ax+1$ ($\rightarrow f(x)=x$)

$\underline{x+1=t}$로 치환하면 ($\rightarrow x=t-1$)

$f(t)=(t-1)^2+a(t-1)+1$

$\quad =t^2+(a-2)t+2-a \quad \cdots\cdots$ ㉠

이므로 $f'(t)=2t+(a-2)$

닫힌구간 $[0, 1]$에서 $f(x)=x$이고, 함수 $f(x)$가 실수 전체의 집합에서 미분가능한 함수이므로 $f'(1)=1$

즉, $a=1$

[STEP 3] $60\times\int_1^2 f(x)\,dx$의 값을 구한다.

㉠에서 1≤x≤2일 때

$f(x)=x^2-x+1$

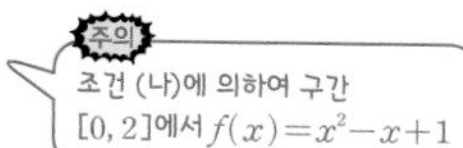

주의
조건 (나)에 의하여 구간 $[0, 2]$에서 $f(x)=x^2-x+1$

$$\int_1^2 f(x)\,dx=\int_1^2 (x^2-x+1)\,dx=\left[\frac{1}{3}x^3-\frac{1}{2}x^2+x\right]_1^2$$

$$=\frac{8}{3}-\frac{5}{6}=\frac{11}{6}$$

따라서 $60\times\int_1^2 f(x)\,dx=60\times\frac{11}{6}=110$

답 110

11

정답률 10.4%

정답 공식 **개념만 확실히 알자!**

1. 함수 $f(x)$가 닫힌구간 $[a, b]$에서 연속이면
$\frac{d}{dx}\int_a^x f(t)dt=f(x)$ (단, $a<x<b$)
2. **사잇값의 정리**
함수 $f(x)$가 닫힌구간 $[a, b]$에서 연속이고 $f(a)\neq f(b)$이면 $f(a)$와 $f(b)$ 사이에 있는 임의의 값 k에 대하여 $f(c)=k$를 만족시키는 c가 열린구간 (a, b)에 적어도 하나 존재한다.

풀이 전략 정적분으로 나타내어진 함수의 도함수를 구하고 함수가 극값을 갖지 않는 조건을 파악한다.

문제 풀이

[STEP 1] x의 값에 따른 $g'(x)$, x^2-4, $|f(x)|-a$의 부호를 파악한다.

$g(x)=\int_a^x (t^2-4)\{|f(t)|-a\}dt$에서

$g'(x)=(x^2-4)\{|f(x)|-a\}$

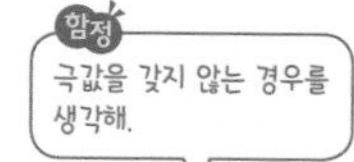

$x=-2$, $x=2$가 방정식 $g'(x)=0$의 근이지만 조건 (가)에서 함수 $g(x)$가 극값을 갖지 않아야 하므로 $x=-2$와 $x=2$의 좌우에서 $g'(x)$의 부호가 변하지 않아야 하고,

$\lim_{x\to\infty}\{|f(x)|-a\}=\lim_{x\to-\infty}\{|f(x)|-a\}=\infty$

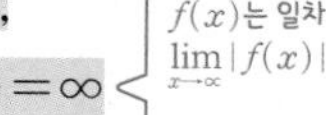

실수
$f(x)$는 일차함수이므로 $\lim_{x\to\infty}|f(x)|=\lim_{x\to-\infty}|f(x)|=\infty$

이므로 $g'(x)$, x^2-4, $|f(x)|-a$의 부호를 표로 나타내면 다음과 같다.

x	$\cdots$	-2	$\cdots$	2	$\cdots$
$g'(x)$	$+$	0	$+$	0	$+$
x^2-4	$+$	0	$-$	0	$+$
$\lvert f(x)\rvert-a$	$+$	0	$-$	0	$+$

[STEP 2] $|f(x)|$의 식을 구한다.

함수 $|f(x)|-a$는 연속함수이므로 사잇값의 정리에 의하여

$|f(-2)|-a=0$, $|f(2)|-a=0$

두 실수 m, n에 대하여 일차함수 $f(x)=mx+n$ $(m\neq 0)$이라 하면

$\underline{|-2m+n|=|2m+n|=a}$ ($\rightarrow$ $|f(-2)|-a=0$, $|f(2)|-a=0$에서 $|f(-2)|=a$, $|f(2)|=a$이므로 $|f(-2)|=|f(2)|=a$)

가 성립한다.

(i) $-2m+n=2m+n$인 경우

$m=0$이 되어 성립하지 않는다.

(ii) $-2m+n=-(2m+n)$인 경우

$n=0$이고 $|m|=\frac{a}{2}$이다.

(i), (ii)에서 $|f(x)|=|mx|=\frac{a}{2}|x|$

[STEP 3] a의 값을 구한다.

$$g(2)=\int_0^2 (t^2-4)\{|f(t)|-a\}dt$$

$$=\int_0^2 (t^2-4)\left(\frac{a}{2}|t|-a\right)dt$$

닫힌구간 $[0, 2]$에서 $|t|=t$이므로 (주의: $g(2)$는 닫힌구간 $[0, 2]$에서의 적분이므로 구간 $[0, 2]$에서 $|t|=t$임을 이용해.)

$$g(2)=\frac{a}{2}\int_0^2 (t^2-4)(t-2)dt$$

$$=\frac{a}{2}\int_0^2 (t^3-2t^2-4t+8)dt$$

$$=\frac{a}{2}\left[\frac{1}{4}t^4-\frac{2}{3}t^3-2t^2+8t\right]_0^2$$

$$=\frac{a}{2}\times\left(4-\frac{16}{3}-8+16\right)=\frac{10}{3}a$$

조건 (나)에서 $g(2)=5$이므로 $\frac{10}{3}a=5$, $a=\frac{3}{2}$

[STEP 4] $g(0)-g(-4)$의 값을 구한다.

$g(0)=\int_0^0 (t^2-4)\left(\frac{3}{4}|t|-\frac{3}{2}\right)dt=0$이고, ($\rightarrow \int_a^a h(x)dx=0$)

닫힌구간 $[-4, 0]$에서 $|t|=-t$이므로 (주의: $g(-4)$는 닫힌구간 $[-4, 0]$에서의 적분이므로 구간 $[-4, 0]$에서 $|t|=-t$임을 이용해.)

$$g(-4)=\int_0^{-4} (t^2-4)\left(\frac{3}{4}|t|-\frac{3}{2}\right)dt$$

$$=\frac{3}{4}\int_0^{-4} (t^2-4)(-t-2)dt$$

$$=\frac{3}{4}\int_0^{-4} (-t^3-2t^2+4t+8)dt$$

$$=\frac{3}{4}\int_{-4}^0 (t^3+2t^2-4t-8)dt$$ ($\rightarrow \int_a^b h(x)dx=-\int_b^a h(x)dx$)

$$=\frac{3}{4}\left[\frac{1}{4}t^4+\frac{2}{3}t^3-2t^2-8t\right]_{-4}^0$$

$$=-16$$

따라서 $g(0)-g(-4)=0-(-16)=16$

답 16

수능이 보이는 강의

사잇값의 정리에 의하여 함수 $f(x)$가 닫힌구간 $[a, b]$에서 연속이고 $f(a)f(b)<0$이면 방정식 $f(x)=0$은 열린구간 (a, b)에서 적어도 하나의 실근을 가져. 문제에서 함수 $|f(x)|-a$는 연속함수이고 $x=-2$, $x=2$의 좌우에서 부호가 변하므로 $x=-2$, $x=2$를 해로 가져. 따라서 $|f(-2)|-a=0$, $|f(2)|-a=0$이 성립해.

12

정답률 **8.7%**

정답 공식 **개념만 확실히 알자!**

y축 또는 원점에 대하여 대칭인 함수의 정적분

(1) 연속함수 $f(x)$가 모든 실수 x에 대하여 $f(-x)=f(x)$이면, 즉 함수 $y=f(x)$의 그래프가 y축에 대하여 대칭이면

$$\int_{-a}^{a} f(x)dx=2\int_{0}^{a} f(x)dx$$

(2) 연속함수 $f(x)$가 모든 실수 x에 대하여 $f(-x)=-f(x)$이면, 즉 함수 $y=f(x)$의 그래프가 원점에 대하여 대칭이면

$$\int_{-a}^{a} f(x)dx=0$$

풀이 전략 평행이동을 이용하여 정의된 함수의 그래프를 추론한다.

문제 풀이

[STEP 1] 닫힌구간 $[-1, 1]$에서 함수 $y=f(x)$의 그래프를 이용한다.

$f(1)=3$, $\int_{0}^{1} f(x)dx=1$이고, 함수 $y=f(x)$의 그래프는 원점에 대하여 대칭이다.

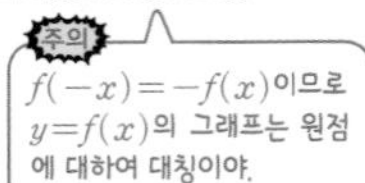

주의
$f(-x)=-f(x)$이므로 $y=f(x)$의 그래프는 원점에 대하여 대칭이야.

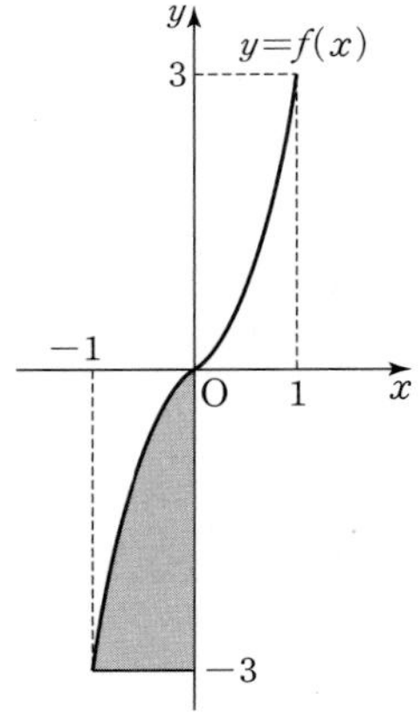

위의 그림에서 색칠한 부분의 넓이는 $1\times3-1=2$

[STEP 2] 평행이동을 이용하여 닫힌구간 $[3, 6]$에서의 함수 $y=g(x)$의 그래프를 추론한다.

(→ 조건 (나)에 $n=1$을 대입)

조건 (나)에 의해 닫힌구간 $[1, 3]$에서 함수 $y=g(x)$의 그래프는 함수 $y=f(x)$의 그래프를 x축의 방향으로 2만큼, y축의 방향으로 6만큼 평행이동한 그래프이다.

그러므로 닫힌구간 $[3, 6]$에서 $\int_{3}^{6} g(x)dx=\int_{3}^{6} |g(x)|dx$는 곡선 $y=g(x)$와 x축 및 두 직선 $x=3$, $x=6$으로 둘러싸인 부분의 넓이이므로 함수 $y=g(x)$의 그래프와 구하는 영역을 나타내면 다음 그림과 같다.

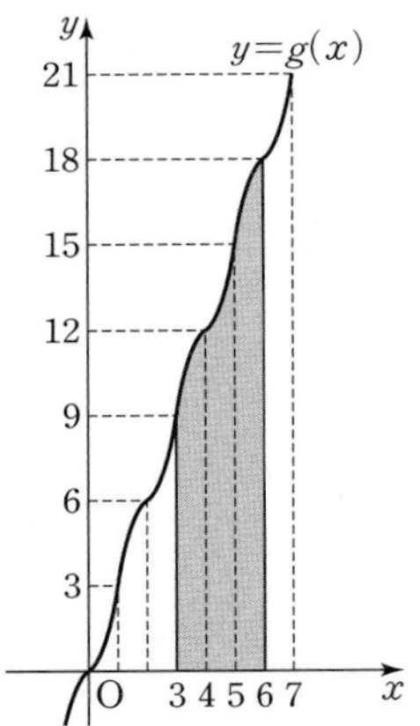

[STEP 3] $\int_{3}^{5} g(x)dx$와 $\int_{5}^{6} g(x)dx$의 값을 각각 구한 후 $\int_{3}^{6} g(x)dx$의 값을 구한다.

(→ 조건 (나)에 $n=2$를 대입)

닫힌구간 $[3, 5]$에서 함수 $y=g(x)$의 그래프는 함수 $y=f(x)$의 그래프를 x축의 방향으로 4만큼, y축의 방향으로 12만큼 평행이동한 그래프이므로

(→ 가로의 길이가 2이고 세로의 길이가 12인 직사각형의 넓이와 같다.)

$$\int_{3}^{5} g(x)dx=2\times12=24$$

(→ 조건 (나)에 $n=3$을 대입)

닫힌구간 $[5, 7]$에서 함수 $y=g(x)$의 그래프는 함수 $y=f(x)$의 그래프를 x축의 방향으로 6만큼, y축의 방향으로 18만큼 평행이동한 그래프이므로

$$\int_{5}^{6} g(x)dx=1\times15+2=17$$

따라서

$$\int_{3}^{6} g(x)dx=\int_{3}^{5} g(x)dx+\int_{5}^{6} g(x)dx=24+17=41$$

답 41

13

정답률 **7.4%**

정답 공식 **개념만 확실히 알자!**

다항함수의 정적분

(1) $\int_{a}^{a} f(x)dx=0$

(2) $\int_{a}^{b} f(x)dx=-\int_{b}^{a} f(x)dx$ (단, $a>b$)

(3) $\frac{d}{dx}\int_{a}^{x} f(t)dt=f(x)$

풀이 전략 적분과 미분의 관계와 정적분의 성질을 이용하여 함수식을 구한다.

문제 풀이

[STEP 1] 조건 (가)를 이용하여 함수 $f(x)$의 식을 추론해 본다.

조건 (가)에 주어진 등식의 양변을 x에 대하여 미분하면

$f(x)=\frac{1}{2}f(x)+\frac{1}{2}f(1)+\frac{x-1}{2}f'(x)$

즉,

$f(x)=f(1)+(x-1)f'(x)$ ...... ㉠

㉠의 좌변인 $f(x)$의 최고차항을

ax^n (a는 0이 아닌 상수, n은 자연수)

라 하면 ㉠의 우변의 최고차항은

$x\times anx^{n-1}=anx^n$

이므로 $ax^n=anx^n$에서 $n=1$

$\frac{d}{dx}\int_1^x f(t)dt=f(x)$

$\frac{d}{dx}\left\{\frac{x}{2}f(x)-\frac{1}{2}f(x)+\frac{x}{2}f(1)-\frac{1}{2}f(1)\right\}$

$=\frac{1}{2}f(x)+\frac{x}{2}f'(x)-\frac{1}{2}f'(x)+\frac{1}{2}f(1)$

이때 $f(0)=1$이므로 일차함수 $f(x)$는

$f(x)=ax+1$ (a는 0이 아닌 상수)

로 놓을 수 있다.

[STEP 2] 조건 (나)를 이용하여 $f(x)$의 식을 구한다.

$\int_0^2 f(x)dx=\int_0^2 (ax+1)dx$

$=\left[\frac{a}{2}x^2+x\right]_0^2=2a+2$

$\int_{-1}^1 xf(x)dx=\int_{-1}^1 (ax^2+x)dx$

$\int_{-1}^1 xf(x)dx=\int_{-1}^1 x(ax+1)dx=\int_{-1}^1 (ax^2+x)dx$

$=2\int_0^1 ax^2\,dx$

$=2\left[\frac{a}{3}x^3\right]_0^1=\frac{2a}{3}$

이므로 조건 (나)에서

$2a+2=5\times\frac{2a}{3}$, $6a+6=10a$, $4a=6$, $a=\frac{3}{2}$

따라서 $f(x)=\frac{3}{2}x+1$이므로 $f(4)=\frac{3}{2}\times4+1=7$

답 7

14

정답률 **7.4%**

정답 공식 **개념만 확실히 알자!**

절댓값 기호가 포함된 함수의 정적분

(1) 절댓값 기호 안의 식을 0으로 하는 x의 값을 경계로 적분 구간을 나눈다.

(2) 함수 $f(x)$가 세 실수 a, b, c를 포함하는 구간에서 연속일 때

$\int_a^b f(x)dx=\int_a^c f(x)dx+\int_c^b f(x)dx$임을 이용한다.

풀이 전략 함수의 극한을 이용한 미정계수의 결정을 활용한다.

문제 풀이

[STEP 1] 조건 (가), (나)를 이용하여 함수 $f(x)$의 식을 구한다.

최고차항의 계수가 1인 이차함수 $f(x)$는 조건 (가), (나)에서

$f(0)=0$, $f'(0)=0$이므로 $f(x)=x^2$

$\lim_{x\to0}\frac{f(x)-f(0)}{x-0}=f'(0)=0$

[STEP 2] 조건 (가), (나)를 이용하여 함수 $g(x)$의 식을 구한다.

최고차항의 계수가 1인 삼차함수 $g(x)$는 조건 (가), (나)에서

$g(0)=0$, $g(a)=0$, $g'(a)=0$이므로

$g(x)=x(x-a)^2$

주의

$\lim_{x\to a}\frac{g(x)}{x-a}=0$에서

$x\to a$일 때 (분모)$\to0$이므로

$\lim_{x\to a}g(x)=0$이어야 해.

즉, $g(a)=0$

[STEP 3] 조건 (다)를 이용하여 상수 a의 값을 구한다.

$\int_0^a \{g(x)-f(x)\}dx=\int_0^a \{x^3-(2a+1)x^2+a^2x\}dx$

$=\left[\frac{1}{4}x^4-\frac{2a+1}{3}x^3+\frac{a^2}{2}x^2\right]_0^a$

$=\frac{1}{12}a^4-\frac{1}{3}a^3=36$

$a^4-4a^3-36\times12=0$

그러므로 $(a-6)(a^3+2a^2+12a+72)=0$

$a>0$이므로 $a=6$

[STEP 4] 두 곡선 $y=f(x)$, $y=g(x)$의 교점을 구해 정적분의 값을 구한다.

두 곡선 $y=f(x)$, $y=g(x)$의 교점을 구하면

$(0, 0)$, $(4, 16)$, $(9, 81)$

$x^2=x(x-6)^2$을 연립하여 교점의 x좌표를 구하면

$x^3-13x^2+36x=0$, $x(x-4)(x-9)=0$이므로

$x=0$ 또는 $x=4$ 또는 $x=9$

$\int_0^6 |f(x)-g(x)|dx$

$=\int_0^4 \{g(x)-f(x)\}dx+\int_4^6 \{f(x)-g(x)\}dx$

$=\left[\frac{1}{4}x^4-\frac{13}{3}x^3+18x^2\right]_0^4+\left[-\frac{1}{4}x^4+\frac{13}{3}x^3-18x^2\right]_4^6$

$=\frac{340}{3}$

따라서

$3\int_0^a |f(x)-g(x)|dx=3\int_0^6 |f(x)-g(x)|dx$

$=3\times\frac{340}{3}=340$

답 340

수능이 보이는 강의

상수 a의 값을 구한 후 x의 값의 범위에 따라 $f(x)\geq g(x)$인 경우와 $f(x)<g(x)$인 경우를 나누어 $\int_0^a |f(x)-g(x)|dx$의 값을 구해야 돼.

15

정답률 **6.3%**

정답 공식 **개념만 확실히 알자!**

적분과 미분의 관계

(1) 정적분으로 나타내어진 함수가 주어진 경우 $\int_a^a f(x)dx=0$임을 이용한다.

(2) $\frac{d}{dx}\int_a^x f(t)dt=f(x)$임을 이용한다.

Ⅲ 적분

풀이 전략 함수의 연속성과 적분의 성질을 이용한다.

문제 풀이

[STEP 1] $g'(x)$를 이용하여 $g(x)$의 식을 구한다.

$g(x)=\int_0^x (t-1)f(t)dt$의 양변을 x에 대하여 미분하면

$$g'(x)=(x-1)f(x)=\begin{cases}-3x^3+3x^2 & (x<1)\\ 2x^2-8x+6 & (x\geq 1)\end{cases}$$

위의 식의 양변을 x에 대하여 적분하면

$$g(x)=\begin{cases}-\frac{3}{4}x^4+x^3+C_1 & (x<1)\\ \frac{2}{3}x^3-4x^2+6x+C_2 & (x\geq 1)\end{cases}$$ (단, C_1, C_2는 적분상수)

$g'(1)=0$이므로 함수 $g(x)$는 $x=1$에서 연속이다.

(함정: $x=1$에서 미분가능하므로 연속이야.)

$g(0)=0$에서 $C_1=0$

$x=1$에서 연속이므로 $-\frac{3}{4}+1=\frac{2}{3}-4+6+C_2$

($x=1$에서 연속이므로 $\lim_{x\to 1-}g(x)=\lim_{x\to 1+}g(x)$)

에서 $C_2=-\frac{29}{12}$

$$g(x)=\begin{cases}-\frac{3}{4}x^4+x^3 & (x<1)\\ \frac{2}{3}x^3-4x^2+6x-\frac{29}{12} & (x\geq 1)\end{cases}$$

함수 $y=g(x)$의 그래프는 다음 그림과 같다.

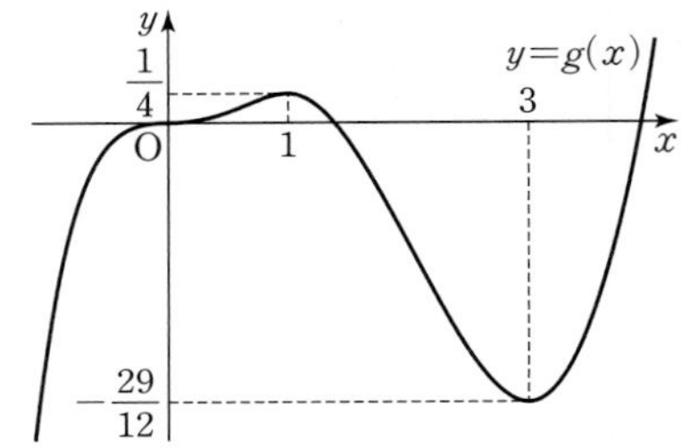

[STEP 2] 함수 $h(t)$를 구하여 $30S$의 값을 구한다.

위의 그래프를 이용하여 함수 $h(t)$를 구하면

$$h(t)=\begin{cases}1 & \left(t<-\frac{29}{12} \text{ 또는 } t>\frac{1}{4}\right)\\ 2 & \left(t=-\frac{29}{12} \text{ 또는 } t=\frac{1}{4}\right)\\ 3 & \left(-\frac{29}{12}<t<\frac{1}{4}\right)\end{cases}$$

이므로 $\left|\lim_{t\to a+}h(t)-\lim_{t\to a-}h(t)\right|=2$를 만족시키는 실수 a의 값은

$\frac{1}{4}$, $-\frac{29}{12}$이다.

따라서 $S=\left|\frac{1}{4}\right|+\left|-\frac{29}{12}\right|=\frac{8}{3}$이므로

$30S=30\times\frac{8}{3}=80$

답 80

16

정답률 **6.0%**

정답 공식 **개념만 확실히 알자!**

정적분으로 정의된 함수

(1) 정적분으로 나타내어진 함수가 주어진 경우 $\int_a^a f(x)=0$임을 이용한다.

(2) $\frac{d}{dx}\int_a^x f(t)dt=f(x)$임을 이용한다.

풀이 전략 정적분으로 정의된 함수를 이용하여 함수를 구한다.

문제 풀이

[STEP 1] 주어진 조건을 이용하여 삼차함수 $g(x)$의 꼴을 구한다.

삼차함수 $g(x)$의 상수항이 0이므로 $g(x)$는 x를 인수로 갖는다. …… ㉠

($g(x)=x^3+ax^2+bx=x(x^2+ax+b)$)

조건 (가)의 $x|g(x)|=\int_{2a}^x (a-t)f(t)dt$의 양변에 $x=2a$를 대입하면 $2a|g(2a)|=0$

이때 a가 양의 상수이므로 $g(2a)=0$이고 $g(x)$는 $(x-2a)$를 인수로 갖는다. …… ㉡

㉠, ㉡에서 $g(x)=x(x-2a)(x-b)$ (단, b는 실수)

함수 $(a-x)f(x)$가 실수 전체의 집합에서 연속이므로

함수 $\int_{2a}^x (a-t)f(t)dt$는 실수 전체의 집합에서 미분가능하고,

$\frac{d}{dx}\int_{2a}^x (a-t)f(t)dt=(a-x)f(x)$이다.

즉, 함수 $x|g(x)|$는 $x=2a$에서 미분가능하다.

$$\lim_{x\to 2a+}\frac{x|g(x)|-2a|g(2a)|}{x-2a}=\lim_{x\to 2a+}\frac{x|x(x-2a)(x-b)|}{x-2a}=\lim_{x\to 2a+}x^2|x-b|=4a^2|2a-b|$$

$$\lim_{x\to 2a-}\frac{x|g(x)|-2a|g(2a)|}{x-2a}=\lim_{x\to 2a-}\frac{x|x(x-2a)(x-b)|}{x-2a}=\lim_{x\to 2a-}(-x^2|x-b|)=-4a^2|2a-b|$$

이므로 $4a^2|2a-b|=-4a^2|2a-b|$에서 $b=2a$이다.

($|2a-b|=-|2a-b|$이므로 $b=2a$)

따라서 $g(x)=x(x-2a)^2$

[STEP 2] 양의 상수 a의 값을 구한다.

$$\int_{2a}^x (a-t)f(t)dt=\begin{cases}-x^2(x-2a)^2 & (x<0)\\ x^2(x-2a)^2 & (x\geq 0)\end{cases}$$

이고 함수 $f(x)$가 실수 전체의 집합에서 연속이므로

($\int_{2a}^x (a-t)f(t)dt$의 양변을 x에 대하여 미분한다.)

$$(a-x)f(x)=\begin{cases}-4x(x-a)(x-2a) & (x<0)\\ 4x(x-a)(x-2a) & (x\geq 0)\end{cases}$$

($\{x^2(x-2a)^2\}'=2x(x-2a)^2+x^2\times 2(x-2a)=2x(x-2a)(x-2a+x)=4x(x-a)(x-2a)$)

$$f(x)=\begin{cases}4x(x-2a) & (x<0)\\ -4x(x-2a) & (x\geq 0)\end{cases}$$

방정식 $g(f(x))=0$에서

$f(x)=0$ 또는 $f(x)=2a$ → $g(x)=0$의 해는 $x=0$ 또는 $x=2a$

방정식 $f(x)=0$은 서로 다른 두 실근 0, $2a$를 가지므로 조건 (나)에 의해 방정식 $f(x)=2a$는 서로 다른 두 실근을 가져야 한다.

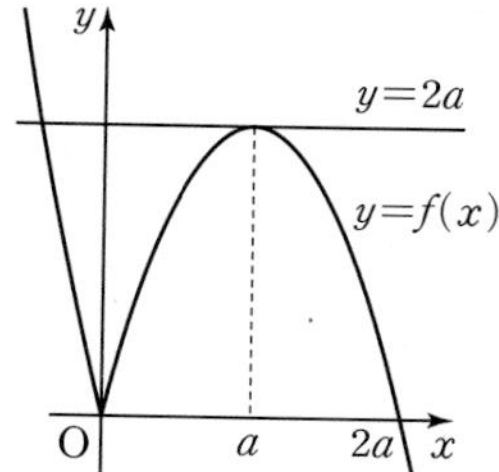

곡선 $y=f(x)$와 직선 $y=2a$의 교점의 개수가 2이어야 하므로

$f(a)=-4a(a-2a)=4a^2=2a$, $a=\frac{1}{2}$

[STEP 3] $\int_{-2a}^{2a} f(x)\,dx$의 값을 구한다.

따라서

$$\int_{-2a}^{2a} f(x)\,dx=\int_{-1}^{1} f(x)\,dx$$
$$=\int_{-1}^{0}(4x^2-4x)\,dx+\int_{0}^{1}(-4x^2+4x)\,dx$$
$$=\left[\frac{4}{3}x^3-2x^2\right]_{-1}^{0}+\left[-\frac{4}{3}x^3+2x^2\right]_{0}^{1}$$
$$=\frac{10}{3}+\frac{2}{3}=4$$

답 4

17

정답률 **5.2%**

정답 공식 **개념만 확실히 알자!**

1. 삼차함수 $f(x)=ax^3+bx^2+cx+d$ $(a>0)$의 그래프

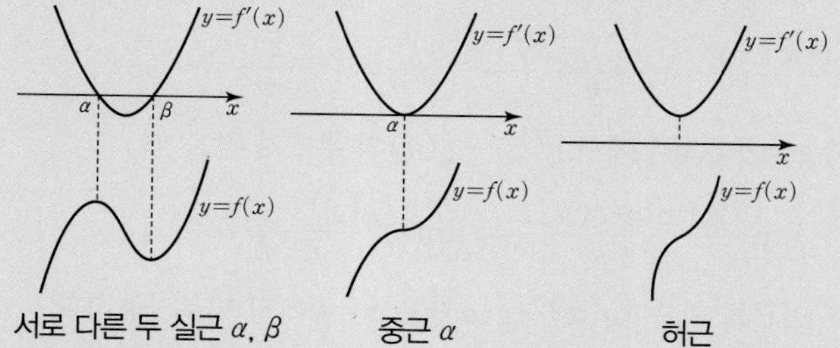

2. 다항함수의 부정적분

n이 음이 아닌 정수일 때,

$\int x^n dx=\frac{1}{n+1}x^{n+1}+C$ (단, C는 적분상수)

풀이 전략 함수의 극한을 이용하여 도함수의 특징을 찾고 조건을 만족시키는 함수를 구한다.

문제 풀이

[STEP 1] 이차방정식 $f'(x)=0$의 근의 성질을 파악한다.

이차방정식 $f'(x)=0$이 실근을 갖지 않거나 중근을 갖는 경우에는 조건 (나)에서 함수 $g(t)$가 함숫값 1과 2를 모두 갖는다는 조건에 모순이다.

따라서 이차방정식 $f'(x)=0$은 서로 다른 두 실근을 갖는다.

[STEP 2] 조건을 만족시키는 함수 $y=g(t)$의 그래프를 그린다.

이차방정식 $f'(x)=0$의 서로 다른 두 실근을 α, $\beta(\alpha<\beta)$라 하자.

(i) $\beta=\alpha+2$일 때

함수 $y=g(t)$의 그래프는 다음 그림과 같다.

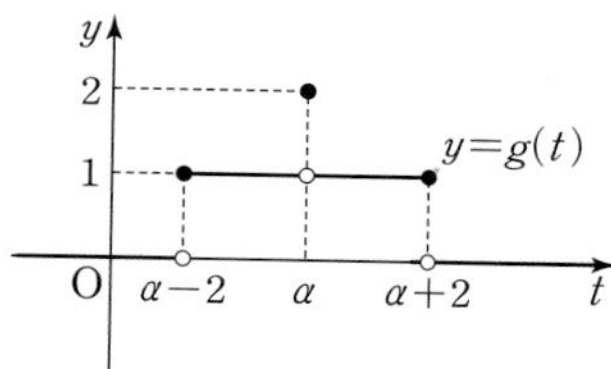

이는 조건 (가)를 만족시킨다.

(ii) $\beta>\alpha+2$일 때

함수 $y=g(t)$의 그래프는 다음 그림과 같다.

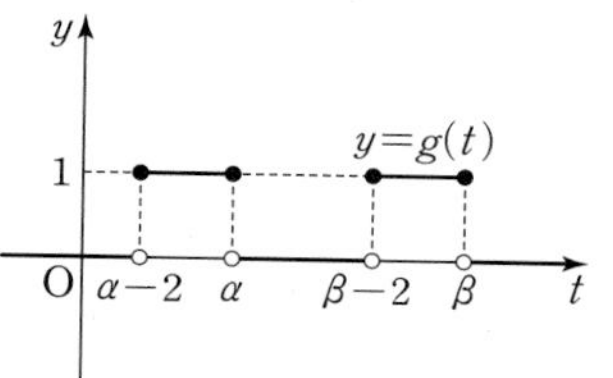

이는 조건 (나)에서 $g(t)$가 함숫값 2를 가지므로 모순이다.

(iii) $\beta<\alpha+2$일 때

함수 $y=g(t)$의 그래프는 다음 그림과 같다.

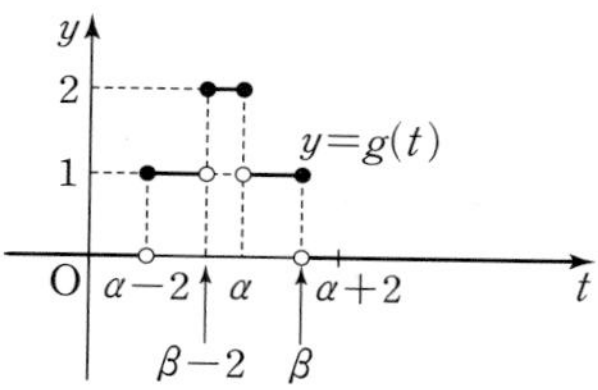

이때 $\beta-2\le a\le\alpha$인 a에 대하여 조건 (가)를 만족시키지 못한다.

(i), (ii), (iii)에서 조건을 만족시키는 것은 (i)의 경우이다.
→ 이차방정식 $f'(x)=0$은 서로 다른 두 실근 α, $\alpha+2$를 갖는다.

[STEP 3] $f(x)$의 식을 구한다.

함수 $f(x)$의 최고차항의 계수가 $\frac{1}{2}$이므로 함수 $f'(x)$의 최고차항의 계수는 $\frac{3}{2}$이다. 그러므로

$$f'(x)=\frac{3}{2}(x-\alpha)\{x-(\alpha+2)\}$$
$$=\frac{3}{2}\{x^2-(2\alpha+2)x+\alpha^2+2\alpha\}$$

로 놓을 수 있다.

이때

$$f(x)=\int f'(x)dx=\frac{1}{2}x^3-\frac{3}{2}(\alpha+1)x^2+\frac{3}{2}(\alpha^2+2\alpha)x+C$$

(단, C는 적분상수) …… ㉠

한편, 조건 (나)에서

$g(f(1))=g(f(4))=2$

이고 $g(t)$의 함숫값이 2인 t의 값의 개수는 1이므로

$f(1)=f(4)$

Ⅲ 적분

즉, ㉠에서

$\frac{1}{2}-\frac{3}{2}(\alpha+1)+\frac{3}{2}(\alpha^2+2\alpha)+C$

$=32-24(\alpha+1)+6(\alpha^2+2\alpha)+C$

$\frac{1}{2}-\frac{3}{2}(\alpha+1)+\frac{3}{2}(\alpha^2+2\alpha)=32-24(\alpha+1)+6(\alpha^2+2\alpha)$

양변에 2를 곱하면

$1-3(\alpha+1)+3(\alpha^2+2\alpha)=64-48(\alpha+1)+12(\alpha^2+2\alpha)$

$3\alpha^2+3\alpha-2=12\alpha^2-24\alpha+16$

$9\alpha^2-27\alpha+18=0$, $\alpha^2-3\alpha+2=0$

$(\alpha-1)(\alpha-2)=0$, $\alpha=1$ 또는 $\alpha=2$

(i)－① $\alpha=1$일 때

$f(x)=\frac{1}{2}x^3-3x^2+\frac{9}{2}x+C$

이때 $f(1)=\alpha$에서 $f(1)=1$이어야 하므로

> 주의 $g(t)=2$일 때 $t=\alpha$이고 조건 (나)에서 $t=f(1)$일 때이므로 $f(1)=\alpha$

$\frac{1}{2}-3+\frac{9}{2}+C=1$

$2+C=1$, $C=-1$

이때 $f(0)=-1$이므로 $g(f(0))=g(-1)=1$

그러므로 조건을 만족시킨다.

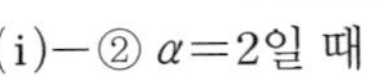

$y=g(t)$

(i)－② $\alpha=2$일 때

$f(x)=\frac{1}{2}x^3-\frac{9}{2}x^2+12x+C$

이때 $f(1)=\alpha$에서 $f(1)=2$이어야 하므로

$\frac{1}{2}-\frac{9}{2}+12+C=2$, $8+C=2$, $C=-6$

이때 $f(0)=-6$이므로 $g(f(0))=g(-6)=0$

그러므로 조건을 만족시키지 못한다.

따라서 (i)－①에서 $f(x)=\frac{1}{2}x^3-3x^2+\frac{9}{2}x-1$

[STEP 4] $f(5)$의 값을 구한다.

$f(5)=\frac{1}{2}\times5^3-3\times5^2+\frac{9}{2}\times5-1=9$

답 9

수능이 보이는 강의

이차방정식 $f'(x)=0$은 서로 다른 두 실근 α, $\alpha+2$를 가지므로 삼차함수 $y=f(x)$의 그래프는 오른쪽 그림과 같아.

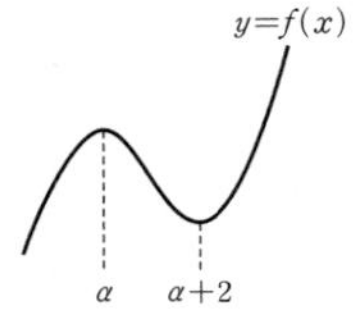

이때 $f(1)=f(4)$이므로 $y=f(x)$의 그래프는 (i)－①, (i)－②의 두 가지 개형을 생각할 수 있어.

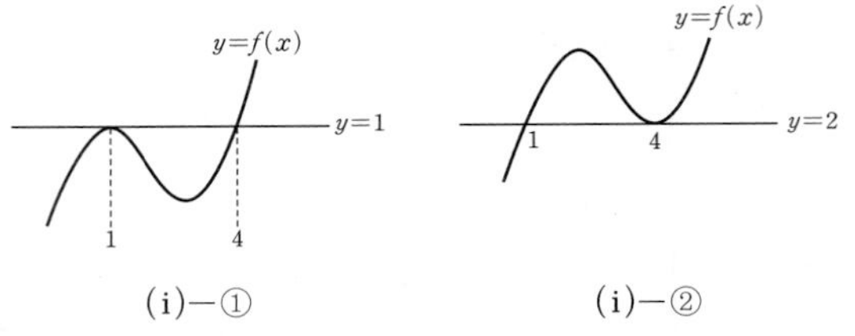

(i)－①　　　(i)－②

그런데 조건 (나)를 만족시키는 경우는 (i)－①이야.

18

정답률 4.5%

정답 공식 개념만 확실히 알자!

정적분으로 나타낸 함수의 미분과 극한

(1) 함수 $f(x)$가 닫힌구간 $[a, b]$에서 연속이면

$\frac{d}{dx}\int_a^x f(t)dt=f(x)$ (단, $a<x<b$)

(2) 연속함수 $f(x)$와 상수 a에 대하여

① $\lim_{x\to0}\frac{1}{x}\int_a^{x+a}f(t)dt=f(a)$

② $\lim_{x\to a}\frac{1}{x-a}\int_a^x f(t)dt=f(a)$

풀이 전략 정적분으로 정의된 함수를 이용한다.

문제 풀이

[STEP 1] 함수 $y=g(x)$의 그래프와 직선 $y=g(a)$의 위치 관계를 파악한다.

$g(x)=\int_t^x f(s)ds$의 양변을 x에 대하여 미분하면

$g'(x)=f(x)$

삼차함수 $f(x)$의 최고차항의 계수가 4이므로

$g(x)=\int_t^x f(s)ds$는 최고차항의 계수가 1인 사차함수이고 실수 전체의 집합에서 함수 $g(x)-g(a)$는 미분가능하다.

$g(x)\ge g(a)$일 때 $|g(x)-g(a)|=g(x)-g(a)$,

$g(x)<g(a)$일 때 $|g(x)-g(a)|=-\{g(x)-g(a)\}$

이므로 함수 $|g(x)-g(a)|$는 $g(x)-g(a)\neq0$인 모든 실수 x에서 미분가능하다.

$g(x)-g(a)=0$을 만족시키는 x의 값을 k라 하면

$g(k)=g(a)$이므로

$\frac{|g(x)-g(a)|-|g(k)-g(a)|}{x-k}=\frac{|g(x)-g(k)|}{x-k}$

(i) $x=k$의 좌우에서 $g(x)-g(a)$의 부호가 같을 때

$\lim_{x\to k-}\frac{|g(x)-g(k)|}{x-k}=\lim_{x\to k+}\frac{|g(x)-g(k)|}{x-k}$

이므로 함수 $|g(x)-g(a)|$는 $x=k$에서 미분가능하다.

(ii) $x=k$의 좌우에서 $g(x)-g(a)$의 부호가 다르고 $f(k)=0$일 때

$\lim_{x\to k-}\frac{|g(x)-g(k)|}{x-k}=\lim_{x\to k+}\frac{|g(x)-g(k)|}{x-k}$

이므로 함수 $|g(x)-g(a)|$는 $x=k$에서 미분가능하다.

(iii) $x=k$의 좌우에서 $g(x)-g(a)$의 부호가 다르고 $f(k)\neq0$일 때

$\lim_{x\to k-}\frac{|g(x)-g(k)|}{x-k}\neq\lim_{x\to k+}\frac{|g(x)-g(k)|}{x-k}$

이므로 함수 $|g(x)-g(a)|$는 $x=k$에서 미분가능하지 않다.

조건 (나)에서 함수 $|g(x)-g(a)|$가 미분가능하지 않은 x의 개수가 1이므로

$g(x)-g(a)=0$, $g'(x)=f(x)\neq 0$

인 x가 단 하나 존재한다는 것을 알 수 있다.

함정: 극솟값을 2개 가지는 경우에는 미분가능하지 않은 x의 개수가 0 또는 2 또는 4야.

그러므로 사차함수 $y=g(x)$는 단 하나의 극솟값을 갖고 함수 $y=g(x)$의 그래프와 직선 $y=g(a)$는 서로 다른 두 점에서 만난다.

$g'(x)=0$인 방정식 $g(x)-g(a)=0$의 근을 α, 함수 $g(x)$가 극솟값을 가질 때의 x의 값을 β라 하면 α, β의 대소 관계에 따라 다음과 같이 두 경우로 나눌 수 있다.

[STEP 2] $\alpha<\beta$인 경우 함수 $f(x)$의 식을 구한다.

(i) $\alpha<\beta$인 경우 (단, $g(\gamma)=g(\alpha)$, $\beta<\gamma$)

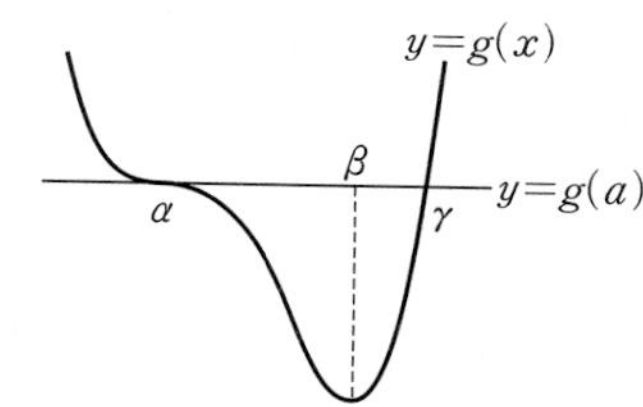

함수 $y=g(x)$의 도함수 $y=f(x)$의 그래프를 그려 보면 다음 그림과 같다.

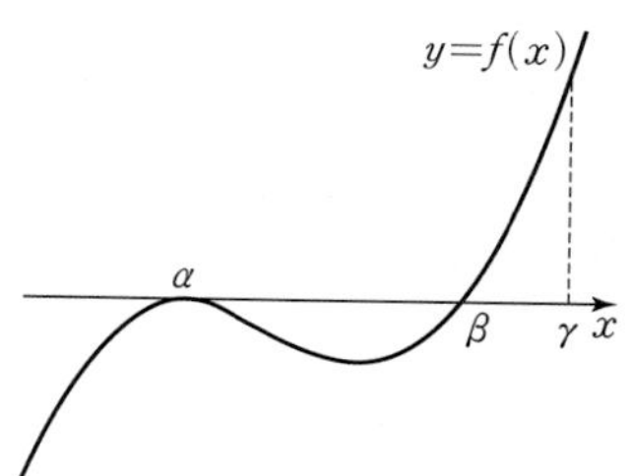

$g(\alpha)=g(\gamma)=g(a)$이므로 $\alpha=a$ 또는 $\gamma=a$

조건 (가)에서 $f'(a)=0$이므로 $\alpha=a$

따라서 $f(x)=4(x-a)^2(x-\beta)$

$h(t)=g(a)=\int_t^a f(s)\,ds=-\int_a^t f(s)\,ds$에서

$h'(t)=-f(t)$

함수 $h(t)$가 $t=2$에서 최댓값, 즉 극댓값을 가지므로

$h'(2)=-f(2)=0$

따라서 $a=2$ 또는 $\beta=2$

$a=2$이면 $h(2)=\int_2^2 f(t)\,dt=0\neq 27$

이므로 $a\neq 2$

$\beta=2$이면

$h(3)=\int_3^a f(s)\,ds=0$이고,

$h(2)=\int_2^a f(s)\,ds=27$이므로

$h(2)-h(3)=\int_2^3 f(s)\,ds=27$

$\int_2^3 f(s)\,ds=\int_2^3 4(s-a)^2(s-2)\,ds$

$=\int_2^3 4\{s^3-2(a+1)s^2+(a^2+4a)s-2a^2\}\,ds$

$=\left[s^4-\frac{8}{3}(a+1)s^3+2(a^2+4a)s^2-8a^2s\right]_2^3$

$=65-\frac{152}{3}(a+1)+10(a^2+4a)-8a^2$

$=2a^2-\frac{32}{3}a+\frac{43}{3}=27$

이므로 $3a^2-16a-19=0$, $(a+1)(3a-19)=0$

$a=-1$ 또는 $a=\frac{19}{3}$

이때 $a<2$이므로 $a=-1$

따라서 $f(x)=4(x+1)^2(x-2)$

[STEP 3] $\alpha>\beta$인 경우 함수 $f(x)$의 식을 구한다.

(ii) $\alpha>\beta$인 경우 (단, $g(\gamma)=g(\alpha)$, $\gamma<\beta$)

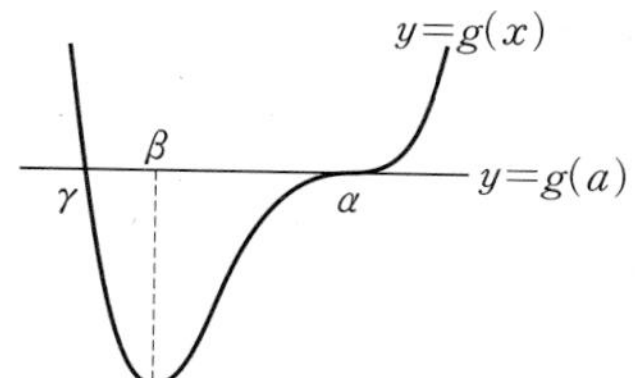

함수 $y=g(x)$의 도함수 $y=f(x)$의 그래프를 그려 보면 다음 그림과 같다.

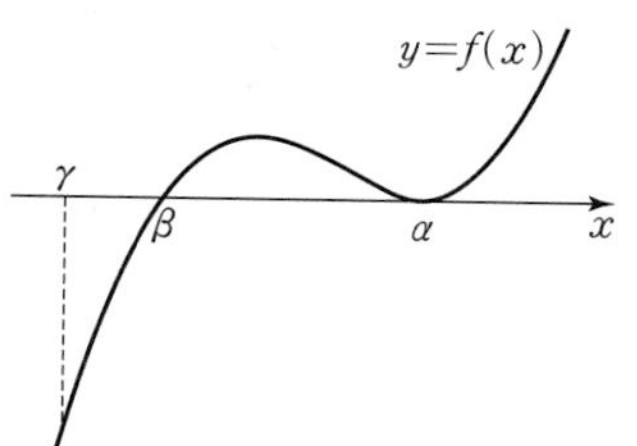

조건 (가)에서 $f'(a)=0$이므로 $\alpha=a$

따라서 $f(x)=4(x-a)^2(x-\beta)$

$\alpha<\beta$인 경우와 마찬가지로 $\beta=2$

$f(x)=4(x-a)^2(x-2)$

$a\neq 3$이면 $h(3)=\int_3^a f(s)\,ds\neq 0$이므로 $a=3$

따라서 $f(x)=4(x-3)^2(x-2)$이고

$h(2)=\int_2^a f(s)\,ds$

$=\int_2^3 4(s-3)^2(s-2)\,ds=\frac{1}{3}$

$\int_2^3 4(s-3)^2(s-2)\,ds$
$=\int_2^3 (4s^3-32s^2+84s-72)\,ds$
$=\left[s^4-\frac{32}{3}s^3+42s^2-72s\right]_2^3$

$h(2)\neq 27$이므로 주어진 조건을 만족시키지 않는다.

[STEP 4] $f(5)$의 값을 구한다.

따라서 $f(x)=4(x+1)^2(x-2)$이므로

$f(5)=4\times 6^2\times 3=432$

답 432

19

정답률 **4.0%**

정답 공식 **개념만 확실히 알자!**

> **x^n (n은 음이 아닌 정수)의 부정적분**
> n이 음이 아닌 정수일 때,
> $\int x^n\,dx = \frac{1}{n+1}x^{n+1}+C$ (단, C는 적분상수)

풀이 전략 삼차함수의 그래프와 함수의 연속성을 이용하여 $f'(x)$를 구한 후 적분한다.

문제 풀이

[STEP 1] $x<t$에서 함수 $y=g(x)$의 그래프의 의미를 파악한다.

$$g(x)=\begin{cases} f(x) & (x\ge t) \\ -f(x)+2f(t) & (x<t) \end{cases}$$

에서

$$\lim_{x\to t-} g(x)=\lim_{x\to t+} g(x)=g(t)=f(t)$$

이므로 함수 $g(t)$는 실수 전체의 집합에서 연속이다.

함수 $f(x)$가 $x=k$에서 극솟값을 갖는다고 하자.

이때 함수 $y=-f(x)+2f(t)$의 그래프는 함수 $y=f(x)$의 그래프를 x축에 대하여 대칭이동한 후, y축의 방향으로 $2f(t)$만큼 평행이동한 것이다.

즉, 함수 $y=g(x)$의 그래프는 점 $(t,\ f(t))$에서 $x<t$인 부분을 $y=f(t)$인 직선에 대하여 대칭이동한 것이다.

→ 직선 $y=f(t)$에서 접어올린 그래프

[STEP 2] 함수 $y=f(x)$의 그래프가 x축과 만나는 교점의 개수를 기준으로 경우를 나눈다.

삼차함수 $f(x)$에 대하여 $f(3)=8$, $f'(3)=0$

함수 $y=f(x)$의 그래프가 x축과 만나는 교점의 개수는 다음과 같다.

(i) x축과 만나는 교점의 개수가 3인 경우

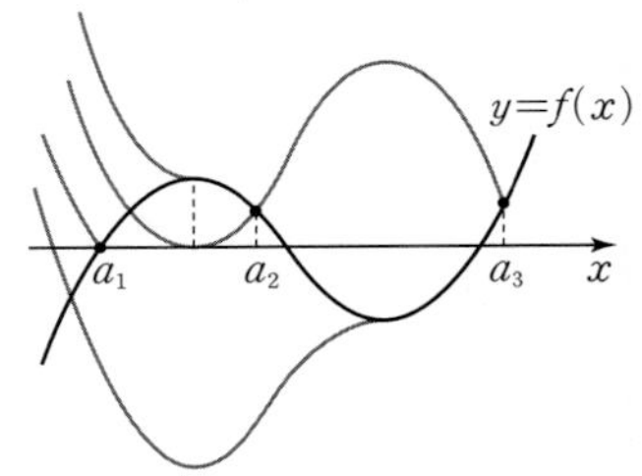

$$h(t)=\begin{cases} 4 & (t<a_1) \\ 3 & (t=a_1) \\ 2 & (a_1<t<a_2) \\ 3 & (t=a_2) \\ 2 & (a_2<t<a_3) \\ 1 & (t=a_3) \\ 0 & (t>a_3) \end{cases}$$

따라서 불연속인 a의 값이 a_1, a_2, a_3으로 3개이므로 조건을 만족시키지 않는다.

(ii) x축과 만나는 교점의 개수가 2인 경우

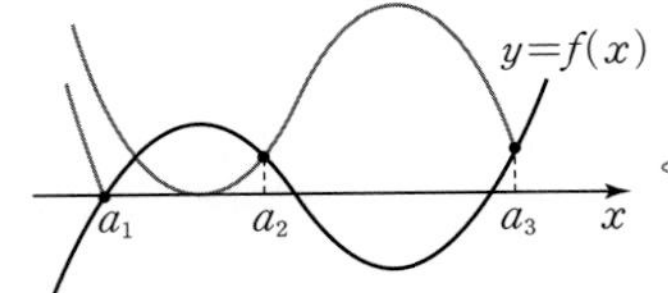

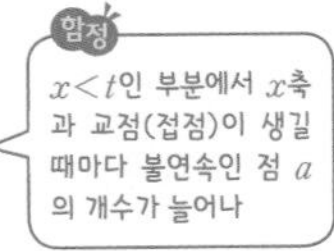

함정
x<t인 부분에서 x축과 교점(접점)이 생길 때마다 불연속인 점 a의 개수가 늘어나

따라서 불연속인 a의 값이 a_1, a_2, a_3으로 3개이므로 조건을 만족시키지 않는다.

(iii) x축과 만나는 교점의 개수가 1인 경우

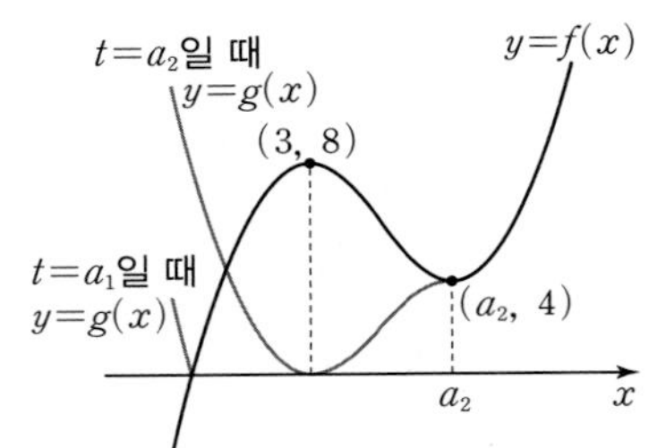

$$h(t)=\begin{cases} 2 & (t<a_1) \\ 1 & (t=a_1) \\ 0 & (a_1<t<a_2) \\ 1 & (t=a_2) \\ 0 & (t<a_2) \end{cases}$$

따라서 불연속인 a의 값은 a_1, a_2로 2개이므로 조건을 만족시킨다.

[STEP 3] $f(8)$의 값을 구한다.

위의 (iii)의 경우 조건을 만족시키므로

$f'(x)=3(x-3)(x-a_2)$

로 놓을 수 있다. → 최고차항의 계수가 1인 삼차함수 $f(x)$이므로

$f'(x)=3(x-3)(x-a_2)=3x^2-3(3+a_2)x+9a_2$

양변을 적분하면

$f(x)=x^3-\frac{3}{2}(3+a_2)x^2+9a_2x+C$ (단, C는 적분상수)

$f(3)=27-\frac{27}{2}(3+a_2)+27a_2+C=8$ …… ㉠

$f(a_2)=a_2{}^3-\frac{3}{2}(3+a_2)a_2{}^2+9a_2{}^2+C=4$ …… ㉡

㉠, ㉡을 연립하여 풀면

→ ㉠에서 $C=\frac{43}{2}-\frac{27}{2}a_2$이므로 ㉡에 대입하여 정리하면
$a_2{}^3-9a_2{}^2+27a_2-35=0$
$(a_2-5)(a_2{}^2-4a_2+7)=0$

$a_2=5$, $C=-46$

따라서 $f(x)=x^3-12x^2+45x-46$이므로

$f(8)=512-768+360-46=58$

답 58

수능 기출의 미래

수학영역 수학 Ⅱ

경찰대학, 사관학교

기출 문제

정답과 풀이

I 함수의 극한과 연속

본문 86~89쪽

01 11	**02** ②	**03** ④	**04** ⑤	**05** ①
06 ①	**07** ④	**08** ③	**09** ①	**10** ①
11 ①	**12** ③	**13** ④	**14** 5	**15** ①
16 ①				

유형 1 함수의 극한값의 계산

01

$$\lim_{x\to\infty}(\sqrt{x^2+22x}-x)=\lim_{x\to\infty}\frac{x^2+22x-x^2}{\sqrt{x^2+22x}+x}$$
$$=\lim_{x\to\infty}\frac{22}{\sqrt{1+\frac{22}{x}}+1}=\frac{22}{1+1}=11$$

답 11

02

$$\lim_{x\to\infty}\frac{3x+1}{f(x)+x}=\lim_{x\to\infty}\frac{3+\frac{1}{x}}{\frac{f(x)}{x}+1}$$
$$=\frac{3}{\lim_{x\to\infty}\frac{f(x)}{x}+1}$$
$$=\frac{3}{2+1}=1$$

답 ②

유형 2 좌극한과 우극한

03

$x \longrightarrow 1+$일 때, $f(x) \longrightarrow 2$이므로 $\lim_{x\to 1+} f(x)=2$

$x \longrightarrow 3-$일 때, $f(x) \longrightarrow 2$이므로 $\lim_{x\to 3-} f(x)=2$

따라서 $\lim_{x\to 1+} f(x)+\lim_{x\to 3-} f(x)=2+2=4$

답 ④

04

함수 $y=f(x)$의 그래프에서 $x \longrightarrow 1-$일 때, $f(x)=1$이므로

$\lim_{x\to 1-}(f\circ f)(x)=\lim_{x\to 1-}f(f(x))=f(1)=2$

또, $t=-2-\frac{1}{x+1}$로 놓으면 $x \longrightarrow -\infty$일 때,

$t \longrightarrow -2+$이므로

$$\lim_{x\to-\infty}f\left(-2-\frac{1}{x+1}\right)=\lim_{t\to-2+}f(t)=2$$

따라서

$$\lim_{x\to 1-}(f\circ f)(x)+\lim_{x\to-\infty}f\left(-2-\frac{1}{x+1}\right)=2+2=4$$

답 ⑤

05

$g(a)=f(a)+\lim_{x\to a+}f(x)$라 하면

$$g(a)=\begin{cases}2(a^2+1) & (a<2)\\ 2a+b+5 & (a=2)\\ 2(aa+b) & (a>2)\end{cases}$$

$a<2$이면 $g(a)=4$는 $a=-1$ 또는 $a=1$을 근으로 가진다.

$a>2$이면 a에 대한 방정식 $g(a)=4$, $aa+b=2$의 근의 개수는 0, 1 또는 무수히 많다.

a에 대한 방정식 $g(a)=4$가 4개의 근을 가지므로 $a=2$는 방정식 $g(a)=4$의 근이고, $aa+b=2$는 1개의 근 a_1을 가진다.

방정식 $g(a)=4$의 네 근의 합이 8이므로

$-1+1+2+a_1=8$, $a_1=6$

$g(2)=4$이고 $g(6)=4$에서 $\begin{cases}2a+b+5=4\\2(6a+b)=4\end{cases}$이므로

$a=\frac{3}{4}$, $b=-\frac{5}{2}$

따라서 $a+b=\frac{3}{4}+\left(-\frac{5}{2}\right)=-\frac{7}{4}$

답 ①

유형 3 미정계수의 결정

06

$\lim_{x\to 2}\frac{x^2-x+a}{x-2}=b$에서 극한값이 존재하고 $x \longrightarrow 2$일 때 (분모) $\longrightarrow 0$

이므로 (분자) $\longrightarrow 0$이어야 한다.

즉, $\lim_{x\to 2}(x^2-x+a)=2+a=0$에서 $a=-2$

$$\lim_{x\to 2}\frac{x^2-x-2}{x-2}=\lim_{x\to 2}\frac{(x-2)(x+1)}{x-2}$$
$$=\lim_{x\to 2}(x+1)=3$$

이므로 $b=3$

따라서 $a+b=-2+3=1$

답 ①

07

함수 $f(x)$가 다항함수이므로 조건 (가)에서 함수 $f(x)-ax^2$은 최고차항의 계수가 1인 이차함수이다.

$f(x)-ax^2=x^2+bx+c$ (b, c는 상수)라 하면

$f(x)=(a+1)x^2+bx+c$

조건 (나)에서 $\lim_{x\to0}\frac{f(x)}{x^2-ax}=2$이고 $\lim_{x\to0}(x^2-ax)=0$이므로

$\lim_{x\to0}f(x)=0$

즉, $\lim_{x\to0}\{(a+1)x^2+bx+c\}=c=0$

$$\lim_{x\to0}\frac{f(x)}{x^2-ax}=\lim_{x\to0}\frac{(a+1)x^2+bx}{x^2-ax}$$
$$=\lim_{x\to0}\frac{(a+1)x+b}{x-a}=-\frac{b}{a}$$

이므로 $-\frac{b}{a}=2$, $b=-2a$

따라서 $f(x)=(a+1)x^2-2ax$이므로

$f(2)=4(a+1)-4a=4$

답 ④

08

조건 (가)에서

$$\lim_{x\to\infty}(\sqrt{(a-b)x^2+ax}-x)$$
$$=\lim_{x\to\infty}\frac{(a-b)x^2+ax-x^2}{\sqrt{(a-b)x^2+ax}+x}$$
$$=\lim_{x\to\infty}\frac{(a-b-1)x+a}{\sqrt{(a-b)+\frac{a}{x}}+1} \quad \cdots\cdots ㉠$$

㉠의 극한값이 c로 존재하므로

$a-b-1=0$에서 $b=a-1$ $\quad\cdots\cdots$ ㉡

$$c=\lim_{x\to\infty}\frac{a}{\sqrt{(a-b)+\frac{a}{x}}+1}$$
$$=\frac{a}{\sqrt{1}+1}=\frac{a}{2} \quad \cdots\cdots ㉢$$

조건 (나)에서 $x=-t$로 놓으면 $x\longrightarrow-\infty$일 때 $t\longrightarrow\infty$이므로

$$\lim_{x\to-\infty}(ax-b-\sqrt{-(b+1)x^2-4x})$$
$$=\lim_{t\to\infty}(-at-b-\sqrt{-(b+1)t^2+4t})$$
$$=\lim_{t\to\infty}\frac{(-at-b)^2-\{-(b+1)t^2+4t\}}{-at-b+\sqrt{-(b+1)t^2+4t}}$$
$$=\lim_{t\to\infty}\frac{(a^2+b+1)t+(2ab-4)+\frac{b^2}{t}}{-a-\frac{b}{t}+\sqrt{-(b+1)+\frac{4}{t}}} \quad \cdots\cdots ㉣$$

㉣의 극한값이 d로 존재하므로

$a^2+b+1=0$ $\quad\cdots\cdots$ ㉤

㉡, ㉤에서 $a^2+a=a(a+1)=0$

$a=0$ 또는 $a=-1$

$$d=\lim_{t\to\infty}\frac{2ab-4+\frac{b^2}{t}}{-a-\frac{b}{t}+\sqrt{-(b+1)+\frac{4}{t}}}$$
$$=\frac{2ab-4}{-a+\sqrt{-(b+1)}}$$

이때 $a=0$이면 $b=-1$이므로 $-a+\sqrt{-(b+1)}=0$이 되어 d의 값이 존재하지 않는다.

즉 $a=-1$, $b=-2$이고

$c=\frac{a}{2}=-\frac{1}{2}$, $d=\frac{4-4}{1+\sqrt{1}}=0$

따라서 $a+b+c+d=-1+(-2)+\left(-\frac{1}{2}\right)+0=-\frac{7}{2}$

답 ③

유형 4 함수의 그래프와 연속

09

함수 $f(-x)f(x)$가 $x=a$에서 연속이려면

$\lim_{x\to a+}f(-x)f(x)=\lim_{x\to a-}f(-x)f(x)=f(-a)f(a)$

이어야 한다.

$a>0$에서 $-a<0$이므로

$$\lim_{x\to a+}f(-x)f(x)=f(-a)\times\lim_{x\to a+}(-2x+4)$$
$$=(a^2-5a)(-2a+4)$$
$$\lim_{x\to a-}f(-x)f(x)=f(-a)\times\lim_{x\to a-}(x^2-5a)$$
$$=(a^2-5a)^2$$

$f(-a)f(a)=(a^2-5a)(-2a+4)$

즉, $(a^2-5a)(-2a+4)=(a^2-5a)^2$에서

$(a^2-5a)\{(a^2-5a)-(-2a+4)\}=0$

$(a^2-5a)(a^2-3a-4)=0$

$a(a-5)(a-4)(a+1)=0$

이때 $a>0$이므로 $a=4$ 또는 $a=5$

따라서 구하는 모든 a의 값의 합은 $4+5=9$

답 ①

10

(i) $x=t$에서의 연속성

$t\neq a$이고 $t\neq a+1$이면 함수 $g(x)$는 $x=t$에서 연속이다.

(ii) $x=a$에서의 연속성

$\lim_{x\to a+}g(x)=\lim_{x\to a+}\{-f(x)\}=-f(a)$

경찰대학·사관학교 기출 문제

$\lim_{x\to a-} g(x)=\lim_{x\to a-} f(x)=f(a)$

이므로 함수 $y=g(x)$는

$f(a)=0$이면 $x=a$에서 연속이고,

$f(a)\neq 0$이면 $x=a$에서 연속이 아니다.

(iii) $x=a+1$에서의 연속성

$$\lim_{x\to(a+1)-} g(x)=\lim_{x\to(a+1)-}\{-f(x)\}$$
$$=-f(a+1)$$
$$\lim_{x\to(a+1)+} g(x)=\lim_{x\to(a+1)+} f(x)$$
$$=f(a+1)$$

이므로 함수 $y=g(x)$는 $f(a+1)=0$이면 $x=a+1$에서 연속이고, $f(a+1)\neq 0$이면 $x=a+1$에서 연속이 아니다.

ㄱ. 실수 k, a의 값과 관계없이 $g(0)=0$이므로 함수 $g(x)$는 $x=0$에서 연속이다. (참)

ㄴ. $k=4$일 때, $f(x)=x(x-2)(x+2)$이고 $f(x)=0$인 x의 값은 -2, 0, 2로 3개 존재한다.

함수 $g(x)$의 불연속점의 개수가 1이 되기 위해서는 $x=a$에서 연속, $x=a+1$에서 불연속이거나 $x=a$에서 불연속, $x=a+1$에서 연속이면 된다. 즉, $f(a)=0$이고 $f(a+1)\neq 0$이거나 $f(a)\neq 0$이고 $f(a+1)=0$이다.

따라서 $a=-2,\ 0,\ 2$이거나 $a=-3,\ -1,\ 1$이므로 실수 a의 개수는 6이다. (거짓)

ㄷ. 함수 $g(x)$가 실수 전체의 집합에서 연속이 되기 위해서는 $x=a$와 $x=a+1$에서 모두 연속이어야 하므로

$f(a)=f(a+1)=0$이다.

$k\le 0$인 경우, $f(x)=0$을 만족시키는 실수 x의 값은 0뿐이므로 $f(a)=f(a+1)=0$을 만족시키는 실수 a의 값은 존재하지 않는다.

$k>0$인 경우, $f(x)=0$을 만족시키는 실수 x의 값은 $-\sqrt{k}$, 0, $\sqrt{k}$이므로

① $k=1$이면 $a=-1$ 또는 $a=0$

② $2\sqrt{k}=1$, 즉 $k=\frac{1}{4}$이면 $a=-\frac{1}{2}$이다.

따라서 함수 $g(x)$가 실수 전체의 집합에서 연속이 되도록 하는 순서쌍 (k, a)는 $(1, -1)$, $(1, 0)$, $\left(\frac{1}{4}, -\frac{1}{2}\right)$로 그 개수는 3이다. (거짓)

이상에서 옳은 것은 ㄱ이다.

답 ①

11

$f(x)$가 다항함수이고 $\lim_{x\to\infty}\frac{f(x)-x^3}{x^2}=2$에서 함수 $f(x)-x^3$은 최고차항의 계수가 2인 이차함수이므로

$f(x)=x^3+2x^2+ax+b$ (a, b는 상수)로 놓을 수 있다.

어떤 실수 p에 대하여 $f(p)=0$이라 하면 함수 $g(x)$가 실수 전체의 집합에서 연속이므로 $x=p$에서도 연속이다. 따라서

$\lim_{x\to p} g(x)=g(p)$, 즉 $\lim_{x\to p}\frac{x-1}{f(x)}=\frac{1}{n}$ …… ㉠

이 성립한다. 이때 $\lim_{x\to p} f(x)=f(p)=0$이므로

$\lim_{x\to p}(x-1)=p-1=0$에서 $p=1$

$f(1)=1+2+a+b=0$에서 $a=-b-3$

$f(x)=x^3+2x^2+ax+b=(x-1)(x^2+3x-b)$이므로

$$\lim_{x\to 1}\frac{x-1}{f(x)}=\lim_{x\to 1}\frac{x-1}{(x-1)(x^2+3x-b)}$$
$$=\lim_{x\to 1}\frac{1}{x^2+3x-b}=\frac{1}{4-b}$$

㉠에서 $\frac{1}{4-b}=\frac{1}{n}$, $4-b=n$

즉, $b=4-n$

$h(x)=x^2+3x-b=x^2+3x+n-4$로 놓자.

만약 어떤 실수 q에 대하여 $h(q)=0$이면

$\lim_{x\to q} g(x)=\lim_{x\to q}\frac{x-1}{f(x)}=\lim_{x\to q}\frac{1}{h(x)}$

의 값이 존재하지 않으므로 함수 $g(x)$는 $x=q$에서 불연속이 되어 조건을 만족시키지 않는다.

즉 모든 실수 x에 대하여 $h(x)=x^2+3x+n-4\neq 0$이어야 하므로 이차방정식 $x^2+3x+n-4=0$의 판별식을 D라 하면

$D=3^2-4(n-4)<0$

$-4n<-25$, $n>\frac{25}{4}$

따라서 자연수 n의 최솟값은 7이다.

답 ①

12

정삼각형 ABC에 내접하는 원 S의 중심을 I라 하자.

원 S의 반지름의 길이가 1이므로

$$\overline{IA}=\overline{IB}=\overline{IC}=\frac{1}{\sin\frac{\pi}{6}}=2$$

정삼각형 ABC 위의 점 P에 대하여 원 S 위의 점 X가 선분 PI와 원 S의 교점일 때, 선분 PX의 길이가 최소이다.

따라서 점 P와 원 S의 거리가 t $(0\le t\le 1)$인 점 P의 개수 $f(t)$는 중심이 I이고 반지름의 길이가 $t+1$인 원과 정삼각형 ABC의 서로 다른 교점의 개수와 같다.

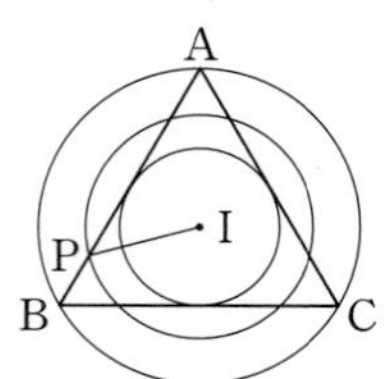

$$f(t)=\begin{cases} 3\ (t=0) \\ 6\ (0<t<1) \\ 3\ (t=1) \end{cases}$$

$f(0)=3$, $\lim_{t\to 0+} f(t)=6$이므로 함수 $f(t)$는 $t=0$에서 불연속이다.

또, $f(1)=3$, $\lim_{t\to 1-} f(t)=6$이므로 함수 $f(t)$는 $t=1$에서 불연속이다.

따라서 $a=2$, $b=\lim_{t\to 1-} f(t)=6$이므로 $a+b=8$

답 ③

13

함수 $f(x)$가 실수 전체의 집합에서 연속이므로 $x=5$에서도 연속이다.

$\lim_{x\to 5} f(x)=f(5)$에서 $\lim_{x\to 5}\dfrac{x^2+ax+b}{x-5}=7$

$x \longrightarrow 5$일 때 (분모) $\longrightarrow 0$이고, 극한값이 존재하므로

$\lim_{x\to 5}(x^2+ax+b)=25+5a+b=0$

즉, $b=-5a-25$

$$\begin{aligned}\lim_{x\to 5}\frac{x^2+ax-5a-25}{x-5}&=\lim_{x\to 5}\frac{(x-5)(x+a+5)}{x-5}\\&=\lim_{x\to 5}(x+a+5)\\&=10+a=7\end{aligned}$$

즉, $a=-3$, $b=-10$이므로 $f(x)=\dfrac{x^2-3x-10}{x-5}=x+2$

$$\begin{aligned}\lim_{x\to 1-} g(x)&=\lim_{x\to 1-}\sqrt{4-f(x)}\\&=\sqrt{4-f(1)}=1\end{aligned}$$

$$\begin{aligned}\lim_{x\to 1+} g(x)&=\lim_{x\to 1+} f(x)\\&=f(1)=3\end{aligned}$$

즉, $g(1)=f(1)=3$

$$\begin{aligned}h(1)&=\lim_{x\to 1} h(x)\\&=\lim_{x\to 1}[|\{f(x)\}^2+\alpha|-11]\\&=|\{f(1)\}^2+\alpha|-11\\&=|\alpha+9|-11\end{aligned}$$

함수 $g(x)h(x)$가 실수 전체의 집합에서 연속이려면 $x=1$에서 연속이어야 한다.

$\lim_{x\to 1-} g(x)h(x)=\lim_{x\to 1+} g(x)h(x)=g(1)h(1)$에서

$1\times(|\alpha+9|-11)=3\times(|\alpha+9|-11)$

$|\alpha+9|-11=0$

$\alpha=2$ 또는 $\alpha=-20$

따라서 모든 실수 α의 값의 곱은

$2\times(-20)=-40$

답 ④

14

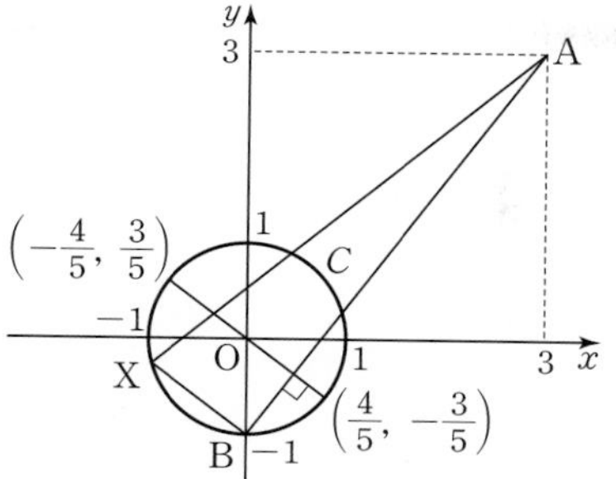

$\overline{AB}=\sqrt{(0-3)^2+(-1-3)^2}=5$

직선 AB의 방정식은 $y=\frac{4}{3}x-1$, 즉 $4x-3y-3=0$

원점을 지나고 직선 AB에 수직인 직선의 방정식은

$y=-\frac{3}{4}x$

원 C의 방정식은 $x^2+y^2=1$이므로 $y=-\frac{3}{4}x$를 $x^2+y^2=1$에 대입하면

$x^2+\left(-\frac{3}{4}x\right)^2=1$, $\frac{25}{16}x^2=1$, $x=\pm\frac{4}{5}$

점 $\left(-\frac{4}{5}, \frac{3}{5}\right)$과 직선 $4x-3y-3=0$ 사이의 거리는

$$\frac{\left|4\times\left(-\frac{4}{5}\right)-3\times\frac{3}{5}-3\right|}{\sqrt{4^2+(-3)^2}}=\frac{8}{5}$$

점 $\left(\frac{4}{5}, -\frac{3}{5}\right)$과 직선 $4x-3y-3=0$ 사이의 거리는

$$\frac{\left|4\times\frac{4}{5}-3\times\left(-\frac{3}{5}\right)-3\right|}{\sqrt{4^2+(-3)^2}}=\frac{2}{5}$$

원 C 위의 점 X와 직선 $4x-3y-3=0$ 사이의 거리 d의 값에 따라 삼각형 ABX의 넓이 t는 다음과 같다.

$d=\frac{2}{5}$인 점 X의 개수는 3이고, $t=\frac{1}{2}\times5\times\frac{2}{5}=1$

$d=\frac{8}{5}$인 점 X의 개수는 1이고, $t=\frac{1}{2}\times5\times\frac{8}{5}=4$

$0<d<\frac{2}{5}$인 점 X의 개수는 4이고, $0<t<1$

$\frac{2}{5}<d<\frac{8}{5}$인 점 X의 개수는 2이고, $1<t<4$

따라서 삼각형 ABX의 넓이가 t $(0<t\le 4)$가 되도록 하는 점 X의 개수 $f(t)$는

$$f(t)=\begin{cases} 4\ (0<t<1) \\ 3\ (t=1) \\ 2\ (1<t<4) \\ 1\ (t=4) \end{cases}$$

$\lim_{t\to 1+} f(t)=2$, $\lim_{t\to 1-} f(t)=4$, $f(1)=3$, $\lim_{t\to 4-} f(t)=2$, $f(4)=1$에서 함수 $f(t)$가 연속하지 않은 t의 값은 1, 4이고 그 합은 5이다.

답 5

경찰대학·사관학교 기출 문제

15

조건 (가)에서 $x=0$을 대입하면 $f(0)+f(0)=1$에서 $f(0)=\frac{1}{2}$

이다.

함수 $g(x)$가 실수 전체의 집합에서 연속이므로 $x=-1$에서도 연속이다.

$\lim_{x\to-1} g(x)=g(-1)$에서

$\lim_{x\to-1} \frac{2f(x)-7}{(x+1)(x-2)}=g(-1)$

$x \longrightarrow -1$일 때 (분모) $\longrightarrow 0$이므로

$\lim_{x\to-1} \{2f(x)-7\}=2f(-1)-7=0$에서

$f(-1)=\frac{7}{2}$

조건 (가)에서 $x=1$을 대입하면

$f(1)+f(-1)=1$에서

$f(1)=1-f(-1)=-\frac{5}{2}$

함수 $g(x)$가 실수 전체의 집합에서 연속이므로 $x=2$에서도 연속이다.

$\lim_{x\to2} g(x)=g(2)$에서

$\lim_{x\to2} \frac{2f(x)-7}{(x+1)(x-2)}=g(2)$

$x \longrightarrow -1$일 때 (분모) $\longrightarrow 0$이므로

$\lim_{x\to2} \{2f(x)-7\}=2f(2)-7=0$에서

$f(2)=\frac{7}{2}$

연속함수 $y=f(x)$의 그래프는 세 점 $\left(0, \frac{1}{2}\right)$, $\left(1, -\frac{5}{2}\right)$,

$\left(2, \frac{7}{2}\right)$을 지나므로 사잇값의 정리에 의하여 방정식 $f(x)=k$는

구간 $(0, 1)$, $(1, 2)$에서 적어도 하나의 실근을 갖는다.

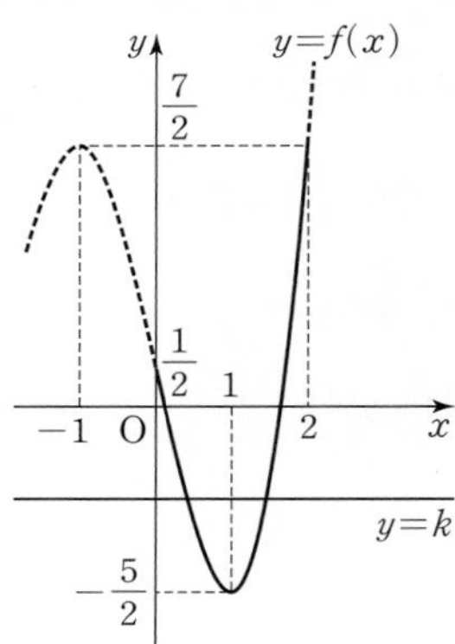

따라서 방정식 $f(x)=k$가 반드시 열린구간 $(0, 2)$에서 적어도 2개의 실근을 갖도록 하는 실수 k의 값의 범위는 $-\frac{5}{2}<k<\frac{1}{2}$이다.

따라서 정수 k의 값은 -2, -1, 0으로 그 개수는 3이다.

답 ①

16

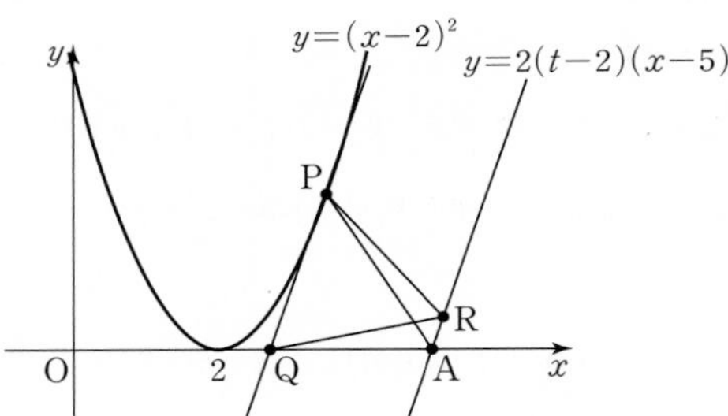

$f'(x)=2(x-2)$이므로 점 $P(t, (t-2)^2)$에서의 접선의 방정식은

$y-(t-2)^2=2(t-2)(x-t)$

$y=0$에서

$-(t-2)^2=2(t-2)(x-t)$

$x=\frac{t}{2}+1$

따라서 점 Q의 좌표는 $\left(\frac{t}{2}+1, 0\right)$이다.

이때 직선 $y=2(t-2)(x-5)$는 접선 PQ와 평행하므로 점 $A(5, 0)$에 대하여 삼각형 PQR의 넓이는 삼각형 PQA의 넓이와 같다.

즉, $\overline{QA}=5-\left(\frac{t}{2}+1\right)=4-\frac{t}{2}$이므로

$S(t)=\frac{1}{2}\times\left(4-\frac{t}{2}\right)\times(t-2)^2$

$=\frac{(8-t)(t-2)^2}{4}$

따라서

$\lim_{t\to2+} \frac{S(t)}{(t-2)^2}=\lim_{t\to2+} \frac{(8-t)(t-2)^2}{4(t-2)^2}$

$=\lim_{t\to2+} \frac{8-t}{4}$

$=\frac{6}{4}=\frac{3}{2}$

답 ①

Ⅱ 미분

본문 90~97쪽

01 18	**02** ⑤	**03** ②	**04** ③	**05** 31
06 ②	**07** ②	**08** ②	**09** ③	**10** ①
11 6	**12** 16	**13** ②	**14** ③	**15** ①
16 ②	**17** ⑤	**18** 4	**19** ③	**20** 7
21 ④	**22** ④	**23** ②	**24** ④	**25** ③
26 ④	**27** 54	**28** 36	**29** 9	**30** 12
31 ④	**32** ③	**33** ③	**34** ①	

유형 1 평균변화율과 미분계수

01

$f(x)=(x+3)(x^3+x)$에서

$f'(x)=(x^3+x)+(x+3)(3x^2+1)$이므로

$f'(1)=2+4\times4=18$

답 18

02

$$\lim_{h\to0}\frac{f(2+h)-f(2)}{h\times f(h)}=\lim_{h\to0}\left\{\frac{f(2+h)-f(2)}{h}\times\frac{1}{f(h)}\right\}$$
$$=f'(2)\times\frac{1}{f(0)}$$
$$=\frac{1}{6}f'(2)=1$$

이므로 $f'(2)=6$

$f(x)=x^3-4x^2+ax+6$에서 $f'(x)=3x^2-8x+a$

따라서 $f'(2)=12-16+a=6$이므로

$a=10$

답 ⑤

03

함수 $f(x)=x^2+px+q$ (p, q는 상수)라 하면 $f'(x)=2x+p$

ㄱ. 함수 $f(x)$가 실수 전체의 집합에서 연속이므로 함수 $g(x)$는 $x<1$ 또는 $x>1$인 모든 실수 x에서 연속이다.

$\lim_{x\to1-}g(x)=\lim_{x\to1-}f(x)=f(1)$

$\lim_{x\to1+}g(x)=\lim_{x\to1+}\{2f(1)-f(x)\}=2f(1)-f(1)=f(1)$

$g(1)=2f(1)-f(1)=f(1)$

이므로 $\lim_{x\to1}g(x)=g(1)$이다.

따라서 함수 $g(x)$는 $x=1$에서 연속이므로 실수 전체의 집합에서 연속이다. (참)

ㄴ. $\lim_{h\to0+}\frac{g(-1+h)+g(-1-h)-6}{h}$

$=\lim_{h\to0+}\frac{f(-1+h)+f(-1-h)-6}{h}$

이 수렴하므로

$\lim_{h\to0+}\{f(-1+h)+f(-1-h)-6\}=2f(-1)-6=0$

즉, $f(-1)=3$에서 $-p+q=2$ ...... ㉠

함수 $f(x)$는 $x=-1$에서 미분가능하므로

$\lim_{h\to0+}\frac{f(-1+h)+f(-1-h)-6}{h}$

$=\lim_{h\to0+}\left\{\frac{f(-1+h)-f(-1)}{h}-\frac{f(-1-h)-f(-1)}{-h}\right\}$

$=f'(-1)-f'(-1)=0$

$a=0$ ...... ㉡

$g(1)=1$에서 $f(1)=1$이므로

$p+q=0$ ...... ㉢

㉠, ㉢에서 $p=-1$, $q=1$이므로 $f(x)=x^2-x+1$

㉡에서 $g(a)=g(0)=f(0)=1$ (참)

ㄷ. ㄴ과 같은 방법으로 하면 $b\neq1$일 때 $g(b)=3$이고

$\lim_{h\to0+}\frac{g(b+h)+g(b-h)-6}{h}=0$이므로 $b=1$

$\lim_{h\to0+}\frac{g(1+h)+g(1-h)-6}{h}$이 수렴하므로

$\lim_{h\to0+}\{f(1+h)+f(1-h)-6\}=2f(1)-6=0$

즉, $f(1)=3$에서 $p+q=2$ ...... ㉣

함수 $f(x)$는 $x=1$에서 미분가능하므로

$\lim_{h\to0+}\frac{g(1+h)+g(1-h)-6}{h}$

$=\lim_{h\to0+}\frac{2f(1)-f(1+h)+f(1-h)-6}{h}$

$=\lim_{h\to0+}\frac{-f(1+h)+f(1-h)}{h}$

$=\lim_{h\to0+}\left\{-\frac{f(1-h)-f(1)}{-h}-\frac{f(1+h)-f(1)}{h}\right\}$

$=-2f'(1)=4$

즉, $f'(1)=-2$

$f'(1)=2+p=-2$, $p=-4$

㉣에서 $q=6$이므로 $f(x)=x^2-4x+6$

따라서 $g(4)=2f(1)-f(4)=6-6=0$ (거짓)

이상에서 옳은 것은 ㄱ, ㄴ이다.

답 ②

04

$\lim_{h\to0}\frac{f(1+h)}{h}=5$ ...... ㉠

에서 $h\longrightarrow0$일 때 (분모) $\longrightarrow0$이고 극한값이 존재하므로

(분자) $\longrightarrow$ 0이어야 한다. 즉,

$\lim_{h\to0} f(1+h)=f(1+0)=f(1)=0$

$f(x)=x^3+ax+b$에서

$f(1)=1+a+b=0$ …… ㉡

한편, $f'(x)=3x^2+a$이고, ㉠에서

$$\lim_{h\to0}\frac{f(1+h)}{h}=\lim_{h\to0}\frac{f(1+h)-f(1)}{h}$$
$$=f'(1)=5$$

이므로

$f'(1)=3+a=5$, $a=2$

㉡에 대입하면

$b=-a-1=-3$

따라서

$ab=2\times(-3)=-6$

답 ③

05

조건 (가)에서 등식에 $x=-2$를 대입하면

$2f(-2)-0-8=0$

$f(-2)=4$ …… ㉠

이때 $x\neq-2$인 모든 실수 x에 대하여

$\frac{f(x)-4}{x+2}=\frac{1}{2}f'(x)$가 성립하므로

$\lim_{x\to-2}\frac{f(x)-4}{x+2}=\lim_{x\to-2}\frac{1}{2}f'(x)$

$f'(-2)=\frac{1}{2}f'(-2)$

즉 $f'(-2)=0$ …… ㉡

$f(x)$가 최고차항의 계수가 a $(a\neq0)$이고 차수가 n (n은 자연수)인 다항식이라 하자.

$2f(x)-8=(x+2)f'(x)$

에서 양변의 최고차항의 계수를 비교하면

$2a=an$, $n=2$

$f(x)=ax^2+bx+c$ (a, b, c는 상수, $a\neq0$)로 놓으면 ㉠에서

$4a-2b+c=4$ …… ㉢

$f'(x)=2ax+b$이므로 ㉡에서

$f'(-2)=-4a+b=0$, $b=4a$

㉢에서 $c=4a+4$

조건 (나)에서 $\frac{f(0)-f(-3)}{0-(-3)}=3$이므로

$\frac{c-(9a-3b+c)}{3}=3$, $3a=9$, $a=3$

따라서 $f(x)=3x^2+12x+16$이므로

$f(1)=3+12+16=31$

답 31

유형 2 미분가능성

06

함수 $f(x)$가 실수 전체의 집합에서 미분가능하므로 실수 전체의 집합에서 연속이다.

$\lim_{x\to a-}f(x)=a^2-2a$, $\lim_{x\to a+}f(x)=2a+b$, $f(a)=2a+b$

즉, $a^2-4a-b=0$

또, 함수 $f(x)$의 $x=a$에서의 미분계수가 존재하므로

$$\lim_{h\to0-}\frac{f(a+h)-f(a)}{h}=\lim_{h\to0-}\frac{(a+h)^2-2(a+h)-(2a+b)}{h}$$
$$=2a-2$$

$$\lim_{h\to0+}\frac{f(a+h)-f(a)}{h}=\lim_{h\to0+}\frac{2a+2h+b-(2a+b)}{h}=2$$

따라서 $a=2$, $b=-4$이므로

$a+b=2+(-4)=-2$

답 ②

유형 3 다항함수의 도함수

07

$f(x)=(x^3-2x^2+3)(ax+1)$에서

$f'(x)=(3x^2-4x)(ax+1)+(x^3-2x^2+3)\times a$이므로

$f'(0)=3a=15$

따라서 $a=5$

답 ②

08

$f(x)=(x^3-2x+3)(ax+3)$에서

$f'(x)=(3x^2-2)(ax+3)+(x^3-2x+3)\times a$

$f'(1)=(a+3)+2a=3a+3=15$

이므로 $a=4$

답 ②

09

$t=\frac{1}{x}$로 놓으면 $x\longrightarrow\infty$일 때, $t\longrightarrow0+$이다.

$h(x)=f(x)g(x)$로 놓으면

$h'(x)=f'(x)g(x)+f(x)g'(x)$

$h(1)=f(1)g(1)=0$

$h'(1)=f'(1)g(1)+f(1)g'(1)$
$=3\times0+2\times2=4$

$$\lim_{x\to\infty} xf\left(1+\frac{3^k}{x}\right)g\left(1+\frac{3^k}{x}\right)=\lim_{t\to0+}\frac{f(1+3^kt)g(1+3^kt)}{t}$$
$$=\lim_{t\to0+}\frac{h(1+3^kt)-h(1)}{3^kt}\times3^k$$
$$=3^kh'(1)=4\times3^k$$

이므로

$$\lim_{x\to\infty}\sum_{k=1}^{4}\left\{xf\left(1+\frac{3^k}{x}\right)g\left(1+\frac{3^k}{x}\right)\right\}$$
$$=\sum_{k=1}^{4}\left\{\lim_{x\to\infty}xf\left(1+\frac{3^k}{x}\right)g\left(1+\frac{3^k}{x}\right)\right\}$$
$$=\sum_{k=1}^{4}(4\times3^k)$$
$$=\frac{12(3^4-1)}{3-1}=480$$

답 ③

10

조건 (나)에서 5개의 수 -4, a_1, a_2, a_3, 4는 이 순서대로 등차수열을 이루므로 공차를 d라 하면

$4-(-4)=4d$, $d=2$

따라서 $a_1=-2$, $a_2=0$, $a_3=2$이므로 방정식 $f(x)g(x)=0$의 서로 다른 실근은 -4, -2, 0, 2, 4이다.

조건 (가)에서 $f(4)\neq0$이고 조건 (다)에서 $f(x)$는 $(x+2)^2$ 또는 x^2 또는 $(x-2)^2$을 인수로 가지므로

$f(x)=(x+4)(x+2)^2$ 또는 $f(x)=x^2(x+4)$ 또는

$f(x)=(x+4)(x-2)^2$

(i) $f(x)=(x+4)(x+2)^2$일 때

$g(x)=x(x-4)(x-2)$이고 조건 (다)를 만족시킨다.

$f(x)=g(x)$에서

$x^3+8x^2+20x+16=x^3-6x^2+8x$

$14x^2+12x+16=0$, $7x^2+6x+8=0$ …… ㉠

이차방정식 ㉠의 판별식을 D_1이라 하면

$\frac{D_1}{4}=9-56=-47<0$이므로 실근을 갖지 않는다.

따라서 두 곡선 $y=f(x)$, $y=g(x)$는 서로 다른 두 점에서 만나지 않는다.

(ii) $f(x)=x^2(x+4)$일 때

$g(x)=(x+2)(x-4)(x-2)$이고 조건 (다)를 만족시킨다.

$f(x)=g(x)$에서

$x^3+4x^2=x^3-4x^2-4x+16$

$8x^2+4x-16=0$, $2x^2+x-4=0$ …… ㉡

이차방정식 ㉡의 판별식을 D_2라 하면

$D_2=1+32=33>0$이므로 서로 다른 두 실근을 갖는다.

따라서 두 곡선 $y=f(x)$, $y=g(x)$는 서로 다른 두 점에서 만난다.

(iii) $f(x)=(x+4)(x-2)^2$일 때

$g(x)=x(x-4)(x+2)$이고 조건 (다)를 만족시킨다.

$f(x)=g(x)$에서

$x^3-12x+16=x^3-2x^2-8x$

$2x^2-4x+16=0$

$x^2-2x+8=0$ …… ㉢

이차방정식 ㉢의 판별식을 D_3이라 하면

$\frac{D_3}{4}=1-8=-7<0$이므로 실근을 갖지 않는다.

따라서 두 곡선 $y=f(x)$, $y=g(x)$는 서로 다른 두 점에서 만나지 않는다.

(i), (ii), (iii)에서 조건을 모두 만족시키는 두 함수 $f(x)$, $g(x)$는

$f(x)=x^2(x+4)$, $g(x)=(x+2)(x-4)(x-2)$

이고 두 교점의 x좌표의 합은 이차방정식 ㉡의 근과 계수의 관계에 의하여 $-\frac{1}{2}$이다.

답 ①

참고 $f(x)=x(x+4)(x+2)$ 또는 $f(x)=(x+4)(x+2)(x-2)$ 또는 $f(x)=x(x+4)(x-2)$일 때

$f'(-2)\neq0$, $f'(0)\neq0$, $f'(2)\neq0$

이므로 조건 (다)를 만족시키지 않는다.

유형 4 접선의 방정식

11

$f'(x)=9x^2-1$이므로 곡선 $y=f(x)$ 위의 점 $(1,\ f(1))$에서의 접선의 방정식은

$y-f(1)=f'(1)(x-1)$

$y-(2+a)=8(x-1)$, $y=8x-6+a$

이 직선이 원점을 지나므로

$0=-6+a$, $a=6$

답 6

12

$g(x)=(x^3-2x)f(x)$에서

$g(2)=(8-4)\times f(2)=4\times(-3)=-12$

$g'(x)=(3x^2-2)f(x)+(x^3-2x)f'(x)$이므로

$g'(2)=(12-2)\times f(2)+(8-4)\times f'(2)$

$=10\times(-3)+4\times4=-14$

따라서 곡선 $y=g(x)$ 위의 점 $(2,\ g(2))$에서의 접선의 방정식은

$y=g'(2)(x-2)+g(2)$
$\quad=-14(x-2)+(-12)$
$\quad=-14x+16$
이므로 이 직선의 y절편은 16이다.

답 16

13

곡선 $y=x^2$ 위의 점 $(t,\ t^2)$에서의 접선의 기울기가 $2t$이므로 접선의 방정식은
$y=2t(x-t)+t^2$
이 접선이 점 $(a,\ b)$를 지나므로 $b=2t(a-t)+t^2$
$t^2-2at+b=0$ $\quad\cdots\cdots$ ㉠
t에 대한 방정식 ㉠이 서로 다른 두 실근을 가져야 한다.
이차방정식 ㉠의 판별식을 D라 하면
$\frac{D}{4}=a^2-b>0,\ b<a^2$
이차방정식 ㉠의 서로 다른 두 실근을 각각 $t_1,\ t_2$라 하면 점 $(a,\ b)$에서 그은 두 접선이 서로 수직이므로
$2t_1\times 2t_2=-1,\ t_1t_2=-\frac{1}{4}$
㉠에서 이차방정식의 근과 계수의 관계에 의하여
$t_1t_2=b$이므로 $b=-\frac{1}{4}$ $\quad\cdots\cdots$ ㉡
$a^2+b^2\le\frac{37}{16}$에서 $a^2\le\frac{37}{16}-\left(-\frac{1}{4}\right)^2=\frac{36}{16}=\frac{9}{4}$
$-\frac{3}{2}\le a\le\frac{3}{2}$이므로
$-\frac{3}{2}+\left(-\frac{1}{4}\right)\le a+b\le\frac{3}{2}+\left(-\frac{1}{4}\right)$
$-\frac{7}{4}\le a+b\le\frac{5}{4}$
따라서 $a+b$의 최댓값은 $\frac{5}{4}$이고, 최솟값은 $-\frac{7}{4}$, 즉
$p=\frac{5}{4},\ q=-\frac{7}{4}$이므로
$pq=\frac{5}{4}\times\left(-\frac{7}{4}\right)=-\frac{35}{16}$

답 ②

14

$y=x^3+kx^2+(2k-1)x+k+3$에서
$(x^2+2x+1)k+(x^3-x+3-y)=0$ $\quad\cdots\cdots$ ㉠
등식 ㉠이 실수 k의 값에 관계없이 항상 성립하려면
$x^2+2x+1=0,\ x^3-x+3-y=0$
이어야 한다.
$x^2+2x+1=0$에서 $(x+1)^2=0,\ x=-1$
$x^3-x+3-y=0$에서
$y=x^3-x+3=(-1)^3-(-1)+3=3$
따라서 함수 $y=f(x)$의 그래프는 k의 값에 관계없이 항상 점 $\mathrm{P}(-1,\ 3)$을 지난다.
$f'(x)=3x^2+2kx+(2k-1)$에서
$f'(-1)=3-2k+2k-1=2$
곡선 $y=f(x)$ 위의 점 $\mathrm{P}(-1,\ 3)$에서의 접선의 방정식은
$y-3=f'(-1)(x+1)$
$y=2(x+1)+3=2x+5$ $\quad\cdots\cdots$ ㉡
곡선 $y=f(x)$와 접선 ㉡이 오직 한 점, 즉 점 $\mathrm{P}(-1,\ 3)$에서만 만나므로 방정식 $f(x)=2x+5$의 실근은 $x=-1$뿐이다.
$x^3+kx^2+(2k-1)x+k+3=2x+5$
$x^3+kx^2+(2k-3)x+k-2=0$
이때 $x=-1$은 삼중근이므로
$x^3+kx^2+(2k-3)x+k-2=(x+1)^3$
$\qquad\qquad\qquad\qquad\quad=x^3+3x+3x+1$
따라서 $k=3$

답 ③

15

$f(x)=x^3+x^2$에서 $f'(x)=3x^2+2x$
점 $(t,\ f(t))$에서의 접선의 방정식은
$y-f(t)=f'(t)(x-t)$
$y=f'(t)x+f(t)-tf'(t)$ $\quad\cdots\cdots$ ㉠
접선 ㉠의 y절편이 $g_1(t)$이므로
$g_1(t)=f(t)-tf'(t)$
$\qquad=t^3+t^2-t(3t^2+2t)$
$\qquad=-2t^3-t^2$ $\quad\cdots\cdots$ ㉡
마찬가지로 점 $(t+1,\ f(t+1))$에서의 접선의 y절편이 $g_2(t)$이므로
$g_2(t+1)=-2(t+1)^3-(t+1)^2$ $\quad\cdots\cdots$ ㉢
㉡, ㉢에서
$g_1(t)-g_2(t)=(-2t^3-t^2)-\{-2(t+1)^3-(t+1)^2\}$
$\qquad=2\{(t+1)^3-t^3\}+(t+1)^2-t^2$
$\qquad=2(3t^2+3t+1)+2t+1$
$\qquad=6t^2+8t+3$
$\qquad=6\left(t+\frac{2}{3}\right)^2+\frac{1}{3}\ge\frac{1}{3}$
따라서 함수 $h(t)=|g_1(t)-g_2(t)|=g_1(t)-g_2(t)$의 최솟값은 $t=-\frac{2}{3}$일 때 $\frac{1}{3}$이다.

답 ①

16

$f(x)=x^3-x^2$으로 놓으면
$f'(x)=3x^2-2x=8$에서

$3x^2-2x-8=0$, $(3x+4)(x-2)=0$

$x=-\frac{4}{3}$ 또는 $x=2$

점 A는 제1사분면에 있는 점이므로 점 A의 좌표는 $(2, 4)$이다.
원 S의 중심을 $C(0, 2)$라 하고, 반지름의 길이를 r라 하자.
원 S 위의 점 X를 지나고 직선 OA에 평행한 직선을 l이라 하고 점 B에서 직선 l에 내린 수선의 발을 H라 하면 $\angle BXH=\theta$이다.

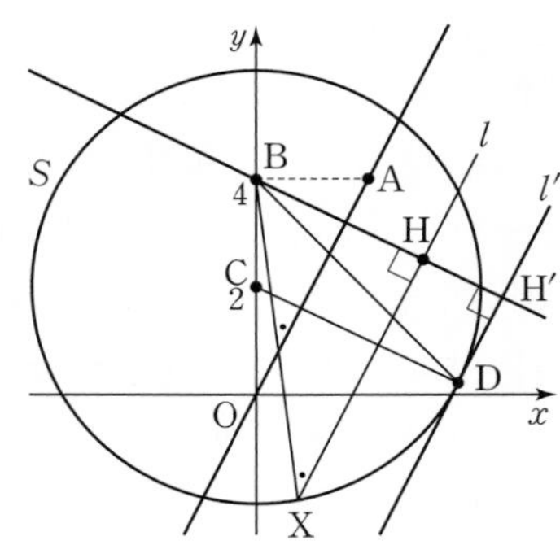

$\overline{BX}\sin\theta=\overline{BH}$이므로 직선 XH가 원 S의 접선일 때, $\overline{BH}$의 값이 최대이다.
직선 OA에 평행한 원 S의 접선 중 y절편이 음수인 것을 l'이라 하고, 점 B에서 접선 l'에 내린 수선의 발을 H$'$이라 하자.

직선 OA의 기울기가 $\frac{4-0}{2-0}=2$이므로 직선 l'의 방정식을 $y=2x+k$ (k는 음수)로 놓으면

$\overline{BX}\sin\theta$의 최댓값이 $\frac{6\sqrt{5}}{5}$이므로 $\overline{BH'}=\frac{6\sqrt{5}}{5}$이고

$\overline{BH'}=\frac{|2\times0-4+k|}{\sqrt{2^2+(-1)^2}}=\frac{|k-4|}{\sqrt{5}}$이므로

$\frac{|k-4|}{\sqrt{5}}=\frac{6\sqrt{5}}{5}$에서 $|k-4|=6$

$k<0$에서 $k=-2$

따라서 원 S의 반지름의 길이는 점 $C(0, 2)$와 접선 $y=2x-2$ 사이의 거리와 같으므로

$r=\frac{|2\times0-2-2|}{\sqrt{2^2+(-1)^2}}=\frac{4}{\sqrt{5}}=\frac{4\sqrt{5}}{5}$

답 ②

유형 5 함수의 증가와 감소, 극대와 극소, 최대와 최소

17

$f'(x)=2x^3+2ax=2x(x^2+a)$이고, $x=a$에서 극소이므로

$f'(a)=2a(a^2+a)=2a^2(a+1)=0$

$a=0$이면 $f(x)=\frac{1}{2}x^4+b$이므로 극댓값을 갖지 않는다.

$a=-1$이면 $f(x)$는 $x=0$에서 극대이므로 $f(0)=b=a+8=7$
따라서 $a+b=-1+7=6$

답 ⑤

18

함수 $g(x)$가 실수 전체의 집합에서 미분가능하므로 $x=1$에서 연속이다.

$\lim_{x\to1+}g(x)=\lim_{x\to1-}g(x)=g(1)$

$-f(1)=f(1)$에서

$f(1)=0$ …… ㉠

$\lim_{x\to1+}\frac{g(x)-g(1)}{x-1}=\lim_{x\to1+}\frac{-f(x)-\{-f(1)\}}{x-1}=-f'(1)$

$\lim_{x\to1-}\frac{g(x)-g(1)}{x-1}=\lim_{x\to1-}\frac{f(x)-f(1)}{x-1}=f'(1)$

함수 $g(x)$가 실수 전체의 집합에서 미분가능하므로 $g'(1)$의 값이 존재한다. 즉

$-f'(1)=f'(1)$에서

$f'(1)=0$ …… ㉡

삼차함수 $f(x)$의 최고차항의 계수가 1이고, ㉠, ㉡에 의하여

$f(x)=(x+a)(x-1)^2$ (a는 상수)

로 놓을 수 있다.

$f'(x)=(x-1)^2+2(x+a)(x-1)$ …… ㉢

함수 $g(x)$가 $x=-1$에서 극값을 가지므로

$g'(-1)=f'(-1)=0$

㉢에서

$f'(-1)=(-2)^2+2(-1+a)\times(-2)$
$=-4a+8=0$

$a=2$에서 $f(x)=(x+2)(x-1)^2$

따라서 함수 $f(x)$는 $x=-1$에서 극대이므로 구하는 극댓값은

$f(-1)=4$

답 4

19

$f_1(x)=x^3-6x^2+5$, $f_2(x)=x^2-4x+a$라 하자.

$f_1'(x)=3x^2-12x=3x(x-4)=0$에서

$x=0$일 때, 극댓값을 갖는다.

$f_2'(x)=2x-4=0$에서

$x=2$일 때, 극솟값을 갖는다.

닫힌구간 $[-1, 3]$에서 함수 $f(x)$는 $x=0$일 때 최댓값 5를 갖고 $x=2$일 때 최솟값 $a-4$를 가지므로

$5+(a-4)=0$, $a=-1$

따라서 $\lim_{x\to1+}f(x)=\lim_{x\to1+}(x^2-4x-1)=-4$

답 ③

20

$f(x)=x^2+ax+b$ (a, b는 상수)로 놓자.

$\lim_{x\to1-} g(x)=\lim_{x\to1-}(-x^2+2x+2)=3$

$\lim_{x\to1+} g(x)=\lim_{x\to1+} f(x)=f(1)$

$g(1)=f(1)$

함수 $g(x)$가 $x=1$에서 연속이므로

$f(1)=1+a+b=3$

$b=-a+2$

$f(x)=x^2+ax-a+2$

$g'(x)=\begin{cases}-2x+2 & (x<1)\\ f'(x) & (x>1)\end{cases}=\begin{cases}-2x+2 & (x<1)\\ 2x+a & (x>1)\end{cases}$

함수 $g(x)$가 실수 전체의 집합에서 증가하려면

$x>1$일 때, $g'(x)\geq0$, 즉 $f'(x)\geq0$이어야 한다.

$f'(1)=2+a\geq0$에서 $a\geq-2$이므로

$f(3)=9+3a-a+2=2a+11\geq7$

따라서 $f(3)$의 최솟값은 7이다.

답 7

21

함수 $y=g(x)$의 그래프는 함수 $y=f(x)$의 그래프를 y축에 대하여 대칭이동한 그래프이므로

$g(x)=f(-x)$ …… ㉠

조건 (가)에서 $\lim_{x\to1}\frac{f(x)}{x-1}$의 값이 존재하고 $x\longrightarrow1$일 때,

(분모) $\longrightarrow$ 1이므로

$\lim_{x\to1} f(x)=0$, 즉 $f(1)=0$ …… ㉡

조건 (나)에서 $\lim_{x\to3}\frac{f(x)}{(x-3)g(x)}=k$이고, $x\longrightarrow3$일 때,

(분모) $\longrightarrow$ 0이므로

$\lim_{x\to3} f(x)=0$, 즉 $f(3)=0$ …… ㉢

조건 (다)에서 $\lim_{x\to-3+}\frac{1}{g'(x)}=\infty$이므로

$\lim_{x\to-3+} g'(x)=0$, 즉 $g'(-3)=0$

㉠의 양변을 미분하면

$g'(x)=-f'(-x)$이므로 $f'(3)=0$ …… ㉣

㉡, ㉢, ㉣에서

$f(x)=(x-1)(x-3)^2h(x)$ ($h(x)$는 다항식)

로 놓을 수 있다.

조건 (나)에서

$k=\lim_{x\to3}\frac{f(x)}{(x-3)g(x)}$

$=\lim_{x\to3}\frac{(x-1)(x-3)^2h(x)}{(x-3)(-x-1)(-x-3)^2h(-x)}$

$=-\lim_{x\to3}\frac{(x-1)(x-3)h(x)}{(x+1)(x+3)^2h(-x)}$ …… ㉤

이때 k가 0이 아닌 상수이므로

$\lim_{x\to3} h(-x)=0$, 즉 $h(-3)=0$

$h(x)=(x+3)h_1(x)$ ($h_1(x)$는 다항식)으로 놓으면 ㉤에서

$k=-\lim_{x\to3}\frac{(x-1)(x-3)(x+3)h_1(x)}{(x+1)(x+3)^2(-x+3)h_1(-x)}$

$=\lim_{x\to3}\frac{(x-1)h_1(x)}{(x+1)(x+3)h_1(-x)}$

따라서 조건 (가), (나), (다)를 모두 만족시키는 함수 $f(x)$는

$f(x)=(x-1)(x-3)^2(x+3)h_1(x)$ ($h_1(x)$는 다항식)

이때 최고차항의 계수가 양수인 다항함수 $f(x)$의 차수가 최소이려면 $h_1(x)=a$ (a는 양의 상수)이어야 하므로 $m=4$이다.

$f(x)=a(x-1)(x-3)^2(x+3)$일 때

$k=\lim_{x\to3}\frac{a(x-1)}{a(x+1)(x+3)}=\frac{2}{4\times6}=\frac{1}{12}$

따라서 $m+k=4+\frac{1}{12}=\frac{49}{12}$

답 ④

22

점 $(18, -1)$을 지나는 원 C의 반지름의 길이를 r $(r>0)$이라 하고, 원 C와 곡선 $y=x^2-1$이 만나는 점의 좌표를 (t, t^2-1)로 놓자.

두 점 $(18, -1)$, (t, t^2-1)은 반지름의 길이가 r인 원 위의 점이므로 두 점 사이의 거리는 원의 지름의 길이보다는 작거나 같다. 즉,

$\sqrt{(t-18)^2+\{(t^2-1)-(-1)\}^2}\leq2r$

$\sqrt{(t-18)^2+t^4}\leq2r$

이때 $f(t)=(t-18)^2+t^4=t^4+t^2-36t+18^2$으로 놓으면

$f'(t)=4t^3+2t-36=2(t-2)(2t^2+4t+9)$

모든 실수 t에 대하여 $2t^2+4t+9=2(t+1)^2+7>0$이므로

함수 $f(t)$는 $t=2$에서 극소이고 최소이다.

$f(t)\geq f(2)=16^2+2^4=272$이므로

$r\geq\frac{1}{2}\sqrt{f(t)}\geq\frac{1}{2}\sqrt{272}=2\sqrt{17}$

따라서 원 C의 반지름의 길이의 최솟값은 $2\sqrt{17}$이다.

답 ④

다른 풀이

$f(x)=x^2-1$로 놓으면 곡선 $y=f(x)$ 위의 점 $(t, f(t))$를 지나고 이 점에서의 접선과 수직인 직선의 방정식은

$y=-\frac{1}{f'(t)}(x-t)+f(t)=-\frac{1}{2t}(x-t)+(t^2-1)$

이 직선이 점 $(18, -1)$을 지날 때

$-1=-\frac{1}{2t}(18-t)+(t^2-1)$, $2t^3+t-18=0$

$(t-2)(2t^2+4t+9)=0$

모든 실수 t에 대하여 $2t^2+4t+9=2(t+1)^2+7>0$이므로 $t=2$

두 점 $(2, 3)$, $(18, -1)$의 중점의 좌표는 $(10, 1)$이다.

이때 점 $(18, -1)$을 지나고 곡선 $y=x^2-1$과 만나는 원 중 반지름의 길이가 최소인 경우는 원의 중심이 $(10, 1)$일 때이다.

따라서 원의 반지름의 길이의 최솟값은

$\sqrt{(18-10)^2+(-1-1)^2}=2\sqrt{17}$

23

조건 (나)에서

$x<0$이면 $f'(x)>0$

$0<x<1$ 또는 $x>3$이면 $f'(x)<0$

$1<x<3$이면 $f'(x)>0$

이므로

$f'(x)=ax(x-1)(x-3)$

$f'(4)=12a=-24$에서 $a=-2$

$f'(x)=-2(x^3-4x^2+3x)$

$f(x)=-2\left(\frac{1}{4}x^4-\frac{4}{3}x^3+\frac{3}{2}x^2\right)+C$ (C는 적분상수)

조건 (가)에서 $f(0)=C=2$

따라서 $f(x)=-2\left(\frac{1}{4}x^4-\frac{4}{3}x^3+\frac{3}{2}x^2\right)+2$이므로

$f(2)=-2\left(4-\frac{32}{3}+6\right)+2=\frac{10}{3}$

답 ②

24

각 구간 $(-\infty, -1)$, $(-1, a)$, (a, ∞)에서 함수 $h(x)$는 미분가능하므로 조건 (가)를 만족시키려면 $x=-1$과 $x=a$에서 미분가능해야 한다.

직선 $y=g(x)$의 기울기는

$\frac{f(a)-f(-1)}{a-(-1)}=\frac{f(a)}{a+1}=a(a-1)$이고

$$\lim_{x\to -1-}\frac{h(x)-h(-1)}{x-(-1)}=\lim_{x\to -1-}\frac{f(x)-f(-1)}{x-(-1)}$$
$$=\lim_{x\to -1-}\frac{f(x)}{x+1}$$
$$=\lim_{x\to -1-}x(x-1)=2$$

이므로

$a(a-1)=2$, $(a-2)(a+1)=0$

$a>-1$이므로 $a=2$

직선 $y=g(x)$의 기울기는 2이고 한 점 $(-1, 0)$을 지나므로

$g(x)=2x+2$

$f'(x)=3x^2-1$이고 $f'(x)=2$에서 $x=-1$ 또는 $x=1$

함수 $h(x)$가 $x=2$에서 미분가능하므로 $h'(2)=2$

함수 $h(x)$가 미분가능하고 일대일대응이므로 점 $(1, 0)$을 x축의 방향으로 1만큼, y축의 방향으로 6만큼 평행이동시켜야 한다.

$x>a$일 때, $f(x-m)+n=f(x-1)+6$이므로

$m=1$, $n=6$

따라서 $m+n=7$

답 ④

25

$g(x)=(x^2-4)(x^2+n)=x^4+(n-4)x^2-4n$이라 하면

$f(x)=|g(x)|$

$g(x)=0$에서 $x^2-4=0$, 즉 $x=-2$ 또는 $x=2$

$g'(x)=4x^3+2(n-4)x=2x(2x^2+n-4)=0$에서

$x=0$ 또는 $x^2=\frac{4-n}{2}$

(i) $1\le n\le 3$일 때

함수 $g(x)$는 $x=0$, $x=\pm\sqrt{\frac{4-n}{2}}$에서 극값을 갖는다.

$g(0)=-4n$

$$g\left(-\sqrt{\frac{4-n}{2}}\right)=g\left(\sqrt{\frac{4-n}{2}}\right)$$
$$=\left(\frac{4-n}{2}-4\right)\left(\frac{4-n}{2}+n\right)$$
$$=-\frac{(n+4)^2}{4}$$

이므로 함수 $f(x)=|g(x)|$는

$x=0$, $x=-2$, $x=2$, $x=-\sqrt{\frac{4-n}{2}}$, $x=\sqrt{\frac{4-n}{2}}$

에서 극값을 갖는다. 따라서 a의 개수는 5이다.

(ii) $n=4$일 때

함수 $g(x)$는 $x=0$에서만 극값을 갖는다.

$g(0)=-4n=-16$

이므로 함수 $f(x)=|g(x)|$는

$x=0$, $x=-2$, $x=2$

에서 극값을 갖는다. 따라서 a의 개수는 3이다.

(iii) $n\ge 5$일 때

함수 $g(x)$는 $x=0$에서만 극값을 갖는다.

$g(0)=-4n<0$

이므로 함수 $f(x)=|g(x)|$는

$x=0$, $x=-2$, $x=2$

에서 극값을 갖는다. 따라서 a의 개수는 3이다.

(i), (ii), (iii)에서 a의 개수가 4 이상인 경우는 $1\le n\le 3$

이때 함수 $f(x)$의 모든 극값의 합은

경찰대학·사관학교 기출 문제

$|g(0)|+|g(-2)|+|g(2)|$

$$+\left|g\left(-\sqrt{\frac{4-n}{2}}\right)\right|+\left|g\left(\sqrt{\frac{4-n}{2}}\right)\right|$$

$$=4n+0+0+\frac{(n+4)^2}{4}+\frac{(n+4)^2}{4}$$

$$=\frac{(n+4)^2}{2}+4n$$

따라서 함수 $f(x)$의 모든 극값의 합은 $n=3$일 때 최대이다.

답 ③

26

$f(x)=-x^2+px+q$ (p, q는 상수)라 하면

$f'(x)=-2x+p$

조건 (가)에서 극한 $\lim_{x\to 0}\frac{g(x)-g(0)}{x}$이 -4로 수렴하므로 함수 $g(x)$는 $x=0$에서 미분가능하고 연속이다.

(i) $-4=\lim_{x\to 0-}\frac{g(x)-g(0)}{x}$

$=\lim_{x\to 0-}\frac{f(x)-f(0)}{x}$

$=f'(0)=p$

이므로 $p=-4$

(ii) $g(0)=\lim_{x\to 0-}g(x)=\lim_{x\to 0+}g(x)$이므로

$f(0)=a-f(0)$에서 $a=2f(0)=2q$

따라서 $p=-4$이므로

$x<0$일 때, $g(x)=-x^2-4x+q=-(x+2)^2+q+4$

$x\ge 0$일 때, $g(x)=a-f(-x)=(x-2)^2+q-4$

조건 (나)에서 함수 $g(x)$는 $x=2$일 때 극솟값 0을 가지므로

$q-4=0$에서

$q=4$, $a=2q=8$

따라서

$$g(x)=\begin{cases}-x^2-4x+4 & (x<0)\\ x^2-4x+4 & (x\ge 0)\end{cases}$$

이므로 $g(-8)=-(-8)^2-4\times(-8)+4=-28$

답 ④

27

$f(x)=(x-\alpha)(x-\beta)$라 하자.

조건 (가)에서 극한 $\lim_{h\to 0+}\left\{\frac{g(t+h)}{h}\times\frac{g(t-h)}{h}\right\}$가 양의 실수로 수렴하므로 $g(t)=0$이다.

$g(t)=t|f(t)|$에서 $t=0$ 또는 $|f(t)|=0$이므로 $t=0$ 또는 $t=\alpha$ 또는 $t=\beta$이다.

(i) $t=0$인 경우

$$\lim_{h\to 0+}\left\{\frac{g(t+h)}{h}\times\frac{g(t-h)}{h}\right\}$$

$$=\lim_{h\to 0+}\left\{\frac{g(h)\times g(-h)}{h^2}\right\}$$

$$=\lim_{h\to 0+}\left\{\frac{-h^2|f(h)||f(-h)|}{h^2}\right\}$$

$$=\lim_{h\to 0+}\{-|f(h)||f(-h)|\}\le 0$$

이므로 조건 (가)를 만족시키지 않는다.

(ii) $t=\alpha$인 경우

$$\lim_{h\to 0+}\left\{\frac{g(t+h)}{h}\times\frac{g(t-h)}{h}\right\}$$

$$=\lim_{h\to 0+}\left\{\frac{g(\alpha+h)}{h}\times\frac{g(\alpha-h)}{h}\right\}$$

$$=\lim_{h\to 0+}\frac{\alpha^2|f(\alpha+h)||f(\alpha-h)|}{h^2}$$

$$=\lim_{h\to 0+}\frac{\alpha^2|h\times(\alpha+h-\beta)||h\times(\alpha-h-\beta)|}{h^2}$$

$$=\alpha^2\times(\alpha-\beta)^2$$

(iii) $t=\beta$인 경우

$$\lim_{h\to 0+}\left\{\frac{g(t+h)}{h}\times\frac{g(t-h)}{h}\right\}=\beta^2\times(\alpha-\beta)^2$$

이다.

조건 (가)의 극한이 양의 실수로 수렴하도록 하는 실수 t의 개수가 1이므로

$\alpha^2\times(\alpha-\beta)^2>0$, $\beta^2\times(\alpha-\beta)^2\le 0$이거나

$\alpha^2\times(\alpha-\beta)^2\le 0$, $\beta^2\times(\alpha-\beta)^2>0$이다.

즉, $\alpha\ne 0$, $\alpha\ne\beta$, $\beta=0$이거나 $\alpha=0$, $\beta\ne 0$, $\alpha\ne\beta$이다.

따라서 함수 $f(x)$는 0과 0이 아닌 실근 k ($k\ne 0$)를 가진다.

$f(x)=x(x-k)$, $g(x)=x|x(x-k)|$

조건 (나)에서 $g(x)=0$ 또는 $g(x)=-4$의 서로 다른 실근의 개수가 4이고, $g(x)=0$의 서로 다른 실근의 개수가 2이므로 방정식 $g(x)=-4$의 서로 다른 실근의 개수는 2이다.

$k>0$이면 함수 $g(x)$의 그래프는 극솟값이 존재하지 않고, 직선 $y=-4$와 한 점에서 만나므로 $k<0$이고 $g(x)$는 극솟값 -4를 가진다.

따라서 $g(x)=\begin{cases}x^2(x-k) & (x<k \text{ 또는 } x>0)\\ -x^2(x-k) & (k\le x\le 0)\end{cases}$

$k\le x\le 0$일 때,

$g'(x)=-3x^2+2kx=x(-3x+2k)$이므로

$x=\frac{2k}{3}$에서 극솟값 -4를 가진다.

즉, $g\left(\frac{2k}{3}\right)=\frac{4k^3}{27}=-4$에서 $k=-3$

따라서 $g(3)=9\times 6=54$

답 54

28

$f(x)=\begin{cases} x(x+a)^2 & (x<0) \\ x(x-a)^2 & (x\ge 0) \end{cases}$, 즉

$f(x)=\begin{cases} x^3+2ax^2+a^2x & (x<0) \\ x^3-2ax^2+a^2x & (x\ge 0) \end{cases}$

에서 $f'(x)=\begin{cases} 3x^2+4ax+a^2 & (x<0) \\ 3x^2-4ax+a^2 & (x>0) \end{cases}$

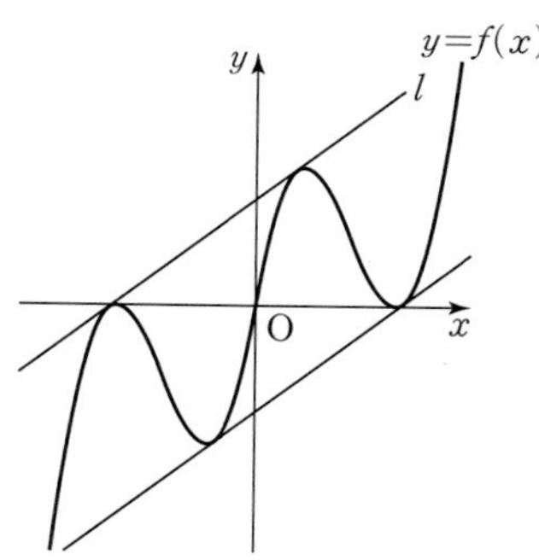

위의 그림과 같이 곡선 $y=f(x)$와 서로 다른 두 점에서 접하는 두 접선 중 y절편이 양수인 접선을 l이라 하자.

조건 (나)에서 함수 $g(t)$가 불연속인 a의 개수는 접선 l의 기울기에 따라 그림과 같다.

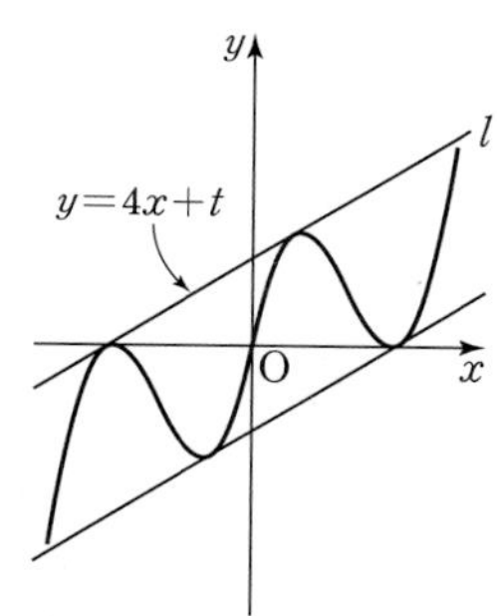

(l의 기울기)$=4$일 때

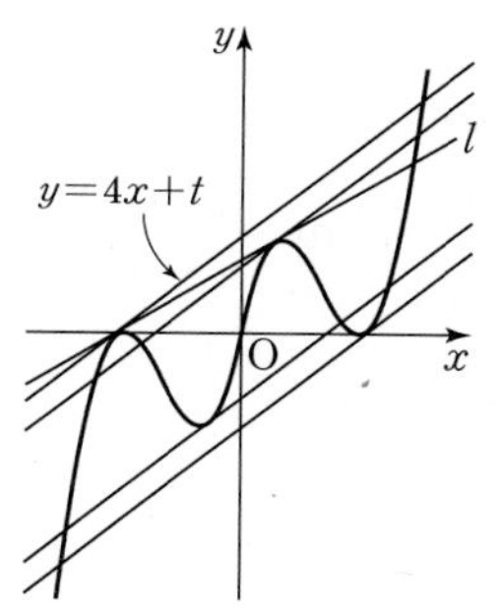

(l의 기울기)<4일 때

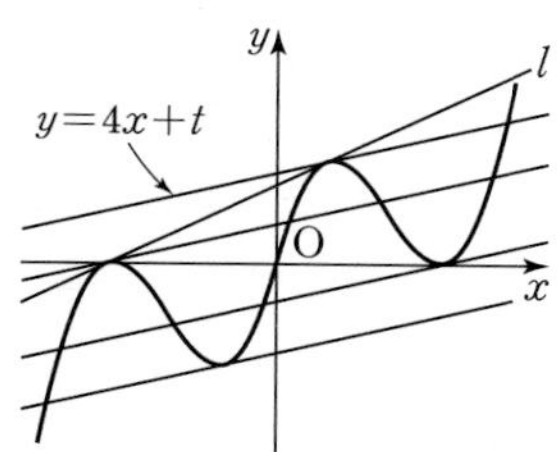

(l의 기울기)>4일 때

조건 (가), (나)를 모두 만족시키려면 접선 l의 기울기가 4이어야 한다.

곡선 $y=x(x-a)^2=x^3-2ax^2+a^2x$에 접하고 기울기가 4인 직선은 2개이고 그 두 접점의 x좌표를 각각 p, q $(0<p<q)$라 하자.

$y'=3x^2-4ax+a^2$에서 방정식

$3x^2-4ax+a^2=4$, 즉 $3x^2-4ax+a^2-4=0$

의 두 근이 p, q이므로 이차방정식의 근과 계수의 관계에 의하여

$p+q=\frac{4}{3}a$, $pq=\frac{a^2-4}{3}$

이때 조건 (나)를 만족시키려면 접선 l이 곡선 $y=x(x+a)^2$에도 접해야 하며 그 접점은 점 $(q, f(q))$와 원점에 대하여 대칭인 점이므로 그 좌표는 $(-q, -f(q))$이다.

두 점 $(-q, -f(q))$, $(p, f(p))$를 지나는 직선 l의 기울기가 4이므로

$\frac{f(p)+f(q)}{p+q}=4$, $f(p)+f(q)=4(p+q)$

$x>0$일 때, $f(x)=x^3-2ax^2+a^2x$이므로

$(p^3-2ap^2+a^2p)+(q^3-2aq^2+a^2q)=4(p+q)$

$(p^3+q^3)-2a(p^2+q^2)+(a^2-4)(p+q)=0$ …… ㉠

$p^3+q^3=(p+q)^3-3pq(p+q)$

$=\left(\frac{4}{3}a\right)^3-3\times\frac{a^2-4}{3}\times\frac{4}{3}a=\frac{28}{27}a^3+\frac{16}{3}a$

$p^2+q^2=(p+q)^2-2pq$

$=\left(\frac{4}{3}a\right)^2-2\times\frac{a^2-4}{3}=\frac{10}{9}a^2+\frac{8}{3}$

이므로 ㉠에 대입하면

$\frac{28}{27}a^3+\frac{16}{3}a-2a\left(\frac{10}{9}a^2+\frac{8}{3}\right)+(a^2-4)\times\frac{4}{3}a=0$

$\frac{4}{27}a^3-\frac{16}{3}a=0$, $a^3-36a=0$

$a(a+6)(a-6)=0$

$a>0$에서 $a=6$

따라서 $f'(0)=a^2=36$

답 36

유형 6 방정식과 부등식에의 활용

29

$f(x)=x^3-5x^2+3x+n$이라 하자.

$f'(x)=3x^2-10x+3=(3x-1)(x-3)=0$에서

$x=\frac{1}{3}$ 또는 $x=3$

함수 $f(x)$는 $x=3$에서 극솟값 $n-9$를 갖는다.

$\lim_{x\to 0+} f(x)=n>n-9$이므로 함수 $f(x)$는 $n-9$를 최솟값으로 갖는다.

$n-9\ge 0$에서 $n\ge 9$

따라서 자연수 n의 최솟값은 9이다.

답 9

30

$f(x)=x^3-\frac{3n}{2}x^2+7$이라 하면

$f'(x)=3x^2-3nx$

이므로 함수 $f(x)$는 $x=0$에서 극댓값 $f(0)=7$, $x=n$에서 극솟값 $f(n)$을 가진다.

방정식 $f(x)=0$의 1보다 큰 서로 다른 실근의 개수가 2이므로 $f(1)>0$이고 $f(n)<0$이다.

$f(1)=8-\frac{3n}{2}>0$에서

$n<\frac{16}{3}$ …… ㉠

$f(n)=-\frac{n^3}{2}+7<0$에서

$n^3>14$ …… ㉡

㉠과 ㉡을 동시에 만족시키는 자연수 n의 값은 3, 4, 5이다.

따라서 구하는 모든 자연수 n의 값의 합은

$3+4+5=12$

답 12

31

삼차함수 $f(x)$는 최고차항의 계수가 1이고 $x=1$, $x=-1$에서 극값을 가지므로

$f'(1)=0$, $f'(-1)=0$

$f'(x)=3(x-1)(x+1)=3x^2-3$

$f(x)=\int f'(x)dx$

$=\int(3x^2-3)dx=x^3-3x+C$ (단, C는 적분상수) …… ㉠

$\{x|f(x)\le 9x+9\}=(-\infty, a]$에서 부등식 $f(x)\le 9x+9$의 해가 $x\le a$임을 알 수 있다.

$g(x)=f(x)-(9x+9)=x^3-12x-9+C$로 놓으면

$g'(x)=3x^2-12=3(x-2)(x+2)$

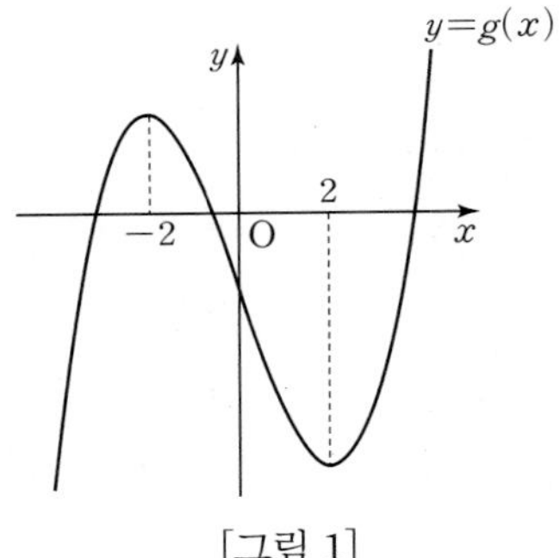

[그림 1]

[그림 1]과 같이 함수 $y=g(x)$의 그래프가 x축과 서로 다른 세 점에서 만나면 부등식 $g(x)\le 0$의 해가 $x\le a$ (a는 양수)의 꼴이 아니므로 함수 $y=g(x)$의 그래프는 x축과 두 점 또는 한 점에서만 만나야 한다.

이때 부등식 $g(x)\le 0$의 해가 $x\le a$ (a는 양수)의 꼴이 되려면 [그림 2]와 같이 함수 $y=g(x)$의 그래프와 x축이 x좌표가 양수인 점에서만 만나거나 x좌표가 음수인 점에서 접해야 한다.

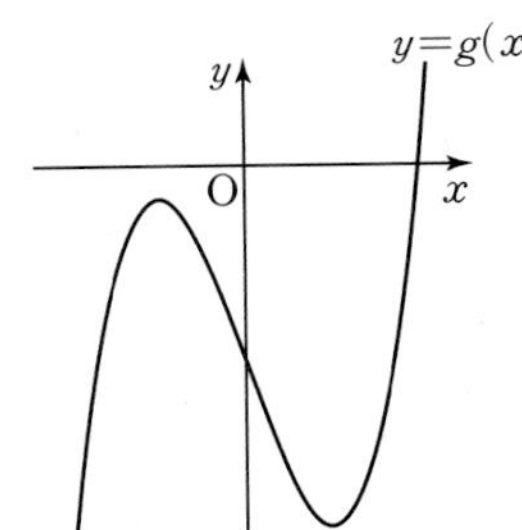

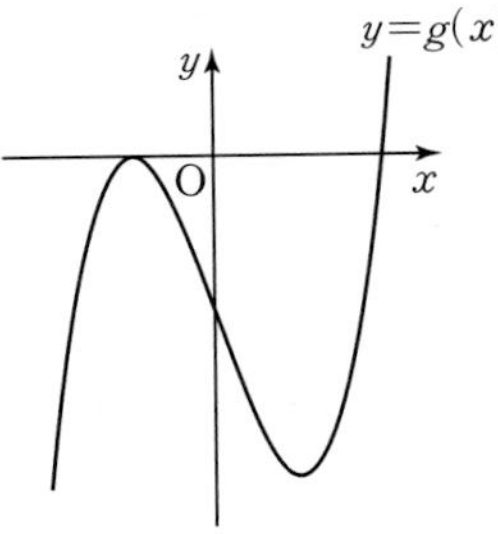

[그림 2]

이때 양수 a의 값이 최소일 때, 함수 $g(x)$의 극댓값이 0이므로

$g(-2)=(-2)^3-12\times(-2)-9+C=0$

$C=-7$ …… ㉡

이때 $g(x)=x^3-12x-16\le 0$에서

$(x+2)^2(x-4)\le 0$, $x\le 4$

따라서 양수 a의 최솟값은 4이다.

답 ④

32

$\lim_{x\to 2}\frac{f(x)}{x-2}=4$, $\lim_{x\to 4}\frac{f(x)}{x-4}=2$에서 극한값이 존재하고

(분모) ⟶ 0이므로 (분자) ⟶ 0이어야 한다.

$\lim_{x\to 2}f(x)=\lim_{x\to 4}f(x)=0$, 즉 $f(2)=f(4)=0$ …… ㉠

미분계수의 정의에 의하여

$\lim_{x\to 2}\frac{f(x)}{x-2}=\lim_{x\to 2}\frac{f(x)-f(2)}{x-2}=f'(2)=4>0$

$\lim_{x\to 4}\frac{f(x)}{x-4}=\lim_{x\to 4}\frac{f(x)-f(4)}{x-4}=f'(4)=2>0$

즉, $2<x_1<x_2<4$인 어떤 두 실수 x_1, x_2에 대하여 함수 $f(x)$는 두 닫힌구간 $[2, x_1]$, $[x_2, 4]$에서 증가한다.

따라서 $f(x_1)>0$, $f(x_2)<0$이 성립하므로 사잇값의 정리에 의하여

$f(\alpha)=0$ …… ㉡

을 만족시키는 실수 α가 열린구간 (x_1, x_2)에 적어도 하나 존재한다.

㉠, ㉡에 의하여 방정식 $f(x)=0$은 닫힌구간 $[2, 4]$에서 서로 다른 세 수 2, α, 4를 포함하여 적어도 3개의 서로 다른 실근을 가지므로 $m=3$

답 ③

33

$f(x)=2ax^3-3(a+1)x^2+6x-1$로 놓으면

$f'(x)=6ax^2-6(a+1)x+6=6(x-1)(ax-1)$

(i) $0<a<1$일 때

$1<\frac{1}{a}$이므로 함수 $f(x)$는 $x=1$에서 극대이다.

$0\le x\le 1$에서 $f(x)\le 0$이려면 $f(1)\le 0$

$2a-3(a+1)+6-1\le 0$, $a\ge 2$

이때 $0<a<1$이므로 조건을 만족시키는 실수 a의 값은 없다.

(ii) $a=1$일 때

$f'(x)\geq 0$이므로 함수 $f(x)$는 증가한다.

$f(1)=2-6+6-1=1>0$이므로 $0\leq x\leq 1$에서 부등식 $f(x)\leq 0$을 만족시키지 않는다.

(iii) $a>1$일 때

$0<\frac{1}{a}<1$이므로 함수 $f(x)$는 $x=\frac{1}{a}$에서 극대이다.

$0\leq x\leq 1$에서 $f(x)\leq 0$이려면 $f\left(\frac{1}{a}\right)\leq 0$

$\frac{2}{a^2}-\frac{3(a+1)}{a^2}+\frac{6}{a}-1\leq 0$

$2-3(a+1)+6a-a^2\leq 0$

$a^2-3a+1\geq 0$

즉, $a\leq\frac{3-\sqrt{5}}{2}$ 또는 $a\geq\frac{3+\sqrt{5}}{2}$

이때 $a>1$이므로 조건을 만족시키는 실수 a의 값의 범위는

$a\geq\frac{3+\sqrt{5}}{2}$이다.

따라서 실수 a의 최솟값은 $\frac{3+\sqrt{5}}{2}$이다.

답 ③

유형 7 속도와 가속도

34

점 P의 시각 t $(t\geq 0)$에서의 속도를 $v(t)$라 하면

$v(t)=x'(t)=3t^2-12at+9a^2=3(t-a)(t-3a)$

점 P는 출발한 후 시각 $t=a$와 시각 $t=3a$일 때 운동 방향이 바뀐다.

$x(a)=a^3-6a^3+9a^3+b=4a^3+b$

$x(3a)=27a^3-54a^3+27a^3+b=b$

조건 (가)에서 점 P의 운동 방향이 바뀌는 순간의 위치의 차가 32이므로

$|x(3a)-x(a)|=32$

$|b-(4a^3+b)|=4a^3=32$

$a>0$에서 $a=2$

점 P의 시각 t $(t\geq 0)$에서의 가속도를 $a(t)$라 하면

$a(t)=v'(t)=6t-24=6(t-4)$

$a(t)=0$에서 $t=4$

점 P가 출발한 후 시각 $t=4$일 때, 가속도가 0이 되므로 조건 (나)에서 $x(4)=36$

$4^3-12\times 4^2+36\times 4+b=36$, $b=20$

따라서 $b-a=20-2=18$

답 ①

III 적분

본문 98~104쪽

01 ⑤	02 ⑤	03 ①	04 13	05 ④
06 ②	07 ①	08 ②	09 21	10 ③
11 ②	12 ④	13 11	14 56	15 ②
16 10	17 ③	18 ①	19 ③	20 290
21 ⑤	22 ④	23 34	24 ④	25 ③
26 11	27 ②	28 14		

유형 1 부정적분과 정적분

01

$f(x)=\int(4x^3+ax)dx$

$=x^4+\frac{a}{2}x^2+C$ (단, C는 적분상수)

$f(0)=-2$에서 $C=-2$

$f(1)=1$에서 $1+\frac{a}{2}-2=1$, $a=4$

따라서 $f(x)=x^4+2x^2-2$이므로

$f(2)=22$

답 ⑤

02

곡선 $y=f(x)$ 위의 점 $(t, f(t))$에서 곡선에 접하는 접선의 기울기가 $-6t^2+2t$이므로

$f'(t)=-6t^2+2t$

$f(x)=\int f'(x)dx$

$=\int(-6x^2+2x)dx$

$=-2x^3+x^2+C$ (단, C는 적분상수)

곡선 $y=f(x)$가 점 $(1, 1)$을 지나므로 $f(1)=1$이다. 즉,

$f(1)=-2+1+C=-1+C=1$, $C=2$

즉, $f(x)=-2x^3+x^2+2$이므로

$f(-1)=2+1+2=5$

답 ⑤

03

사차함수 $f(x)$가 $x=1$에서 극값 2를 가지므로

$f'(1)=0$, $f(1)=2$

사차식 $f(x)$가 x^3으로 나누어떨어지므로

$f(x)=x^3(ax+b)$ (a, b는 상수이고, $a\neq0$)
로 놓을 수 있다.
$f(1)=2$에서 $a+b=2$ ...... ㉠
$f'(x)=4ax^3+3bx^2$이고, $f'(1)=0$에서
$4a+3b=0$ ...... ㉡
㉠, ㉡에서 $a=-6$, $b=8$이므로
$f(x)=x^3(-6x+8)=-6x^4+8x^3$
따라서

$$\int_0^2 f(x-1)dx=\int_{-1}^1 f(x)dx=\int_{-1}^1(-6x^4+8x^3)dx$$
$$=2\int_0^1(-6x^4)dx=-12\left[\frac{x^5}{5}\right]_0^1=-\frac{12}{5}$$

답 ①

04

$f(x)\geq g(x)$일 때
$h(x)=\frac{1}{2}\{f(x)+g(x)+f(x)-g(x)\}=f(x)$
$f(x)<g(x)$일 때
$h(x)=\frac{1}{2}\{f(x)+g(x)-f(x)+g(x)\}=g(x)$
$f(x)=3$, 즉 $-x^2+4x=3$
$x^2-4x+3=0$, $(x-1)(x-3)=0$
$x=1$ 또는 $x=3$

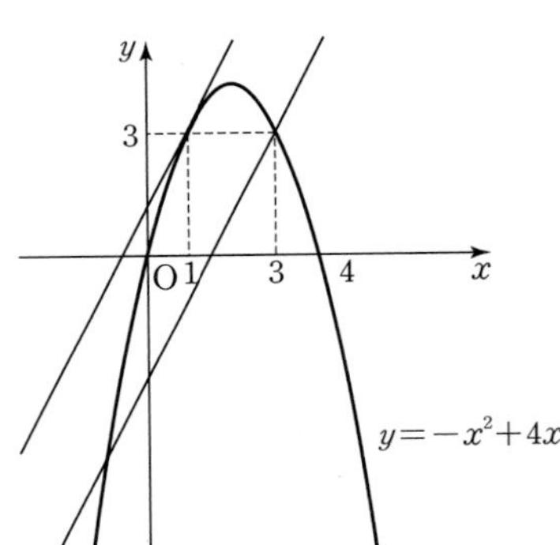

함수 $y=g(x)$의 그래프가 점 $(1, 3)$을 지날 때,
$3=2-a$에서 $a=-1$
즉, $g(x)=2x+1$
이때 $f(x)=g(x)$, 즉 $-x^2+4x=2x+1$
$x^2-2x+1=0$, $(x-1)^2=0$
따라서 두 함수 $f(x)$, $g(x)$의 그래프는 $x=1$인 점에서 접한다.
함수 $h(x)$가 극솟값 3을 가지려면 위의 그림과 같이 함수 $y=g(x)$의 그래프가 점 $(3, 3)$을 지나야 하므로
$3=6-a$에서
$a=3$
$f(x)=g(x)$, 즉 $-x^2+4x=2x-3$
$x^2-2x-3=0$, $(x+1)(x-3)=0$
$x=-1$ 또는 $x=3$

따라서 $h(x)=\begin{cases}-x^2+4x & (-1\leq x\leq3)\\ 2x-3 & (x<-1 \text{ 또는 } x>3)\end{cases}$이므로

$$\int_0^4 h(x)dx=\int_0^3(-x^2+4x)dx+\int_3^4(2x-3)dx$$
$$=\left[-\frac{1}{3}x^3+2x^2\right]_0^3+\left[x^2-3x\right]_3^4$$
$$=(-9+18)+(16-12)-(9-9)$$
$$=13$$

답 13

05

$f'(x)=3(x-k)(x-2k)=3x^2-9kx+6k^2$에서
$f(x)=x^3-\frac{9}{2}kx^2+6k^2x+C$ (C는 적분상수)라 하면
$1<x<4$에서 함수 $y=g(x)=\frac{f(4)-f(1)}{3}(x-1)+f(1)$의 그래프는 두 점 $(1, f(1))$, $(4, f(4))$를 지나는 직선과 같다.
이때 함수 $g(x)$의 역함수가 존재하므로 그림과 같이 $1\leq k<2k\leq4$이고 $f(1)<f(4)$가 되어야 한다.

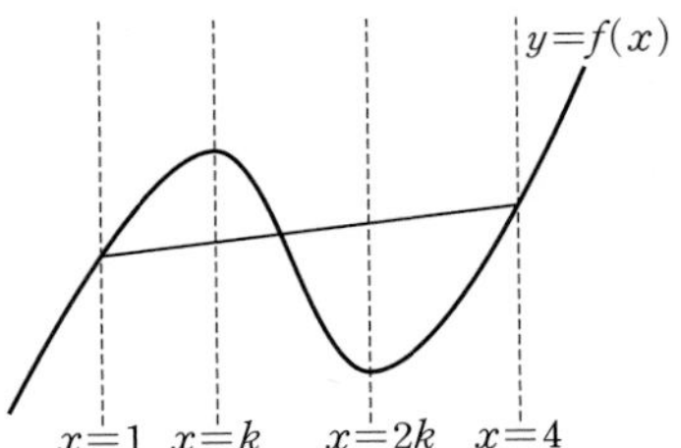

$1\leq k<2k\leq4$에서 $1\leq k\leq2$ ...... ㉠
$f(4)-f(1)$
$=(64-72k+24k^2+C)-\left(1-\frac{9}{2}k+6k^2+C\right)$
$=18k^2-\frac{135}{2}k+63$
$=\frac{9}{2}(4k^2-15k+14)$
$=\frac{9}{2}(k-2)(4k-7)>0$
에서 $k<\frac{7}{4}$ 또는 $k>2$ ...... ㉡
㉠, ㉡에서 $1\leq k<\frac{7}{4}$이므로 $\alpha=1$, $\beta=\frac{7}{4}$
따라서 $\beta-\alpha=\frac{7}{4}-1=\frac{3}{4}$

답 ④

06

$g(x)=2x\int_{-1}^x f(t)dt-\int_{-1}^x\{f(t)\}^2dt$ ...... ㉠

(i) $x<-1$일 때

$f(x)=0$이므로 $g(x)=0$

(ii) $-1\le x<0$일 때

$$g(x)=2x\int_{-1}^{x}f(t)\,dt-\int_{-1}^{x}\{f(t)\}^2\,dt$$
$$=2x\int_{-1}^{x}(1+t)\,dt-\int_{-1}^{x}(1+t)^2\,dt$$
$$=2x\int_{0}^{x+1}t\,dt-\int_{0}^{x+1}t^2\,dt$$
$$=2x\left[\frac{t^2}{2}\right]_0^{x+1}-\left[\frac{t^3}{3}\right]_0^{x+1}$$
$$=2x\times\frac{(x+1)^2}{2}-\frac{(x+1)^3}{3}$$
$$=\frac{1}{3}(x+1)^2(2x-1)=\frac{2}{3}x^3+x^2-\frac{1}{3}$$

(iii) $0\le x\le 1$일 때

$$g(x)=2x\int_{-1}^{x}f(t)\,dt-\int_{-1}^{x}\{f(t)\}^2\,dt$$
$$=2x\left\{\int_{-1}^{0}f(t)\,dt+\int_{0}^{x}f(t)\,dt\right\}-\left\{\int_{-1}^{0}\{f(t)\}^2\,dt+\int_{0}^{x}\{f(t)\}^2\,dt\right\}$$
$$=2x\left\{\int_{-1}^{0}(1+t)\,dt+\int_{0}^{x}(1-t)\,dt\right\}-\left\{\int_{-1}^{0}(1+t)^2\,dt+\int_{0}^{x}(1-t)^2\,dt\right\}$$
$$=2x\left\{\frac{1}{2}\times1\times1-\int_{1}^{1-x}t\,dt\right\}-\left\{\int_{0}^{1}t^2\,dt+\int_{-1}^{x-1}t^2\,dt\right\}$$
$$=2x\left\{\frac{1}{2}-\left[\frac{t^2}{2}\right]_1^{1-x}\right\}-\left(\left[\frac{t^3}{3}\right]_0^1+\left[\frac{t^3}{3}\right]_{-1}^{x-1}\right)$$
$$=(-x^3+2x^2+x)-\left\{\frac{1}{3}+\frac{(x-1)^3}{3}+\frac{1}{3}\right\}$$
$$=-\frac{4}{3}x^3+3x^2-\frac{1}{3}$$

(iv) $x>1$일 때

$$g(x)=2x\int_{-1}^{x}f(t)\,dt-\int_{-1}^{x}\{f(t)\}^2\,dt$$
$$=2x\left\{\int_{-1}^{1}f(t)\,dt+\int_{1}^{x}f(t)\,dt\right\}-\left\{\int_{-1}^{1}\{f(t)\}^2\,dt+\int_{1}^{x}\{f(t)\}^2\,dt\right\}$$
$$=2x\left(\frac{1}{2}\times2\times1+0\right)-\left(\frac{2}{3}+0\right)=2x-\frac{2}{3}$$

따라서

$$g(x)=\begin{cases}0 & (x<-1)\\ \frac{2}{3}x^3+x^2-\frac{1}{3} & (-1\le x<0)\\ -\frac{4}{3}x^3+3x^2-\frac{1}{3} & (0\le x\le 1)\\ 2x-\frac{2}{3} & (x>1)\end{cases}$$

이므로 $g'(x)=\begin{cases}0 & (x<-1)\\ 2x^2+2x & (-1\le x<0)\\ -4x^2+6x & (0\le x\le 1)\\ 2 & (x>1)\end{cases}$

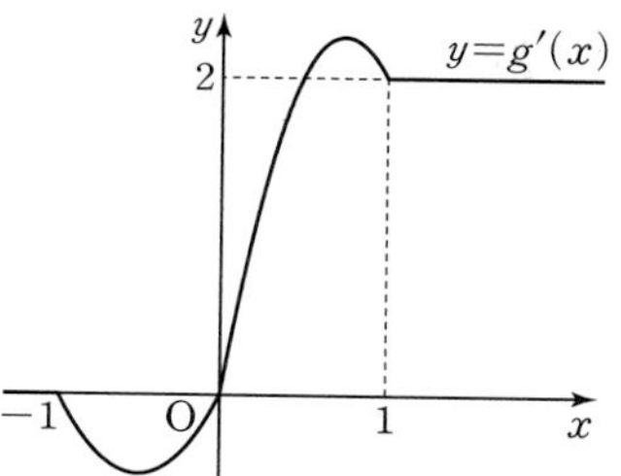

$x>-1$일 때, $g'(x)=0$에서 $x=0$

따라서 함수 $g(x)$는 $x=0$에서 극소이고 최소이므로 함수 $g(x)$의 최솟값은 $g(0)=-\frac{1}{3}$

답 ②

유형 2 적분과 미분의 관계

07

함수

$f(x)=\int_{a}^{x}(3t^2+bt-5)\,dt$ …… ㉠

가 $x=-1$에서 극값 0을 가지므로

$f'(-1)=0$

㉠을 x에 대하여 미분하면

$f'(x)=3x^2+bx-5$ …… ㉡

이므로

$f'(-1)=3-b-5=-b-2=0,\ b=-2$

b의 값을 ㉡에 대입하면

$f'(x)=3x^2-2x-5$ …… ㉢

또, ㉠에서 $f(a)=0\ (a>0)$이고, 함수 $f(x)$가 $x=-1$에서 극값 0을 가지는 삼차함수이므로

$f(x)=(x+1)^2(x-a)$

$\quad=(x^2+2x+1)(x-a)$ …… ㉣

로 놓을 수 있다.

㉣의 양변을 x에 대하여 미분하면

$f'(x)=(2x+2)(x-a)+(x^2+2x+1)$

$\quad=2x^2-2(a-1)x-2a+x^2+2x+1$

$\quad=3x^2-2(a-2)x-2a+1$ …… ㉤

㉢, ㉤에서

$3x^2-2x-5=3x^2-2(a-2)x-2a+1$

$-5=-2a+1,\ a=3$

따라서 $a+b=3+(-2)=1$

답 ①

다른 풀이

$f(x)=\int_a^x (3t^2+bt-5)\,dt$ …… ㉠

가 $x=-1$에서 극값 0을 가지므로 $f'(-1)=0$

㉠을 x에 대하여 미분하면

$f'(x)=3x^2+bx-5$ …… ㉡

이므로

$f'(-1)=3-b-5=-b-2=0,\ b=-2$

b의 값을 ㉠에 대입하면

$$f(x)=\int_a^x (3t^2-2t-5)\,dt$$
$$=\Big[t^3-t^2-5t\Big]_a^x$$
$$=x^3-x^2-5x-(a^3-a^2-5a)$$

이때 $f(-1)=0$이므로

$f(-1)=-1-1+5-(a^3-a^2-5a)$
$=-a^3+a^2+5a+3=0$

$a^3-a^2-5a-3=0,\ (a+1)^2(a-3)=0$

이때 $a>0$이므로 $a=3$

따라서 $a+b=3+(-2)=1$

08

조건 (가)에서 양변을 x에 대하여 미분하면

$xf'(x)=3x^2+6x$

이때 $f'(x)$는 다항함수이므로

$f'(x)=3x+6$

$f(x)=\int f'(x)\,dx=\frac{3}{2}x^2+6x+C_1$ (C_1은 상수)

조건 (나)에서 $g(-1)=0$이고 양변을 x에 대하여 미분하면

$g'(x)=xf(x)$

$g'(2)=2f(2)=0$에서

$f(2)=6+12+C_1=0,\ C_1=-18$

따라서 $f(x)=\frac{3}{2}x^2+6x-18$이므로

$f(-2)=\frac{3}{2}\times(-2)^2+6\times(-2)-18$
$=6-12-18=-24$

답 ②

09

$g(x)=\int_{-1}^x f(t)\,dt$에서 $g'(x)=f(x)$이고

$g(-1)=0$ …… ㉠

$f(x)$는 최고차항의 계수가 1인 이차함수이므로 $g(x)$는 최고차항의 계수가 $\frac{1}{3}$인 삼차함수이다.

$\lim_{x\to1}\frac{g(x)}{x-1}=2$이고 $\lim_{x\to1}(x-1)=0$이므로

$\lim_{x\to1}g(x)=g(1)=0$ …… ㉡

㉠, ㉡에서

$g(x)=\frac{1}{3}(x+1)(x-1)(x-a)$
$=\frac{1}{3}(x^3-ax^2-x+a)$ (a는 상수)

로 놓자.

$\lim_{x\to1}\frac{g(x)}{x-1}=\lim_{x\to1}\frac{g(x)-g(1)}{x-1}$
$=g'(1)=2$

즉, $f(1)=2$

$g'(x)=f(x)=x^2-\frac{2a}{3}x-\frac{1}{3}$에서

$f(1)=1-\frac{2a}{3}-\frac{1}{3}=2$이므로 $a=-2$

따라서 $f(x)=x^2+\frac{4}{3}x-\frac{1}{3}$이므로

$f(4)=16+\frac{16}{3}-\frac{1}{3}=21$

답 21

10

$F'(x)=f(x)+x^2+2ax-3$으로 놓으면

조건 (가)에서

$\frac{d}{dx}\int_1^x F'(t)\,dt=\int_1^x\left\{\frac{d}{dt}(2f(t)-3t+7)\right\}dt$

$\frac{d}{dx}\{F(x)-F(1)\}=\int_1^x\{2f'(t)-3\}\,dt$

$F'(x)=\Big[2f(t)-3t\Big]_1^x$

$f(x)+x^2+2ax-3=2f(x)-3x-2f(1)+3$

$f(x)=x^2+(2a+3)x+2f(1)-6$

$f'(x)=2x+2a+3$ …… ㉠

조건 (나)에서

$\lim_{h\to0}\frac{f(3+h)-f(3-h)}{h}$

$=\lim_{h\to0}\left\{\frac{f(3+h)-f(3)}{h}+\frac{f(3-h)-f(3)}{-h}\right\}$

$=f'(3)+f'(3)=2f'(3)$

이므로

$2f'(3)=6,\ f'(3)=3$ …… ㉡

㉠, ㉡에 의하여

$6+2a+3=3$

따라서 $a=-3$

답 ③

11

$f(x)=x^3-x^2$, $g(x)=px-1$로 놓자.

$m<a<b$인 모든 실수 a, b에 대하여

$\int_a^b \{f(x)-g(x)\}\,dx>0$

이려면 $x>m$인 모든 실수 x에 대하여 $f(x)\geq g(x)$가 성립해야 한다.

따라서 삼차함수 $y=f(x)$의 그래프는 직선 $y=g(x)$와 점 $(m,\ f(m))$에서만 만나거나 점 $(m,\ f(m))$을 포함한 두 점에서 만나야 한다.

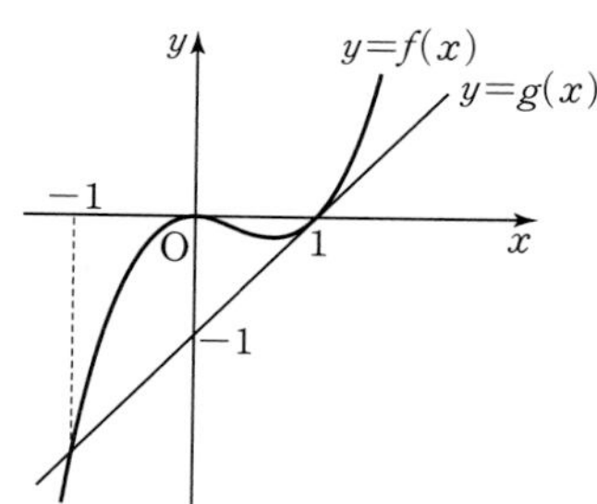

위의 그림에서 곡선 $y=f(x)$와 직선 $y=g(x)$가 접할 때, m의 값이 최소이다.

점 $(0,\ -1)$에서 곡선 $y=f(x)$에 그은 접선의 접점의 x좌표를 t라 하면 접선의 방정식은

$y-f(t)=f'(t)(x-t)$

$y=(3t^2-2t)(x-t)+(t^3-t^2)$ $\cdots\cdots$ ㉠

접선 ㉠이 점 $(0,\ -1)$을 지나므로

$-1=(3t^2-2t)(0-t)+(t^3-t^2)$

$2t^3-t^2-1=0$

$(t-1)(2t^2+t+1)=0$

$2t^2+t+1=2\left(t+\frac{1}{4}\right)^2+\frac{7}{8}>0$

이므로 $t=1$이고 ㉠에서 구하는 접선의 방정식은 $y=x-1$이다.

$x^3-x^2=x-1$에서

$x^3-x^2-x+1=0$

$(x+1)(x-1)^2=0$

$x=-1$ 또는 $x=1$

따라서 조건을 만족시키는 실수 m의 범위가 $m\geq -1$이므로 m의 최솟값은 -1이다.

답 ②

12

삼차함수 $f(x)$의 최고차항의 계수가 1이므로 그 도함수 $f'(x)$는 최고차항의 계수가 3인 이차함수이다.

$f'(x)$가 $x=-1$에서 최솟값을 가지므로 함수 $y=f'(x)$의 그래프는 직선 $x=-1$에 대하여 대칭이다.

만약 모든 실수 x에 대하여 $f'(x)\geq 0$이면 함수 $y=f(x)$의 그래프는 실수 전체의 집합에서 증가하므로

방정식 $|f(x)-f(-3)|=k$의 서로 다른 실근은 많아야 2개이므로 조건을 만족시키지 않는다.

따라서 $f'(x)=0$은 서로 다른 두 실근을 갖는다.

이때 $g(x)=f(x)-f(-3)$으로 놓고 함수 $g(x)$의 극댓값을 A, 극솟값을 a라 하자.

(i) $A=-a$일 때

두 함수 $y=g(x)$, $y=|g(x)|$의 그래프는 다음 그림과 같다.

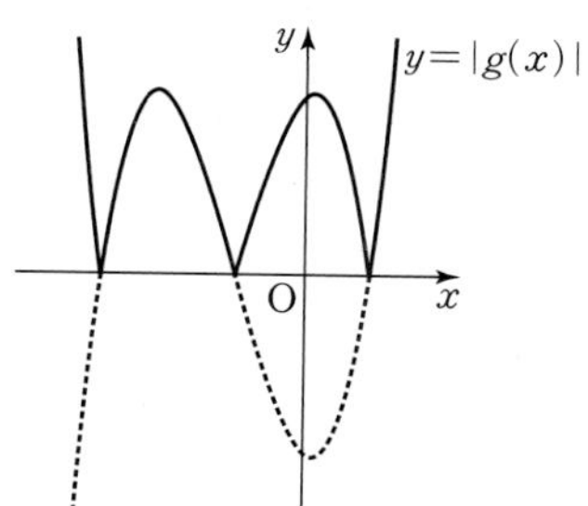

이때 방정식 $|g(x)|=k$가 서로 다른 네 실근을 갖도록 하는 실수 k의 값은

$k=A$

뿐이다.

(ii) $0<-a<A$일 때

두 함수 $y=g(x)$, $y=|g(x)|$의 그래프는 다음 그림과 같다.

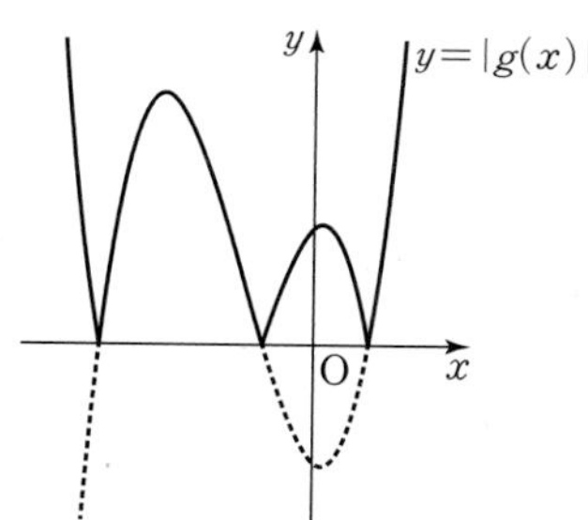

이때 방정식 $|g(x)|=k$가 서로 다른 네 실근을 갖도록 하는 실수 k의 값은

$-a<k<A$

(iii) $0<A<-a$일 때

두 함수 $y=g(x)$, $y=|g(x)|$의 그래프는 다음 그림과 같다.

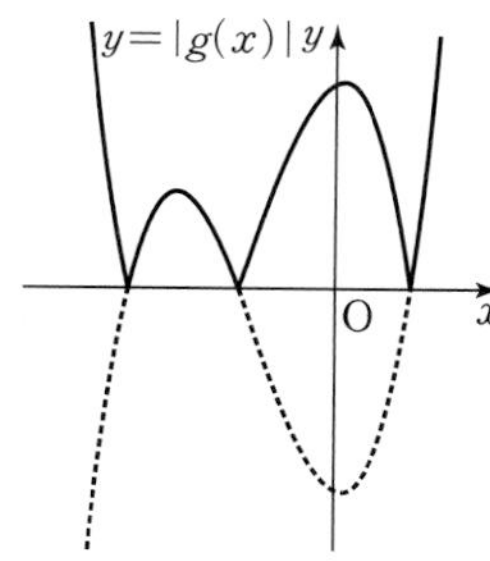

이때 방정식 $|g(x)|=k$가 서로 다른 네 실근을 갖도록 하는

실수 k의 값은

$A<k<-a$

(iv) $A=0$일 때

두 함수 $y=g(x)$, $y=|g(x)|$의 그래프는 다음 그림과 같다.

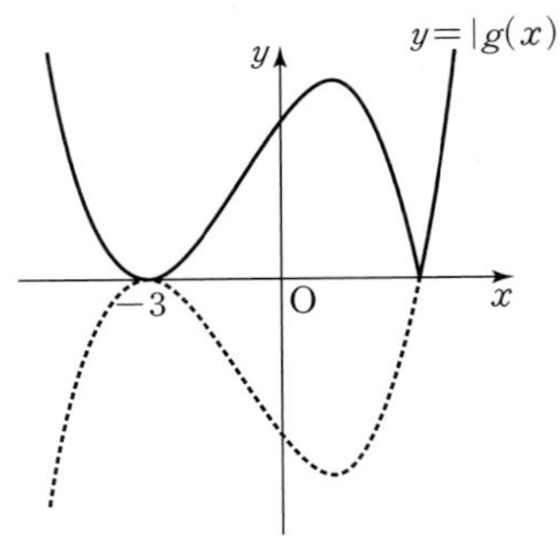

이때 방정식 $|g(x)|=k$가 서로 다른 네 실근을 갖도록 하는 실수 k의 값은

$0<k<-a$

(v) $a=0$일 때

두 함수 $y=g(x)$, $y=|g(x)|$의 그래프는 다음 그림과 같다.

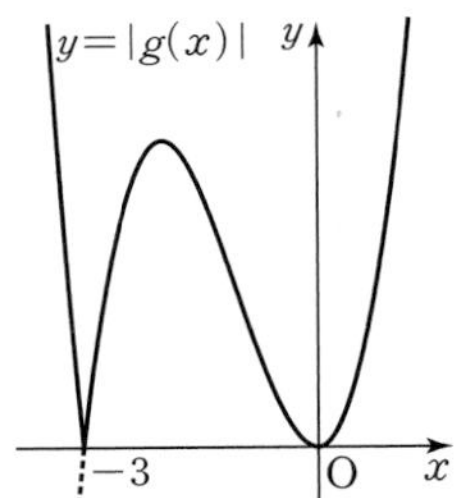

이때 방정식 $|g(x)|=k$가 서로 다른 네 실근을 갖도록 하는 실수 k의 값은

$0<k<A$

따라서 조건을 만족시키는 실수 k의 값의 범위가 $0<k<m$이려면 $A=0$이고 $m=-a$ 또는 $a=0$이고 $m=A$

이어야 한다.

$f'(x)=3(x+1)^2+b=3x^2+6x+3+b$ (b는 양수)

로 놓으면

$f(x)=\int f'(x)dx$

$=x^3+3x^2+(3+b)x+C$ (단, C는 적분상수)

$g(x)=f(x)-f(-3)$

$=x^3+3x^2+(3+b)x+3(3+b)$

$=(x+3)(x^2+3+b)$

이고 $g'(x)=f'(x)$이다.

① $A=0$일 때, $g'(-3)=g(-3)=0$에서 $b=-12$

$f'(x)=3x^2+6x-9=3(x+3)(x-1)$

$g'(x)=0$, 즉 $f'(x)=0$에서 $x=-3$ 또는 $x=1$

따라서 함수 $g(x)$는 $x=1$에서 극소이므로

$m=-g(1)=-(1+3)(1+3-12)=32$

② $a=0$일 때, $g'(0)=g(0)=0$에서 $b=-3$

$f'(x)=3x^2+6x=3x(x+2)$

$g'(x)=0$, 즉 $f'(x)=0$에서 $x=-2$ 또는 $x=0$

따라서 함수 $g(x)$는 $x=-2$에서 극대이므로

$m=g(-2)=(-2+3)(4+3-3)=4$

따라서 실수 m의 최댓값은 32이다.

답 ④

13

$F(x)=f(x)-1$, $G(x)=g(x)-1$이라 하면

$F(1)=F'(1)=0$ …… ㉠

이고

$G(x)=F(x)+|F(x)|=\begin{cases} 0 & (F(x)<0) \\ 2F(x) & (F(x)\geq 0) \end{cases}$

조건 (가)에서 방정식 $f(x)=g(x)$의 서로 다른 모든 실근의 합이 3이므로 $f(x)=g(x)$에서

$f(x)-1=g(x)-1$, $F(x)=G(x)$

$F(x)=F(x)+|F(x)|$, $|F(x)|=0$

즉, $F(x)=0$

따라서 방정식 $F(x)=0$의 서로 다른 모든 실근의 합은 3이다.

함수 $F(x)$는 삼차함수이고 조건 (가)와 ㉠에 의하여

$F(x)=a(x-1)^2(x-2)$ (a는 상수)로 놓을 수 있다.

$g(x)=G(x)+1$이므로

$\int_0^n \{G(x)+1\}dx=\int_0^n G(x)dx+n$

조건 (나)에서

$0<\int_0^n G(x)dx<16$ …… ㉡

$a>0$이면 $y=G(x)$의 그래프는 다음 그림과 같다.

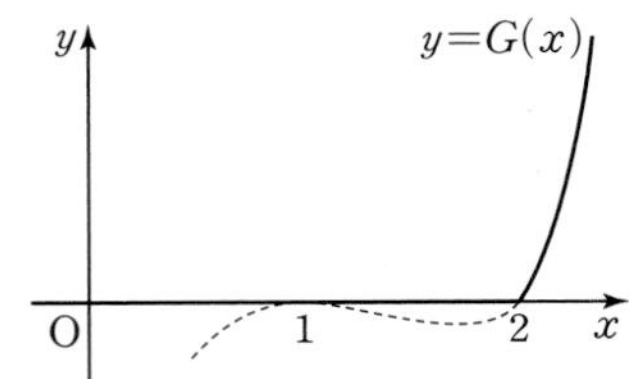

이때 $G(x)=\begin{cases} 0 & (x<2) \\ 2F(x) & (x\geq 2) \end{cases}$이므로 $n=1$일 때 ㉡을 만족시키지 못한다.

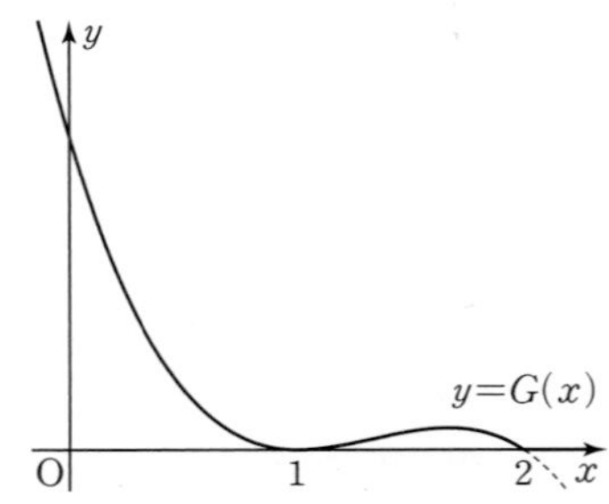

따라서 $a<0$이고 $G(x)=\begin{cases} 2F(x) & (x<2) \\ 0 & (x\geq 2) \end{cases}$

$0\leq x\leq 2$이면 $F(x)\geq 0$이고

$$\int_0^2 G(x)\,dx=\int_0^2 2F(x)\,dx$$
$$=\int_0^2 2a(x-1)^2(x-2)\,dx$$
$$=2a\int_0^2 (x^3-4x^2+5x-2)\,dx$$
$$=2a\left[\frac{x^4}{4}-\frac{4}{3}x^3+\frac{5}{2}x^2-2x\right]_0^2$$
$$=2a\left(4-\frac{32}{3}+10-4\right)=-\frac{4}{3}a$$

이므로 ㉡에서

$0<-\frac{4}{3}a<16$, $-12<a<0$

따라서 구하는 정수 a는 -11, -10, $\cdots$, -1의 11개이다.

답 11

14

$g(x)=(x-2)\int_0^x f(s)\,ds$에서 $g(x)$는 삼차함수이다.

직선 $y=tx$가 곡선 $y=g(x)$와 점 $(\alpha,\ t\alpha)$에서 접하면 함수 $h(t)$는 $t=\alpha$에서 불연속이다.

이때 $g(0)=0$, $g(2)=0$이므로 주어진 조건에 의하여 함수 $h(t)$는 $t=0$, $t=-2$에서 불연속이다.

따라서 두 직선 $y=0$, $y=-2x$는 모두 곡선 $y=g(x)$의 접선이다.

(i) 곡선 $y=g(x)$가 점 $(0,\ 0)$에서 직선 $y=0$, 즉 x축과 접하는 경우

$g(x)=ax^2(x-2)$ (a는 0이 아닌 상수)로 놓을 수 있다.

이때 곡선 $y=g(x)$가 직선 $y=-2x$와 접하므로

$ax^2(x-2)=-2x$, $x(ax^2-2ax+2)=0$

이때 이차방정식 $ax^2-2ax+2=0$이 $x=0$이 아닌 중근을 가져야 하므로 판별식을 D라 하면

$\frac{D}{4}=a^2-2a=0$, $a=2$

따라서 $g(x)=2x^2(x-2)$에서 $g(4)=64$

(ii) 곡선 $y=g(x)$가 점 $(2,\ 0)$에서 직선 $y=0$, 즉 x축과 접하는 경우

$g(x)=ax(x-2)^2$ (a는 0이 아닌 상수)로 놓을 수 있다.

이때 곡선 $y=g(x)$가 직선 $y=-2x$와 접하므로

$ax(x-2)^2=-2x$, $x(ax^2-4ax+4a+2)=0$

이때 이차방정식 $ax^2-4ax+4a+2=0$이 중근 $x=0$을 가져야 하므로

$4a+2=0$, $a=-\frac{1}{2}$

따라서 $g(x)=-\frac{1}{2}x(x-2)^2$에서 $g(4)=-8$

(i), (ii)에서 조건을 만족시키는 모든 함수 $g(x)$에 대하여 $g(4)$의 값의 합은

$64+(-8)=56$

답 56

15

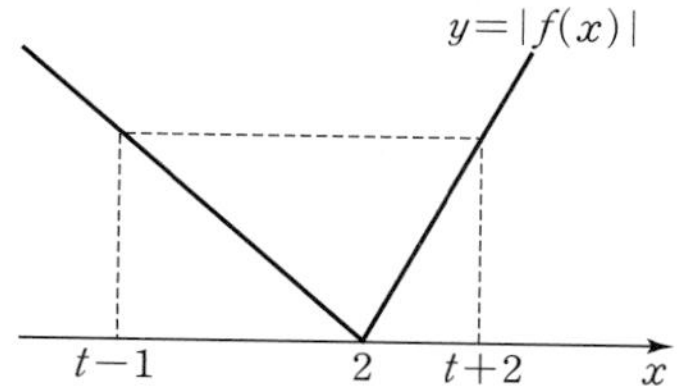

함수 $y=|f(x)|$의 한 부정적분을 $F(x)$로 놓으면

$F'(x)=|f(x)|$

$g(t)=\int_{t-1}^{t+2}|f(x)|\,dx=F(t+2)-F(t-1)$에서

$g'(t)=F'(t+2)-F'(t-1)$

$\quad=|f(t+2)|-|f(t-1)|$

$t-1<2<t+2$, 즉 $0<t<3$일 때

$g'(t)=0$에서 $|f(t-1)|=|f(t+2)|$

$-f(t-1)=f(t+2)$에서

$-2(t-3)=4t$, $t=1$

$t<1$일 때, $|f(t-1)|>|f(t+2)|$

$t>1$일 때, $|f(t-1)|<|f(t+2)|$

함수 $g(t)$는 $t=1$에서 극솟값이자 최솟값을 가지므로 $a=1$

$b=g(1)=\int_0^3|f(x)|\,dx$

$=\frac{1}{2}\times 2\times 4+\frac{1}{2}\times 1\times 4=6$

따라서 $a+b=1+6=7$

답 ②

유형 3 넓이

16

$x^3+2x=3x+6$에서 $x^3-x-6=0$

$(x-2)(x^2+2x+3)=0$

이므로 곡선 $y=x^3+2x$와 직선 $y=3x+6$은 $x=2$에서만 만난다.

$0\leq x\leq 2$에서 직선 $y=3x+6$은 곡선 $y=x^3+2x$보다 위에 있으므로 구하는 넓이는

경찰대학·사관학교 기출 문제

$$\int_0^2 |x^3+2x-(3x+6)|\,dx=\int_0^2 (3x+6-x^3-2x)\,dx$$
$$=\int_0^2 (-x^3+x+6)\,dx$$
$$=\left[-\frac{1}{4}x^4+\frac{1}{2}x^2+6x\right]_0^2=10$$

답 10

17

두 곡선 $y=f(x)$, $y=g(x)$의 교점의 x좌표는

$x<1$일 때, $-5x-4=-x^2-2x$에서

$x^2-3x-4=0$, $(x+1)(x-4)=0$

이때 $x<1$이므로 $x=-1$

$x\geq 1$일 때, $x^2-2x-8=-x^2-2x$에서

$2x^2-8=0$, $(x-2)(x+2)=0$

이때 $x\geq 1$이므로 $x=2$

따라서 두 곡선 $y=f(x)$, $y=g(x)$로 둘러싸인 부분의 넓이는

$$\int_{-1}^1 \{(-x^2-2x)-(-5x-4)\}\,dx$$
$$+\int_1^2 \{(-x^2-2x)-(x^2-2x-8)\}\,dx$$
$$=\int_{-1}^1 (-x^2+3x+4)\,dx+\int_1^2 (-2x^2+8)\,dx$$
$$=\left[-\frac{1}{3}x^3+\frac{3}{2}x^2+4x\right]_{-1}^1+\left[-\frac{2}{3}x^3+8x\right]_1^2$$
$$=\frac{22}{3}+\frac{10}{3}=\frac{32}{3}$$

답 ③

18

$x\geq 0$일 때 $f'(x)=\frac{x}{6}+\frac{1}{2}>0$이므로 함수 $y=f(x)$는 구간 $[0, \infty)$에서 증가한다.

따라서 방정식 $f(x)=g(x)$의 근은 방정식 $f(x)=x$의 근과 일치한다.

$f(x)=x$에서 $\frac{x^2}{12}+\frac{x}{2}+a=x$

$x^2-6x+12a=0$ ...... ㉠

이차방정식 ㉠의 두 근이 b, $2b$이므로 근과 계수의 관계에 의하여

$b+2b=3b=6$에서 $b=2$

$b\times 2b=12a$에서 $a=\frac{b^2}{6}=\frac{2}{3}$

함수 $y=g(x)$는 함수 $y=f(x)$의 역함수이므로 두 곡선 $y=f(x)$, $y=g(x)$는 직선 $y=x$에 대하여 대칭이다.

따라서 $x\geq 0$에서 두 곡선 $y=f(x)$, $y=g(x)$로 둘러싸인 부분의 넓이는 곡선 $y=f(x)$와 직선 $y=x$로 둘러싸인 부분의 넓이의 2배이다.

$b\leq x\leq 2b$에서 $f(x)\leq x$이므로

$$\int_a^{2b} \{g(x)-f(x)\}\,dx=2\int_2^4 \left\{x-\left(\frac{x^2}{12}+\frac{x}{2}+\frac{2}{3}\right)\right\}dx$$
$$=\int_2^4\left(-\frac{x^2}{6}+x-\frac{4}{3}\right)dx$$
$$=\left[-\frac{x^3}{18}+\frac{x^2}{2}-\frac{4}{3}x\right]_2^4$$
$$=\left(-\frac{32}{9}+8-\frac{16}{3}\right)-\left(-\frac{4}{9}+2-\frac{8}{3}\right)$$
$$=\left(-\frac{8}{9}\right)-\left(-\frac{10}{9}\right)=\frac{2}{9}$$

답 ①

19

함수 $y=-(x-2)^2+8$의 그래프는 함수 $y=(x+2)^2$의 그래프를 x축에 대하여 대칭이동한 후 x축의 방향으로 4만큼, y축의 방향으로 8만큼 평행이동한 것이다.

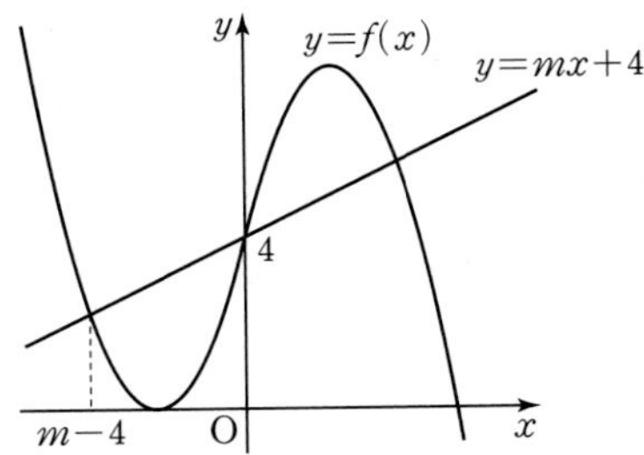

따라서 곡선 $y=f(x)$는 점 (0, 4)에 대하여 대칭인 그래프이다.

$(x+2)^2=mx+4$에서

$x^2+(4-m)x=0$

$x=0$ 또는 $x=m-4$

곡선 $y=(x+2)^2$과 직선 $y=mx+4$ $(m<4)$로 둘러싸인 부분의 넓이와 곡선 $y=-(x-2)^2+8$과 직선 $y=mx+4$ $(m<4)$로 둘러싸인 부분의 넓이는 서로 같으므로

$$h(m)=2\int_{m-4}^0 \{mx+4-(x+2)^2\}dx$$
$$=2\int_{m-4}^0 \{(m-4)x-x^2\}dx$$
$$=2\left[\frac{m-4}{2}x^2-\frac{x^3}{3}\right]_{m-4}^0$$
$$=2\left\{-\frac{(m-4)^3}{2}+\frac{(m-4)^3}{3}\right\}$$
$$=-\frac{(m-4)^3}{3}=\frac{(4-m)^3}{3}$$

따라서

$$h(-2)+h(1)=\frac{(4+2)^3}{3}+\frac{(4-1)^3}{3}$$
$$=72+9=81$$

답 ③

20

$-a \le x \le a$에서 $f(x)=\frac{3}{a}x^2$, $x<-a$ 또는 $x>a$에서 $f(x)=3a$ 이므로 함수 $y=f(x)$의 그래프는 y축에 대하여 대칭이다.

$\int_{-3}^{3}|f(x)|\,dx=\int_{-3}^{3}f(x)\,dx=8$에서 $\int_{0}^{3}f(x)\,dx=4$

(i) $a \ge 3$인 경우

$\int_0^3 f(x)\,dx=\int_0^3 \frac{3}{a}x^2\,dx=\left[\frac{1}{a}x^3\right]_0^3=\frac{27}{a}=4$

에서 $a=\frac{27}{4}$

(ii) $a<3$인 경우

$$\int_0^3 f(x)\,dx=\int_0^a \frac{3}{a}x^2\,dx+\int_a^3 3a\,dx$$
$$=\left[\frac{1}{a}x^3\right]_0^a+\left[3ax\right]_a^3$$
$$=a^2+9a-3a^2$$
$$=-2a^2+9a=4$$

$2a^2-9a+4=0$, $(2a-1)(a-4)=0$

$a=\frac{1}{2}$ 또는 $a=4$

$a<3$이므로 $a=\frac{1}{2}$

(i), (ii)에서 조건을 만족시키는 모든 a의 값의 합 S는

$S=\frac{27}{4}+\frac{1}{2}=\frac{29}{4}$

따라서 $40S=290$

답 290

21

$f(x)=2x^3-(t+3)x^2+2tx$에서

$$f'(x)=6x^2-2(t+3)x+2t$$
$$=2(3x-t)(x-1)$$

$f'(x)=0$에서 $x=\frac{t}{3}$ 또는 $x=1$

$0<t<3$에서 $0<\frac{t}{3}<1$이므로 함수 $f(x)$는 $x=\frac{t}{3}$에서 극댓값을 갖는다.

따라서 $a=\frac{t}{3}$, 즉 $t=3a$이고

$$f(a)=2a^3-(3a+3)a^2+6a^2$$
$$=a^2(3-a)>0$$

이므로 세 점 $(0, 0)$, $(a, 0)$, $(a, f(a))$를 꼭짓점으로 하는 삼각형의 넓이는

$g(t)=\frac{1}{2}\times a\times f(a)=\frac{a^3(3-a)}{2}$ …… ㉠

$$\int_0^a f(x)\,dx=\int_0^a \{2x^3-(3a+3)x^2+6ax\}\,dx$$
$$=\left[\frac{x^4}{2}-(a+1)x^3+3ax^2\right]_0^a$$
$$=\frac{a^4}{2}-(a+1)a^3+3a^3$$
$$=\frac{a^3(4-a)}{2}$$ …… ㉡

$t \longrightarrow 0$일 때, $a \longrightarrow 0$이므로 ㉠, ㉡에서

$$\lim_{t\to 0}\frac{1}{g(t)}\int_0^a f(x)\,dx=\lim_{a\to 0}\frac{\frac{a^3(4-a)}{2}}{\frac{a^3(3-a)}{2}}$$
$$=\lim_{a\to 0}\frac{4-a}{3-a}$$
$$=\frac{4}{3}$$

답 ⑤

22

다항식 $f(x)$가 최고차항의 계수가 a $(a>0)$인 n (n은 자연수)차 다항식이라고 하면 $f(x)$의 부정적분 $F(x)$는 최고차항의 계수가 $\frac{a}{n+1}$인 $(n+1)$차 다항식이다.

조건 (가)에서 다항식 $\{F(x)-x^2\}\{f(x)-2x\}$는 최고차항의 계수가 3인 5차 다항식이므로 $n=2$

$\frac{a}{n+1}\times a=3$에서 $a^2=9$

이때 $a>0$에서 $a=3$

조건 (나)에서 $x \longrightarrow 0$일 때, (분모) $\longrightarrow 0$이므로

$\lim_{x\to 0}\{f(x)-2\}=f(0)-2=0$, $f(0)=2$

$\lim_{x\to 0}\frac{f(x)-2}{x}=\lim_{x\to 0}\frac{f(x)-f(0)}{x-0}=f'(0)=2$

$f(x)=3x^2+px+q$ (p, q는 상수)로 놓으면

$f(0)=2$에서 $q=2$

$f'(x)=6x+p$이므로 $f'(0)=2$에서 $p=2$

$f(x)=3x^2+2x+2$에서

$F(x)=x^3+x^2+2x+C$ (C는 상수)

조건 (다)에서 $f(0)F(0)=2C=4$이므로 $C=2$

즉, $F(x)=x^3+x^2+2x+2$이므로

$F(x)-f(x)=x^3-2x^2=x^2(x-2)$

따라서 곡선 $y=F(x)-f(x)$와 x축으로 둘러싸인 도형의 넓이는

$$\int_0^2 |x^3-2x^2|\,dx=\int_0^2 (2x^2-x^3)\,dx$$
$$=\left[\frac{2}{3}x^3-\frac{x^4}{4}\right]_0^2$$
$$=\frac{16}{3}-4=\frac{4}{3}$$

답 ④

23

집합 A에서

$x=2+2\cos\theta$, $y=2+2\sin\theta\left(-\frac{\pi}{3}\le\theta\le\frac{\pi}{3}\right)$

로 놓으면 $\left(\frac{x-2}{2}\right)^2+\left(\frac{y-2}{2}\right)^2=\cos^2\theta+\sin^2\theta=1$

$-\frac{\pi}{3}\le\theta\le\frac{\pi}{3}$에서 $\frac{1}{2}\le\cos\theta\le1$, $-\frac{\sqrt{3}}{2}\le\sin\theta\le\frac{\sqrt{3}}{2}$이므로 집합 A의 원소인 점 (x, y)는 원 $(x-2)^2+(y-2)^2=4$ 위의 점이고 $3\le x\le4$, $2-\sqrt{3}\le y\le2+\sqrt{3}$을 만족시킨다.

집합 B에서

$x=-2+2\cos\theta$, $y=2+2\sin\theta\left(\frac{2\pi}{3}\le\theta\le\frac{4\pi}{3}\right)$

로 놓으면 $\left(\frac{x+2}{2}\right)^2+\left(\frac{y-2}{2}\right)^2=\cos^2\theta+\sin^2\theta=1$

$\frac{2\pi}{3}\le\theta\le\frac{4\pi}{3}$에서 $-1\le\cos\theta\le-\frac{1}{2}$, $-\frac{\sqrt{3}}{2}\le\sin\theta\le\frac{\sqrt{3}}{2}$이므로 집합 B의 원소인 점 (x, y)는 원 $(x+2)^2+(y-2)^2=4$ 위의 점이고 $-4\le x\le-3$, $2-\sqrt{3}\le y\le2+\sqrt{3}$을 만족시킨다.

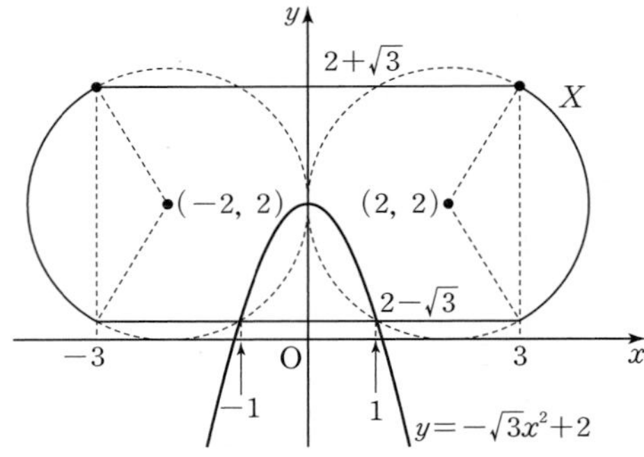

그림은 좌표평면에 집합 $A\cup B\cup C$의 모든 원소를 나타낸 도형 X이다.

이때 도형 X와 곡선 $y=-\sqrt{3}x^2+2$가 만나는 점은 직선 $y=2-\sqrt{3}$ 위의 점이므로

$c=2-\sqrt{3}$

따라서 집합 X로 둘러싸인 부분의 넓이는

$$\alpha=2\left(\frac{1}{2}\times2^2\times\frac{2\pi}{3}-\frac{1}{2}\times2^2\times\sin\frac{2\pi}{3}\right)+6\times2\sqrt{3}$$

$$=\frac{8\pi}{3}+10\sqrt{3}$$

또, $-\sqrt{3}x^2+2=2-\sqrt{3}$에서 $x^2=1$

$x=-1$ 또는 $x=1$

곡선 $y=-\sqrt{3}x^2+2$와 직선 $y=2-\sqrt{3}$으로 둘러싸인 부분의 넓이는

$$\beta=\int_{-1}^{1}\{(-\sqrt{3}x^2+2)-(2-\sqrt{3})\}dx$$

$$=\int_{-1}^{1}(-\sqrt{3}x^2+\sqrt{3})dx=2\sqrt{3}\int_{0}^{1}(1-x^2)dx$$

$$=2\sqrt{3}\left[x-\frac{x^3}{3}\right]_0^1=2\sqrt{3}\times\frac{2}{3}=\frac{4\sqrt{3}}{3}$$

$$\alpha-\beta=\left(\frac{8\pi}{3}+10\sqrt{3}\right)-\frac{4\sqrt{3}}{3}=\frac{8\pi+26\sqrt{3}}{3}$$

따라서 $p=8$, $q=26$이므로 $p+q=8+26=34$

답 34

유형 4 수직선에서 속도와 거리

24

시각 t $(t\ge0)$에서의 두 점 P, Q의 위치를 각각 $x_{\mathrm{P}}(t)$, $x_{\mathrm{Q}}(t)$로 놓으면

$$x_{\mathrm{P}}(t)=\int_0^t v_{\mathrm{P}}(s)ds=\int_0^t(3s^2+2s-4)ds=t^3+t^2-4t$$

$$x_{\mathrm{Q}}(t)=\int_0^t v_{\mathrm{Q}}(s)ds=\int_0^t(6s^2-6s)ds=2t^3-3t^2$$

$x_{\mathrm{P}}(t)=x_{\mathrm{Q}}(t)$에서

$t^3+t^2-4t=2t^3-3t^2$

$t^3-4t^2+4t=0$, $t(t-2)^2=0$

$t=0$ 또는 $t=2$

따라서 출발한 후 두 점 P, Q가 처음으로 만나는 시각은 $t=2$이므로 그때의 위치는

$x_{\mathrm{P}}(2)=2^3+2^2-4\times2=4$

답 ④

25

$v(1)=15$, $v(2)=20$에서

$a+b=15$, $4a+2b=20$

위의 두 식을 연립하여 풀면

$a=-5$, $b=20$이므로

$v(t)=-5t^2+20t=-5t(t-4)$

$0\le t\le4$일 때 $v(t)\ge0$

$t>4$일 때 $v(t)<0$

따라서 시각 $t=1$에서 $t=5$까지 점 P가 움직인 거리는

$$\int_1^5|v(t)|dt=\int_1^4 v(t)dt+\int_4^5\{-v(t)\}dt$$

$$=\int_1^4(-5t^2+20t)dt+\int_4^5(5t^2-20t)dt$$

$$=\left[-\frac{5}{3}t^3+10t^2\right]_1^4+\left[\frac{5}{3}t^3-10t^2\right]_4^5$$

$$=\left(-\frac{5}{3}\times4^3+10\times4^2\right)-\left(-\frac{5}{3}+10\right)+\left(\frac{5}{3}\times5^3-10\times5^2\right)-\left(\frac{5}{3}\times4^3-10\times4^2\right)$$

$$=\frac{160}{3}-\frac{25}{3}-\frac{125}{3}+\frac{160}{3}=\frac{170}{3}$$

답 ③

26

$v(t)=\int_0^t a(x)dx+v(0)$

$=\int_0^t (3x^2-8x+3)dx$

$=t^3-4t^2+3t$

$=t(t-1)(t-3)$

$v(t)$의 부호가 바뀌는 t의 값은 $t=1$, $t=3$이이므로 $\alpha=3$이다.

시각 $t=1$에서 $t=3$까지 점 P가 움직인 거리는

$\int_1^3 |v(t)|dt=\int_1^3 |t^3-4t^2+3t|dt$

$=-\int_1^3 (t^3-4t^2+3t)dt$

$=\frac{8}{3}$

따라서 $p=3$, $q=8$이므로 $p+q=11$

답 11

27

두 점 P, Q의 시각 t에서의 위치를 각각 $x_1(t)$, $x_2(t)$라 하면

$x_1(0)=0$, $x_2(0)=0$

$v_1(t)=3t^2-6t$, $v_2(t)=2t$에서

$x_1(t)=\int_0^t v_1(s)ds$

$=\int_0^t (3s^2-6s)ds$

$=t^3-3t^2$

$x_2(t)=\int_0^t v_2(s)ds$

$=\int_0^t 2s\,ds$

$=t^2$

$x_1(t)=x_2(t)$에서

$t^3-3t^2=t^2$

$t^2(t-4)=0$

$t=0$ 또는 $t=4$

따라서 $a=4$이고 시각 $t=0$에서 $t=4$까지 점 P가 움직인 거리는

$\int_0^4 |v_1(t)|dt=\int_0^4 |3t^2-6t|dt$

$=\int_0^2 (-3t^2+6t)dt+\int_2^4 (3t^2-6t)dt$

$=\Big[-t^3+3t^2\Big]_0^2+\Big[t^3-3t^2\Big]_2^4$

$=-8+12+(64-48)-(8-12)$

$=24$

답 ②

28

$v(t)=|at-b|-4=0$에서

$t=\frac{b-4}{a}$ 또는 $t=\frac{b+4}{a}$

$\alpha=\frac{b-4}{a}$, $\beta=\frac{b+4}{a}$라 하면

$a>0$이므로 $\alpha<\beta$

$s(k)-x(k)=\int_0^k |v(t)|dt-\int_0^k v(t)dt$

$=\int_0^k \{|v(t)|-v(t)\}dt$

$$=\begin{cases} 0 & (0\le k<\alpha) \\ 2\int_\alpha^k |v(t)|dt & (\alpha\le k<\beta) \\ 2\int_\alpha^\beta |v(t)|dt & (\beta\le k) \end{cases} \quad \cdots\cdots ㉠$$

조건 (나)에서 $k\ge3$이면 $s(k)-x(k)=8$이므로

$2\int_\alpha^\beta |v(t)|dt=8$에서 $\int_\alpha^\beta |v(t)|dt=4$

$\int_\alpha^\beta |v(t)|dt=\frac{1}{2}\times(\beta-\alpha)\times4=\frac{16}{a}=4$

이므로 $a=4$

조건 (가)에서 $0\le k<3$이면 $s(k)-x(k)<8$이므로 $\beta\le3$이다.

$0\le\beta<3$이라 가정하면 $\beta<\frac{\beta+3}{2}$이므로 ㉠에서

$s\left(\frac{\beta+3}{2}\right)-x\left(\frac{\beta+3}{2}\right)=2\int_\alpha^\beta |v(t)|dt=8$

그런데 $\frac{\beta+3}{2}<3$이므로 조건 (가)에서

$s\left(\frac{\beta+3}{2}\right)-x\left(\frac{\beta+3}{2}\right)<8$

이므로 모순이다.

따라서 $\beta=3$이고, $\beta=\frac{b+4}{a}$에서

$3=\frac{b+4}{4}$

$b=8$, $\alpha=\frac{b-4}{a}=1$

따라서 시각 $t=1$에서 $t=6$까지 점 P의 위치의 변화량은

$\int_1^6 v(t)dt=\int_1^3 v(t)dt+\int_3^6 v(t)dt$

$=-\int_1^3 |v(t)|dt+\int_3^6 v(t)dt$

$=-\frac{1}{2}\times2\times4+\frac{1}{2}\times3\times12$

$=-4+18=14$

답 14

한눈에 보는 정답

Ⅰ 함수의 극한과 연속

수능 유형별 기출 문제 (본문 8~25쪽)

01 ③	02 ③	03 ④	04 ②	05 ④	06 30
07 ④	08 ②	09 ①	10 ④	11 ②	12 ④
13 ②	14 ④	15 ③	16 ④	17 ②	18 ①
19 ⑤	20 ④	21 ①	22 ②	23 ②	24 ⑤
25 ⑤	26 ⑤	27 ④	28 ①	29 ④	30 ②
31 ①	32 ②	33 13	34 ③	35 ②	36 ④
37 ③	38 ④	39 ③	40 27	41 ①	42 ②
43 ①	44 ①	45 ⑤	46 ②	47 ②	48 ⑤
49 ④	50 ④	51 ①	52 ④	53 ④	54 6
55 ③	56 ④	57 ④	58 ③	59 ①	60 24
61 ③	62 ⑤	63 8			

도전 1등급 문제 (본문 26~27쪽)

01 ②	02 ①	03 ①	04 226	05 20	06 19

Ⅱ 미분

수능 유형별 기출 문제 (본문 30~55쪽)

01 8	02 ③	03 10	04 ④	05 ④	06 ③
07 10	08 ③	09 11	10 ③	11 3	12 ①
13 ③	14 ④	15 2	16 ⑤	17 24	18 ④
19 ⑤	20 ⑤	21 ①	22 ①	23 ④	24 ①
25 22	26 20	27 15	28 5	29 19	30 ③
31 ③	32 ①	33 ④	34 ①	35 ①	36 ③
37 22	38 ③	39 ③	40 ⑤	41 11	42 ②
43 ③	44 25	45 ③	46 ⑤	47 ③	48 6
49 ②	50 11	51 ①	52 ②	53 ③	54 2
55 ②	56 ②	57 ③	58 6	59 ⑤	60 ⑤
61 ①	62 ②	63 ③	64 ①	65 ③	66 19
67 ②	68 ①	69 ③	70 ④	71 ③	72 ⑤
73 4	74 12	75 ①	76 ③	77 32	78 ⑤
79 21	80 7	81 ①	82 ⑤	83 ②	84 ⑤
85 ③	86 ①	87 ④	88 ①	89 ④	90 8
91 22	92 ①	93 27			

도전 1등급 문제 (본문 56~61쪽)

01 21	02 ②	03 160	04 34	05 108	06 38
07 19	08 29	09 729	10 82	11 5	12 61
13 42	14 40	15 108	16 105	17 51	18 65
19 483					

Ⅲ 적분

수능 유형별 기출 문제 (본문 64~79쪽)

01 33	02 8	03 ④	04 ②	05 15	06 ①
07 16	08 15	09 8	10 ①	11 ④	12 9
13 86	14 ⑤	15 ②	16 ③	17 ⑤	18 ②
19 ①	20 10	21 24	22 ⑤	23 ②	24 ⑤
25 ②	26 10	27 24	28 ⑤	29 39	30 ②
31 ⑤	32 ②	33 ②	34 ④	35 66	36 4
37 ①	38 ③	39 ④	40 ②	41 ②	42 ③
43 ②	44 ③	45 ③	46 36	47 ①	48 ①
49 ⑤	50 ③	51 ③	52 18	53 ④	54 ⑤
55 80	56 6	57 ②	58 ⑤	59 ③	60 17
61 102					

도전 1등급 문제 (본문 80~84쪽)

01 5	02 ③	03 8	04 ③	05 ②	06 80
07 ④	08 14	09 13	10 110	11 16	12 41
13 7	14 340	15 80	16 4	17 9	18 432
19 58					

부록 경찰대학, 사관학교 기출 문제

Ⅰ 함수의 극한과 연속 (본문 86~89쪽)

01 11	02 ②	03 ④	04 ⑤	05 ①	06 ①
07 ④	08 ③	09 ①	10 ①	11 ①	12 ③
13 ④	14 5	15 ①	16 ①		

Ⅱ 미분 (본문 90~97쪽)

01 18	02 ⑤	03 ②	04 ③	05 31	06 ②
07 ②	08 ②	09 ③	10 ①	11 6	12 16
13 ②	14 ③	15 ①	16 ②	17 ⑤	18 4
19 ③	20 7	21 ④	22 ④	23 ②	24 ④
25 ③	26 ④	27 54	28 36	29 9	30 12
31 ④	32 ③	33 ③	34 ①		

Ⅲ 적분 (본문 98~104쪽)

01 ⑤	02 ⑤	03 ①	04 13	05 ④	06 ②
07 ①	08 ②	09 21	10 ③	11 ②	12 ④
13 11	14 56	15 ②	16 10	17 ③	18 ①
19 ③	20 290	21 ⑤	22 ④	23 34	24 ④
25 ③	26 11	27 ②	28 14		

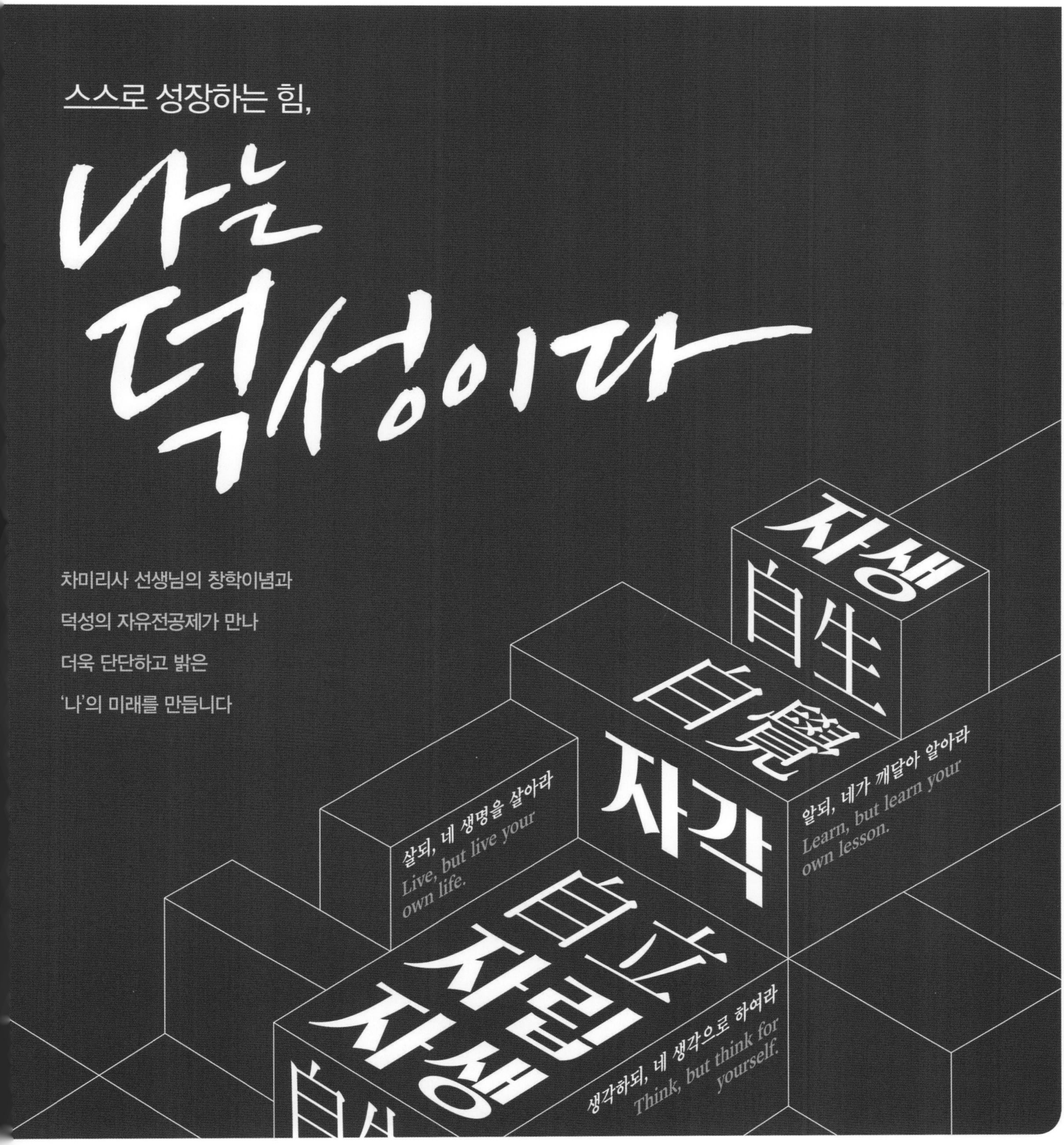